Fundações em Estacas

O GEN | Grupo Editorial Nacional – maior plataforma editorial brasileira no segmento científico, técnico e profissional – publica conteúdos nas áreas de ciências exatas, humanas, jurídicas, da saúde e sociais aplicadas, além de prover serviços direcionados à educação continuada e à preparação para concursos.

As editoras que integram o GEN, das mais respeitadas no mercado editorial, construíram catálogos inigualáveis, com obras decisivas para a formação acadêmica e o aperfeiçoamento de várias gerações de profissionais e estudantes, tendo se tornado sinônimo de qualidade e seriedade.

A missão do GEN e dos núcleos de conteúdo que o compõem é prover a melhor informação científica e distribuí-la de maneira flexível e conveniente, a preços justos, gerando benefícios e servindo a autores, docentes, livreiros, funcionários, colaboradores e acionistas.

Nosso comportamento ético incondicional e nossa responsabilidade social e ambiental são reforçados pela natureza educacional de nossa atividade e dão sustentabilidade ao crescimento contínuo e à rentabilidade do grupo.

BERNADETE RAGONI DANZIGER
FRANCISCO DE REZENDE LOPES

Fundações em Estacas

LTC

▪ Os autores deste livro e a editora empenharam seus melhores esforços para assegurar que as informações e os procedimentos apresentados no texto estejam em acordo com os padrões aceitos à época da publicação, *e todos os dados foram atualizados pelos autores até a data da entrega dos originais à editora*. Entretanto, tendo em conta a evolução das ciências, as atualizações legislativas, as mudanças regulamentares governamentais e o constante fluxo de novas informações sobre os temas que constam do livro, recomendamos enfaticamente que os leitores consultem sempre outras fontes fidedignas, de modo a se certificarem de que as informações contidas no texto estão corretas e de que não houve alterações nas recomendações ou na legislação regulamentadora.

▪ Data do fechamento do livro: 24/02/2021

▪ Os autores e a editora se empenharam para citar adequadamente e dar o devido crédito a todos os detentores de direitos autorais de qualquer material utilizado neste livro, dispondo-se a possíveis acertos posteriores caso, inadvertida e involuntariamente, a identificação de algum deles tenha sido omitida.

▪ **Atendimento ao cliente: (11) 5080-0751 | faleconosco@grupogen.com.br**

▪ Direitos exclusivos para a língua portuguesa
Copyright © 2021, 2022 by
LTC | Livros Técnicos e Científicos Editora Ltda.
Uma editora componente do GEN | Grupo Editorial Nacional

▪ Travessa do Ouvidor, 11
Rio de Janeiro – RJ – 20040-040
www.grupogen.com.br

▪ Reservados todos os direitos. É proibida a duplicação ou reprodução deste volume, no todo ou em parte, em quaisquer formas ou por quaisquer meios (eletrônico, mecânico, gravação, fotocópia, distribuição pela Internet ou outros), sem permissão, por escrito, da LTC | Livros Técnicos e Científicos Editora Ltda.

▪ Capa: Vinícius Dias
▪ Editoração eletrônica: Arte & Ideia

▪ Ficha catalográfica

CIP-BRASIL. CATALOGAÇÃO NA PUBLICAÇÃO
SINDICATO NACIONAL DOS EDITORES DE LIVROS, RJ

D22f

Danziger, Bernadete Ragoni
Fundações em estacas / Bernadete Ragoni Danziger, Francisco de Rezende Lopes. – 1. ed. - Rio de Janeiro : LTC, 2022.
28 cm.

Apêndice
Inclui bibliografia e índice
ISBN 978-85-951-5031-7

1. Engenharia civil. I. Lopes, Francisco de Rezende. II. Título.

21-69343 CDD: 624
CDU: 624

Leandra Felix da Cruz Candido – Bibliotecária – CRB-7/6135

À memória de meus pais, Hebe e Francisco Rezende Ragoni,
pela dedicação esmerada à nossa família.
A meus filhos, Priscila Maria e Fernando Artur,
e à minha netinha Liesel,
verdadeiras bênçãos de Deus na minha vida.

Bernadete

À memória de meu pai, Francisco de Paula Marques Lopes,
exemplo de pessoa e engenheiro.

Francisco

Sobre os Autores

Bernadete Ragoni Danziger

Graduada em Engenharia Civil pela Universidade Federal do Rio de Janeiro (UFRJ, 1976).
M.Sc. (1982) e D.Sc. (1991) pelo Instituto Alberto Luiz Coimbra de Pós-Graduação e Pesquisa de Engenharia, da Universidade Federal do Rio de Janeiro (COPPE/UFRJ).
É pós-doutorada pelo Norwegian Geotechnical Institute (NGI), na Noruega (1993-1995).
Trabalhou em algumas das principais firmas de projeto de fundações antes de assumir a função de professora da Universidade Federal Fluminense (UFF, 1992).
Atualmente, é professora titular e procientista da Universidade do Estado do Rio de Janeiro (UERJ), além de pesquisadora do Conselho Nacional de Desenvolvimento Científico e Tecnológico (CNPq).

Francisco de Rezende Lopes

Graduado em Engenharia Civil pela Universidade do Estado do Rio de Janeiro (UERJ, 1971).
M.Sc. pelo Instituto Alberto Luiz Coimbra de Pós-Graduação e Pesquisa de Engenharia, da Universidade Federal do Rio de Janeiro (COPPE/UFRJ).
Ph.D. pelo Imperial College, University of London, no Reino Unido (1979).
Trabalhou nas firmas Tecnosolo e Estacas Franki e tem desempenhado atividades no mercado como projetista e consultor.
É professor titular da COPPE/UFRJ.

Apresentação

Vivenciamos a sociedade de risco na qual o papel do engenheiro geotécnico é analisar e quantificar a variabilidade dos fatores que intervêm na construção de uma obra civil, visando determinar e informar o proprietário dos riscos inerentes ao solo local onde se situa a construção. Nesse contexto, nas complexas formações de solos brasileiros, as obras de maior porte são geralmente apoiadas em fundações por estacas, e o conhecimento apresentado neste livro, fruto da longa experiência dos autores na prática, no ensino e na pesquisa na área de fundações por estacas no Brasil, é fundamental na correta avaliação do risco geotécnico.

Os diferentes assuntos são expostos em capítulos que abrangem o projeto de fundação e os diferentes tipos de estacas, a capacidade de carga e o mecanismo de transferência de carga estaca-solo, a consideração de esforços transversais incluindo o efeito Tschebotarioff, o atrito negativo e a flambagem de estacas, as provas de carga e os controles de execução e desempenho. Em particular, os Capítulos 6 e 7 apresentam o importante tema de cálculo de estaqueamentos pelo método de Schiel e a visão geotécnica do mecanismo de interação solo-estrutura, alicerçada nas pesquisas acadêmicas dos autores em casos reais de obras instrumentadas.

A exposição dos temas e os exemplos numéricos tornam a leitura do livro agradável e de fácil entendimento, razão pela qual recomendo fortemente a adoção do livro nos cursos de Engenharia Civil e como fonte de consulta na prática diária da Engenharia de Fundações.

Nelson Aoki

Engenheiro civil e professor doutor aposentado
da Universidade de São Paulo (USP)

Prefácio

Depois de 40 anos trabalhando na prática de projetos e no ensino e pesquisa de fundações, decidimos escrever este livro que, sem a pretensão de substituir obras anteriores sobre o assunto, brasileiras ou estrangeiras, vem complementar o conjunto de livros que trata desse tema tão interessante. Ele procura apresentar, de forma simples e concisa, a um aluno de Engenharia Civil, bem como a um engenheiro que inicia sua carreira, os métodos utilizados no projeto de fundações, não só na forma de teorias, mas também de exercícios. Sabemos que pode ser aprimorado, e esperamos que os leitores venham a discutir e enviar críticas e sugestões, que desde já agradecemos. Para tanto, podem ser utilizados nossos *e-mails* pessoais ou de nossas instituições (UERJ: **brdanzig@uerj.br**; UFRJ: **flopes@coc.ufrj.br**). Em **www.coc.ufrj.br/~flopes**, vamos disponibilizar comentários e sugestões recebidas, e eventuais correções.

Queremos agradecer o apoio das instituições a que hoje pertencemos – UERJ e UFRJ – e o estímulo dado pelos colegas professores. Gostaríamos de agradecer, em particular, a alguns colegas e alunos que ajudaram na elaboração de figuras e na revisão do texto: Karolyn R. M. Santos, Stephane N. Santos, Rafael Felipe Carneiro, Daniel Coelho, Daniel Lopez, Raphaela Leal Lamarca Bomfim, Roney M. Gomes, José Wellington S. Vargas, Thiago Gisbert, Leonardo Jesus Alexandre, Bernardo B. L. Fernandes.

Aproveitamos esse espaço para fazer uma homenagem aos grandes professores que tivemos, que – mais do que transmitir conhecimentos – nos motivaram a abraçar essa fascinante especialidade (em ordem alfabética): Antônio José da Costa Nunes, Dirceu de Alencar Velloso, Eduardo Barbosa Cordeiro, Fernando Emmanuel Barata e Peter R. Vaughan.

B. R. Danziger

F. R. Lopes

Sumário

Capítulo 1 **Introdução** 1
1.1 Objetivo 1
1.2 A questão: qualidade dos dados *versus* método de análise. 2
1.3 Um breve histórico da geotecnia e das fundações 3
1.4 Fundações em estacas no Brasil. 5

Capítulo 2 **Etapas de um projeto de fundações. A norma brasileira** 8
2.1 Particularidades de um projeto de fundações 8
2.2 Coleta de dados 8
2.3 Concepção do projeto. 10
2.4 Dimensionamento e detalhamento 11
2.5 Sobre a investigação do subsolo 12
2.6 Sobre recalques admissíveis. 13

Capítulo 3 **Principais tipos de estacas** 15
3.1 Classificação das estacas 15
3.2 Estacas de aço. 15
3.3 Estacas pré-moldadas de concreto. 18
3.4 Estacas de concreto moldadas no solo. 22
3.5 Estacas raízes 30
3.6 Estacas tipo hélice contínua 32
3.7 Estacas prensadas 35

Capítulo 4 **Capacidade de carga de fundações em estacas** 38
4.1 Introdução 38
4.2 Métodos teóricos 39
4.3 Métodos semiempíricos. 52
4.4 Estacas submetidas à tração 56

Capítulo 5 **Avaliação de recalques de fundações profundas. Transferência de carga. Efeito de grupo** 66
5.1 Recalque de estacas isoladas 66
5.2 Grupos de estacas: efeito de grupo 76

Capítulo 6 **Cálculo de estaqueamentos** 85
6.1 Introdução 85
6.2 Método de Culmann. 86
6.3 Método de Schiel 88

Capítulo 7 **A interação solo-estrutura** 110
7.1 Introdução 110
7.2 Modelo simples de interação solo-estrutura 111
7.3 Modo simples de transferência de carga 112
7.4 Comentários finais 118

Capítulo 8 **Estacas sob esforços transversais** 119
8.1 Reação do solo ao deslocamento horizontal da estaca 119
8.2 Soluções para estacas longas baseadas no coeficiente de reação horizontal 124
8.3 Cálculo da carga de ruptura 127
8.4 Grupos de estacas 132

Capítulo 9 **Esforços devidos a sobrecargas assimétricas ou "Efeito Tschebotarioff"** 135
9.1 Introdução 135
9.2 Estimativa de esforços 136
9.3 Sugestões para projeto 145

Capítulo 10 **Atrito negativo em estacas** 150
10.1 Introdução 150
10.2 Estimativa do atrito negativo 152
10.3 Mitigação do atrito negativo 155

Capítulo 11 **Flambagem em estacas** 156
11.1 Introdução 156
11.2 Análise da flambagem de estacas com cargas alinhadas 156
11.3 Questões ligadas à interação com a estrutura e aos desvios construtivos 162

Capítulo 12 **Controle de execução e desempenho** 166
12.1 Introdução 166
12.2 Fórmulas dinâmicas 166
12.3 A Equação da Onda 170
12.4 Método numérico proposto por Smith 174
12.5 Monitoração da cravação e ensaio de carregamento dinâmico 176

Capítulo 13 **Provas de carga estáticas** 189
13.1 Introdução 189
13.2 Carregamento 189
13.3 Montagem e instrumentação 192
13.4 Curva carga-recalque 194

Apêndice **Método Aoki-Lopes** 199
A.1 Introdução 199
A.2 Equações de Mindlin 199
A.3 Discretização (divisão) em cargas concentradas 200
A.4 Programação 203
A.5 Fronteira rígida e meio estratificado – artifício de Steinbrenner 203
A.6 Recalque do topo da estaca 204

Referências 205

Índice Alfabético 213

Capítulo 1
Introdução

As fundações costumam ser divididas em dois grandes grupos: as fundações diretas, também chamadas de superficiais, e as fundações profundas. A fundação profunda é definida pela Norma brasileira NBR 6122 como aquela que transmite a carga ao terreno pela base (resistência de ponta) ou por sua superfície lateral (resistência de fuste), ou por uma combinação das duas, e está assente em profundidade superior a oito vezes a sua menor dimensão em planta e, no mínimo, a 3 m. No grupo das fundações profundas são incluídas as estacas, executadas apenas com o auxílio de equipamentos ou ferramentas, e os tubulões (cilíndricos) e caixões (prismáticos), em que pelo menos em sua etapa final há descida de pessoas em seu interior, seja para executar o alargamento da base, a limpeza do fundo ou uma inspeção. Neste livro são tratadas apenas as fundações em estacas, uma vez que os tubulões e caixões são cada vez menos utilizados em nosso país. Um terceiro tipo de fundação, ainda não incorporado à norma brasileira, pode ser classificado como um tipo híbrido, que inclui o *radier* estaqueado, bem como o reforço do subsolo, em profundidade. Este terceiro tipo, por não ser ainda tratado na NBR 6122, não é considerado uma prática corrente. Portanto, apenas as fundações em estacas serão tratadas neste livro.

1.1 Objetivo

O livro objetiva fornecer material de estudo para o aluno de Engenharia Civil, bem como para o engenheiro que inicia sua carreira, apresentando a variedade de tipos de fundações e condições geotécnicas que podem ser encontradas na prática profissional. É natural que o livro não venha a cobrir todos os aspectos que o leitor poderá ter que enfrentar, mas procura indicar: os principais fundamentos para uma boa prática de projeto, os mecanismos do comportamento de fundações e sua interação com a estrutura, os métodos mais comuns de cálculo, a necessidade da integração de diferentes especialistas na elaboração de um bom projeto, algumas referências para uma leitura mais completa e alguns exercícios ao final dos capítulos.

Os autores destacam que o profissional que atua na área de fundações deve ter conhecimentos sólidos de Mecânica dos Solos, de Mecânica das Rochas, de Geologia, das técnicas de Investigações do Subsolo, dos Ensaios de Campo e de Laboratório, e de Instrumentação (monitoração), entre outros conhecimentos, cujos conteúdos não serão abordados neste livro, pois se pressupõe já integrados ao conhecimento do leitor.

Cabe destacar o comentário de Velloso e Lopes (2010) de que a especialização em Fundações é, dentro da Engenharia Civil, aquela que requer maior *vivência* e *experiência*, que o citado autor distingue com muita propriedade. A *vivência* resulta do fato de o profissional projetar e/ou executar inúmeras fundações, mesmo de diferentes tipos e em condições diversas de subsolo, e observar um bom comportamento das obras, todavia sem dados quantitativos. A *experiência* seria a *vivência* complementada pela análise de dados quantitativos referentes à execução das fundações e ao desempenho da obra. Essa complementação seria: (i) a análise dos registros de execução (boletins de execução) das estacas; (ii) a verificação do desempenho das estacas, individualmente, pelos controles executivos (velocidades de avanço, negas, torques aplicados etc.) e ensaios [ensaios dinâmicos (ECDs) e provas de carga estáticas (PCEs)] e, ainda, (iii) a medição de recalques da obra.

A participação do projetista na fase de obra, como dito anteriormente, permitirá a ele ganhar a citada *experiência*. Por outro lado, o responsável pela obra, nessa participação, também terá benefícios, como a avaliação, *pari passu*, da execução das fundações, e a possibilidade de realizar adaptações do projeto de acordo com condicionantes locais, buscando o cumprimento o mais próximo possível das premissas de projeto. Como se sabe, por mais completa que seja a etapa de investigação do subsolo, a execução irá melhor registrar a variabilidade do subsolo.

A participação formal do projetista na obra se chama, hoje, de ATO (Assistência Técnica à Obra). Este acompanhamento da execução é um desafio que necessita de uma mente questionadora e observadora para analisar, de forma crítica, os resultados dos boletins de execução e dos ensaios, antes da conclusão da obra. Constatações de um mau desempenho após a conclusão da obra, ou mesmo das fundações, vão levar a reforços, sempre muito mais onerosos.

Outro aspecto relevante é que uma fundação em estacas, por ultrapassar diversos horizontes de solo, com diferentes naturezas, se baseia, predominantemente, em ensaios de campo (*in situ*), e não de laboratório. Como os ensaios de campo apresentam diferentes custos, para grande número de projetos a prática brasileira se restringe aos resultados de sondagens a percussão (SPT). Os ensaios de cone (CPT) e de dilatômetro (DMT) fornecem mais informações, e vários métodos de previsão do comportamento de fundações se baseiam em dados diretos ou correlações desses ensaios. Ainda, à medida que um maior número de sondagens tem a energia transferida ao amostrador medida, o número de golpes necessários à cravação dos 30 cm do amostrador tem se convertido no padrão internacional, N_{60}. Assim, o avanço na realização dos ensaios CPT e DMT, bem como o conhecimento da energia no SPT, tem proporcionado uma constante atualização das correlações. Com todas as críticas que são sempre úteis à evolução científica, a Engenharia de Fundações é ainda dependente das correlações. Todavia, cada vez mais se procura incorporar às correlações os avanços do conhecimento que os modelos de solo e ensaios refinados de campo e de laboratório possibilitam. Pesquisas com modelos reduzidos em centrífuga e em câmara de calibração muito contribuem para o entendimento do comportamento de fundações, tanto em termos de deformações em serviço como de mecanismos de ruptura.

1.2 A questão: qualidade dos dados *versus* método de análise

Uma questão importante ao se abordar um projeto é a da *qualidade dos dados disponíveis*. Frequentemente, ao projetista são fornecidos dados limitados do terreno, como um conjunto de sondagens a percussão (SPT). Como se discutirá no próximo capítulo, há a possibilidade de se pedir uma investigação complementar, mas, mesmo assim, a informação nunca será completa. Num projeto típico, o subsolo é constituído por diferentes solos e cada um deles precisaria ser caracterizado – em sua complexa natureza elasto-viscoplástica – por um número de parâmetros. Some-se a isso a questão das tensões iniciais, e o regime da água subterrânea. E mais: a instalação de estacas vai alterar boa parte das condições iniciais do terreno. Assim, o projeto precisará ser desenvolvido com um nível de incertezas em relação aos solos (e às rochas). Portanto, é bom que o projetista tenha consciência de que os parâmetros de projeto são valores aproximados, e que, na verdade, se situam numa faixa de valores possíveis.

A questão seguinte é *que método de análise utilizar*. Um engenheiro inexperiente poderia pensar em usar um método de análise sofisticado – como o Método dos Elementos Finitos –, imaginando que isso poderia compensar a deficiência dos dados de que dispõe. Lambe (1973), em um trabalho que todos os engenheiros geotécnicos deveriam ler, mostra que um método sofisticado, alimentado com dados de má qualidade, pode conduzir a resultados piores do que seriam obtidos com um método mais simples. A Figura 1.1 ilustra isto com gráficos em que no eixo horizontal está a qualidade dos dados (de 0 a 100 % acurados) e no vertical está a qualidade do método de análise. A Figura 1.1a mostra o que se poderia imaginar: ao se utilizar, por exemplo, dados com 50 % de qualidade e um método com 90 % de qualidade se obteriam resultados 70 % acurados. A realidade é mostrada pela Figura 1.1b, em que essa combinação (linha tracejada) conduz a uma acurácia de somente 20 %; e que seria melhor usar um método mais simples (linha cheia). Isto é particularmente verdade quando *parâmetros geotécnicos são escolhidos com base em correlações* (relações empíricas). Essas correlações são obtidas, na maioria das vezes, por retroanálise de recalques ou rupturas de fundações por métodos simples (como soluções da Teoria da Elasticidade ou da Plasticidade). Ao se levar parâmetros escolhidos dessa forma para métodos sofisticados – em que muitos parâmetros são requeridos –, os resultados poderão não ser eficazes. Este é um motivo por que, na prática da Engenharia de Fundações, ainda se usam métodos relativamente simples, em equilíbrio com os procedimentos de obtenção dos parâmetros.

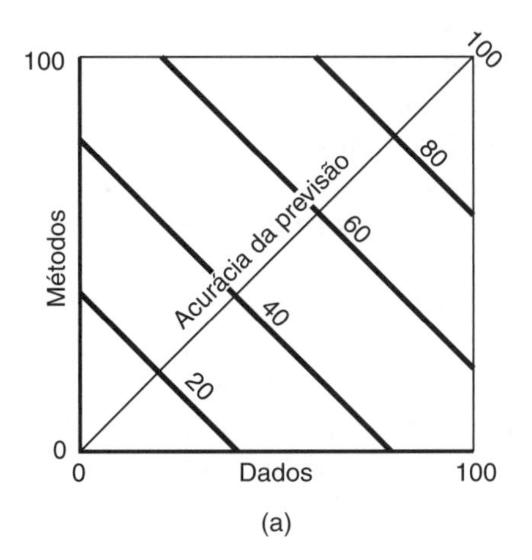

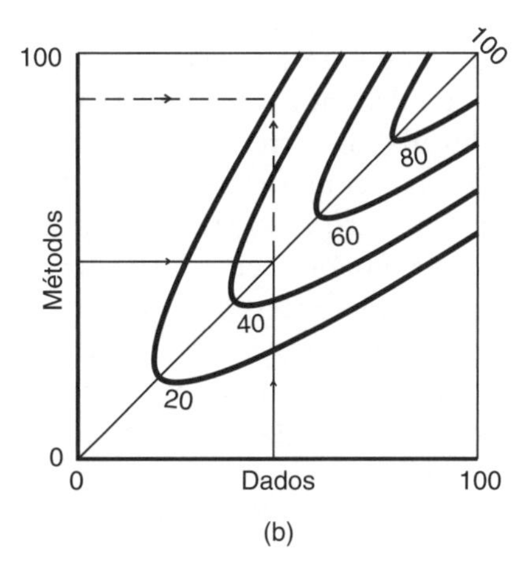

FIGURA 1.1. Acurácia da previsão: (a) imaginada e (b) real (Adaptada de Lambe, 1973).

Com base no que foi dito anteriormente, o leitor entenderá por que, ao longo do livro, muitos parâmetros – e resultados de cálculos – são apresentados com o sinal de aproximado (~) e sem muitas decimais, diferente de outras Engenharias, como a Engenharia Estrutural.

1.3 Um breve histórico da geotecnia e das fundações

Ao leitor interessado, os autores sugerem a leitura do primeiro capítulo do livro *Fundações*, da Editora Pini (SP), atualizado em 2016 (Nápoles Neto e Vargas, 2002; Nápoles Neto *et al.*, 2016, atualizado, mas fiel ao histórico original). Nesse relato, resumido aqui, os citados autores apresentam um texto extenso e detalhado, cobrindo as técnicas praticadas nas fundações desde a pré-história até os tempos modernos. O texto inclui a evolução da geotecnia e das fundações no Brasil.

Após sua instalação em cavernas, o homem primitivo, em busca de mais conforto e segurança, construiu suas cabanas em madeira. Quando as cabanas ficavam próximas a lagos e rios, eram instaladas sobre estacas, já mostrando a preocupação do homem primitivo com a erosão dos solos superficiais e com a noção da resistência do solo de fundação. Nápoles Neto *et al.* (2016) registram a descoberta de vestígios de plataformas superpostas, sugerindo reconstrução após colapso, ou decomposição das fundações e apoios originais de sustentação.

O avanço das fundações de forma significativa foi registrado por Nápoles Neto *et al.* (2016) na Roma Antiga, quando as construções passaram a suportar cargas maiores, em razão das edificações mais pesadas, em relação às da Grécia antiga. O livro do romano Marco Vitrúvio, *De Architectura*, em dez volumes, tem importância histórica, por reunir toda a tecnologia conhecida na época, sendo o único legado ainda preservado na biblioteca da Abadia de São Galo, na Suíça. Vitrúvio sugere que as fundações sejam posicionadas em local sólido, caso disponível, escavando-se até uma base firme, de forma compatível com o tamanho da estrutura. Ele indica ainda que as paredes sejam erguidas sobre o terreno da base, com dimensões iguais ou superiores a 50 % da largura das colunas. Caso o solo seja pantanoso, ou muito fofo, o terreno deve ser escavado e limpo, e em seguida recomposto, usando troncos de madeira. Os autores comentam que Vitrúvio se refere ainda à invenção do concreto, em latim *concrescere*, que significava crescer junto. O tratado de Vitrúvio registra o uso de concreto nos *radiers* que servem de fundação para o Panteão e o Coliseu, símbolos do Império Romano.

Na Idade Média, a Igreja, que detinha grande força política paralela ao Estado, motivou a construção de grandes catedrais. Todavia, os progressos acumulados durante os tempos medievais com as grandiosas construções sofreram um retrocesso, devido aos diversos danos (recalques, trincas, inclinações ou colapsos), decorrentes da baixa capacidade de carga do solo de fundação. Muitas construções medievais apresentavam fundações apoiadas sobre faxinas (treliças ou assoalhos de madeira), no fundo de valas escavadas até o nível d'água. Em construções como pontes, onde ocorrem sedimentos de baixa capacidade de suporte, os trabalhos de escavação eram facilitados pelo emprego de ensecadeiras, bem como de bate-estacas acionados por rodas d'água. Kerisel (1985) atribui acidentes, ou comportamentos inadequados das construções, à elevada compressibilidade dos solos, magnitude e excentricidade elevada do carregamento vertical, resultando em momentos de tombamento. E destaca também casos de mau comportamento de fundações, de construções da Idade Média, posicionadas em taludes. Nápoles Neto *et al.* (2016) apontam falhas que se tornaram célebres, como a Torre de Pisa, na Itália, construída no século XII, em solo mole. A torre chegou a ser interditada para visitantes, por apresentar inclinação excessiva, e teria tombado, não fossem as intervenções e inúmeros recursos tecnológicos empregados para estabilizá-la. Jamiolkowiski, professor e geotécnico italiano, apresentou vários artigos e palestras detalhando o comportamento da Torre de Pisa, antes e após os trabalhos de estabilização, incluindo levantamentos históricos (BURLAND *et al.*, 2015). Muitas outras construções da época, como obeliscos, campanários de igrejas e minaretes (pequenas torres de mesquitas muçulmanas), tiveram suas fundações apoiadas em rocha, mas se mostraram sensíveis a problemas de inclinação acentuada e desabamento.

No período entre os séculos XVII a XIX ocorreram relevantes eventos na Geotecnia, exemplificando a criação, em 1747, da École des Ponts et Chaussées, e após a Revolução Francesa, a École Polytechnique. Nápoles Neto *et al.* (2016) consideram o marechal francês Sebastian Vauban (1622-1707) o mais ilustre engenheiro da França no século XVII. No início do século XVIII, a experiência de Vauban começou a ser teorizada, dando início aos primórdios da Mecânica dos Solos. Em 1818 os britânicos fundaram o Instituto de Engenheiros Civis, objetivando defender e prestigiar a profissão. Nápoles Neto *et al.* (2016) também citam Lambert como o primeiro a tentar racionalizar o uso de fundações por sapatas e estacas.

A sistematização da Engenharia no Brasil teve início no período colonial, com a construção de fortificações e igrejas. Nápoles Neto *et al.* (2016) citam que o engenheiro Luiz Dias foi incumbido por Tomé de Souza de levantar os muros da cidade de Salvador, a capital da Colônia, tendo construído também o prédio da Alfândega, a Casa da Câmara e a Cadeia da Cidade de Salvador. A primeira escola de Engenharia Civil só foi criada com a chegada da Família Real, em 1808, e a fundação da *Real Academia Militar do Rio de Janeiro*. Em 1842 a academia foi transformada na *Escola Central de Engenharia,* e 32 anos depois, na *Escola Nacional de Engenharia*, parte da atual Universidade Federal do Rio de Janeiro.

O período clássico da Mecânica dos Solos, segundo Skempton (1985), se inicia em 1776 com Charles-Augustin de Coulomb, que estudou o atrito entre corpos, escrevendo a primeira equação de resistência ao cisalhamento. Em 1857, o escocês Willian John M. Rankine desenvolveu uma teoria do campo de tensões e derivou as expressões clássicas para os empuxos ativo e passivo dos solos.

O período conhecido como contemporâneo da história da Mecânica dos Solos e Fundações teve início com os trabalhos de Karl Terzaghi, na década de 1910. Nápoles Neto *et al.* (2016) destacam a declaração de Skempton, no VI Congresso Internacional (ICSMFE) em 1965, de que Terzaghi foi o homem certo, no momento certo, para promover o advento da nova disciplina da Engenharia, não só pela competência e liderança, mas principalmente por sua capacidade como engenheiro, geólogo e cientista. A análise crítica de Terzaghi do enorme acervo empírico então existente, definindo um programa de pesquisas destinado a explicar e complementar, com bases científicas, os conhecimentos da nova ciência, foi um marco para a Geotecnia e Fundações. Mais modernamente, após a teoria de Terzaghi para a capacidade de carga das fundações, cabe destacar os estudos de Vesic (1973), que acrescentou a ruptura por puncionamento aos dois mecanismos previstos por Terzaghi: ruptura generalizada e localizada. Vesic mostrou, ainda, que o padrão de ruptura depende de vários fatores, em especial da compressibilidade do solo e do efeito de escala, como se verá no Capítulo 4 deste livro.

Nápoles Neto *et al.* (2016) ainda destacam que Terzaghi, no último de uma série de oito artigos na revista *Engineering News Records*, citava os três requisitos para o uso prático e correto dos novos conceitos de Mecânica dos Solos: (i) um sólido apoio na teoria; (ii) um sistema de classificação de solos que permita uma correlação confiável entre os fatos observados (em casos históricos) e, como extensão deste; e (iii) capacidade para visualizar analogias simplificadas mais confiáveis simulando as condições complexas e os problemas postos pela natureza.

1.4 Fundações em estacas no Brasil

No Brasil, até o século XIX, as estacas de fundação eram apenas de madeira. Na virada do século, passaram a integrar as opções de fundação as estacas de aço e de concreto. Em obras em terra, no início do século XX, eram comuns as *estacas de concreto moldadas in situ*, executadas após uma perfuração ou escavação do terreno. Os processos então adotados seguiam técnicas europeias e norte-americanas. Na cidade do Rio de Janeiro, com boa parte de sua área edificável apresentando solos sedimentares de baixa consistência, algumas dessas técnicas se mostraram inadequadas. Foi o caso das *Estacas Simplex e Duplex*. Uma obra em Copacabana, em que estacas desse tipo apresentaram estrangulamento de fuste, ruiu ao final da construção (Figura 1.2). Esse acidente desencorajou o uso deste tipo particular de estaca.

Na década de 1930, chegou ao Brasil a empresa belga Estacas Franki, trazendo o processo que tem seu nome. Desde o início, se mostrou um processo muito confiável. Essa estaca diferia de processos anteriores na medida em que o fuste era concretado a seco, garantindo a qualidade da estaca. Além disso, tinha uma base alargada e, por isso, podia ter comprimentos menores do que outras estacas, o que lhe dava uma vantagem em termos de custo. A grande maioria dos prédios altos do centro do Rio de Janeiro, construídos até os anos 1970, teve suas fundações em estacas tipo Franki (ou tubulões feitos pela mesma empresa). A Estacas Franki tinha filiais em São Paulo, no Recife e em Porto Alegre, executando boa parte das fundações nessas e em outras capitais. Em 1940, a confiança nessa empresa passou por uma prova, quando da construção do edifício da Companhia Paulista de Seguros, em São Paulo (Figura 1.3). As estacas Franki foram projetadas e executadas, em toda a obra, com as bases entre 9 e 10 m de profundidade, no topo de uma camada de argila rija presente em todo o terreno. A campanha de sondagens não tinha detectado, porém, a presença de uma lente argilo-arenosa mole, abaixo dessa profundidade, em um canto da obra. Quando o prédio estava quase concluído, começou a inclinar-se, medindo-se recalques naquele canto de cerca de 30 cm, enquanto, no canto oposto, o recalque era de 3 cm. O prédio saiu do prumo em cerca de 1 m, em 100 m de altura. Medidas de velocidade de recalques mostraram que não havia tendência de estabilização, pois progrediam à razão de 1 mm por dia. A construtora deu pronta

FIGURA 1.2. Edifício em Copacabana, Rio de Janeiro, ruindo em 1958.
Fonte: Disponível em: <https://rioquepassou.com.br/2008/01/31/50-anos-do-desabamento-do-ed-sao-luiz-rei/> Acesso em: 31 jan. 2020.

Figura 1.3. Edifício da Companhia Paulista de Seguros, em São Paulo.
Fonte: Disponível em: <https://www.icevirtuallibrary.com/doi/10.1680/geot.1956.6.1.1> Acesso em: 31 jan. 2020.

resposta, com uma solução radical: o congelamento do subsolo, na parte que recalcava, seguido da execução de novas fundações em tubulões (escavados com martelos pneumáticos no terreno congelado). O congelamento interrompeu os recalques. Concretados os tubulões, colocaram-se macacos hidráulicos entre eles e a estrutura, cortaram-se as estacas Franki e, ao mesmo tempo que se procedia ao degelo do solo, reaprumou-se o edifício. A Figura 1.4 mostra a evolução dos recalques, tanto na fase em que a fundação recalcava como no reforço e reversão dos recalques (mais detalhes em Dumont-Villares, 1956; Milititsky *et al.*, 2015).

Estacas pré-moldadas de concreto tiveram sempre muito espaço no mercado de fundações, pela sua boa relação custo/benefício, e passaram a ser executadas com comprimentos maiores graças ao uso de protensão. Com a implantação da indústria siderúrgica no país nos anos 1940, *perfis e tubos de aço*,

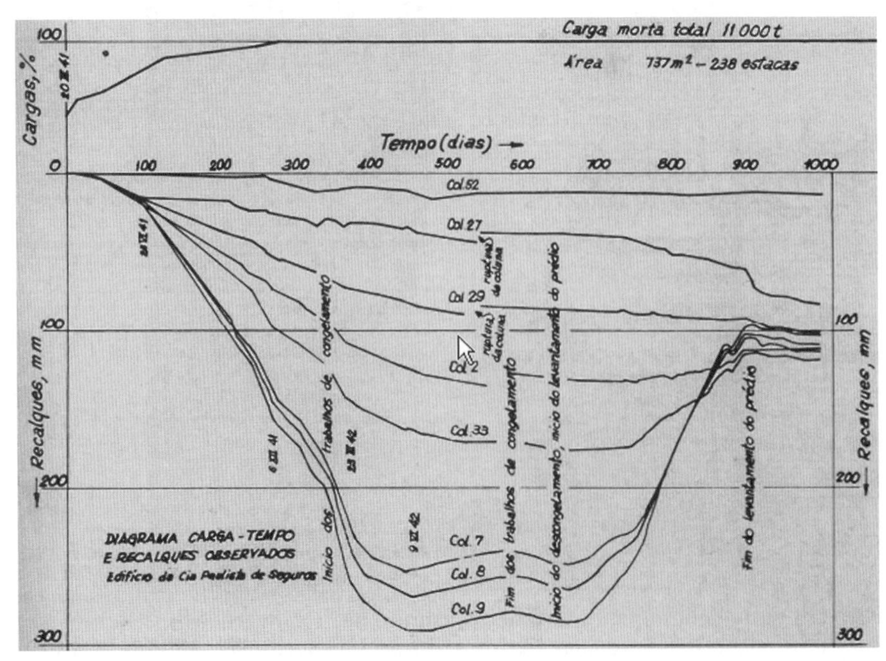

Figura 1.4. Evolução dos recalques do edifício da Companhia Paulista de Seguros.

antes só importados, se tornaram mais acessíveis, além da sempre presente opção de se aproveitar *trilhos usados*.

No final da década de 1960 foi construída a Ponte Rio-Niterói, em que foram executadas estacas de grande diâmetro (na época chamadas tubulões[1]), com *trecho inferior perfurado em rocha*, por equipamento Wirth. O revestimento de aço das estacas era instalado por uma tubuladora Bade (ambos equipamentos alemães)[2]. Esse tipo de solução foi empregado em diversas pontes e portos a partir de então.

Na década de 1970, começaram a ser executadas *estacas do tipo raiz* – inicialmente só para reforço – e *estacas escavadas com lama* (inicialmente, bentonita), técnicas desenvolvidas por empresas italianas. E na década de 1980, chegou ao nosso país a *estaca hélice contínua*, que ganhou espaço rapidamente pela sua grande velocidade de execução.

1 A expressão *tubulão* é reservada a elementos de fundação profunda em que, em alguma etapa de sua execução, há a descida de operários. Na Ponte Rio-Niterói, não havia trabalhos por operários dentro das fundações. Esporadicamente, desciam mergulhadores para alguma inspeção. Assim, pela terminologia mais atual, as fundações da ponte seriam em *estacas escavadas de grande diâmetro*.

2 Um capítulo trágico dessa obra foi o acidente durante uma prova de carga, quando o sistema de carregamento da estaca se desequilibrou e caiu sobre o flutuante ao lado, vitimando engenheiros e técnicos liderados por José Machado, do IPT-SP (homenageado pela ABMS com a criação de um prêmio que leva seu nome).

Capítulo 2

Etapas de um projeto de fundações. A norma brasileira

Este capítulo apresenta, de forma resumida, os principais elementos a serem reunidos e os aspectos a serem observados para o desenvolvimento de um bom projeto de fundações profundas.

2.1 Particularidades de um projeto de fundações

As fundações representam a última etapa do projeto de uma estrutura e a primeira etapa de sua construção. Por esse motivo, a clareza nas etapas do projeto é necessária à segurança e rapidez que a prática profissional exige do engenheiro de fundações, de forma que o projeto contemple os aspectos relevantes que garantam o bom desempenho futuro da construção. Outro aspecto que difere o projeto das fundações, em relação aos demais tipos de obras da engenharia geotécnica, é que em face do pequeno tempo disponível ao projeto, os parâmetros geotécnicos costumam ser obtidos através de ensaios de campo, e não pela execução de ensaios em laboratório. As fundações profundas, em especial, atravessam diversas camadas do subsolo, com perfis estratigráficos muitas vezes erráticos, que dificultam a extração de numerosas amostras representativas/indeformadas; os prazos de retiradas de amostras e execução dos ensaios em geral não são compatíveis com os prazos disponíveis à elaboração do projeto. Por conta de todas essas razões, os ensaios de campo são muito relevantes à prática do projeto e execução das fundações.

As etapas de projeto incluem: a coleta de dados, a concepção do projeto e o seu desenvolvimento/detalhamento.

2.2 Coleta de dados

A coleta de dados requer a reunião das seguintes informações:

i. Cargas transmitidas pela estrutura, além daquelas eventualmente originárias do próprio maciço de solo em movimento.
ii. Características da construção (porte da obra, método construtivo, rigidez, tolerância a recalques etc.).
iii. Características do solo (investigação geotécnica específica, estratigrafia e variabilidade espacial, comportamento e características de resistência e compressibilidade dos maciços de solo e rocha, quando a fundação tiver parte embutida em rocha).
iv. Topografia.
v. Construções vizinhas (fundamental visita ao local, verificação da situação dos vizinhos, verificação da disponibilidade de dados das fundações das obras vizinhas, casos documentados na literatura).
vi. Equipamentos disponíveis.

Em relação às *cargas transmitidas pela estrutura*, cabe fazer uma ressalva importante em relação às versões mais recentes da Norma de Fundações, NBR 6122. Em versões anteriores a 1996, a norma brasileira estabelecia o cálculo geotécnico das fundações considerando a adoção de um **fator de segurança global**. Esse fator de segurança engloba todas as incertezas do projeto, sendo as principais: incertezas no conhecimento do subsolo (e nas propriedades dos solos) e incertezas nas cargas. Neste enfoque, os valores de serviço (ou característicos ou nominais) das cargas, multiplicados pelo fator de segurança global deveriam ser inferiores à capacidade de carga do solo.

A partir da versão 1996, o projetista de fundações passou a ter a alternativa de desenvolver seu projeto através da adoção de **fatores de segurança parciais**. Esses fatores tratam separadamente as incertezas no conhecimento do subsolo (e nas propriedades dos solos) e as incertezas nas cargas, através de fatores de minoração da capacidade de carga (com a notação γ_m na última versão da Norma de Fundações) e de fatores de majoração das cargas (com a notação γ_f nas normas de estruturas), respectivamente. Cabe, neste ponto, reproduzir o trecho inicial, item 5.1 da NBR 6122 de 2019, que estabelece:

> *"Os esforços, determinados a partir das ações e suas combinações, conforme prescrito na ABNT NBR 8681, devem ser fornecidos pelo projetista da estrutura a quem cabe individualizar qual o conjunto de esforços para verificação dos Estados Limites Últimos (ELU) e qual o conjunto para a verificação dos Estados Limites de Serviço (ELS). Estes esforços devem ser fornecidos em termos de valores de projeto, já considerando os coeficientes de majoração, conforme NBR 8681.*
> *Para o caso de o projeto de fundações ser desenvolvido em termos de fator de segurança global, deverão ser solicitados, ao projetista estrutural, os valores dos coeficientes pelos quais as solicitações em termos de valores de projeto devem ser divididas, em cada caso, para reduzi-las às solicitações características."*

Apesar de empregada nesse texto da norma NBR 6122, a expressão *solicitações características* não é, a rigor, sinônimo de *solicitações de serviço*. A NBR 8681 define como *ação característica* o resultado de tratamento estatístico de uma ação variável[1]. Da análise de uma estrutura submetida às *ações características* resultam as *solicitações de serviço*. Para evitar duplicidade, a expressão *solicitações de serviço* ou *cargas de serviço* será adotada neste livro.

Quando se faz uso de fatores de segurança globais, tem-se o chamado **Método dos Valores de Trabalho** (conhecido como **Working Stress Method**) e quando se opta por fatores de segurança parciais, tem-se o **Método dos Valores de Projeto**. No primeiro caso, as tensões ou cargas de ruptura divididas por fatores de segurança globais – obtendo-se valores admissíveis – são comparadas com tensões ou cargas de serviço. No segundo caso, as tensões ou cargas de ruptura divididas por fatores de segurança parciais – obtendo-se os valores de projeto – são comparadas com tensões ou cargas de projeto (valores de serviço majorados por fatores ou *coeficientes de ponderação* que consideram a variabilidade e probabilidade de ocorrência).

A norma estabelece ainda que as ações devam ser separadas de acordo com suas naturezas, conforme prevê a norma ABNT NBR 8681, quais sejam:

i. Ações permanentes (peso próprio, sobrecarga permanente, empuxo etc.).
ii. Ações variáveis (sobrecargas variáveis, impactos, vento etc.).
iii. Ações excepcionais.

Além das cargas originárias da própria estrutura, como as especificadas anteriormente, o maciço de solo, quando em movimento, também poderá impor esforços significativos às fundações, como se irá abordar nos Capítulos 9 e 10. Estes esforços não podem ser esquecidos.

As *características da construção*, como seu porte, método construtivo, rigidez, tolerância a recalques, são informações relevantes. Exemplificando, um armazém, cuja função básica é manter e proteger o material depositado por um período restrito, não precisa ter os mesmos cuidados, em relação a recalques, que um laboratório com equipamentos muito sensíveis, cuja tolerância aos deslocamentos é muito reduzida. O assunto será tratado na seção 2.6, mais adiante.

A norma NBR 6122 preconiza que em estruturas nas quais a deformabilidade das fundações pode influenciar na distribuição de esforços, deve-se estudar a interação solo-estrutura ou fundação-estrutura e dá outras indicações. As características da construção, e sua rigidez em relação ao solo, determinam a maior ou menor redistribuição de esforços que poderá ocorrer em relação aos esforços originalmente considerados para cada um dos pilares pelo engenheiro de estruturas. Quando a redistribuição dos esforços é relevante, a interação solo-estrutura deve ser contemplada no projeto das fundações.

Uma consulta sobre as *características do solo na região* deve ser realizada na coleta de dados, antes do planejamento das investigações específicas à nova construção. Esta coleta de dados é feita através do

[1] Na Engenharia Estrutural, o *valor característico* de uma ação ou de uma resistência não corresponde ao valor médio. No caso de uma *resistência*, como o f_{ck}, é aquele com pequena probabilidade (tipicamente 5 %) de que ocorram valores inferiores. No caso de uma *ação variável*, é um valor com pequena probabilidade (tipicamente 30 %) de ser ultrapassado em um período estabelecido (por exemplo, 50 anos).

conhecimento da Geologia local e de investigações geotécnicas anteriores, realizadas para construções já existentes nas proximidades. Esta consulta, juntamente com as características da obra a ser construída, são informações relevantes à investigação geotécnica específica no local da nova construção. A investigação do subsolo deve ser capaz de caracterizar a variabilidade espacial das camadas de solo presentes no subsolo, e a posição do nível d'água, bem como ser capaz de fornecer as características de resistência ao cisalhamento e compressibilidade de cada uma das camadas de interesse à previsão do comportamento das fundações. No caso de fundações embutidas em rocha, são necessárias sondagens rotativas, em profundidades além do impenetrável às ferramentas da sondagem a percussão. Mesmo onde não se prevê estacas embutidas na rocha, nos casos em que se tem dúvida em relação à natureza do material impenetrável às ferramentas de percussão, devem ser programadas sondagens mistas (percussão em solo e rotativas no trecho impenetrável).

A norma brasileira de Fundações aborda as *investigações geológicas e geotécnicas*. Sua leitura é essencial a um conhecimento inicial dos ensaios de campo e laboratório que podem ser utilizados nos projetos de fundações. Embora a maioria dos projetos de fundações no Brasil seja ainda realizada apenas com os dados de sondagens a percussão, esta cultura vem sendo aos poucos modificada, por várias razões. Uma delas é o avanço no conhecimento do comportamento do solo por ensaios cada vez mais refinados, que muito têm contribuído para a melhor previsão do comportamento das fundações, seja em relação à ruptura, seja em relação às condições de serviço. Outra razão relevante é a preocupação com a segurança. Já se sabe que um elevado fator de segurança não é garantia de um bom desempenho. Duas obras com o mesmo fator de segurança global podem estar associadas a probabilidades de ruptura e desempenho sob cargas de serviço muito diferentes. O conhecimento da variabilidade do subsolo e de suas características, e a preocupação com os controles executivos são indispensáveis a um bom desempenho da fundação. Assim, quanto melhor o conhecimento do subsolo, através de ensaios específicos, melhor a confiabilidade das previsões do projetista e menores as incertezas. Quanto menores as incertezas, maior economia pode ser alcançada no empreendimento. Neste assunto, recomenda-se a leitura do Capítulo 4 de Cintra e Aoki (2010) que aborda o tema da probabilidade de ruína de forma bastante didática, incluindo alguns exemplos de aplicação.

A *topografia* é indispensável, por conta de eventuais problemas de instabilidade de taludes (no terreno da obra ou que possam atingi-lo). Assim, a visita à obra é essencial, ocasião em que outros aspectos podem ser observados, como a presença de aterros, natureza do aterro (há casos de aterros de lixo, não identificados nas sondagens a percussão), natureza da ocupação anterior (caso o terreno não seja virgem), indícios de contaminação do subsolo etc.

O estado das *construções vizinhas* também deve ser observado, inicialmente, com vistas ao conhecimento das características de suas fundações – e seu desempenho –, inclusive sondagens existentes, o que pode contribuir na seleção da fundação a ser adotada. É praxe a construtora realizar uma vistoria antes do início da obra, gerando o *laudo de vistoria prévia* (dito, juridicamente, *ad perpetuam rei memoriam*). Esse laudo é confrontado com o da vistoria após a execução, para verificar eventuais danos causados aos vizinhos pela execução da obra. Essa vistoria prévia, em geral, se restringe a danos arquitetônicos (trincas, danos em revestimentos etc.). Não há o olhar de um especialista em fundações e, portanto, o projetista pode aproveitar esse laudo, mas deve fazer sua própria vistoria.

Outro aspecto que deve ser verificado, antes da concepção do projeto em si, é a *disponibilidade de equipamentos*. Dependendo do local da obra, o projetista de fundações não tem total liberdade de escolha do tipo de fundação profunda a ser empregado. Isto porque, longe dos grandes centros, muitos executores de estacas não atuam, e a escolha tem que estar também condicionada à disponibilidade de equipamentos. Nem sempre a solução adotada é a melhor, mas deve ser aquela capaz de ser realizada no prazo solicitado pelo dono do empreendimento e que satisfaça à concepção do projeto que se espera para um bom desempenho, como se verá a seguir.

2.3 Concepção do projeto

Na concepção de um bom projeto, há que se verificar quatro requisitos essenciais:

i. As cargas da estrutura, e aquelas decorrentes da ação do próprio maciço, devem ser transmitidas às camadas de solo capazes de suportá-las com segurança (sem ruptura).

ii. As deformações das camadas de solo subjacentes à fundação devem resultar em deslocamentos, no nível do topo das fundações, compatíveis com os tolerados pela estrutura específica.
iii. A execução das fundações não deve causar danos às obras vizinhas.
iv. O projeto deve atender aos aspectos econômico e de prazo.

O aspecto da *segurança* é, naturalmente, o primeiro a ser verificado (verificação dos **Estados Limites Últimos ou de Ruptura**). Só tem sentido a verificação dos recalques ou deslocamentos horizontais após atendido o aspecto da segurança em relação à ruptura do solo e do elemento estrutural de fundação.

O segundo aspecto diz respeito ao *comportamento sob carga de serviço* (recalques, vibrações etc.). Esse aspecto corresponde à verificação dos **Estados Limites de Serviço ou de Utilização.** Por este motivo há uma distinção entre a carga que atende à segurança, que é aquela que cumpre a questão de segurança, e a carga admissível, que é aquela que, quando aplicada à fundação, atende, além da segurança, aos **Estados Limites de Serviço.**

Segundo a Norma NBR 6122, quando se utiliza o critério dos fatores de segurança parciais, carga resistente de projeto é a carga de ruptura dividida pelo *coeficiente de minoração da resistência.* Esta grandeza é utilizada quando se trabalha com o **Método dos Valores de Projeto.**

A carga para a qual devem ser verificados os recalques corresponde à carga de serviço, ou seja, a carga que se espera efetivamente atue na estaca.

O terceiro aspecto que se procura atender, quando da concepção do projeto, é quanto à *escolha do tipo de fundação que não comprometa o comportamento das obras vizinhas.* Este aspecto é de grande importância, no caso de fundações profundas, uma vez que estacas classificadas como de grande deslocamento são aquelas que, por ocasião de sua execução, promovem deslocamentos significativos na massa de solo. No caso de vizinhos com fundações muito próximas e/ou sensíveis a recalques, deve-se evitar a escolha de estacas com grande deslocamento. Esta preocupação também ocorre quando da execução de escavações próximas a estruturas existentes.

A questão do *custo* se coloca em todas as situações, após verificados os aspectos anteriores. Em geral há algumas opções tecnicamente possíveis, sendo escolhida aquela que corresponde ao menor custo. O tempo de execução das fundações também é uma questão a ser discutida com o contratante do projeto. Em obras com cronograma muito apertado, esse aspecto às vezes passa à frente da questão custo.

2.4 Dimensionamento e detalhamento

Este é o conteúdo estudado nos próximos capítulos. Destaca-se que o detalhamento que será abordado corresponde aos aspectos geotécnicos das fundações. Quanto aos aspectos estruturais, quando necessários ao comportamento conjunto do maciço e do elemento estrutural de fundação, serão também aqui tratados. Porém, sendo a estaca um pilar embutido no solo, o seu dimensionamento é similar ao de um pilar de uma construção, submetido a compressão, tração, flexão composta, flexo-tração, flambagem etc. A diferença é que os esforços atuantes nas estacas sempre variam ao longo da profundidade, dependendo, entre outros aspectos, da estratigrafia e da resistência do solo.

Antes de se iniciar o estudo do dimensionamento e detalhamento das fundações, é importante enumerar algumas fontes de erros mais frequentes do mau comportamento das fundações, uma vez que estes erros estão geralmente ligados a deficiências relativas a alguns dos aspectos abordados anteriormente.

i. **Má avaliação das cargas e falha no entendimento de informações trocadas entre projetistas.**
   Uma vez que as cargas nas fundações são as últimas a serem avaliadas (para a sua correta avaliação a estrutura deve ser analisada previamente) e a construção se inicia pelas fundações, não é incomum que ocorram problemas nas fundações decorrentes de erros por ocasião da avaliação das cargas nas fundações. Outra questão que requer atenção é o entendimento dos valores das cargas passadas pelo engenheiro estrutural, se são *cargas de serviço* ou se são *cargas de projeto* (as últimas aumentadas por fatores de segurança parciais ou *coeficientes de ponderação* na terminologia da Engenharia Estrutural). Deve-se ter em mente que as normas de estruturas (que são várias) e de fundações (que é apenas uma), no passado, não tinham uma nomenclatura comum. Com o tempo, as normas estão se aproximando, mas algumas diferenças permanecem.

ii. **Condições geotécnicas diferentes das admitidas no projeto (investigações deficientes).**
Esta é uma fonte de grandes problemas em fundações, sendo uma das que mais requerem reforço de fundações. Casos de obra interessantes são ilustrados por Milititsky *et al.* (2015). As investigações geotécnicas para o projeto serão discutidas na seção 2.5, a seguir.

iii. **Método de cálculo inadequado.**
Muitos métodos de cálculo são de natureza empírica, desenvolvidos com base em dados de caráter regional. Sua adaptação a situações não contempladas em sua formulação pode levar a projetos com segurança inadequada.

iv. **Avaliação inadequada da tolerância da estrutura a recalques.**
De nada adianta se proceder a uma estimativa de recalque através de uma metodologia muito refinada se não se conhece, com uma certa confiabilidade, os parâmetros de compressibilidade dos solos, ou não se conhece a tolerância da estrutura em relação a recalques.

v. **Desvios construtivos.**
Pequenos desvios são sempre presentes nas construções. Porém, quando ultrapassam determinados limites (tolerâncias), esforços adicionais não previstos podem levar à necessidade de reforço das fundações.

2.5 Sobre a investigação do subsolo

O ideal é que o projetista de fundações se envolva com o processo de investigação do subsolo desde seu início. Infelizmente, na prática, isto não acontece, e ao projetista é entregue, junto com informações sobre a estrutura, um conjunto de sondagens. Nesse caso, e havendo dúvidas que impeçam o desenvolvimento do projeto seguro, essas sondagens devem ser consideradas uma investigação preliminar, e uma investigação complementar deve ser solicitada.

Pode-se, assim, separar a investigação do subsolo em três etapas:

- investigação preliminar.
- investigação complementar de projeto.
- investigação para a fase de execução.

Na **investigação preliminar** objetiva-se conhecer as principais características do subsolo. Nesta fase, em geral, são executadas apenas sondagens a percussão, salvo nos casos em que se sabe *a priori* da ocorrência de blocos de rocha que precisam ser ultrapassados na investigação, quando, então, se solicitam sondagens mistas. No caso de edifícios, o espaçamento ou a "malha" de sondagens é geralmente regular (por exemplo, 1 furo a cada 15 ou 20 m), e a profundidade das sondagens deve procurar caracterizar o embasamento rochoso, ou seja, sondagens até o "impenetrável a percussão".

Na **investigação complementar**, procura-se definir melhor a estratigrafia e caracterizar as propriedades dos solos mais importantes do ponto de vista do comportamento das fundações. Se antes desta fase já se tiver escolhido o tipo de fundação, questões executivas também podem ser esclarecidas. Nesta fase são executadas mais algumas sondagens e, eventualmente, realizadas sondagens mistas ou sondagens especiais para a retirada de amostras indeformadas, se for necessário. Nesta etapa, podem ser executados outros ensaios *in situ* (além do ensaio de penetração dinâmica, SPT, incluído nas sondagens a percussão), como ensaios de cone (CPT), de dilatômetro (DMT) etc. (para um estudo desses ensaios, ver, por exemplo, Schnaid e Odebrecht, 2012). Se retiradas amostras indeformadas, são realizados ensaios em laboratório, que devem ser especificados e acompanhados pelo projetista.

A **investigação da fase de execução** pode ser indicada pelo projetista, quando da entrega do projeto, mas geralmente é atribuição do responsável pela execução da obra e de eventuais consultores e engenheiros que dão assistência técnica à obra (ATO). Ela é usualmente realizada nos casos em que, na execução das fundações, são encontradas condições diferentes daquelas previstas em projeto. De qualquer forma, o projetista deve acompanhar as investigações desta fase, uma vez que poderão levar a uma revisão do projeto.

Para a definição de um programa de investigação o projetista deve ter em mãos:

a. a planta do terreno, com levantamento planialtimétrico;
b. locação da estrutura a ser construída e de vizinhos que possam ser afetados pela obra;

c. informações geológico-geotécnicas disponíveis sobre a área (plantas cadastrais e geológicas, imagens aéreas etc.).

De posse destas informações, o projetista deve visitar o local da obra, preferivelmente com o engenheiro responsável pela obra e o responsável pela execução das investigações. Neste ponto menciona-se a questão da qualidade/idoneidade da empresa executora das sondagens. Frequentemente a escolha da empresa executora das investigações é feita pelo proprietário da obra com base no menor preço. Neste caso, cabe ao projetista estabelecer um padrão mínimo de qualidade para as investigações (além do que estabelecem as normas). Vale lembrar que o custo dessas investigações é uma fração muito pequena do custo da obra.

O programa final de investigação deve atender:

- no caso de edifícios, ao mínimo da Norma NBR 8036: 1 sondagem a cada 200 m^2 de projeção do edifício e um mínimo de 3 sondagens na obra;
- no caso de pontes e viadutos, 1 sondagem por pilar.

Em caso de dúvida sobre a classificação dos solos apresentada nos boletins de sondagem (*classificação tátil visual*), deve-se lembrar que a Norma NBR 6484 estabelece que as amostras devem ser conservadas pela empresa executora da sondagem, à disposição dos interessados, por um período mínimo de 60 dias, a contar da data de apresentação do relatório.

Uma recomendação: as investigações geotécnicas e o levantamento topográfico devem ser georreferenciados, com o mesmo sistema de coordenadas e referência de nível (*datum* altimétrico). Isso permitirá a produção dos – sempre necessários – perfis geotécnicos (e eventualmente de imagens 3D do subsolo, hoje possíveis com os softwares de projeto).

Finalmente, em relação à investigação do subsolo, o projetista de fundações deve ter conhecimento das seguintes normas brasileiras:

- NBR 6484 – Solo – Sondagens de simples reconhecimentos com SPT – Método de ensaio
- NBR 8044 – Projeto geotécnico
- NBR 6502 – Rochas e Solos – Terminologia
- NBR 8036 – Programação de sondagens de simples reconhecimento dos solos para fundações de edifícios
- NBR 9603 – Sondagem a trado
- NBR 9604 – Abertura de poço e trincheira de inspeção em solo com retirada de amostras deformadas e indeformadas
- NBR 9820 – Coleta de amostras indeformadas de solo em furos de sondagem
- NBR 10905 – Solo: ensaio de palheta *in situ*
- NBR 12069 – Solo: ensaio de penetração de cone *in situ* (CPT)

2.6 Sobre recalques admissíveis

Toda fundação sofre deslocamentos verticais ou *recalques* (além de deslocamentos horizontais e rotações, dependendo de cargas horizontais e momentos eventualmente aplicados, que não serão aqui discutidos). Quando os valores dos recalques ultrapassam determinados limites, surgem inicialmente fissuras nos elementos mais rígidos e frágeis das obras, que são as alvenarias. À medida que os recalques aumentam, as fissuras se transformam em trincas, os vãos se distorcem, dificultando o funcionamento de portas e janelas, e aparecem trincas nos elementos estruturais indicando o surgimento de esforços para os quais não foram dimensionados.

Os danos que recalques causam às obras podem ser classificados como *estéticos* (como fissuras, desaprumos visíveis), *funcionais* (como desnivelamento de pisos, dificuldades no funcionamento de portas e janelas) e *estruturais* (trincas, deformações excessivas, até mesmo colapso de elementos estruturais).

Os recalques previstos (análises de **Estados Limites de Serviço**) – absolutos e diferenciais – devem ser discutidos com o engenheiro estrutural e com o arquiteto ou engenheiro industrial. Dessa discussão sairão os recalques admissíveis. É importante observar que valores de recalques admissíveis não são indicados em normas. O que se dispõe é de trabalhos publicados com as experiências brasileira e internacional, relacionando recalques medidos com danos observados (chamados *patologias*). No estudo desses trabalhos, é preciso atentar para o tipo de construção. A maioria dos trabalhos avaliou prédios residenciais e de escritórios, com estruturas aporticadas de concreto armado moldado *in situ*, fechamento em alvenaria de tijolos, vãos não muito grandes (*edifícios convencionais*). Hoje em dia, há soluções de construção bastante variadas, como alvenaria estrutural, estruturas pré-moldadas, estruturas metálicas, grandes vãos de janelas com esquadrias fechadas com pele de vidro etc., que apresentam tolerâncias a recalques diferentes.

Há alguns parâmetros para caracterizar os recalques, sendo os mais relevantes:

- recalque absoluto, w (na norma brasileira, com a notação s);
- recalque diferencial (entre dois pilares), δw;
- distorção de um vão, que é o recalque diferencial entre dois pilares dividido pelo vão l, ou seja, $\beta = \delta w/l$;
- rotação do edifício, que é o recalque diferencial entre pilares extremos e a largura do edifício, ou seja, $\omega = \Delta w/L$.

Trabalhos clássicos (por exemplo, Skempton e MacDonald, 1956; Vargas e Silva, 1973; Institution of Structural Engineers, 1989) indicam que, para *edifícios convencionais*:

i. recalques absolutos máximos da ordem de 2,5 cm (1" na literatura americana e britânica) são, em princípio, toleráveis;
ii. distorções da ordem de 1/500 estão associadas ao início de danos às alvenarias;
iii. distorções da ordem de 1/200 estão associadas a danos à estrutura;
iv. rotações maiores que 1/300 em edifícios altos podem ser percebidas – como desaprumos – a olho nu.

Esses valores são apenas indicativos, e cada obra deverá ser estudada individualmente. Para uma leitura do assunto, ver Velloso e Lopes (2010) ou os trabalhos citados anteriormente.

É sempre interessante a medição de recalques, e a solicitação dessas medições, por projetistas e consultores, não deve ser vista como algo negativo, como insegurança em relação ao projeto ou à execução; é um controle de qualidade como outro qualquer. A própria Norma de Fundações NBR 6122 prescreve a medição de recalques para edifícios altos, além de outros casos.

Capítulo 3
Principais tipos de estacas

Neste capítulo serão apresentados os tipos de estacas de fundação mais empregados em nosso país. Não serão tratados os tubulões, que são elementos de fundação profunda em que há a descida de operários em alguma etapa de sua execução.

3.1 Classificação das estacas

As estacas são denominadas pelo material e pelo tipo de execução. Os materiais são o aço e o concreto. As estacas de madeira, amplamente utilizadas no passado no Brasil (e ainda bastante utilizadas em alguns países), são, hoje, restritas a obras provisórias, e não serão tratadas neste livro. As estacas de concreto podem ser pré-moldadas ou moldadas *in situ*. Há, ainda, estacas com parte de seu comprimento em aço e parte em concreto, ditas *mistas*.

Quanto ao tipo de execução há que se distinguir dois tipos principais:

- *estacas de deslocamento*: aquelas cujo volume ocupado pela estaca (após a execução) é conseguido por deslocamento do solo, ou seja, nenhum solo é retirado e, sim, deslocado (lateralmente);
- *estacas de substituição*: aquelas cujo volume ocupado pela estaca é conseguido por remoção do solo.

No primeiro tipo estão as estacas pré-moldadas de concreto e de aço cravadas, e as estacas tipo Franki. No segundo tipo estão as estacas escavadas em geral e as estacas tipos raiz e hélice comuns. Guardando características desses dois tipos, estão as estacas tipo hélice de deslocamento, descritas na seção 3.6.2.

As estacas de deslocamento podem ser separadas, ainda, em (i) *grande deslocamento*, que seriam as pré-moldadas de concreto, os tubos de aço de ponta fechada e as estacas tipo Franki; e (ii) *pequeno deslocamento*, que seriam as estacas de aço constituídas por perfis ou tubos cravados de ponta aberta, ou, ainda, estacas pré-moldadas de concreto cravadas em pré-furos de diâmetro um pouco menor.

3.2 Estacas de aço

As estacas de aço são encontradas em diversas formas, desde perfis (laminados ou soldados) a tubos. Entre os perfis laminados estão os trilhos, em geral aproveitados das ferrovias (*trilhos usados*). Os perfis podem ser usados isolados ou associados (duplos ou triplos). A Figura 3.1 mostra algumas das estacas mais utilizadas. Os tipos de aço mais utilizados seguem os padrões ASTM A36 (tensão de escoamento 250 MPa) e A572 Grau 50 (tensão de escoamento 345 MPa). Pode ter adicionada, na composição do aço, uma porcentagem de cobre, que lhe confere resistência à corrosão atmosférica (aço tipo SAC ou "CORTEN").

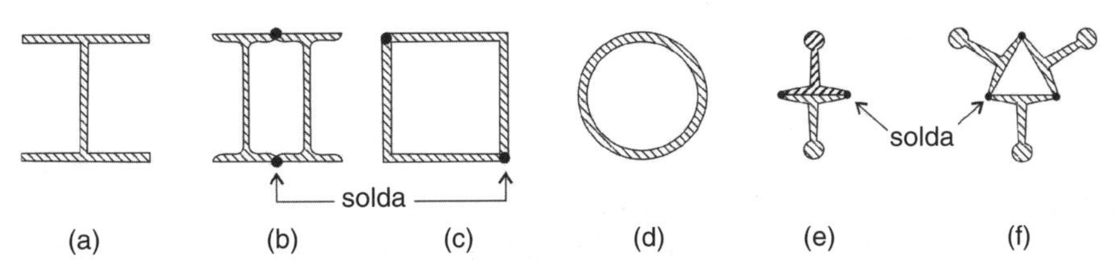

Figura 3.1. Estacas de aço (seções transversais): (**a**) perfil de chapas soldadas; (**b**) perfis I laminados, associados (duplo); (**c**) perfis tipo cantoneira, idem; (**d**) tubo; (**e**) trilhos associados (duplo); e (**f**) idem (triplo).

a. Vantagens e desvantagens

As estacas de aço apresentam vantagens importantes:

i. São fabricadas com seções transversais de várias formas e dimensões, o que permite uma escolha bem ajustada a cada caso.
ii. Devido ao peso relativamente pequeno e à elevada resistência na compressão, na tração e na flexão, são fáceis de transportar e manipular.
iii. Pela elevada resistência do aço, são mais fáceis de cravar do que as estacas de concreto pré-moldado, podendo passar por camadas compactas ou permitir o embutimento nesses materiais.
iv. Pela facilidade com que podem ser cortadas com maçarico ou emendadas por solda, permitem ajustes de comprimento no canteiro. Além disso, os pedaços cortados podem ser aproveitados no prolongamento de outras estacas.
v. Na fundação de pilares na divisa, estacas em perfil I ou H, cravadas junto à divisa, apresentam pequena excentricidade em relação ao pilar, frequentemente dispensando vigas de equilíbrio. Podem servir, ainda, para escoramento de escavações de blocos ou mesmo subsolos (pelo sistema de perfis + pranchas ou placas).

Como desvantagens podem ser citadas:

i. Custo elevado, em nosso país, embora, nos últimos anos, as estacas de aço tipo A572 tenham condições de concorrer com as estacas de concreto, quando se considera o custo global da fundação: estaca (custos do material e de cravação), equipamento (mobilização etc.), tempo de execução e blocos de coroamento.
ii. Corrosão, embora seus efeitos sobre o tempo de vida das estacas de aço, graças aos muitos estudos que vêm sendo realizados, têm tido sua importância devidamente limitada.

b. Corrosão

A corrosão observada nas estacas de aço cravadas em solo natural não perturbado não é suficiente para afetar significativamente a resistência ou a vida útil das estacas como elementos de suporte de cargas. Ainda, observa-se que, no processo corrosivo, desenvolve-se uma película de óxido de ferro ("ferrugem"), e que mesmo que esta película não seja retirada – caso das estacas permanentemente enterradas – o processo corrosivo não evolui.

Já estacas com trecho acima do solo (obras em água, por exemplo), como a película de corrosão pode ser continuamente retirada, a corrosão pode prosseguir. Assim, nesses casos, têm-se as seguintes opções:

i. Nenhuma medida é tomada, aceitando-se uma redução na espessura do aço, o que limitará a vida útil da obra.
ii. Aplica-se uma pintura de proteção na parte da estaca acima da superfície do terreno (que tem uma vida útil ou que será refeita ao longo do tempo).
iii. Adota-se proteção catódica (de custo relativamente elevado).
iv. Encamisa-se a estaca, em concreto, por exemplo (Figura 3.2).

Na prática, estacas de aço inteira e permanentemente enterradas, salvo em casos excepcionais, dispensam proteção contra a corrosão. Em cálculos de capacidade de carga estrutural, admite-se que a corrosão inutilize apenas uma espessura de sacrifício, de acordo com a Norma de Fundações NBR 6122 (Tabela 3.1).

Em função da perda de seção por corrosão, devem ser preferidos perfis e tubos com chapa de espessura mínima de 10 mm.

Estacas de aço com trecho desenterrado, no ar ou na água, exigem uma proteção. A opção mais comum é o encamisamento, desde a cota de erosão até o bloco de coroamento (Figura 3.2). Quando a estaca é constituída por perfis I, H, ou trilhos, faz-se um encamisamento com concreto, preferencialmente, armado; quando a estaca é tubular, arma-se o trecho acima da cota de erosão, para os esforços previstos, desprezando-se, totalmente, o tubo de aço (que funcionará, apenas, como forma).

TABELA 3.1. **Espessuras de sacrifício (NBR 6122)**

Classe do solo	Espessura de sacrifício (mm)
Solos em estado natural e aterros controlados	1,0
Argila orgânica; solos porosos não saturados	1,5
Turfa	3,0
Aterros não controlados	2,0
Solos contaminados*	3,2

* Casos de solos agressivos devem ser estudados especificamente.

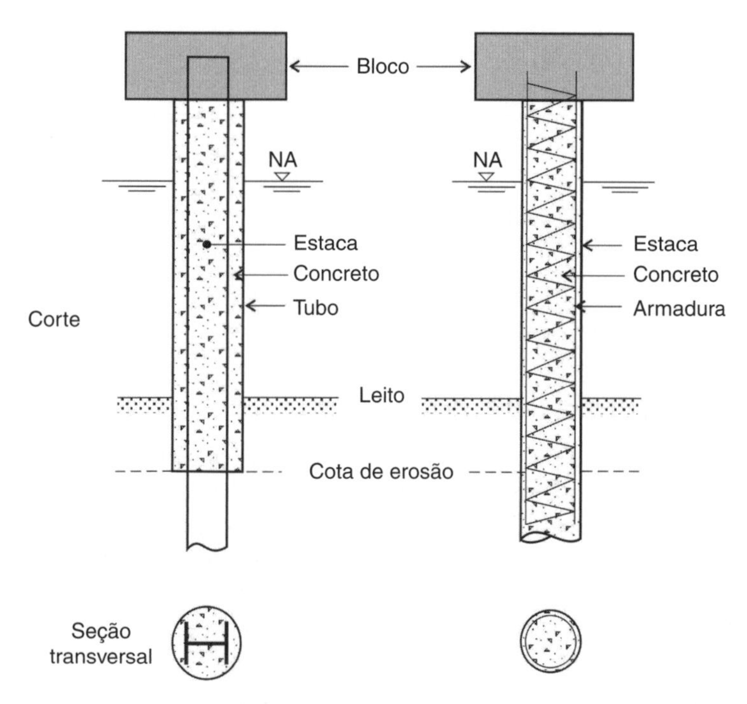

FIGURA 3.2. Estacas de aço: proteção contra corrosão.

c. Dimensionamento estrutural, tolerâncias e emendas

As estacas são dimensionadas de acordo com a NBR 8800, considerando-se a seção reduzida pela espessura de sacrifício. Nas peças reutilizadas (perfis e trilhos usados) deve-se verificar a seção real mínima da peça, aceitando-se uma perda de massa por desgaste mecânico ou corrosão máxima de 20 % do valor nominal da peça nova.

A norma prescreve que:

- as estacas de aço devem ser retilíneas, assim consideradas aquelas que apresentam flecha máxima de 0,2 % do comprimento de qualquer segmento nela contido;
- admitem-se, nas dimensões externas e na massa, pequenas tolerâncias definidas em norma.

As emendas das estacas de aço são usualmente feitas por meio de talas soldadas. Nas emendas com solda, o eletrodo a ser utilizado deve ser especificado em projeto, sendo compatível com o material da estaca.

A Tabela 3.2 apresenta cargas máximas de serviço para as estacas mais utilizadas.

TABELA 3.2. Estacas de perfis de aço mais utilizadas

Tipo de estaca	Tipo / dimensão	Peso/metro (kgf/m)	Carga máx. (kN)
Trilhos usados	TR 32	32,0	250
	TR 37	37,1	300
$\sigma_{serv} \cong 80$ MPa	TR 45	44,6	350
	TR 50	50,3	400
Importante verificar grau de desgaste e alinhamento	2 TR 32	64,0	500
	2 TR 37	74,2	600
	3 TR 32	96,0	750
	3 TR 37	111,3	900
Perfis I e H – Aço A36	I 8" (203 mm)	27,3	300
	I 10" (254 mm)	37,7	400
Descontados 1,5 mm de corrosão e aplicada σ_{serv} = 120 MPa	I 12" (305 mm)	60,6	600
	H 6" (152 mm)	37,1	400
Perfis H – Aço A572	H 200 mm	46,1	700
	H 200 mm	59,0	1000
Descontados 1,5 mm e aplicada σ_{serv} = 175 MPa	H 250 mm	73,0	1200
	H 310 mm	93,0	1500
	H 310 mm	117,0	2000

σ_{serv} = tensão de trabalho, adotada como 0,5 f_{yk} para peças novas.

3.3 Estacas pré-moldadas de concreto

As estacas pré-moldadas são produzidas em usinas ou no próprio canteiro de obras e podem ser classificadas, quanto à forma de confecção, em: (a) concreto vibrado, (b) concreto centrifugado e (c) por extrusão. Quanto à armadura, são ditas: (i) de concreto armado e (ii) de concreto protendido. A Figura 3.3 apresenta algumas seções típicas. Na seção longitudinal em que a armadura é representada (Figura 3.3e), as duas extremidades da estaca apresentam um reforço da armação transversal necessário por conta das tensões que ali surgem durante a cravação ("tensões dinâmicas").

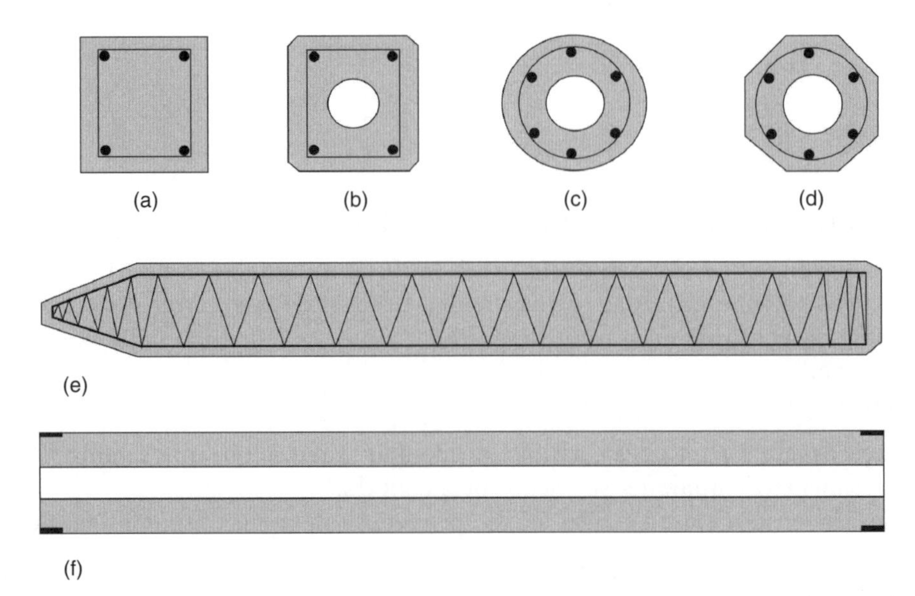

FIGURA 3.3. Estacas pré-moldadas de concreto: (a) a (d) seções transversais típicas; (e) seção longitudinal com armadura típica; e (f) estaca com furo central e anel de emenda (apenas o concreto representado).

a. Vantagens e desvantagens

A grande vantagem das estacas pré-moldadas sobre as moldadas no terreno está na boa qualidade do concreto que se pode obter, com resistência aos agentes agressivos dos solos e na água. Outra vantagem é a segurança que oferecem na passagem através de camadas muito moles, onde a concretagem *in loco* pode apresentar problemas.

Como desvantagens estão a necessidade de cuidados especiais na manipulação e cravação e a questão das perdas em terrenos com grande variabilidade horizontal.

Estacas de concreto protendido, em particular, apresentam as seguintes vantagens:

i. Elevada resistência na compressão, flexão composta e tração em serviço.
ii. Maior capacidade na manipulação e cravação, e menor fissuração (daí a maior durabilidade).
iii. Possibilidade de serem executadas com seções transversais de grandes dimensões e grandes comprimentos.

b. Manipulação e estocagem

As estacas pré-moldadas precisam ser dimensionadas para resistir aos esforços de serviço e aos esforços de manipulação e cravação. Esforços de manipulação são calculados para as situações: (i) de levantamento (ou suspensão) para carga, descarga e estocagem e (ii) de içamento para cravação. Na suspensão após a concretagem, na descarga e estocagem a estaca é geralmente levantada ou apoiada em 2 pontos, que distam das extremidades 1/5 do seu comprimento. No içamento, o cabo de aço pega a estaca a 1/4 do seu comprimento.

c. Cargas admissíveis

As tensões de trabalho das estacas pré-moldadas (a serem aplicadas à seção transversal de concreto) dependem não só da armadura e da qualidade do concreto, mas também dos controles de fabricação e cravação, e ainda do uso de protensão. Assim, as tensões variam desde 7 MPa, adotadas em estacas de concreto armado com controles usuais de fabricação e sem controle de cravação por ensaios estáticos ou dinâmicos, até 14 MPa, adotadas em estacas de concreto protendido com controles rigorosos de fabricação e com controle de cravação por ensaios. Na Tabela 3.3 estão apresentados alguns tipos comuns de

TABELA 3.3. **Tipos usuais de estacas pré-moldadas e suas cargas de trabalho (do ponto de vista estrutural)**

Tipo de estaca	Dimensões (cm)	Carga usual (kN)	Carga máx. (kN)	Obs.
Pré-moldada vibrada, de concreto armado, quadrada maciça σ_{serv} = 6 a 10 MPa	20 × 20	250	400	Disponíveis até 8 m
	25 × 25	400	600	
	30 × 30	550	900	
	35 × 35	750	1200	
Pré-moldada vibrada, de concreto armado, circular com furo central σ_{serv} = 9 a 12 MPa	ϕ 22	300	400	Disponíveis até 10 m Furo central a partir do ϕ 29 cm
	ϕ 25	450	550	
	ϕ 29	600	750	
	ϕ33	700	800	
Pré-moldada vibrada, de concreto protendido σ_{serv} = 10 a 14 MPa	ϕ 20	300	350	Disponíveis até 12 m Podem ter furo central
	ϕ 25	500	600	
	ϕ33	800	900	
Pré-moldada centrifugada, de concreto armado σ_{serv} = 10 a 14 MPa	ϕ 20	250	300	Disponíveis até 12 m. Com furo central (ocas) e paredes de 6 a 12 cm
	ϕ 26	400	500	
	ϕ 33	600	750	
	ϕ 42	900	1150	
	ϕ 50	1300	1600	
	ϕ 60	1700	2100	

estacas pré-moldadas com suas cargas típicas. Essa tabela serve apenas para uma pré-seleção do tipo de estaca ou para efeito de anteprojeto; para projeto, devem-se consultar empresas executoras de fundações e não somente empresas fabricantes de estacas pré-moldadas.[1]

A norma brasileira

A norma sugere tratar as estacas pré-fabricadas como peças pré-moldadas estruturais dentro do conceito da NBR 9062. Quanto ao dimensionamento estrutural, deve-se observar o disposto na Tabela 3.4. A adoção de uma carga de trabalho baseada neste dimensionamento é válida se, na obra, for feita a verificação da capacidade de carga através de prova de carga estática (NBR 16903) ou de ensaio de carregamento dinâmico (NBR 13208). Caso não seja feita tal verificação, a tensão média atuante na seção de concreto deve ser limitada a 7 MPa (para efeito da seção de concreto, consideram-se maciças as seções vazadas, limitando-se a seção vazada a 40 % da maciça).

TABELA 3.4. **Critérios para dimensionamento estrutural de estacas e tubulões de concreto comprimidas (adaptada da NBR 6122)**

Tipo de estaca/tubulão	f_{ck} máx. de projeto[4] (MPa)	Coeficientes para dimensionamento		Armadura		Tensão média atuante, abaixo da qual não é necessário armar (MPa)
		γ_f[6]	γ_c	% mínima	Comprimento mínimo (m)	
Pré-moldada de concreto	40	1,4	1,4	0,4	Armadura integral	–
Hélice[1]	*	1,4	**	0,4	4,0	6,0
Escavada sem fluido	*	1,4	**	0,4	2,0	5,0
Escavada com fluido	*	1,4	**	0,4	4,0	6,0
Strauss[2]	20	1,4	2,5	0,4	2,0	5,0
Franki[2]	20	1,4	1,8	0,4	Armadura integral	–
Raiz[2,3]	20	1,4	1,6	0,4	Armadura integral	–
Microestacas[2,3]	20	1,4	1,8	0,4	Armadura integral	–
Trado vazado segmentado	20	1,4	1,8	0,4	Armadura integral	–
Tubulões não encamisados	20	1,4	**	0,4	3,0	5,0

* Consultar a NBR 6122 que explicita a classe de concreto em função da agressividade ambiental.
** Consultar a NBR 6122 que explicita valores de γ_c em função da classe de concreto e agressividade ambiental.
[1] Neste tipo de estaca, o comprimento da armadura é limitado devido ao processo executivo.
[2] Nestes tipos de estaca, o diâmetro a ser considerado no dimensionamento é o diâmetro do revestimento.
[3] O espaçamento entre faces de barras deve ser de um diâmetro da barra de, no mínimo, 20 mm. As taxas máximas de armadura são de 8 % A_c para diâmetros menores ou iguais a 310, e de 6 % A_c para diâmetros iguais ou superiores a 400 mm. As taxas máximas devem ser verificadas na seção de maior concentração de aço (considerando inclusive as emendas por transpasse). Em situações críticas, o dimensionamento pode ser feito em função da área de aço ($f_{yk} \geq 500$ MPa; A_s = área de aço), conforme a seguir:
quando $A_s \leq 6\%\ A_c$, o dimensionamento deve ser feito considerando a estaca trabalhando como pilar de concreto (a resistência da estaca é formada pela parcela do concreto e pela parcela do aço).
quando $A_s \geq 6\%\ A_c$, o dimensionamento deve ser feito considerando que todo o esforço solicitante deve ser resistido pelo aço da seção da estaca (a parcela do concreto é desprezada).
[4] O f_{ck} máximo de projeto desta tabela é aquele que deve ser empregado no dimensionamento estrutural da peça. No caso de estacas moldadas *in situ*, o concreto especificado para a obra deve ter o f_{ck} indicado para cada tipo de estaca nos anexos da NBR 6122. Deve-se lembrar que ao f_{ck} cabe aplicar um fator de redução de 0,85 (efeito da velocidade de ensaio ou Rusch).
[5] Um γ_f de 1,4 é normalmente aplicado às cargas finais de edifícios (NBR 6118). Para cargas de outras estruturas, como pontes, portos etc., que têm várias combinações, deve-se consultar a NBR 8681.
Fonte: Adaptada da NBR 6122.

---

[1] Deve-se observar que empresas fornecedoras de estacas pré-moldadas indicam em seus catálogos cargas admissíveis do ponto de vista estrutural, daí resultando cargas elevadas (frequentemente baseadas em tensões de trabalho de até 14 MPa). Para determinados terrenos e equipamentos de cravação estas cargas não são possíveis, e a tentativa de cravar estacas para as cargas de catálogo pode resultar na quebra das mesmas.

d. Cravação de estacas pré-moldadas

Uma questão que merece bastante atenção nas estacas pré-moldadas é a sua cravação, já que as tensões de cravação devem ser sempre inferiores à tensão característica do concreto (recomenda-se que sejam inferiores a 0,85 f_{ck}). Como as tensões de compressão que surgem na cabeça da estaca no momento do impacto são proporcionais à altura de queda do martelo, para se evitar danos à cabeça da estaca deve-se trabalhar com alturas de queda pequenas, em geral não maiores que 1,00 m, e adotar um amortecedor (coxim) adequado. Assim, quando a estaca precisa ser cravada a grande profundidade ou penetrar camadas resistentes, devem-se adotar martelos mais pesados (é comum se empregar, em obras em terra, martelos de 40 kN ou mesmo mais pesados).

A Norma NBR 6122 recomenda que o martelo tenha, no mínimo, 75 % do peso total da estaca, e pelo menos 20 kN.

Passagem ou penetração em solos compactos

Visando permitir a passagem por camadas mais compactas e/ou embutimento em materiais compactos, podem ser confeccionadas ponteiras especiais, constituídas por segmentos de tubos ou de perfis de aço, soldados a anéis de aço deixados na concretagem (mais robustos que os anéis usuais de emenda).

e. Emendas de estacas pré-moldadas

As emendas devem ser feitas de tal maneira que as seções emendadas possam resistir a todas as solicitações que nelas ocorram durante a cravação e a utilização da estaca. Na maioria das estacas fabricadas no Brasil, a emenda é feita soldando-se entre si luvas ou anéis de aço que são incorporadas ao concreto (Figura 3.4a). Estas emendas permitem transmitir compressão, tração e flexão. Estacas com previsão apenas de compressão em serviço e que não atravessam solos moles podem ser emendadas por luva de encaixe (Figura 3.4b).

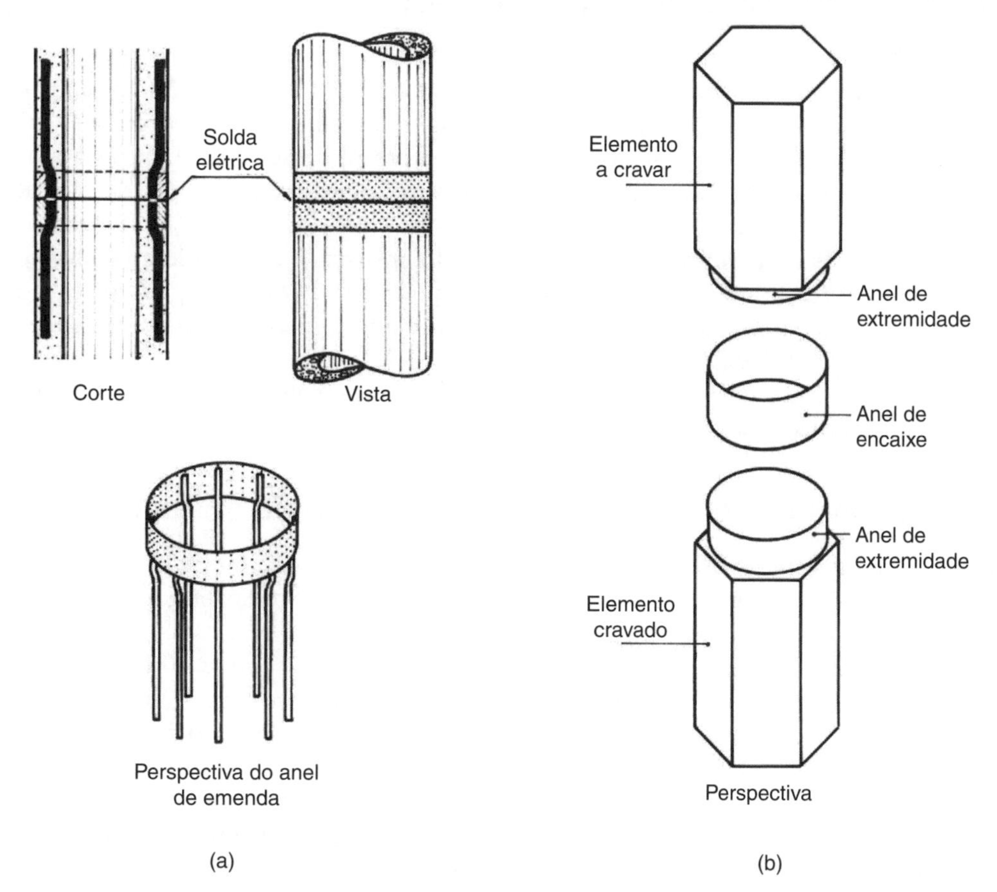

FIGURA 3.4. Emenda de estacas pré-moldadas por luvas de aço (a) soldadas e (b) apenas encaixadas (Adaptada de Velloso e Lopes, 2010).

f. Preparação da cabeça da estaca e ligação com o bloco de coroamento

O topo da estaca deve ser preparado para ligação com o bloco de coroamento. Esta preparação envolve o corte da estaca na "cota de arrasamento" por um processo que preserve o concreto e a armadura no trecho que será necessário para a ligação. Deve ser usado um processo de corte manual do concreto com ponteiros e talhadeiras trabalhando horizontalmente, em vez de marteletes/rompedores pneumáticos trabalhando verticalmente.

A penetração do concreto da estaca no bloco deve ser de, no mínimo, 5 cm (preferivelmente 10 cm), certificando-se que o concreto da estaca esteja perfeitamente íntegro após o corte. A penetração da armadura no bloco vai depender do tipo de vínculo (rótula ou engaste, estaca trabalhando a tração etc.) previsto no projeto e os detalhes da armadura a ser preservada devem constar do projeto. Quando não há necessidade de penetração da armadura da estaca no bloco, não devem ser cortados, necessariamente, os ferros eventualmente remanescentes acima da cota de arrasamento.

É preciso se atentar para o fato de que estacas de concreto protendido por cabos de aço, no caso de alguns tipos de vínculos (engaste e/ou estaca trabalhando a tração), precisam ter uma armadura convencional ("dura"), ou essas estacas não poderão ser utilizadas.

Caso o topo da estaca após a cravação ou após a remoção de concreto danificado fique abaixo da cota de arrasamento, é possível completar a estaca com concreto de alta qualidade ou preferivelmente com argamassa especial (*grout*), sempre considerando a questão da armadura, que poderá precisar ser emendada.

Vale a pena lembrar que os maiores esforços em uma estaca ocorrem justamente na sua ligação com o bloco e que, portanto, a qualidade de seu trecho final e ligação com o bloco é muito importante.

3.4 Estacas de concreto moldadas no solo

A grande vantagem das estacas moldadas no solo (ou moldadas *in situ*) sobre as pré-moldadas está em permitir executar a concretagem no comprimento estritamente necessário. Na execução da maioria das estacas moldadas no solo, há remoção de solo, em alguma medida, para posterior enchimento com concreto. Por conta da redução de tensões no solo que decorrem desse tipo de execução, a capacidade de carga da maioria das estacas moldadas no solo é inferior à de pré-moldadas de mesmo diâmetro. A exceção é a estaca tipo Franki.

Quanto à vantagem das estacas pré-moldadas no que diz respeito à qualidade do concreto, as estacas moldadas no terreno apresentam as desvantagens correspondentes. O que se pode dizer é que a qualidade das estacas moldadas no solo depende mais da habilidade e competência da equipe executora do que a de uma estaca pré-moldada.

É grande o número de tipos de estacas de concreto moldadas no solo. Será dada, a seguir, uma descrição dos sistemas mais utilizados no Brasil.

3.4.1 Estacas escavadas sem auxílio de revestimento ou de fluido estabilizante

Assim se denominam as estacas executadas fazendo-se uma perfuração ou escavação no terreno (com retirada de material) que, em seguida, é cheia de concreto. Podem ter base alargada, executada com ferramenta especial (não usual em nosso país).

Estas estacas são geralmente executadas com trado manual entre 20 cm e 40 cm de diâmetro, e por trado mecânico até diâmetros maiores. Um exemplo é a estaca *tipo broca* (estaca escavada com trado manual). São empregadas em situações em que a base fique acima do lençol d'água ou em que se possa seguramente secar o furo antes da concretagem.

Em sua execução, uma vez atingida a profundidade prevista, faz-se a limpeza do fundo, com remoção do material desagregado remanescente da escavação. A concretagem é feita com o concreto lançado da superfície do terreno com auxílio de funil. A Norma NBR 6122 prescreve que o concreto deve apresentar f_{ck} de pelo menos 20 MPa, ter um consumo mínimo de cimento de 300 kg/m^3 e apresentar um abatimento (*slump*) mínimo de 8 cm para estacas não armadas e de 12 cm para estacas armadas.

A armadura utilizada (geralmente um conjunto de ferros longitudinais amarrados com estribos em espiral) em geral atende à ligação com o bloco de coroamento, podendo, se necessário, ter o comprimento da estaca e resistir a outros esforços da estrutura.

Como resultado do dimensionamento estrutural pela Norma NBR 6122 (Tabela 3.4) e, principalmente, das condições de suporte oferecidas pelo terreno a este tipo de estaca, as cargas de trabalho são relativamente baixas. Para uma indicação das cargas de trabalho usuais para esse tipo de estaca, ver Tabela 3.5.

3.4.2 Estacas Strauss

A Strauss é uma estaca moldada no solo que requer um equipamento relativamente simples (basicamente um tripé com guincho, um pequeno pilão, uma ferramenta de escavação, e tubos de revestimento). Sua qualidade depende muito do trabalho da equipe encarregada.

Começa-se por descer no terreno um tubo de revestimento, cujo diâmetro determina o da estaca, por processo semelhante ao das sondagens a percussão ou por escavação do interior do tubo com uma ferramenta chamada sonda ou "piteira" (Figura 3.5). Atingida a cota desejada, enche-se o tubo com cerca de

TABELA 3.5. **Cargas de trabalho típicas de estacas escavadas, hélice e raiz**

Tipo de estaca	Dimensão (cm)	Carga usual (kN)	Carga máx. (kN)	Obs.
Estacas escavadas sem revestimento ou fluido estabilizante σ_{serv} = 3 a 5 MPa	φ 20*	100	120	*"estaca broca"
	φ 25*	150	200	
	φ 30*	200	250	Não são indicadas abaixo do NA.
	φ 60	1000	1400	
Strauss σ_{serv} ~ 4 MPa	φ 25	150	200	Não são indicadas na ocorrência de argilas muito moles e abaixo do NA.
	φ 32	250	350	
	φ 38	350	450	
	φ 45	500	650	
Estacas escavadas com revestimento ou com fluido estabilizante σ_{serv} = 3 a 5 MPa	φ 60	1100	1400	**"estaca diafragma" ou "barrete" (escavação estabilizada com fluido).
	φ 80	2000	2500	
	φ 100	3100	3900	
	φ 120	4500	5600	
	40 × 250 **	4000	5000	
	60 × 250 **	6000	7500	
	80 × 250 **	8000	10.000	
	100 × 250 **	10.000	12.500	
Estacas hélice σ_{serv} = 5 a 6 MPa	φ 40	600	800	
	φ 60	1400	1800	
	φ 80	2500	3000	
	φ 100	4000	4700	
Estacas raízes σ_{serv} = 11 a 12,5 MPa	φ 17	250	300	diâm. acabado φ 20 cm
	φ 22	400	500	diâm. acabado φ 25 cm
	φ 27	600	700	diâm. acabado φ 30 cm
	φ 32	850	1000	diâm. acabado φ 35 cm
	φ 37	1200	1400	diâm. acabado φ 40 cm

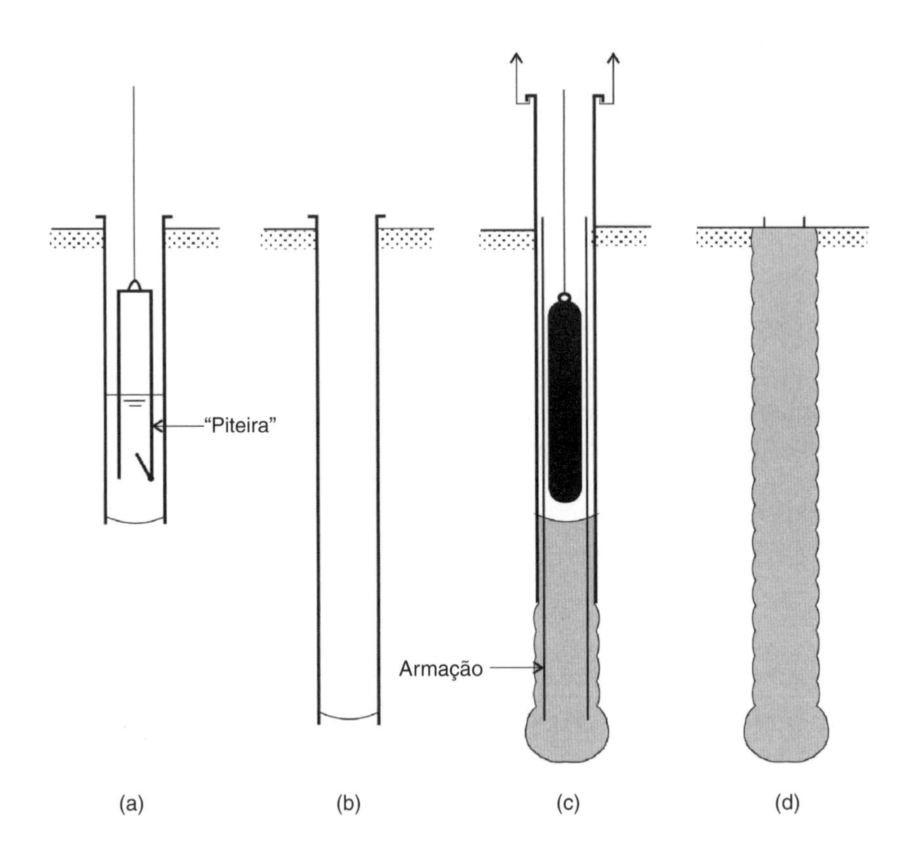

FIGURA 3.5. Execução de estaca Strauss: (a) escavação; (b) limpeza do furo; (c) concretagem após colocação da armadura; e (d) estaca pronta.

75 cm de concreto úmido, que se apiloa à medida que se vai retirando o tubo. A manobra é repetida até o concreto atingir a cota de arrasamento (na verdade, uma cota um pouco acima da cota de arrasamento para se garantir que, até essa cota, se tenha concreto de boa qualidade).

A estaca Strauss requer grande cuidado na execução quando se trabalha abaixo do lençol d'água, sendo mesmo um tipo de estaca desaconselhável nesse caso. Aceita-se, caso ao final da perfuração exista água no fundo do furo que não possa ser retirada pela sonda, que seja lançado um volume de concreto seco para obturar o furo. Neste caso, deve-se desprezar a contribuição da ponta da estaca na sua capacidade de carga.

As estacas Strauss podem ser armadas, com uma ferragem longitudinal (barras retas) e estribos que permitam livre passagem do soquete de compactação e garantam um cobrimento da armadura, não inferior a 3 cm. Quando não armadas, deve-se providenciar uma ligação com o bloco através de uma ferragem que é simplesmente cravada no concreto fresco.

A Norma NBR 6122 prescreve para o concreto da estaca Strauss o mesmo da estaca broca. Para fixação da carga admissível do ponto de vista estrutural deve-se observar a Tabela 3.4.

3.4.3 Estacas Franki

A estaca Franki foi desenvolvida pelo engenheiro belga Edgard Frankignoul na década de 1910, e foi muito bem-sucedida como uma estaca de qualidade e com custo vantajoso. A vantagem no custo vinha de comprimentos menores de estaca por conta da base alargada, e da concretagem apenas no comprimento necessário (ficando pouco acima da cota de arrasamento prevista). Já por conta das vibrações produzidas no processo original, chamado *tipo Standard*, a estaca vinha perdendo espaço nos centros urbanos. Variantes foram propostas, como aquela em que o tubo é descido com ponta aberta e aquela em que o fuste é vibrado, comentadas a seguir.

a. Estacas Franki standard

São as seguintes as fases de execução de uma estaca Franki standard (Figura 3.6).

1. Cravação do tubo – Colocado o tubo verticalmente, ou segundo a inclinação prevista, derrama-se nele uma determinada quantidade de brita e areia, que é socada de encontro ao terreno por um pilão de 1 a 4 toneladas (dependendo do diâmetro da estaca), caindo de vários metros de altura. Sob os golpes do pilão, a mistura de brita e areia forma na parte inferior do tubo uma "bucha" estanque, cuja base penetra ligeiramente no terreno e cuja parte superior, energicamente comprimida contra as paredes do tubo, o arrasta por atrito no seu afundamento. Impelido pelos golpes do pilão, o tubo penetra no terreno e o comprime fortemente. Graças à bucha, a água e o solo não podem entrar no tubo, de maneira que, quando a cravação é concluída, o interior do tubo está seco.

2. Execução da base alargada – Terminada a cravação do tubo, inicia-se a fase da expulsão da bucha e execução da base alargada da estaca. Para isso, o tubo é ligeiramente levantado e mantido fixo aos cabos do bate-estacas, expulsando-se a bucha por meio de golpes de grande altura do pilão. Imediatamente após a expulsão da bucha, introduz-se concreto seco que, sob os golpes do pilão, vai sendo introduzido no terreno, formando a base alargada.

3. Colocação da armadura – Pronta a base alargada, coloca-se no tubo a armadura prevista. Essa colocação é feita de maneira que a armadura fique situada entre o tubo e o pilão e de tal forma que esse possa trabalhar livremente no interior da armadura. Nas estacas de tração ou quando se prevê "levantamento do terreno", a armadura é colocada antes do término do alargamento da base, de sorte a ancorá-la na base.

4. Concretagem do fuste da estaca – Uma vez colocada a armadura, passa-se à execução do fuste, apiloando-se concreto (fator água/cimento 0,40 a 0,45) em camadas sucessivas de espessura conveniente, ao mesmo tempo em que se retira correspondentemente o tubo, tendo-se o cuidado de nele deixar uma quantidade suficiente de concreto para que a água e o solo nele não penetrem.

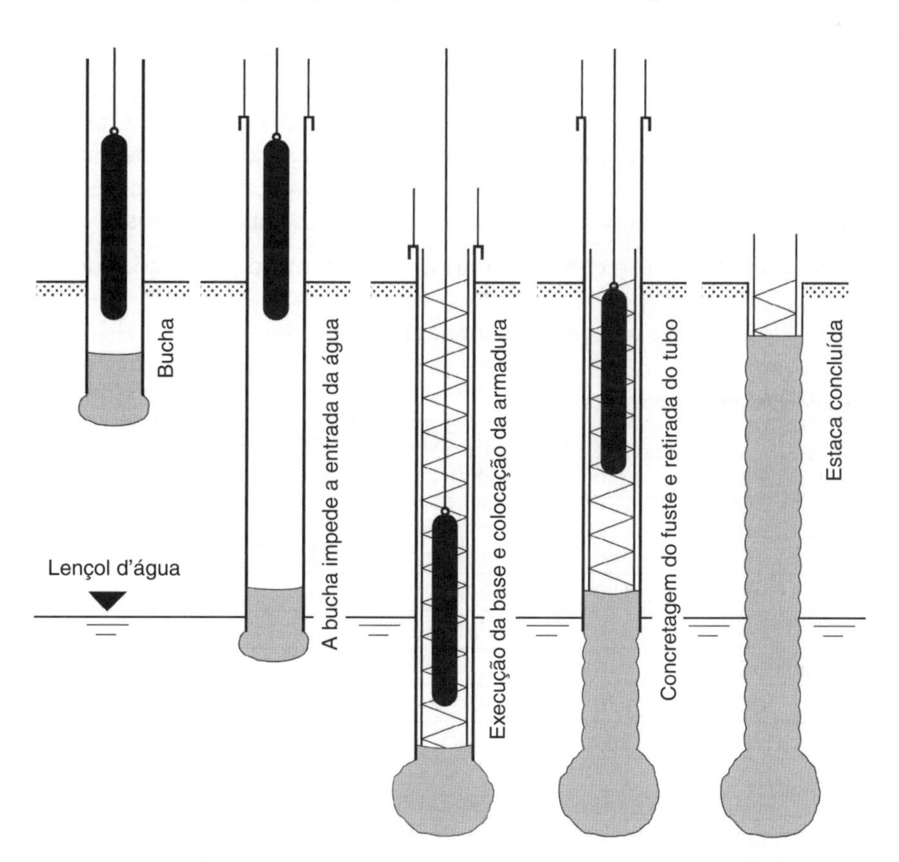

FIGURA 3.6. Execução de estaca Franki standard.

Além do controle da quantidade do concreto que é deixado dentro do tubo em cada puxada, é feito outro acompanhamento do comportamento da armadura durante a concretagem. Para isso, amarra-se a um dos ferros longitudinais um cabo fino que passa por uma roldana no topo da torre do bate-estacas, na ponta do qual se pendura um peso que mantém o cabo esticado. Fazendo-se uma marca de giz nesse cabo e outra em frente a ela na torre do bate-estacas, pode-se verificar como a armadura se comporta, pela mudança relativa dessas duas marcas. Geralmente, à medida que se vai apiloando o concreto, a armadura vai sofrendo pequenas deformações, fazendo com que a marca do cabo suba vagarosamente em relação à marca da torre, ao que se dá o nome de "encurtamento da armadura". Uma subida brusca e de grande valor é sinal de acidente na concretagem e a execução deve ser interrompida.

A norma estabelece para o concreto um consumo mínimo de cimento de 350 kg/m^3. Para a escolha da carga admissível do ponto de vista estrutural deve-se observar a Tabela 3.4. Na Tabela 3.6 estão as principais características das estacas.

b. Estaca Franki tubada

A estaca Franki tubada (fuste em tubo de aço) tem sido utilizada em fundações de pontes e obras marítimas, ou seja, nos casos em que a estaca tem uma parte em água ou em ar. Em uma variante, a execução é igual à da Franki Standard até a execução da base; em seguida, há a introdução de um tubo de aço perdido e a concretagem do fuste é feita totalmente dentro do tubo. Noutra variante, em vez do tubo Franki usual, é cravado o tubo que vai constituir o fuste da estaca, que tem o trecho inferior suficientemente reforçado para suportar os esforços na cravação e no alargamento da base. Quanto à armadura no trecho livre da estaca (trecho em ar ou em água), ela é dimensionada prevendo que o tubo pode sofrer um processo de corrosão ilimitada.

c. Estaca Franki mista

Trata-se de uma estaca de fuste pré-moldado ancorado em uma base alargada pelo processo Franki. Inicialmente, o tubo é cravado com bucha e a base alargada é executada pelo processo da estaca Franki standard. Coloca-se, então, sobre a base uma certa quantidade de concreto de ligação. A seguir, desce-se o elemento pré-fabricado provido, na extremidade inferior, de pontas de vergalhão que permitem a ancoragem do elemento na base. Retira-se o tubo de cravação e a estaca fica concluída. A estaca Franki mista pode apresentar vantagens sobre a estaca Franki standard por reunir as vantagens da estaca Franki standard, no que diz respeito à capacidade de carga, e da estaca pré-moldada, no que diz respeito à qualidade do concreto. Em particular, as estacas mistas são recomendadas nos seguintes casos:

a. Quando as estacas devem ter um trecho acima do nível do terreno (fundações de pontes, obras marítimas etc.).
b. Ocorrência de solos e/ou águas excepcionalmente agressivas.

TABELA 3.6. **Características das estacas Franki**

	Diâmetro da estaca (mm)						
	300	350	400	450	520	600	700
Volume de base (litros)							
Mínima	90	90	180	270	300	450	600
Usual	90	180	270	360	450	600	750
Especial	270	360	450	600	750	900	1050
Carga de trabalho a compressão (kN)							
Usual (σ = 7 MPa)	450	650	850	1100	1500	1950	2600
Máxima	800	1200	1600	2000	2600	3100	4500
Carga de trabalho a tração (kN)							
	100	150	200	250	300	400	500
Força horizontal máxima (kN)							
	20	30	40	60	80	100	150

d. Estaca Franki com fuste vibrado

Essa variante foi criada para terrenos com argila muito mole e visando aumentar a velocidade de execução da estaca tipo Franki sem alterar sua característica fundamental: elevada capacidade de carga graças à base alargada. A execução obedece à sequência standard até, e inclusive, a colocação da armadura. A partir daí o tubo é enchido, em toda sua extensão, e de uma só vez, com concreto plástico (*slump* de 8 a 12 cm); depois de cheio, adapta-se ao tubo um vibrador, com vibração unidirecional vertical, e o tubo é extraído de forma contínua com o esforço do próprio bate-estacas. Durante a retirada do tubo, o pilão deve permanecer apoiado no topo da coluna de concreto.

e. Estaca Franki cravada com ponta aberta

Nos casos em que há construções sensíveis vizinhas à obra e/ou camadas superficiais compactas é possível cravar o tubo com escavação interna até uma certa profundidade. Nesse caso, o tubo é forçado para baixo pelos cabos de aço enquanto seu interior é escavado com uma ferramenta (como um trado ou piteira). A partir de uma dada profundidade, o processo Franki é retomado, com a execução da base alargada etc. Vale a pena notar que este processo não é padronizado e a qualidade final da estaca vai depender da retomada do processo Franki, para garantir a ausência de água no interior do tubo etc.

3.4.4 Estacas escavadas com auxílio de revestimento ou fluido estabilizante

São estacas executadas fazendo-se uma perfuração ou escavação no terreno estabilizada por um revestimento (Figura 3.7a), recuperável ou perdido, ou por fluido estabilizante (Figura 3.7b). Na Figura 3.7 estão indicadas as principais ferramentas de escavação em solo (ou até alteração de rocha ou saprólito).[2]

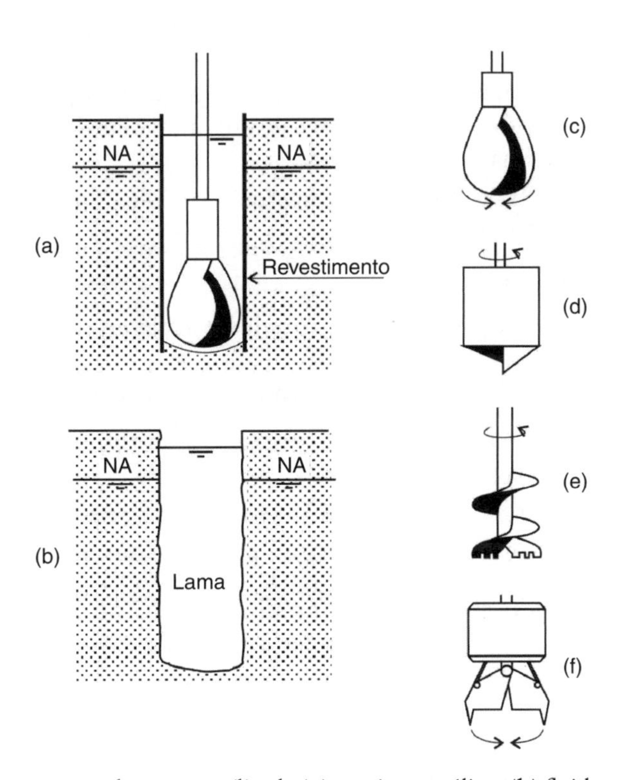

FIGURA 3.7. Execução de estaca escavada com auxílio de (**a**) camisa metálica; (**b**) fluido estabilizante (lama); e principais ferramentas de escavação em solo: (**c**) clamshell esférico; (**d**) "balde"; (**e**) trado helicoidal; e (**f**) clamshell de diafragmadora.

Quanto à concretagem há as seguintes variantes:

a. Perfuração suportada com revestimento perdido, isenta de água, quando o concreto é lançado do topo da perfuração sem necessidade de tromba.
b. Perfuração suportada com revestimento perdido ou a ser recuperado, cheia de água, quando é adotado um processo de concretagem submersa, com o emprego de tremonha.
c. Perfuração suportada com revestimento a ser recuperado, isenta de água, quando a concretagem pode ser feita de acordo com as modalidades a seguir:

- o concreto é lançado em pequenas quantidades que são compactadas sucessivamente, à medida que se retira o tubo de revestimento; deve-se empregar um concreto com fator água-cimento baixo;
- o tubo é inteiramente cheio de concreto plástico e, em seguida, é retirado com a utilização de procedimentos que garantam a integridade do fuste da estaca.[3]

d. Perfuração suportada por fluido estabilizante, quando é adotado um processo de concretagem submersa, utilizando-se tremonha (o concreto deve ser despejado no topo da tremonha, não sendo recomendado bombeá-lo diretamente para o fundo da estaca).

Em cada caso, o concreto deve ter plasticidade adaptada à modalidade de execução, além de atender aos requisitos de resistência.

Estacas escavadas com fluido estabilizante

Na Figura 3.8 são mostradas as fases de execução de uma estaca escavada com fluido estabilizante (lama bentonítica ou lama polimérica).

A técnica de uso de lama bentonítica surgiu nos anos 1950 e foi a base do desenvolvimento das paredes diafragma e das estacas escavadas. Mais recentemente, foi introduzida a lama polimérica, que apresenta, como principal vantagem, a maior facilidade de descarte (seria um material mais compatível com o meio ambiente). Estacas com escavações suportadas por lama têm sido executadas nas mais diversas condições de terreno, com comprimentos que ultrapassam os 50 m e seções transversais circulares (de até 2,50 m de diâmetro) ou retangulares (*estacas diafragmas* ou *"barrettes"*[4]) e apresentam como vantagens:

- Possibilidade de execução em zonas urbanas, já que não produzem perturbações na vizinhança em decorrência de levantamento do solo ou vibrações durante a instalação.
- Cargas admissíveis elevadas (acima de 10.000 kN).
- Adaptação fácil às variações de terreno.
- Conhecimento do terreno atravessado etc.

Como desvantagens mencionam-se:

- Vulto dos equipamentos necessários (perfuratriz, guindaste auxiliar, central de lama etc.).
- Canteiro de obras mais difícil de manter.
- Necessidade de grandes volumes de concreto para utilização em curto intervalo de tempo.

Em Fleming e Sliwinski (1977) encontra-se uma análise comparativa dos processos executivos com lama e com revestimento recuperável.

A ação estabilizante da lama

A experiência mostra que as paredes de uma escavação em solo, com seção transversal circular ou retangular, permanecem estáveis quando cheias com lama desde que o nível da lama fique acima do nível do lençol freático, algo em torno de 1,5 ou 2,0 m. Se o NA estiver próximo do nível do terreno, essa

---

[2] Estacas em rocha não são abordadas neste item, pois requerem outros tipos de equipamentos (em geral rotativos) e ferramentas (chamadas *rock bits*).

[3] Essas duas formas de concretar correspondem às estacas do tipo Franki standard e tipo Franki com fuste vibrado, respectivamente.

[4] Como as primeiras diafragmadoras produziam painéis não exatamente retangulares, mas com as extremidades arredondadas, a estaca ganhou o apelido de *boina* (*barrette* em francês).

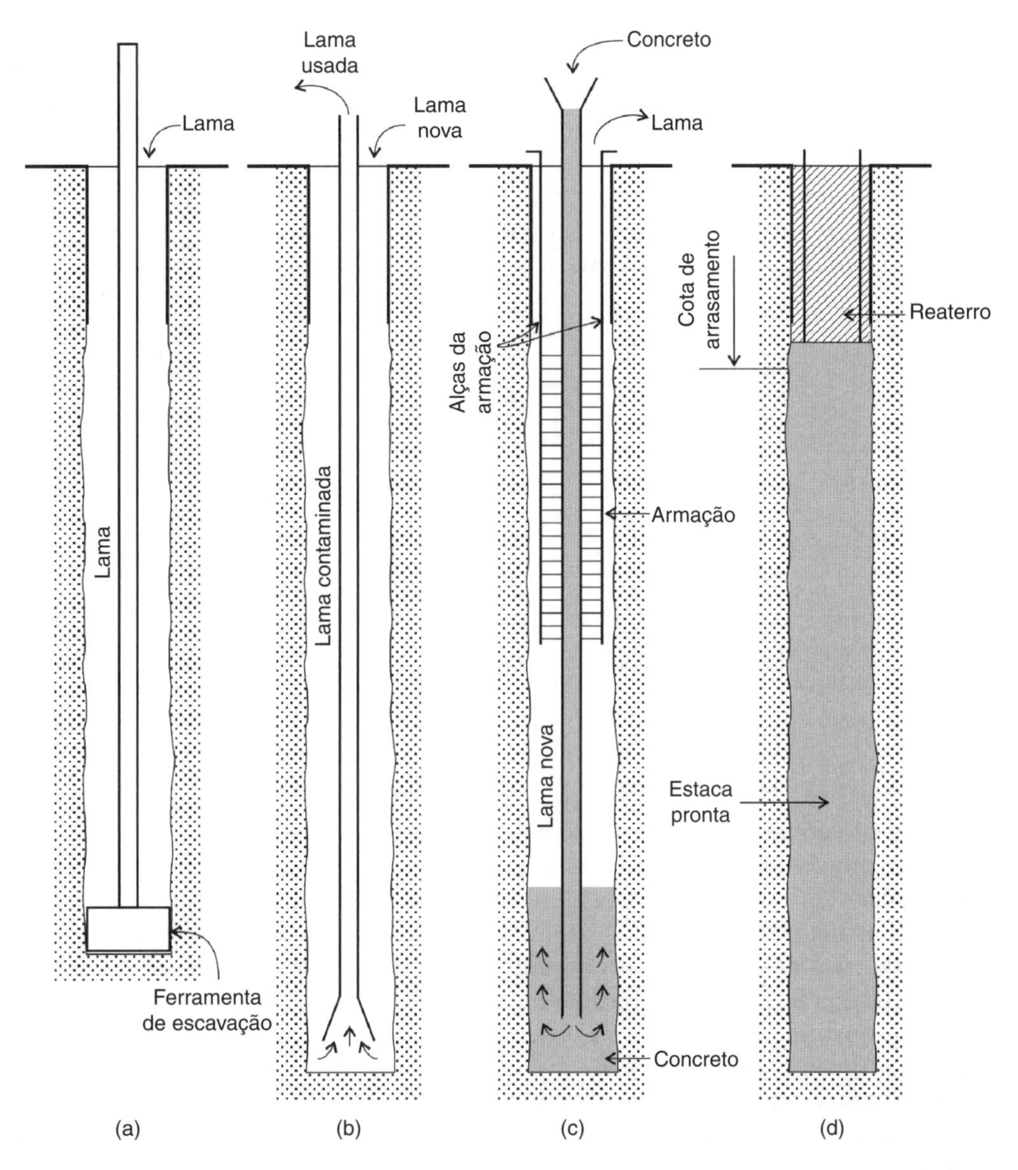

FIGURA 3.8. Execução de estaca escavada com fluido estabilizante (Adaptada de Velloso e Lopes, 2010).

diferença de nível pode ser obtida com a utilização de uma camisa-guia de altura adequada ou por meio de rebaixamento do lençol d'água localizado.

A estabilidade da escavação vem do empuxo exercido pela lama e de alguns outros fatores, o principal deles o arqueamento no solo.

Concretagem de estacas escavadas com fluido estabilizante

A concretagem das estacas escavadas com fluido estabilizante é, sempre, submersa utilizando-se, em geral, um tubo "tremonha" (tubo constituído por elementos emendados por rosca e tendo um funil na extremidade superior). Esse tubo é mergulhado no fluido, tocando o fundo da escavação. Para evitar que o fluido que está no interior do tubo se misture com o concreto é colocada uma bola plástica que funcionará como êmbolo, expulsando o fluido pela ação do peso do concreto. Para que a bola possa sair pela extremidade inferior do tubo, logo no início da concretagem o tubo é levantado o suficiente para a passagem da bola (Figura 3.9). Há tremonhas que são fechadas embaixo por uma tampa articulada e, nesse caso, elas descem vazias; depois de cheias, a tampa é aberta para permitir a saída do concreto.

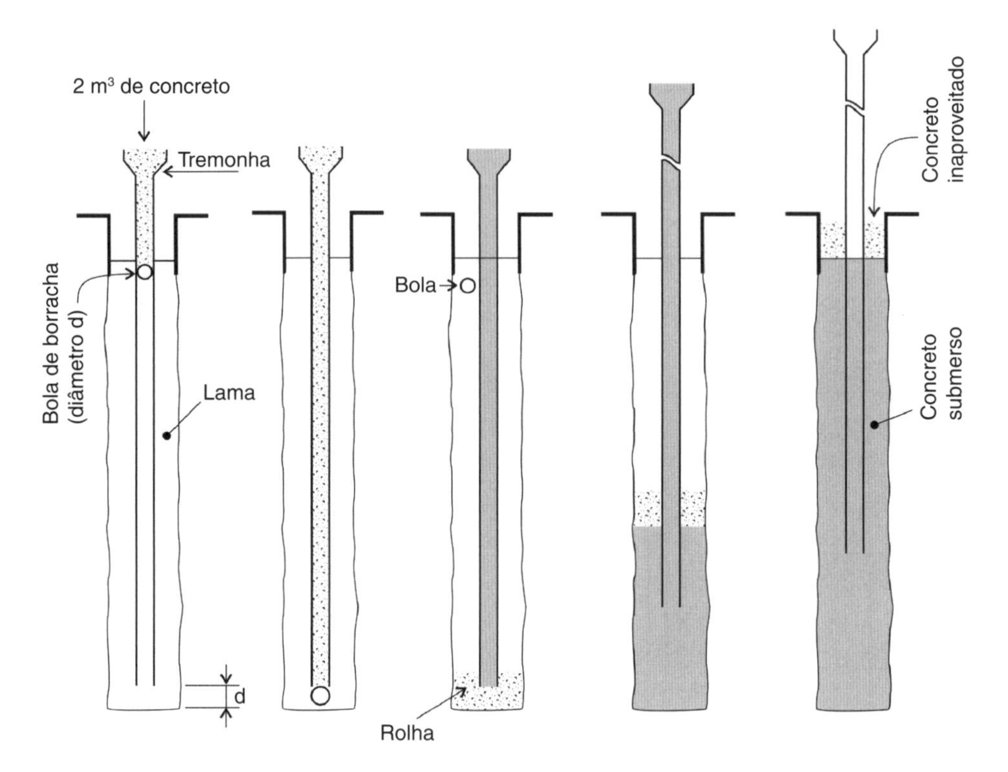

FIGURA 3.9. Etapas da concretagem com a tremonha (Adaptada de Velloso e Lopes, 2010).

O concreto é lançado continuamente, não se devendo permitir interrupção maior que a estritamente necessária para as manobras do caminhão-betoneira (quando não for usado concreto bombeado), encurtamento da tremonha e outras que não durem mais de 20 a 30 minutos. Interrupções mais demoradas podem conduzir às chamadas "juntas-frias" capazes de prejudicar a continuidade do fuste da estaca.

O embutimento da tremonha no concreto durante toda a concretagem não deve ser inferior a 1,50 m. É indispensável que seja feito um registro detalhado de toda a operação de concretagem, do qual constarão os tempos e as quantidades lançadas de concreto, a subida teórica e a medida do topo da coluna de concreto (após o lançamento do concreto de um caminhão-betoneira determina-se, com auxílio de uma sonda, a subida do concreto no interior da estaca).

A concretagem deve ser levada até cerca de uma vez o diâmetro da estaca acima da cota de arrasamento prevista ou, no mínimo, 50 cm, uma vez que o concreto na parte superior, em contato com a bentonita, apresenta baixa resistência e deve ser completamente removido quando do preparo da cabeça da estaca. Além disso, deverá ser incorporada armadura da estaca ao bloco de coroamento.

De acordo com a norma NBR 6122, o concreto utilizado deve ter f_{ck} mínimo de 30 MPa, um consumo mínimo de cimento de 400 kg/m^3. Deve ser bombeável, composto de cimento, areia, pedrisco e pedra 1, sendo facultativa a utilização de aditivos. O concreto deve apresentar, ainda, abatimento (*slump*) de 20-26 cm.

Concluída a concretagem, o trecho escavado e não concretado (do nível do terreno ao topo do concreto) deve ser reaterrado para evitar desmoronamentos, quedas de equipamentos ou pessoas. Após o reaterro, a camisa-guia é retirada e a estaca está concluída.

Cargas admissíveis

As estacas escavadas trabalham com tensões que, em geral, não ultrapassam 6 MPa (ver Tabela 3.4).

A Norma NBR 6122 indica os procedimentos de limpeza do furo necessários nas seguintes situações:

a. Estacas com ponta em solo sem consideração da resistência de ponta.
b. Estacas com ponta em solo com consideração da resistência de ponta.
c. Estacas com ponta em rocha e consideração da carga na ponta.

No primeiro caso, a resistência de ponta não deve ser considerada para efeito de projeto. No segundo, a resistência de ponta é considerada, porém deve ser limitada à resistência lateral disponível na ruptura. No terceiro caso, a resistência de ponta pode ser somada à parcela de atrito, sem limitação.

3.5 Estacas raízes

A estaca raiz tem sua execução caracterizada por (i) perfuração rotativa ou rotopercussiva; (ii) uso de revestimento (conjunto de tubos metálicos recuperáveis) integral no trecho em solo; (iii) uso de armação em todo comprimento; e (iv) preenchimento com argamassa cimento-areia. A argamassa é adensada com auxílio de pressão, em geral dada por ar comprimido.

As estacas raízes (na Itália, *pali-radice*) foram desenvolvidas, em sua origem, para a contenção de encostas, quando eram cravadas formando reticulados, e para reforços de fundações.

Essas estacas têm algumas particularidades que lhes permitem a utilização em casos em que os demais tipos de estacas não podem ser empregados: (1) praticamente não produzem choques ou vibrações; (2) há ferramentas que permitem passar por obstáculos como blocos de rocha ou peças de concreto e embutir em rocha; (3) estacas com pequenos diâmetros podem ser executadas por equipamentos de pequeno porte, o que possibilita o trabalho em ambientes restritos. Com essas características, as estacas raízes (e as microestacas injetadas) praticamente eliminaram do mercado as estacas prensadas (apresentadas a seguir), para reforço de fundações.

Pode-se descrever o processo executivo destas estacas como (Figura 3.10):

a. Perfuração: utiliza-se normalmente o processo rotativo, com circulação de água ou fluido polimérico, que permite a colocação de um tubo de revestimento provisório até a ponta da estaca. Caso seja encontrado material resistente, a perfuração pode prosseguir com uma coroa diamantada ou, o que é mais comum, por processo percussivo (uso de "martelo de fundo"). É vetado o uso de lama bentonítica.
b. Armadura: terminada a perfuração e procedida à limpeza interna do furo, faz-se a introdução da armadura de aço, constituída por uma única barra, ou um conjunto delas, devidamente estribadas ("gaiola").

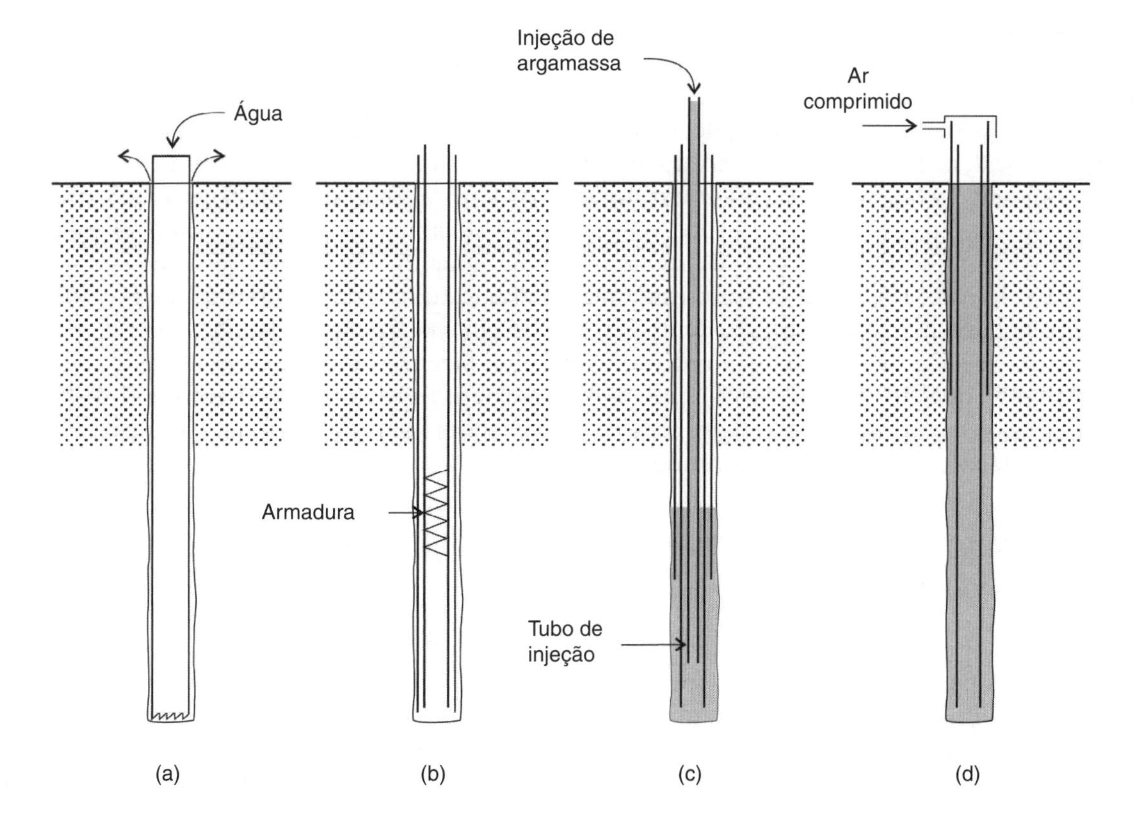

FIGURA 3.10. Execução de estaca raiz.

c. Injeção: argamassa de areia e cimento é bombeada por um tubo até a ponta da estaca. À medida que a argamassa vai subindo pelo tubo de revestimento, este é concomitantemente retirado (com auxílio de macacos hidráulicos). Ainda, à medida que o revestimento é retirado, são dados golpes de ar comprimido (com até 5 kgf/cm^2), que adensam a argamassa e promovem o contato com o solo (favorecendo o atrito lateral).

Para efeito de estudos e anteprojetos são indicados na Tabela 3.5 alguns valores de cargas usualmente adotadas. Para definição da carga admissível como elemento estrutural deve-se observar a Tabela 3.4.

3.6 Estacas tipo hélice contínua

Trata-se de uma estaca de concreto moldada *in loco*, executada mediante a introdução no terreno, por rotação, de um trado helicoidal contínuo, e injeção de concreto pela própria haste central do trado, simultaneamente à sua retirada. A armação é colocada após a concretagem da estaca.

Utilizadas nos Estados Unidos e na Europa desde a década de 1970, foram introduzidas em nosso país no final da década de 1980. Pelas suas vantagens principais – baixo nível de vibrações e elevada produtividade – têm tido uma grande aceitação. Os equipamentos mais comuns permitem executar estacas de diâmetros de 30 cm até 100 cm e comprimentos de até 30 m.

Há uma discussão técnica sobre como classificar as estacas tipo hélice contínua, se devem ser consideradas estacas escavadas tradicionais (estacas "de substituição"), em cujo processo executivo há descompressão do solo, ou como estacas "sem deslocamento". Dependendo do processo executivo, se houver retirada de praticamente todo o solo no espaço onde será constituída a estaca, ela seria classificada como estaca "de substituição" (ou, na terminologia da NBR 6122, como "estaca hélice contínua com escavação do solo"). Se no processo executivo houver deslocamento lateral do solo para criar o espaço da estaca, ela pode ser considerada uma estaca "sem deslocamento" ou mesmo "de pequeno deslocamento" (por exemplo, van Impe, 1995; Viggiani, 1989, 1993). As diferenças decorrem tanto do emprego de trados especiais, como é o caso das estacas Ômega e Atlas, como do procedimento de introdução do trado convencional.

A norma brasileira estabelece que sempre que for considerada a contribuição da resistência de ponta, essa menção deve ser explicitada no projeto. No caso de execução da estaca hélice com escavação do solo, devem ser atendidas, em relação à carga admissível geotécnica, as mesmas condições já definidas anteriormente para as estacas escavadas.

No emprego do trado convencional, dependendo da relação entre as velocidades (i) de rotação e (ii) de avanço vertical, pode-se ter uma remoção grande de solo, ou não. Se o avanço vertical, normalmente auxiliado por uma força vertical (*pull-down force*), for feito a uma velocidade próxima do produto velocidade de rotação pelo passo da hélice, não haverá praticamente subida de solo pelo trado, o que causaria desconfinamento do terreno. De qualquer forma, uma avaliação do processo executivo passa pela comparação entre o volume de solo resultante da execução da estaca (volume que fica sobre o terreno) com o volume nominal da estaca. Outro fator de melhoria da capacidade de carga da estaca está no uso de uma pressão de bombeamento do concreto alta, fazendo com que o trado seja praticamente empurrado pelo concreto (procedimento que, por outro lado, leva a um maior consumo de concreto). Na etapa de projeto, quando não se tem maiores informações sobre o processo executivo, é prudente considerar a estaca hélice "com escavação do solo".

3.6.1 Estacas tipo hélice contínua com escavação do solo

a. Execução

Este tipo de estaca é o mais comum, e sua execução segue as seguintes etapas:

a. Perfuração: a perfuração consiste na introdução da hélice no terreno, por meio de movimento rotacional transmitido por motores hidráulicos acoplados na extremidade superior da hélice, até a cota de projeto sem que, em nenhum momento, a hélice seja retirada da perfuração (Figura 3.11).
b. Concretagem: alcançada a profundidade desejada, o concreto é bombeado continuamente (sem interrupções) através do tubo central, ao mesmo tempo em que a hélice é retirada, sem girar, ou girando lentamente no mesmo sentido da perfuração. A velocidade de extração da hélice do terreno deve ser

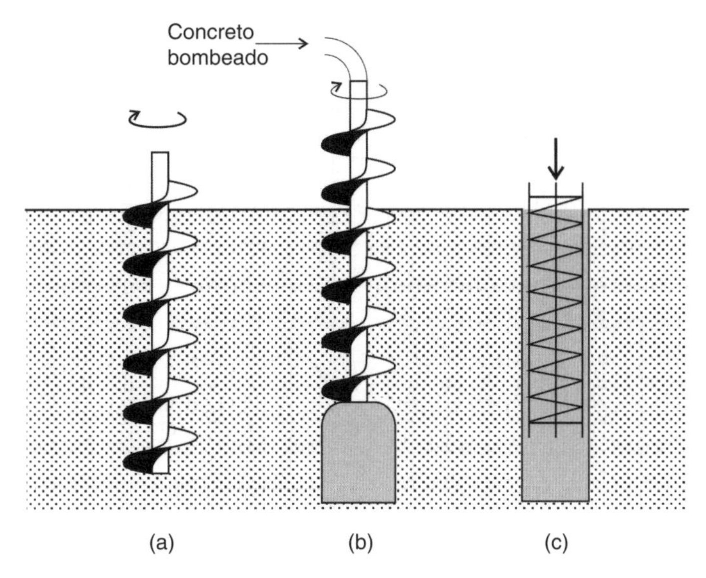

FIGURA 3.11. Execução de estaca hélice contínua (Adaptada de Velloso e Lopes, 2010).

tal que a pressão no concreto introduzido no furo seja mantida positiva (e acima de um valor mínimo desejado). A pressão do concreto deve garantir que ele preencha todos os vazios deixados pela extração da hélice.[5] O concreto utilizado deve ter as características indicadas pela NBR 6122.

c. Armadura: no processo executivo da estaca hélice contínua comum, a armadura é colocada após o término da concretagem. A "gaiola" de armadura é introduzida na estaca manualmente por operários ou com auxílio de um peso ou, ainda, com auxílio de um vibrador. As estacas submetidas apenas a esforços de compressão levam uma armadura no topo, em geral com 4 a 5 m de comprimento (abaixo da cota de arrasamento). No caso de estacas submetidas a esforços transversais ou de tração, é possível a introdução de armadura de maior comprimento (armaduras de 12 e até 18 m já foram introduzidas em estacas executadas com concretos especiais). A gaiola de armadura deve ter, na extremidade inferior, as barras ligeiramente curvadas para formar um cone (para facilitar a introdução no concreto), e deve ter espaçadores tipo rolete.

b. Controle da execução

A execução dessas estacas pode ser monitorada eletronicamente por meio de um computador ligado a sensores instalados na máquina. Com a monitoração, são obtidos os seguintes elementos:

- comprimento da estaca;
- pressão hidráulica no sistema de torque;
- velocidades de rotação;
- velocidade de penetração do trado;
- pressão no concreto;
- velocidade de extração do trado;
- volume de concreto (apresentado em geral como perfil da estaca);
- sobreconsumo de concreto (relação percentual entre o volume consumido e o teórico calculado com base no diâmetro informado).

A análise desses dados permite uma avaliação da estaca executada. A Figura 3.12 reproduz uma folha de controle. O ideal é que haja um registro do torque, mas a grande maioria dos sistemas de monitoração registra, na verdade, a pressão hidráulica no sistema de torque (em bars). Uma interpretação mais elaborada é proposta por Silva (2011).

[5] Conforme mencionado anteriormente, há evidências de que uma maior pressão de bombeamento do concreto leva a uma melhoria do atrito lateral.O dimensionamento estrutural deve ser feito considerando-se a carga máxima de prensagem prevista e com coeficiente de poderação da carga de 1,2.

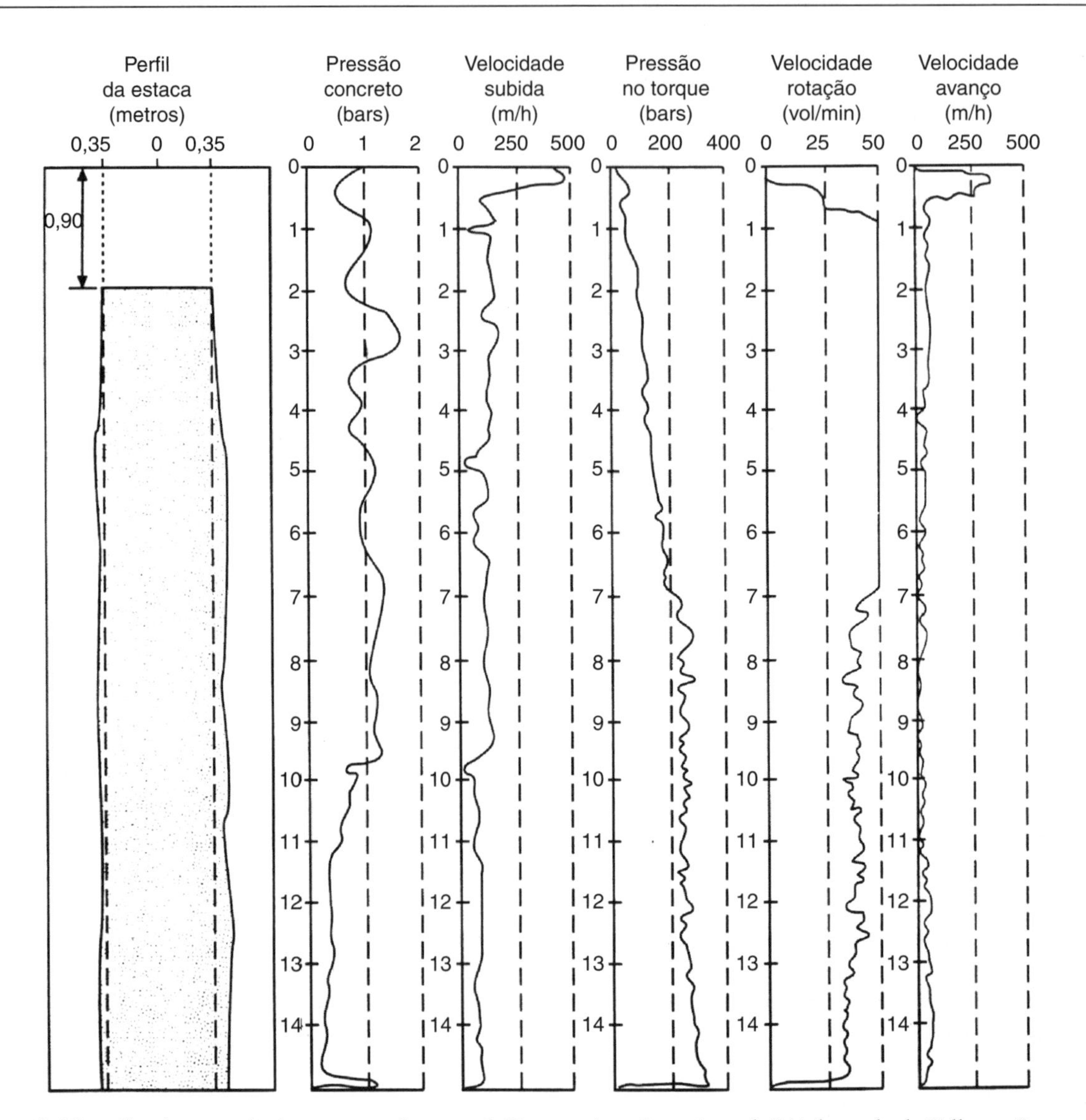

FIGURA 3.12. Folha de controle de execução de estaca hélice contínua "monitorada" (Adaptada de Velloso e Lopes, 2010).

c. Projeto

Para fixação da carga admissível do ponto de vista estrutural deve-se observar a Tabela 3.4. Segundo Alonso (1997), quando submetidas apenas a compressão, as estacas geralmente trabalham (em serviço) com uma tensão entre 5 e 6 MPa. Recomenda, ainda, observar uma sequência executiva que garanta que só se inicie a execução de uma estaca quando todas as outras situadas em um círculo de raio cinco vezes o seu diâmetro já tenham sido executadas há, pelo menos, 24 horas (a NBR 6122 permite 12 horas).

3.6.2 Estacas tipo hélice com deslocamento do solo

Há pelo menos dois tipos de estacas hélice com deslocamento de solo. Estas estacas diferem da descrita anteriormente na medida em que a ferramenta helicoidal (ou trado) é concebida de maneira a afastar o solo lateralmente, tanto quando a ferramenta é introduzida como quando é extraída.

a. Estacas Ômega

As fases de execução dessa estaca são (Figura 3.13a):

a. Penetração por movimento de rotação e, eventualmente, força de compressão do trado. O tubo central é fechado por uma ponta metálica que será perdida.

b. A penetração é levada até a profundidade prevista. Introdução da armadura no tubo (em todo o comprimento da estaca).
c. Enchimento do tubo com concreto plástico.
d. Retirada do tubo por movimento de rotação no mesmo sentido e, eventualmente, esforço de tração. Simultaneamente, o concreto é bombeado.

O trado é projetado de tal forma que, mesmo quando se chega próximo à superfície do terreno na retirada do tubo, o solo é pressionado para baixo, não havendo, pois, qualquer saída de solo.

b. Estacas Atlas

Este tipo de estaca tem execução semelhante à da estaca Ômega, diferindo na forma de retirada da ferramenta, que é feita por rotação em sentido contrário ao da introdução (Figura 3.13b).

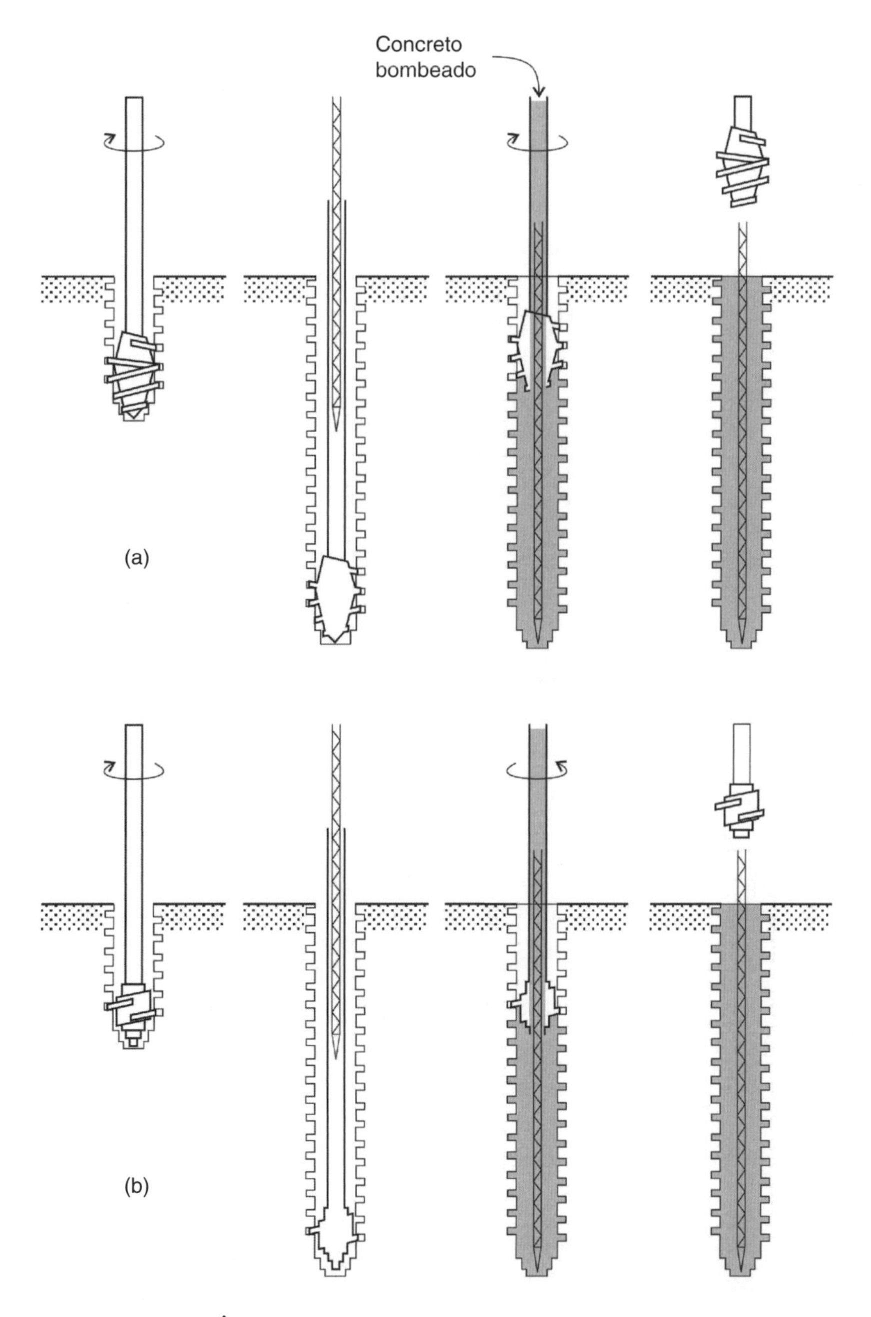

FIGURA 3.13. Execução de (a) estaca Ômega e (b) estaca Atlas (Adaptada de Velloso e Lopes, 2010).

3.7 Estacas prensadas

As estacas prensadas são constituídas por elementos pré-moldados de concreto (armado, centrifugado ou protendido), ou por elementos metálicos (perfis ou tubos de aço), cravados com auxílio de macacos hidráulicos. São conhecidas no Brasil como "estacas tipo Mega" (denominação da empresa Estacas Franki) ou como "estacas de reação" (porque requerem um sistema de reação para os macacos). Inicialmente idealizadas para reforço de fundações, podem ser utilizadas, também, como fundações normais, onde há necessidade de evitar vibrações.

Para cravação dessas estacas se emprega uma plataforma com sobrecarga ou se utiliza a própria estrutura para reação (Figura 3.14). Neste último caso é necessário, antes de mais nada, que o terreno possa suportar uma certa carga, uma vez que, inicialmente, a construção será assente sobre fundação superficial constituída pelos blocos de coroamento, com furos previstos para passagem das estacas.

Na Figura 3.15 são apresentados alguns detalhes do processo de incorporação da estaca com carga, cravada através de furo no bloco.

O dimensionamento estrutural deve ser feito considerando-se a carga máxima de prensagem prevista e com coeficiente de ponderação da carga de 1,2.

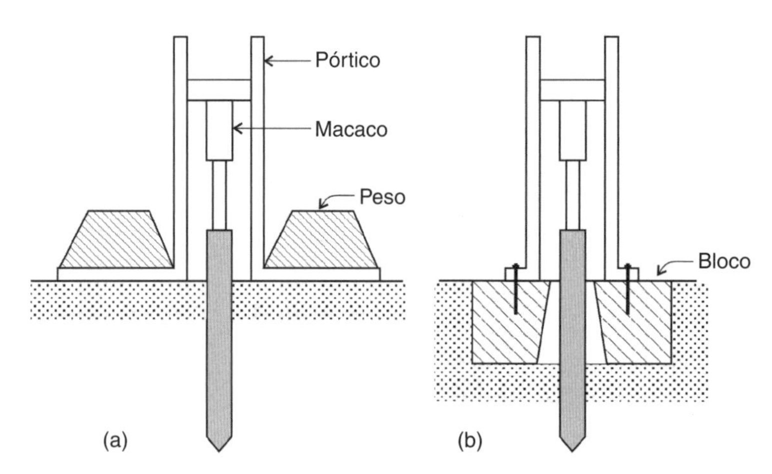

FIGURA 3.14. Execução de estaca prensada: (a) com plataforma com cargueira e (b) com reação na estrutura (Adaptada de Velloso e Lopes, 2010).

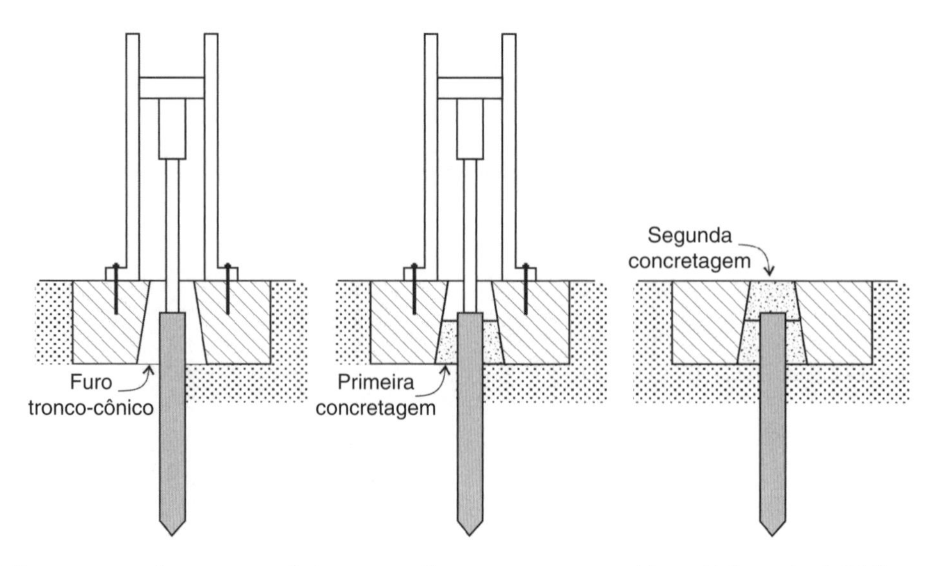

FIGURA 3.15. Estaca prensada: processo de incorporação – com carga – ao bloco (Adaptada de Velloso e Lopes, 2010).

A estaca prensada apresenta, sobre todas as outras estacas, uma vantagem: a de que em toda estaca cravada se realiza uma prova de carga. Por isso, na prática, se adota como carga de trabalho, normalmente, a carga de prensagem dividida por 1,5 (um fator de segurança reduzido, uma vez que todas as estacas são ensaiadas). Quanto ao tempo de execução, quando a estaca é cravada com reação na estrutura, não haverá, no cronograma da obra, um tempo destinado especialmente à cravação das estacas já que ela é feita simultaneamente com outras etapas da obra; quando ela é cravada com reação em plataforma, existem equipamentos que permitem uma execução em tempo comparável ao de estacas cravadas por percussão (VELLOSO; CABRAL, 1982).

A Norma NBR 6122 fornece vários Anexos com indicações dos procedimentos a serem atendidos por ocasião da execução dos diferentes tipos de fundações. A boa prática de execução deve ser procedida com o mesmo cuidado que no projeto, sendo ambos essenciais ao bom desempenho das fundações.

CAPÍTULO 4

Capacidade de carga de fundações em estacas

Este capítulo trata de um dos assuntos mais importantes no tema de fundações profundas: o cálculo da carga de ruptura do solo ao redor da estaca, dita capacidade de carga da estaca na ruptura ou, simplesmente, *capacidade de carga da estaca*. A partir desta capacidade de carga é verificada a *segurança à ruptura*, como explicado no Capítulo 2, que apresenta os requisitos essenciais de um projeto de fundações. No Capítulo 3 foram descritos os aspectos executivos dos principais tipos de estacas, que também devem ser considerados no cálculo da capacidade de carga. Neste capítulo serão estudados apenas os carregamentos axiais.

4.1 Introdução

Inicialmente serão abordados os métodos teóricos de cálculo de capacidade de carga de fundações profundas, embora estes não sejam os mais utilizados na prática. Porém, para se conhecer o comportamento das fundações, seja na ruptura, seja sob carga de serviço, é essencial o conhecimento do seu comportamento teórico, segundo os fundamentos da Mecânica dos Solos. Em seguida, serão abordados os métodos semiempíricos, que se baseiam em ensaios de campo, sendo os mais comuns o SPT e o CPT. Ambos os métodos são conhecidos como métodos estáticos, pois estimam a capacidade de carga para a fundação quando em equilíbrio estático.

Qualquer que seja o método utilizado, sob um carregamento estático, as ações estáticas devem estar em equilíbrio com as forças de reação mobilizadas pelo solo. Na ruptura, o solo tem toda a sua resistência ao cisalhamento mobilizada, através do atrito lateral, no contato do fuste da estaca com o solo, e da capacidade de carga de ponta, no contato entre a base da estaca e o solo sob ela (Figura 4.1),

$$Q_{rup} + W = Q_{p,rup} + Q_{l,rup} \tag{4.1}$$

em que:

Q_{rup} = capacidade de carga da estaca;
W = peso próprio da estaca;
$Q_{p,rup}$ = capacidade de carga da ponta ou da base da estaca;
$Q_{l,rup}$ = capacidade de carga devida ao atrito lateral.

O peso próprio costuma ser desprezado, em face do seu valor muito reduzido diante das demais parcelas, sendo a Equação (4.1) escrita na forma:

$$Q_{rup} = A_b q_{p,rup} + U \sum \tau_{l,rup} \Delta l \tag{4.2}$$

em que:

A_b = área da ponta ou da base da estaca;
$q_{p,rup}$= resistência unitária da ponta;
U = perímetro da estaca;
$\tau_{l,rup}$= resistência lateral unitária;
Δl = trecho do comprimento com atuação de um mesmo valor de $\tau_{l,rup}$.

Será apresentado, primeiramente, o método de Berezantzev, seguido do método de Vesic e o utilizado pelo USACE – U.S. Army Corps of Engineers (Corpo de Engenheiros do Exército dos Estados Unidos). Para a utilização destes métodos, há necessidade de se conhecer os parâmetros geotécnicos, em particular

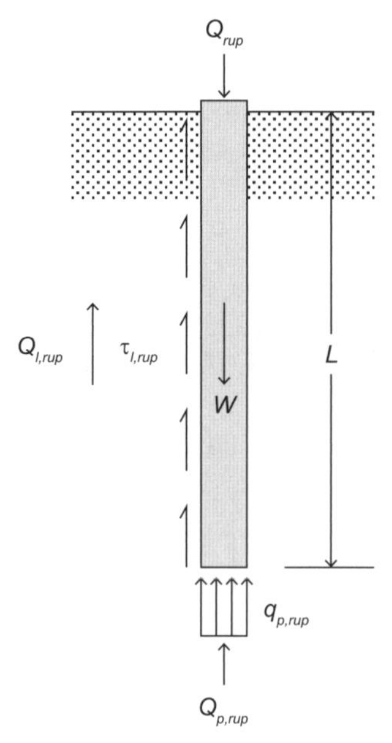

FIGURA 4.1. Ações e resistências mobilizadas na ruptura.

a resistência ao cisalhamento do solo, obtidos, na prática, a partir de ensaios de campo. Em seguida, serão apresentados os métodos mais comumente utilizados no Brasil, que são de natureza semiempírica, porém fundamentados nos conhecimentos presentes nos métodos de natureza teórica.

4.2 Métodos teóricos

Diversos métodos teóricos foram propostos por autores no passado, cujas fórmulas para a resistência de ponta se basearam em soluções da Teoria da Plasticidade, admitindo diferentes mecanismos de ruptura. Métodos clássicos mais conhecidos são os de Terzaghi (1943), Meyerhof (1953), Berezantzev *et al.* (1961). Nesses métodos, além da geometria da estaca, a resistência unitária da ponta é função apenas da *resistência ao cisalhamento* do solo. Já o método de Vesic (1972, 1977) considera também a *rigidez do solo*, um aspecto relevante na determinação do mecanismo de ruptura em fundações profundas.

Os métodos teóricos adotam para a resistência de ponta de uma estaca a mesma expressão da capacidade de carga de fundações superficiais, porém excluindo o terceiro termo, relativo ao peso próprio do solo, uma vez que este termo é muito pequeno em uma fundação profunda. A equação para a resistência de ponta unitária fica, então,

$$q_{p,rup} = c' N_c S_c + \sigma_v' N_q S_q \tag{4.3a}$$

em que:

N_c e N_q = fatores de capacidade de carga (função de φ);
σ_v = tensão vertical efetiva na profundidade da base da fundação;
S_c e S_q = fatores de forma.

Na *condição não drenada* (φ_u = 0), que representaria a resposta a um carregamento rápido em solo argiloso saturado (solo de drenagem lenta), tem-se

$$q_{p,rup} = S_u N_c S_c + \sigma_v \tag{4.3b}$$

Como, para $\varphi_u = 0$, $N_q = 1$, o segundo termo é desprezado juntamente com o peso próprio da estaca.

Na *condição drenada*, que representaria a resposta em um solo de drenagem rápida (ou a condição de longo prazo de um solo de drenagem lenta), observa-se

$$q_{p,rup} = c' N_c S_c + \sigma_v' N_q S_q \tag{4.3c}$$

As diferentes teorias clássicas apresentam diferentes fórmulas para os fatores de capacidade de carga, N_c e N_q, função de φ. Para estacas circulares ou quadradas, os fatores de forma, S_c e S_q, para efeitos práticos, têm os valores 1,2 e 1,0, respectivamente.

4.2.1 Método de Berezantzev *et al.*

Berezantzev *et al.* (1961) analisaram o problema da capacidade de carga de estacas em solos arenosos utilizando o esquema da Figura 4.2. Nessa figura, a sobrecarga da zona de ruptura no nível da ponta da estaca é igual ao peso do cilindro **BCDA-B$_1$C$_1$D$_1$A$_1$** reduzido do valor da força de atrito interno *F* na superfície lateral desse cilindro.

Analisando a distribuição de pressões laterais nas superfícies cilíndricas em problemas axissimétricos da Teoria do Equilíbrio Limite, Berezantzev *et al.* (1961) chegaram à expressão:

$$p_h = \frac{\tan\left(\frac{\pi}{4} - \frac{\varphi}{2}\right)}{\lambda - 1}\left\{1 - \left[\frac{1}{1 + \frac{z}{l_0}\tan\left(\frac{\pi}{4} - \frac{\varphi}{2}\right)}\right]^{\lambda - 1}\right\}\gamma l_0 \tag{4.4}$$

em que γ é o peso específico efetivo na profundidade z e

$$\lambda = 2\tan\varphi\tan\left(\frac{\pi}{4} + \frac{\varphi}{2}\right) \tag{4.5}$$

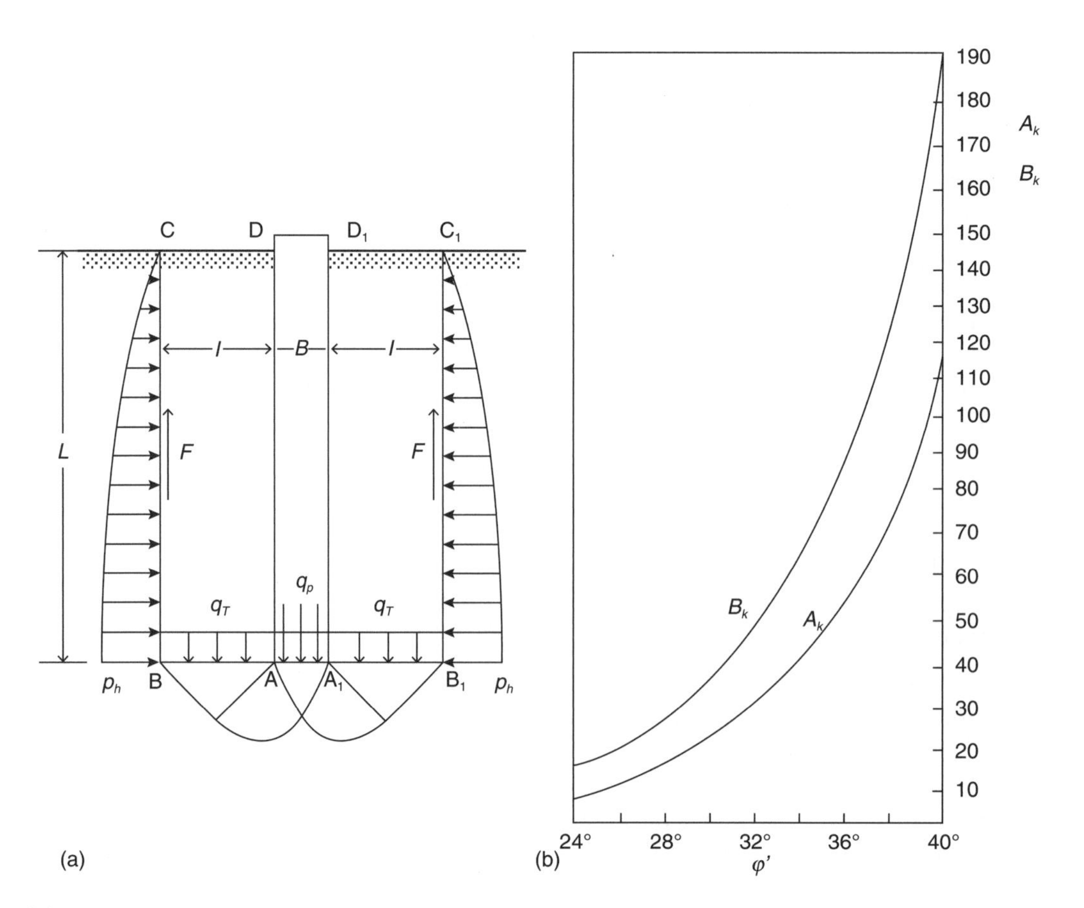

FIGURA 4.2. (**a**) Mecanismo de ruptura e (**b**) fatores de capacidade de carga (Adaptada de Berezantzev *et al.*, 1961).

A forma da superfície de ruptura abaixo da ponta da estaca é definida pela teoria de Prandtl-Caquot (ver, por exemplo, Kézdi, 1970) de tal sorte que:

$$l_0 = \frac{B}{2} + l = \frac{B}{2}\left[1 + \frac{\sqrt{2}\,e^{\left(\frac{\pi}{2}-\frac{\varphi}{2}\right)\tan\left(\frac{\varphi}{2}\right)}}{\operatorname{sen}\left(\frac{\pi}{4}-\frac{\varphi}{2}\right)}\right] \tag{4.6}$$

em que φ é o ângulo de atrito do solo abaixo da ponta da estaca.

Tendo em vista a Equação (4.4), chega-se à tensão média no nível da base da estaca:

$$q_T = \alpha_T\, \gamma\, L \tag{4.7}$$

sendo o coeficiente α_T uma função da relação L/B e do ângulo φ', conforme Tabela 4.1.

A solução do problema axissimétrico da Teoria do Equilíbrio Limite fornece a expressão da resistência de ponta:

$$q_{p,rup} = A_k\, \gamma\, B + B_k\, q_T \tag{4.8a}$$

ou

$$q_{p,rup} = A_k\, \gamma B + B_k\, \alpha_T\, \gamma L \tag{4.8b}$$

em que A_k e B_k são funções de φ obtidas das curvas da Figura 4.2b.

Verifica-se, assim, que, de acordo com esses autores, a tensão horizontal contra o fuste da estaca cravada não cresce indefinida e linearmente com a profundidade.

A proposta de Berezantzev *et al.* (1961) para o atrito lateral da estaca, supondo que a ruptura ocorre a alguma distância da interface, não é realista e conduz a valores conservativos. Assim, o método em questão é usado apenas na estimativa da capacidade de carga da ponta.

TABELA 4.1. **Coeficientes α_T**

φ' / L/B	26°	30°	34°	37°	40°
5	0,75	0,77	0,81	0,83	0,85
10	0,62	0,67	0,73	0,76	0,79
15	0,55	0,61	0,68	0,73	0,77
20	0,49	0,57	0,65	0,71	0,75
25	0,44	0,53	0,63	0,70	0,74

4.2.2 Método de Vesic

Resistência de ponta

Inicialmente, Vesic (1977) observou que a resistência de ponta não é governada apenas pela tensão vertical efetiva (σ'_v), mas pela tensão efetiva média, dada por:

$$\sigma'_0 = \frac{(1+2K_0)\,\sigma'_v}{3} \tag{4.9}$$

em que K_0 é o coeficiente de empuxo no repouso.

A expressão de capacidade de carga revisada por Vesic (1977) passa a ser, então,

$$q_{p,rup} = c\, N^*_c + \sigma'_0\, N_\sigma \tag{4.3d}$$

sendo N_σ um novo fator de capacidade de carga, e sendo N_c^* obtido com a equação:

$$N_c^* = (N_q - 1)\cot\varphi \tag{4.10}$$

Vesic (1977) propôs que o fator N_σ fosse determinado por uma solução da Teoria da Plasticidade que levasse em consideração a deformabilidade do solo antes da ruptura (para se aproximar do mecanismo real de ruptura).

De acordo com observações em modelo reduzido e estacas em escala real, sob a ponta da estaca ocorre um cone (I) altamente comprimido (Figura 4.3). Em solos relativamente fofos, este cone força seu caminho através da massa de solo sem produzir outras superfícies de deslizamento visíveis. Por outro lado, em solos densos, o cone (I) empurra as massas (II) lateralmente contra as massas (III). Dessa maneira, o avanço da estaca em solos densos só é possível pela expansão lateral do solo ao longo do anel circular (BD), assim como por alguma compressão possível nas zonas (I) e (II). Na Figura 4.4, reproduzida de Vesic (1977), se observa o mecanismo de ruptura verificado em ensaios em modelo reduzido de laboratório. Nessa figura também se pode observar um puncionamento, mesmo em um solo arenoso muito compacto, e o detalhe do avanço da ponta da estaca pela expansão lateral do solo.

Vesic (1977) introduziu um parâmetro para expressar a *rigidez do solo*, chamado *índice de rigidez*, dado pela razão entre o módulo cisalhante e a resistência ao cisalhamento:

$$I_r = \frac{G}{c + \sigma_0' \tan\varphi} \tag{4.11}$$

O fator I_r é de difícil determinação – e não deveria apresentar grande variação – pois tanto a resistência ao cisalhamento como o módulo cisalhante, G, variam com a tensão confinante, σ_0'. Vesic (1977) indica que I_r diminui com a tensão confinante, e fornece alguns valores reproduzidos nas Tabelas 4.2a e 4.2b.

Na determinação do fator de capacidade de carga N_σ será utilizado o *índice de rigidez reduzido*, I_{rr}, dado por

$$I_{rr} = \frac{I_r}{1 + I_r\Delta} \tag{4.12}$$

sendo Δ a deformação volumétrica na zona plástica (III).

Para a obtenção de N_σ, Vesic parte da hipótese de que a tensão de ruptura do solo sob a base da estaca corresponde à tensão normal ao longo do anel BD, considerada igual àquela necessária à expansão de uma cavidade esférica em uma massa de solo infinita.

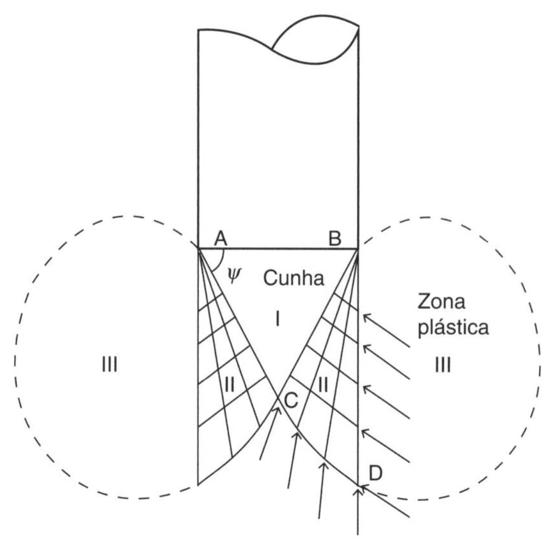

FIGURA 4.3. Mecanismo de ruptura admitido sob a ponta da estaca (Adaptada de Vesic, 1977).

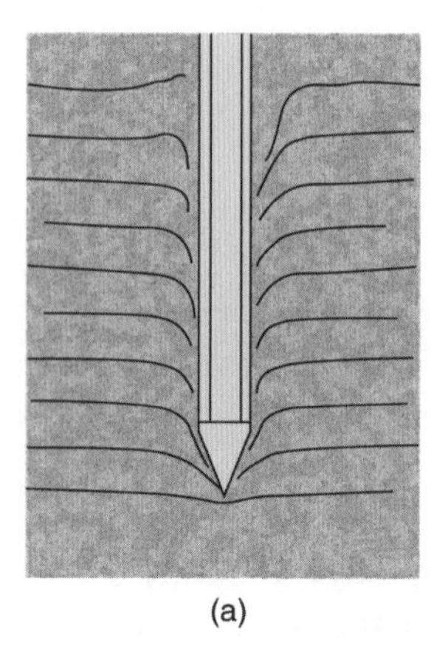

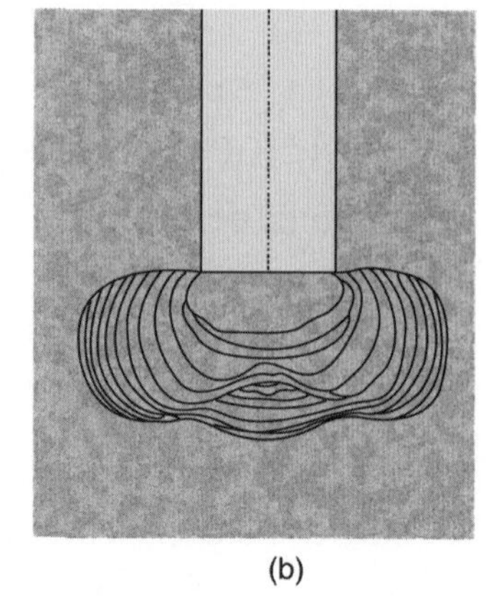

FIGURA 4.4. Padrão de ruptura sob a ponta da estaca em uma areia densa (Adaptada de Vesic, 1977).

TABELA 4.2a. **Valores típicos do índice de rigidez I_r para solos arenosos**

Solo	Densidade relativa D_r	Nível de tensão efetiva média (kPa)	Índice de rigidez I_r	Fonte
Areia de Chattahoochee	80 %	10	200	Vesic e Clough (1968)
		100	118	
		1000	52	
		10.000	12	
	20 %	10	140	
		100	85	
Areia de Ottawa	82 %	5	265	Roy (1966)
	21 %	55	89	
Siltes de Piedmont		70	10-30	Vesic (1972)

Fonte: Vesic (1977).

TABELA 4.2b. **Valores típicos do índice de rigidez I_r para solos argilosos, condição não drenada**

Solo	Índice de plasticidade I_p	Teor de umidade (%)	*OCR*	Nível de tensão efetiva média (kPa)	Índice de rigidez I_r	Fonte
Argila de Weald	25	23,1	1	210	99	Ladanyi (1963)
		22,5	24	35	10	
Argila de Drammen	19	24,9	1	150	267	
		25,1		250	259	
		27,2		400	233	
Argila de Lagunillas	50	65	1	65	390	
				40	300	

Fonte: Vesic (1977).

No caso de uma massa de solo de comportamento elastoplástico ideal, com parâmetros c, φ, E, v (E e v sendo o módulo de elasticidade e coeficiente de Poisson do solo), a expressão para N_σ é:

$$N_\sigma = \frac{3}{3 - \operatorname{sen}\varphi} e^{\left(\frac{\pi}{2} - \varphi\right)\tan\varphi} \tan^2\left(\frac{\pi}{4} + \frac{\varphi}{2}\right) I_{rr}^{\frac{4\operatorname{sen}\varphi}{3(1+\operatorname{sen}\varphi)}} \qquad (4.12a)$$

Os fatores de capacidade de carga dependem, assim, não apenas do ângulo de atrito do solo, mas também da sua rigidez e da deformação volumétrica no interior da zona plástica que se forma ao redor da cavidade.

Para o caso não drenado, em que não há variação de volume, ou seja, $\Delta = 0$, resulta $I_{rr} = I_r$. Como, nesse caso, $\varphi = 0$, a Equação (4.12a) se reduz a

$$N_\sigma = \frac{4}{3}(\ln I_{rr} + 1) + \frac{\pi}{2} + 1 \qquad (4.12b)$$

Valores de N_σ e N_c^* são apresentados na Tabela 4.3. Nessa tabela, para o cálculo de N_σ, Vesic considerou $I_{rr} = I_r$ (condição não drenada ou condição de pequena variação de volume). O valor de N_σ pode ser obtido também da Figura 4.5.

Comparando N_q da teoria clássica de Terzaghi com N_σ tem-se:

$$N_q \sigma_v' = N_\sigma \frac{(1 + 2K_0)}{3} \sigma_v' \qquad N_q = N_\sigma \frac{(1 + 2K_0)}{3} \qquad (4.13)$$

TABELA 4.3. **Fatores de capacidade de carga N_c^* (acima nas células da tabela) e N_σ (abaixo)**

φ	I_r									
	10	20	40	60	80	100	200	300	400	500
0	6,97 1,00	7,90 1,00	8,82 1,00	9,36 1,00	9,75 1,00	10,04 1,00	10,97 1,00	11,51 1,00	11,89 1,00	12,29 1,00
5	8,99 1,79	10,56 1,92	12,25 2,07	13,30 2,16	14,07 2,23	14,69 2,28	16,69 2,46	17,94 2,57	18,86 2,65	19,59 2,71
10	11,55 3,04	14,08 3,48	16,97 3,99	18,86 4,32	20,29 4,58	21,46 4,78	25,43 5,48	28,02 5,94	29,99 6,29	31,59 6,57
15	14,79 4,96	18,66 6,00	23,35 7,26	26,53 8,11	29,02 8,78	31,08 9,33	38,37 11,28	43,32 12,61	47,18 13,64	50,39 14,50
20	18,83 7,85	24,56 9,94	31,81 12,58	36,92 14,44	40,99 15,92	44,43 17,17	56,97 21,73	65,79 24,94	72,82 27,51	78,78 29,67
22	20,71 9,37	27,35 12,05	35,89 15,50	41,98 17,96	46,88 19,94	51,04 21,62	66,37 27,82	77,30 32,23	86,09 35,78	93,57 38,81
24	22,75 11,13	30,41 14,54	40,41 18,99	47,63 22,20	53,48 24,81	58,48 27,04	77,08 35,32	90,51 41,30	101,38 46,14	110,69 50,28
26	24,98 13,18	33,77 17,47	45,42 23,15	53,93 27,30	60,86 30,69	66,84 33,60	89,25 44,53	105.61 52,51	118,96 59,02	130,44 64,62
28	27,40 15,57	37,45 20,91	50,96 28,10	60,93 33,40	69,12 37,75	76,20 41,51	103,01 55,77	122,79 66,29	139,04 74,93	153,10 82,40
30	30,03 18,24	41,49 24,95	57,08 33,95	68,69 40,66	78,30 46,21	86,64 51,02	118,53 69,43	142,27 83,14	161,91 94,48	178,98 104,33
32	32,89 21,55	45,90 29,68	63,82 40,88	77,29 49,30	88,50 56,30	98,28 62,41	135,96 85,96	164,29 103,66	187,87 118,39	208,43 131,24
34	35,99 25,28	50,72 35,21	71,24 49,05	86,80 59,54	99,82 68,33	111,22 76,02	155,51 105,90	189,11 128,55	217,21 147,51	241,84 164,12
36	39,37 29,60	55,99 41,68	79,39 58,68	97,29 71,69	112,34 82,62	125,59 92,24	177,38 129,87	216,98 158,65	250,30 182,85	279,60 204,14
38	43,04 34,63	61,75 49,24	88,36 70,03	108,86 86,05	126,20 99,60	141,50 111,56	201,78 158,65	248,23 194,94	287,50 225,62	322,17 252,71
40	47,03 40,47	68,04 58,10	98,21 83,40	121,62 103,05	141,51 119,74	159,13 134,52	228,97 193,13	283,19 238,62	329,24 277,26	370,04 311,50
42	51,38 47,27	74,92 68,46	109,02 99,16	135,68 123,16	158,41 143,64	178,62 161,82	259,22 234,40	322,22 291,13	375,97 339,52	423,74 382,53
45	58,66 59,66	86,48 87,48	127,28 128,28	159,48 160,48	187,12 188,12	211,79 212,79	311,04 312,03	389,35 390,35	456,57 457,57	516,58 517,58

Vesic (1977) sugere que, em um depósito homogêneo de areia densa, os valores de N_σ diminuem com a profundidade, já que tanto φ como I_{rr} decresceriam com o aumento da tensão efetiva média. Em vista disso, o aumento da resistência de ponta com a profundidade em areias compactas seria não linear. O fato de tanto φ como I_{rr} variarem com o nível de tensão seria a fonte do importante *efeito de escala* que é a diminuição da resistência de ponta unitária com o aumento do diâmetro da estaca em uma dada profundidade relativa.

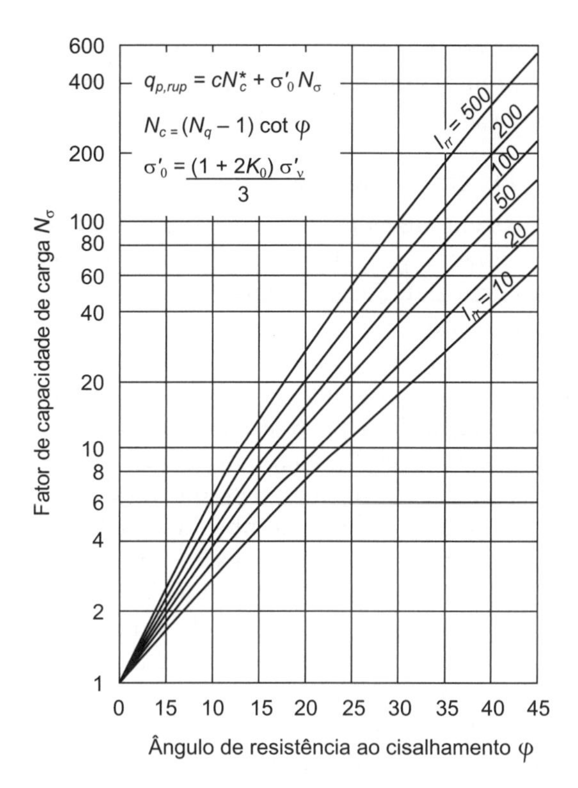

FIGURA 4.5. Variação do fator de capacidade de carga N_σ com o ângulo de atrito e I_{rr} (Adaptada de Vesic, 1977).

Atrito lateral - Geral

Similar ao deslizamento de um bloco rígido em contato com o solo, a resistência por atrito de uma estaca pode ser calculada com

$$\tau_{l,rup} = c_a + \sigma'_h \tan\delta \quad (4.14a)$$

$$\tau_{l,rup} = c_a + \sigma'_v K_s \tan\delta \quad (4.14b)$$

em que:

δ = ângulo de atrito da interface solo-estaca, sendo $\delta = \varphi'$ para estacas rugosas;
c_a = adesão, normalmente de pequeno valor, podendo ser desprezada para efeito de projeto;
σ'_h = tensão efetiva horizontal (ou normal ao fuste);
σ'_v = tensão efetiva vertical;
K_s = coeficiente de empuxo após dissipados os efeitos de instalação da estaca.

Para *estacas cravadas em solos granulares*, em cujo processo de instalação o solo sofre um deslocamento considerável, tanto horizontal como vertical, se adota como ângulo de atrito limite na interface, φ'_{CV}. Esse é o ângulo atrito que um solo granular apresenta em volume constante, daí o subscrito *CV*, de *constant volume*. Assim, em areias compactas (dilatantes), não se deve usar o ângulo de atrito de pico.

O coeficiente de empuxo K_s depende das condições iniciais de tensões no terreno e do método de instalação da estaca; é afetado em menor escala pela forma (particularmente para estacas com seção variável no comprimento). Para estacas escavadas e cravadas com auxílio de jato d'água (jateadas), K_s é menor ou igual a K_o. Se a estaca escavada for bem executada, evitando-se um elevado período de desconfinamento do solo (escavação rápida), o valor de K_s se aproxima do valor de K_o. Porém, em uma execução pouco cuidadosa, com um intervalo longo até a concretagem, o valor de K_s será inferior a K_o.

No caso de estacas cravadas com pequeno deslocamento do solo durante a execução, K_s é maior, mas raramente excede 1,5, mesmo em areias compactas. Para estacas curtas cravadas em areia, com grande deslocamento, K_s pode ser da ordem de K_p. Porém sua magnitude reduz com a profundidade.

Atrito lateral de estacas cravadas em areias – Profundidade crítica

Medições de atrito lateral realizadas em areias medianamente compactas a compactas parecem indicar que, após uma dada penetração da estaca, $\tau_{l,rupt}$ alcança um valor limite, permanecendo quase constante (ou com pequeno crescimento) a partir daí. Surgiu então a ideia de que há uma *profundidade crítica*. Alguns métodos incorporam este conceito.

De fato, tanto o atrito lateral unitário como a resistência de ponta unitária são limitados, em alguns métodos teóricos de capacidade de carga, por um valor máximo ou por um valor calculado a uma dada profundidade, dita crítica. Este procedimento está incorporado até de forma normativa, como no American Petroleum Institute – Recommended Practice e no Canadian Foundation Engineering Manual (2006), entre outros. Fellenius e Altaee (1995) recomendam que a profundidade crítica, localizada entre 10 e 20 diâmetros de profundidade, dependendo da compacidade do solo, seja considerada limitadora da resistência unitária de atrito e de ponta de uma estaca. Esses autores se referem ao perfil de resistência de atrito, como aquele mostrado na Figura 4.6, como "distribuição de Vesic". Essa figura mostra, ainda, uma degradação do atrito com o aumento da profundidade da estaca.

Fellenius e Altaee (1995) atribuem à presença de tensões residuais de cravação – e não à existência de uma profundidade crítica – o comportamento da Figura 4.6.

Já em relação ao fato de que a *resistência de ponta* de estacas cravadas e de cones (ensaios CPT) não apresenta um crescimento linear com a profundidade, mas um crescimento discreto a partir de uma dada profundidade, há diferentes explicações. Vesic (1977) atribui a uma redução na tensão vertical junto da estaca pela movimentação de partículas da areia (que ele chama de *arqueamento*), e Fleming *et al.* (1992) atribuem a uma redução no ângulo de atrito interno, que tenderia a φ'_{CV}, afetando o fator N_q (Equação 4.3), ou a uma redução no índice de rigidez I_r (com base em Bolton, 1986). Outra explicação seria a quebra de grãos, uma possibilidade em areias compactas a grandes profundidades (Danziger e Lunne, 2012).

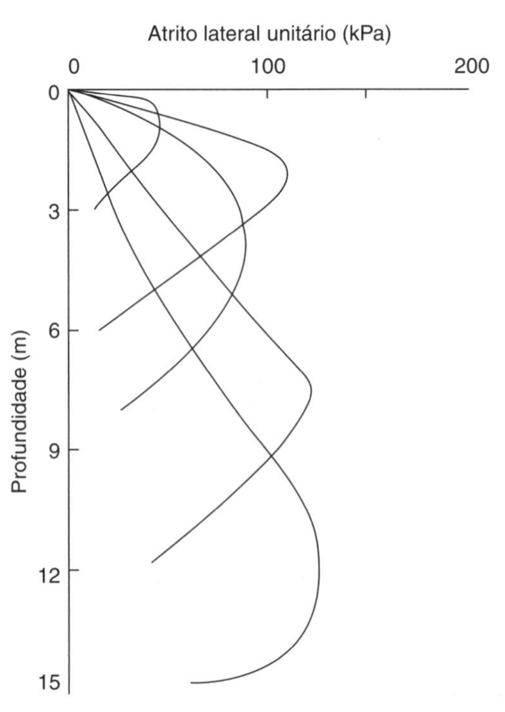

FIGURA 4.6. Distribuição do atrito unitário segundo Vesic (1970), *apud* Fellenius e Altaee (1995).

Este assunto é ainda muito controvertido, como comentam Velloso e Lopes (2010). O *Canadian Foundation Engineering Manual* (2006), embora reconhecendo que não há evidências suficientes para permitir uma resposta conclusiva quanto às reais variações da resistência lateral unitária e de ponta com a profundidade, recomenda prudência no projeto de estacas longas em solos granulares.

Atrito lateral de estacas em argilas

No caso de estacas cravadas em argilas normalmente adensadas, Vesic (1977) indica valores de K_s iguais ou ligeiramente superiores a K_0. A resistência lateral pode ser inicialmente baixa, por conta das poro-pressões desenvolvidas na cravação, levando a uma redução da tensão efetiva. Contudo, à medida que a poro-pressão é dissipada e a tensão efetiva se aproxima do valor inicial, a resistência por atrito lateral de muitas argilas pode se tornar igual à resistência não drenada inicial S_u, correspondente à tensão efetiva inicial de campo. Este fato tem levado à proposta clássica de relacionar a resistência por atrito lateral com a resistência não drenada inicial para as argilas:

$$\tau_{l,rup} = \alpha S_u \tag{4.15}$$

A expressão anterior é conhecida como *Método Alfa*, sendo α um coeficiente que pode variar para diferentes tipos de estacas e condições do solo entre 0,2 e 1,5. Para argilas moles a médias ($S_u \leq 50$ kPa), α deve ser próximo de 1. Para estacas escavadas moldadas *in situ* nas argilas rijas de Londres, α varia entre 0,3, para estacas muito curtas, a 0,6, para estacas longas, com valor médio de 0,45.

Variação da resistência com o tempo após a cravação

O atrito lateral de estacas é governado pelas tensões efetivas existentes ao redor do fuste no momento da prova de carga. Desde as primeiras pesquisas de estacas em argilas, observou-se o aumento da resistência lateral com o tempo, estando este aumento ligado à migração da água dos poros causada pelo excesso de poro-pressão devido à cravação.

Soderberg (1962) mostrou que o aumento da capacidade de carga de estacas de atrito em argilas é essencialmente um fenômeno de adensamento radial da argila. O ganho de resistência com o tempo é controlado pelo fator tempo T_h:

$$T_h = \frac{4c_h t}{B^2} \tag{4.16}$$

em que:

c_h = coeficiente de adensamento radial;
t = tempo decorrido desde a cravação;
B = largura ou diâmetro da estaca.

Desta forma, o tempo necessário para o desenvolvimento de uma determinada capacidade de carga é proporcional ao quadrado da largura da estaca.

Dados de campo reunidos por Vesic (1977) na Figura 4.7 mostram também a previsão do aumento da capacidade de carga com o tempo para estacas cravadas em um depósito profundo de argila marinha. Observa-se que, em comparação com estacas de pequeno diâmetro, a capacidade de carga de estacas de maior diâmetro continua a crescer em um período muito maior após a cravação. Este aspecto é muito importante de ser lembrado quando se faz estimativas de tempo de espera para provas de carga. A Figura 4.7 mostra também que estacas cravadas em um grupo exibem ganho de resistência muito mais lento do que o ganho observado em estacas isoladas. Este fato é muito importante na interpretação do efeito de grupo em estacas em argila mole.

Chandler (1968) e Burland (1973) propuseram que o atrito lateral de estacas em argila deveria ser avaliado em termos de tensões efetivas. A expressão para o atrito lateral seria, então (derivada da Equação 4.14b):

$$\tau_{l,rup} = \sigma'_v K_s \tan \varphi' \tag{4.17a}$$

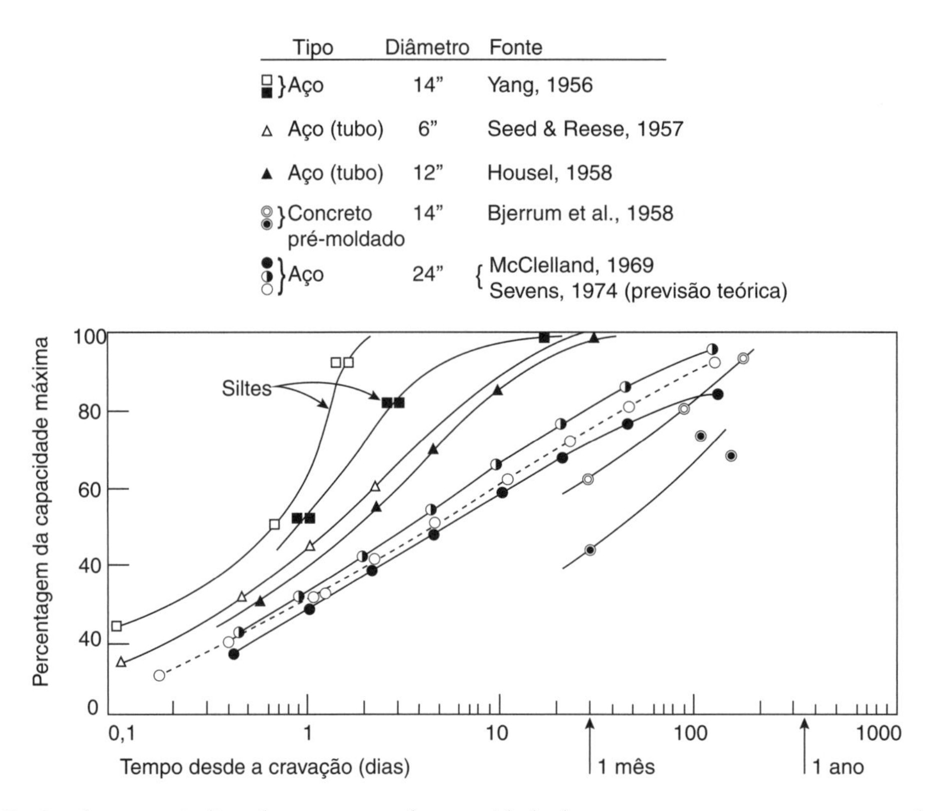

FIGURA 4.7. Dados de campo indicando o aumento da capacidade de carga com o tempo para a parcela do atrito lateral em argilas (Adaptada de Vesic, 1977).

ou

$$\tau_{l,rup} = \beta \sigma'_v \tag{4.17b}$$

A expressão anterior é conhecida como *Método Beta* (Vesic, 1977, na mesma equação, usa como notação N_s em vez de β).

Para estacas em **argilas normalmente adensadas** não muito sensíveis, supondo que após dissipados os efeitos de cravação o estado de repouso se restabelece, pode ser admitido que $K_s = K_0 = 1 - \text{sen}\ \varphi'$, ficando:

$$\beta = (1 - \text{sen}\,\varphi')\tan\varphi' \tag{4.18}$$

Para o ângulo de atrito efetivo da argila, φ', variando no intervalo de 15° a 30°, β varia entre 0,20 e 0,29.

A Figura 4.8 mostra resultados experimentais de β obtidos em provas de carga em uma variedade de locais. Pode ser observado que β realmente varia muito pouco com o solo e o tipo de estaca e que um valor da ordem de 0,29 pode ser proposto para projetos preliminares. Outras comparações indicam que um valor de 0,24 pode ser mais apropriado para estacas tracionadas ou para o caso de atrito negativo. Há também a tendência de menores valores de β para estacas mais longas e maiores valores para estacas mais curtas, que pode derivar de um maior atrito na crosta levemente sobreadensada.

No caso de estacas cravadas ou prensadas em argilas rijas, sobreadensadas, as provas de carga indicam geralmente maiores valores de β, que resultam de maiores valores de tensões efetivas horizontais. Resultados de algumas provas de carga nestas argilas são mostrados na Figura 4.9.

Verifica-se que o valor de β para tais estacas pode ser da ordem de até 5 para estacas relativamente curtas. Contudo, há uma considerável redução no valor de β com o comprimento das estacas, de forma similar ao que acontece com areias compactas (Figura 4.8). A explicação para esta redução é seme-

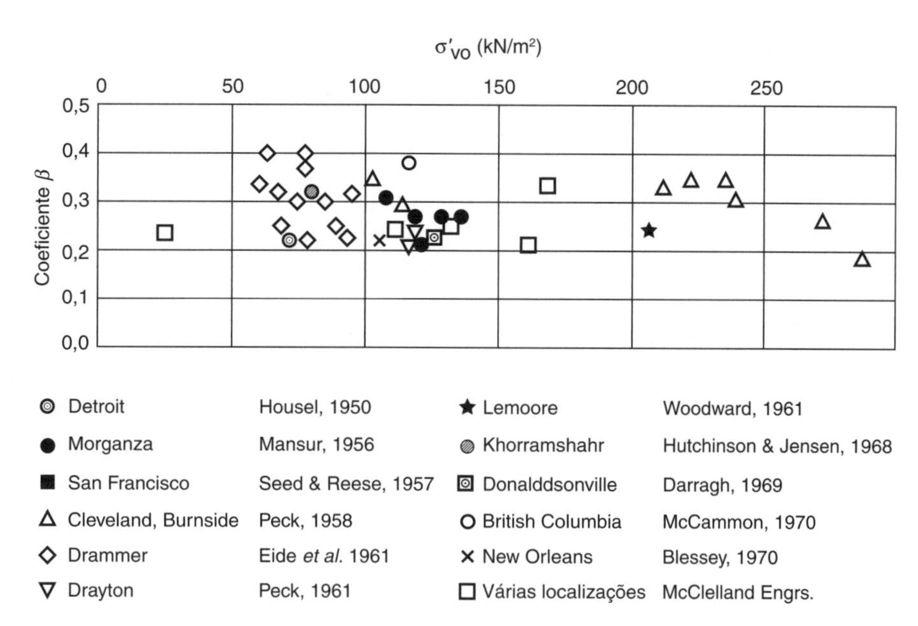

FIGURA 4.8. Valores observados do fator β em argilas normalmente adensadas (Adaptada de Vesic, 1977).

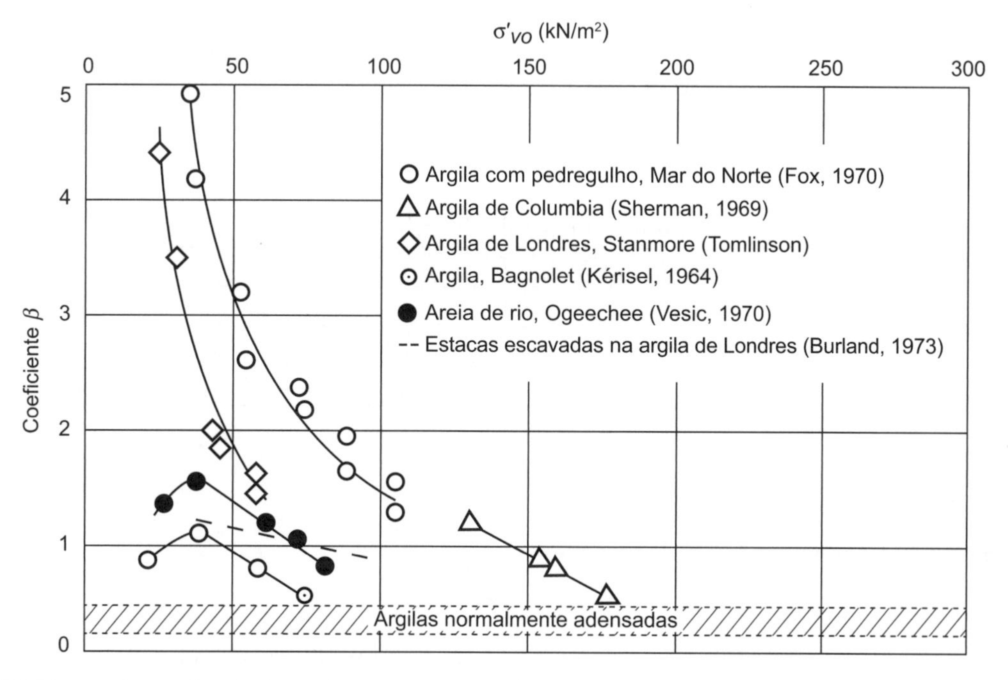

FIGURA 4.9. Valores observados do fator β em estacas cravadas em argilas sobreadensadas (Adaptada de Vesic, 1977).

lhante àquela para estacas em areia: aparentemente o estado de tensões ao longo do fuste de estacas não aumenta em proporção ao comprimento das estacas ou às tensões geostáticas horizontais. Outros possíveis fatores que teriam efeito similar seriam a separação entre o fuste da estaca e a argila próxima à superfície e a redução no valor de K_0 com a profundidade em depósitos de argilas sobreadensadas. O efeito combinado destes fatores aparentemente resulta em resistências por atrito lateral quase constantes para comprimentos de estacas acima de determinado valor. Por conta disso, pode ser mais fácil relacionar o atrito lateral com a resistência não drenada das argilas (Método Alfa), embora também α diminua com o aumento do comprimento da estaca.

4.2.3 Método do U.S. Army Corps of Engineers (USACE)

Métodos teóricos são utilizados em projetos offshore, sugerindo-se, neste caso, seguir as recomendações do API (American Petroleum Institute). Nesta seção é apresentado o método proposto pelo USACE (2005), que pode ser aplicado às demais estacas.

Partindo-se da Equação (4.2), são apresentados os valores propostos para a resistência unitária por atrito lateral e pela ponta, inicialmente para as camadas de solo de comportamento drenado (areias, areias siltosas) e, posteriormente, para as camadas de solos argilosos com comportamento não drenado.

4.2.3.1 Estacas em solos de comportamento drenado

Atrito lateral

O atrito lateral de estacas em solos arenosos varia linearmente com a profundidade até uma profundidade crítica, D_c, permanecendo constante abaixo desta profundidade. A profundidade crítica varia entre 10 a 20 diâmetros, dependendo da densidade relativa da areia, da seguinte forma:

$D_c = 10B$, para areias fofas;
$D_c = 15B$, para areias medianamente compactas;
$D_c = 20B$, para areias compactas.

O atrito lateral $\tau_{l,rupt}$ unitário é determinado por (derivada da Equação 4.14b):

$$\tau_{l,rup} = \sigma_v' K_s \tan \delta \tag{4.19}$$

Segundo essa proposta, σ_v' cresce até a profundidade crítica D_c. O coeficiente de empuxo K_s varia de 1,0 a 2,0 para areias e vale aproximadamente 1,0 para solos siltosos. Valores de δ, ângulo de atrito entre o solo e a estaca, estão indicados na Tabela 4.4.

TABELA 4.4. **Valores do ângulo de atrito da interface δ**

Material da estaca	δ
Aço	0,67 φ a 0,83 φ
Concreto	0,90 φ a 1,0 φ
Madeira	0,80 φ a 1,0 φ

Resistência de ponta

A resistência de ponta unitária é calculada como:

$$q_{p,rup} = \sigma_v' N_q \tag{4.20}$$

Também aqui, σ_v' cresce até a profundidade crítica D_c. N_q deve ser obtido da Figura 4.10, em função de φ'.

4.2.3.2 Estacas em argilas (solos de comportamento não drenado)

Atrito lateral

O método utiliza a mesma Equação (4.15). Para o fator α, chamado de fator de adesão na publicação do USACE (2005), sugerem-se os valores obtidos da Figura 4.11, função da resistência não drenada.

Um procedimento alternativo desenvolvido por Semple e Ridgen (1984), conforme citado pelo USACE (2005), consiste na obtenção dos valores de α que são especialmente aplicados a estacas longas, dados por:

$$\alpha = \alpha_1 \cdot \alpha_2 \tag{4.21}$$

com α_1 e α_2 obtidos da Figura 4.12.

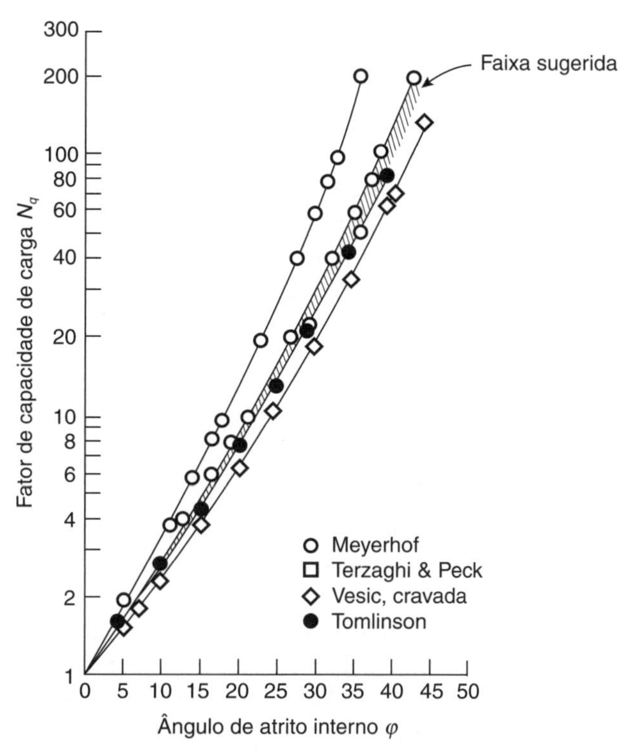

FIGURA 4.10. Fator de capacidade de carga N_q (Adaptada de USACE, 2005).

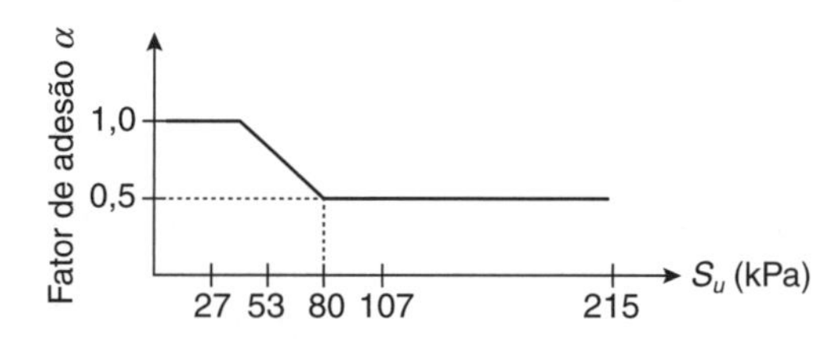

FIGURA 4.11. Valores de α em função de S_u (Adaptada de USACE, 2005).

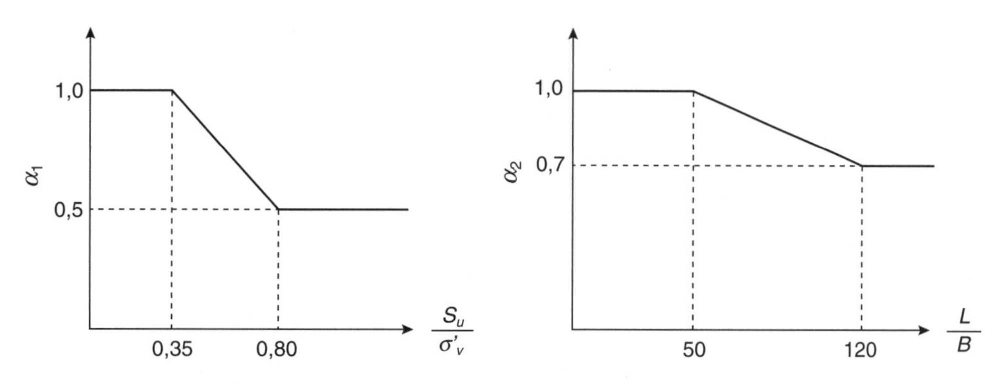

FIGURA 4.12. Valores de α_1e α_2 para estacas muito longas (Adaptada de USACE, 2005).

Resistência de ponta

A resistência de ponta unitária em argilas é calculada como:

$$q_{p,rup} = 9{,}0\, S_u \tag{4.22}$$

Observa-se que o valor 9,0 corresponde ao produto $S_c N_c$ da Equação (4.3b) obtido por Skempton (1950).

4.2.3.3 Estacas em solos estratificados

A publicação do U.S. Army Corps of Engineers ressalta ainda que, no caso de solos estratificados, os procedimentos de cálculo devem ser utilizados com base em cada camada. A capacidade de carga na ponta deve ser determinada a partir das propriedades da camada de solo na ponta. Contudo, quando camadas mais fracas existirem a profundidades de até cerca de 1,5 m ou 8 diâmetros abaixo da ponta, o que for maior, a resistência de ponta vai ser afetada. Torna-se necessário computar este efeito e considerá-lo quando do cálculo da resistência de ponta. No cálculo do atrito lateral, a contribuição de cada camada é computada separadamente, considerando sobrecargas as camadas acima.

4.3 Métodos semiempíricos

Como no caso dos métodos teóricos, os métodos empíricos utilizam a mesma Equação (4.2). A diferença é que, no primeiro caso, o atrito lateral unitário e a resistência de ponta unitária são obtidos através de teorias da Mecânica dos Solos, como no caso de fundações superficiais. A principal dificuldade do emprego dos métodos teóricos está na determinação dos parâmetros geotécnicos das diversas camadas do terreno atravessadas pelas estacas com base nas investigações geotécnicas usuais, apenas as sondagens a percussão no caso do Brasil.

Já os métodos empíricos estimam o atrito lateral unitário e a resistência de ponta unitária diretamente dos resultados dos ensaios de campo, sem passar por parâmetros geotécnicos (c, φ, K, γ, e eventualmente E, ν). Pode-se dizer que esta é uma tendência mundial e, no Brasil, métodos semiempíricos têm sido propostos desde o final da década de 1970. Três dos métodos brasileiros mais utilizados são descritos a seguir.

4.3.1 Método de Aoki e Velloso

O método de Aoki e Velloso (1975) constitui experiência adquirida pelos autores quando de sua atuação na empresa Estacas Franki. O método surgiu a partir de correlações entre resultados de provas de carga em estacas, resultados de ensaios de cone (CPT) e de sondagens a percussão. Foram empregadas correlações existentes na empresa, desenvolvidas por Costa Nunes e Fonseca (1959) entre a resistência de ponta do cone q_c e o N_{SPT}.

Para o cálculo do atrito lateral unitário e da resistência de ponta unitária são utilizadas as Equações (4.23) e (4.24), respectivamente.

$$\tau_{l,rup} = \frac{f_s}{F_2} \tag{4.23}$$

$$q_{p,rup} = \frac{q_c}{F_1} \tag{4.24}$$

em que:

q_c e f_s = resistência de ponta do cone e atrito lateral unitário na luva do cone;
F_1 e F_2 = fatores de correção que levam em conta o efeito de escala, em face da diferença nas dimensões da estaca e do cone, além do efeito de execução de cada tipo de estaca.

Como o CPT não é realizado na maior parte das obras de fundações, os valores de q_c e f_s podem ser substituídos por expressões que correlacionam os resultados do ensaio de cone com o SPT, como nas Equações (4.25) e (4.26):

$$q_c = k\, N_{SPT} \tag{4.25}$$

$$f_s = \alpha\, q_c = \alpha\, k\, N_{SPT} \tag{4.26}$$

O valor de k depende do tipo de solo e α, comumente conhecida como *razão de atrito*, relação entre o atrito unitário e a resistência de ponta do cone, tem valores indicados na Tabela 4.5. Cintra e Aoki (2010) lembram que os valores da Tabela 4.5 foram propostos por Aoki e Velloso (1975) com base em sua experiência e em valores da literatura.

TABELA 4.5. **Valores de α e k a serem empregados no método de Aoki e Velloso (1975)**

Tipo de solo	k (kgf/cm²)	α
Areia	10,0	0,014
Areia siltosa	8,0	0,020
Areia silto-argilosa	7,0	0,024
Areia argilosa	6,0	0,030
Areia argilo-siltosa	5,0	0,028
Silte	4,0	0,030
Silte arenoso	5,5	0,022
Silte areno-argiloso	4,5	0,028
Silte argiloso	2,3	0,034
Silte argilo-arenoso	2,5	0,030
Argila	2,0	0,060
Argila arenosa	3,5	0,024
Argila areno-siltosa	3,0	0,028
Argila siltosa	2,2	0,040
Argila silto-arenosa	3,3	0,030

Obs.: 0,1 kg/cm² = 1 tf/m² ≅ 10 kN/m² (kPa).

Cintra e Aoki (2010) comentam que algumas publicações trazem novos valores de k e α, como, por exemplo, a proposição de Alonso (1980) para os solos da cidade de São Paulo e a de Danziger e Velloso (1986) para os solos do Rio de Janeiro. Cintra e Aoki (2010) consideram que a tendência do método seja a manutenção de sua formulação geral, mas com substituição das correlações originais, abrangentes, por correlações regionais, que tenham validade comprovada.

Souza (2009) e Souza *et al.* (2012) verificaram que em solos arenosos o valor de k varia também com a compacidade, sendo da ordem de 10 kgf/cm², como indicado na Tabela 4.5, apenas para as areias fofas; no caso de areias compactas, os valores seriam inferiores. Atenção especial deve ser dada quando da ocorrência de trecho significativo de areia muito compacta que possa levar a estimativa muito elevada da capacidade de carga.

Os fatores corretivos F_1 e F_2, dados na Tabela 4.6, foram ajustados por Aoki e Velloso com um conjunto de provas de carga realizadas em vários estados do Brasil. Quando estas provas de carga não atingiram a ruptura, os autores utilizaram o método de van der Veen (1953) para sua extrapolação.

Alguns valores da Tabela 4.6 são os originais de Aoki e Velloso (1975). No caso das estacas pré-moldadas, os valores originais de F_1 e F_2, antes iguais aos da estaca metálica, foram alterados por Aoki (1985) de forma a contemplar a diversidade de diâmetros encontrados na prática. Para estacas escavadas, foram acrescentados os valores de F_1 e F_2 propostos por Velloso *et al.* (1978). Todavia, em estacas escavadas, quando mantidas com o furo aberto por muito tempo antes de sua concretagem, devem-se utilizar valores maiores de F_1 e F_2 para levar em consideração um maior nível de desconfinamento do solo.

TABELA 4.6. **Valores de F_1 e F_2**

Tipo de estaca	F_1	F_2
Metálica	1,75	3,5
Pré-moldada	1 + B/0,80	2 F_1
Tipo Franki	2,50	5,0
Escavada	3,0	6,0
Raiz, hélice contínua	2,0	4,0

Para estacas do tipo raiz e hélice contínua, Velloso e Lopes (2010) sugeriram valores de F_1 e F_2 de 2 e 4, respectivamente. O valor de F_1 depende, na verdade, da qualidade da execução, e valores maiores que 2 são indicados nos casos em que se espera da ponta uma contribuição importante. Há algumas avaliações publicadas, como Souza e Lopes (2018), indicando $F_1 \geq 4$ (em parte pela variabilidade e, portanto, baixa confiabilidade dessa parcela).

4.3.2 Método de Décourt e Quaresma

O método de Décourt e Quaresma (1978), ou simplesmente método de Décourt, pois este último autor apresentou uma série de atualizações do método, emprega apenas resultados de sondagens a percussão. Os valores de atrito lateral unitário podem ser estimados a partir da expressão:

$$\tau_{l,rup} = \frac{\overline{N}_{SPT}}{3} + 1 \quad \text{em tf/m}^2$$

ou

$$\tau_{l,rup} = 10\left(\frac{\overline{N}_{SPT}}{3} + 1\right) \quad \text{em kN/m}^2 \tag{4.27}$$

em que $\overline{N}_{SPT}$ é o valor médio de N_{SPT} ao longo do fuste, calculado sem levar em conta os valores considerados no cálculo da resistência de ponta. No caso de N_{SPT} menor que 3, considerar 3; no caso de $N_{SPT} > 50$, considerar 50, exceto nos casos de estacas Strauss, em que o limite para N_{SPT} deve ser de 15.

Para o cálculo da resistência de ponta unitária a expressão a ser empregada é:

$$q_{p,rup} = C\, N_{SPT} \tag{4.28}$$

sendo os valores de C, função do tipo de solo, obtidos da Tabela 4.7 que deve ser utilizada para estacas em que há cravação por percussão.

Para o valor de N_{SPT} a ser considerado na resistência de ponta, deve ser tomada uma média entre os três valores correspondentes à ponta da estaca, o imediatamente anterior e o imediatamente posterior.

Os valores de C da Tabela 4.7 foram ajustados por meio de 41 provas de carga realizadas em estacas pré-moldadas de concreto. Nas provas de carga que não atingiram a ruptura, os autores utilizaram como critério de ruptura a carga correspondente ao recalque de 10 % do diâmetro da estaca.

TABELA 4.7. **Valores de C do método de Décourt e Quaresma (1978)**

Tipo de solo	C (kPa)
Argilas	120
Siltes argilosos (alteração de rocha)	200
Siltes arenosos (alteração de rocha)	250
Areias	400

Obs.: 0,1 kg/cm^2 = 1 tf/m^2 ≅ 10 kN/m^2 (kPa).

Extensão do método Décourt-Quaresma

O método Décourt-Quaresma foi concebido para estacas pré-moldadas. Décourt *et al.* (1996) introduziram os fatores α e β para corrigir a resistência de ponta e o atrito lateral, respectivamente, para os mais diversos tipos de estacas. A expressão geral, na obtenção dos resultados em tf, é:

$$Q_{rup} = \alpha\, C\, N_p A_b + \beta\left(\frac{\overline{N}}{3} + 1\right) U\, L \tag{4.29}$$

Os valores propostos para α e β estão resumidos nas Tabelas 4.8 e 4.9.

TABELA 4.8. **Valores de α em função do tipo de estaca e de solo**

Tipo de solo	Tipo de estaca				
	Escavada em geral	Escavada (bentonita)	Hélice contínua	Raiz	Injetada sob altas pressões
Argilas	0,85	0,85	0,3*	0,85*	1,0*
Solos intermediários	0,6	0,6	0,3*	0,6*	1,0*
Areias	0,5	0,5	0,3*	0,5*	1,0*

* Valores indicativos, diante do número reduzido de dados disponíveis (DÉCOURT, 1996).

TABELA 4.9. **Valores de β em função do tipo de estaca e de solo**

Tipo de solo	Tipo de estaca				
	Escavada em geral	Escavada (bentonita)	Hélice contínua	Raiz	Injetada sob altas pressões
Argilas	0,8	0,9*	1,0*	1,5*	3,0*
Solos intermediários	0,65	0,75*	1,0*	1,5*	3,0*
Areias	0,5	0,6*	1,0*	1,5*	3,0*

* Valores indicativos diante do número reduzido de dados disponíveis (DÉCOURT, 1996).

4.3.3 Método de Velloso

Velloso (1981, 1987) apresentou um método para a estimativa da capacidade de carga de estacas a partir de sondagens a percussão, correlacionadas com o ensaio CPT, e expressa por (variante da Equação 4.2):

$$Q_{rup} = A_b \alpha \beta q_{p,rup} + U \alpha \lambda \sum \tau_{l,rup} \Delta l_i \qquad (4.30)$$

em que:

α = fator de execução da estaca (1 para estacas cravadas e 0,5 para escavadas);
λ = fator de carregamento (1 para estacas comprimidas e 0,7 para tracionadas);
β = fator de dimensão (escala) da base, valendo 1,016 – 0,016 B/d_c para estacas comprimidas e 0 para estacas tracionadas (sendo d_c o diâmetro do cone, 3,6 cm, e B a largura ou o diâmetro da base da estaca).

No caso de se dispor dos resultados do ensaio CPT, Velloso (1981) sugere adotar:

$$\tau_{l,rup} = f_s \qquad (4.31)$$

$$q_{p,rup} = \frac{\overline{q}_{c1} + \overline{q}_{c2}}{2} \qquad (4.32)$$

em que:

f_s = atrito lateral medido na luva do CPT;
$\overline{q}_{c1}$ = média dos valores medidos da resistência de ponta no ensaio de cone, q_c, em uma espessura igual a $8B$ logo acima do nível da ponta da estaca (adotar valores nulos de q_c, acima do nível do terreno, quando $L < 8B$);
$\overline{q}_{c2}$ = média dos valores medidos de q_c em uma espessura igual a $3{,}5B$ logo abaixo do nível da ponta da estaca.

No caso de se dispor apenas dos resultados de sondagens à percussão, devem-se obter os valores de f_s e q_c através de correlações potenciais entre o penetrômetro estático (CPT) e o dinâmico (SPT), pelas seguintes expressões:

$$f_s = a' \, N_{SPT}^{b'} \qquad (4.33)$$

$$q_c = a \, N_{SPT}^{b} \qquad (4.34)$$

em que a, b, a', b' são parâmetros de correlação entre o SPT e o CPT, definidos para o solo do local da obra. Valores aproximados obtidos por Velloso (1981) são indicados na Tabela 4.10.

TABELA 4.10. **Valores aproximados de *a*, *b*, *a'*, *b'***

Tipo de solo	Ponta		Atrito	
	a (kPa)	*b*	*a'*(kPa)	*b'*
Areias sedimentares submersas [1]	600	1	5,0	1
Argilas sedimentares submersas[1]	250	1	6,3	1
Solos residuais de gnaisse areno-siltosos submersos[1]	500	1	8,5	1
Solos residuais de gnaisse silto-arenosos submersos	400[1]	1[1]	8,0[1]	1[1]
	470[2]	0,96[2]	12,1[2]	0,74[2]

[1] Dados obtidos na obra da Refinaria Duque de Caxias (RJ).
[2] Dados obtidos na obra da Açominas (MG).
Fonte: Velloso (1981).

Cabe observar que, como b = 1 no caso de areias, a correlação $q_c = a\ N_{SPT}^b$ é semelhante à de Aoki e Velloso (1975). Para o caso de areias englobando todas as densidades relativas, Danziger e Velloso (1986) sugerem k = 6 kgf/cm^2, igual a 600 kN/m^2 de Velloso (1981). Como comentado antes, o valor k = 10 kgf/cm^2 (ou 1000 kN/m^2) do método Aoki-Velloso é mais adequado a areias fofas (SOUZA, 2009; SOUZA *et al.*, 2012).

Observações para os três métodos semiempíricos descritos

1. No cálculo da resistência de ponta de estacas de concreto ocas, a área de ponta deve ser considerada da seção plena, ou seja, supõe-se que ocorra *embuchamento*, exceto no caso de estacas cuja ponta se assenta sobre rocha. A expressão embuchamento é usada para indicar que o solo no interior da estaca forma uma bucha e não mais penetra a estaca; no prosseguimento da cravação, haverá ruptura do solo como se a estaca tivesse a ponta fechada.

2. No cálculo da resistência de ponta de estacas tubulares de aço cravadas com a ponta aberta, há que se verificar se ocorrerá embuchamento. A verificação é feita pela comparação do atrito interno ao tubo com a resistência de ponta com a seção interna do tubo; se o atrito interno for maior, ocorrerá o embuchamento.

3. Não se deve considerar, no cálculo do atrito lateral, o comprimento desde o nível do terreno até a cota do fundo do bloco (cota às vezes chamada de *cota de arrasamento*, embora o arrasamento da estaca deva ser feito em cota pelo menos 10 cm acima do fundo do bloco).

4.4 Estacas submetidas à tração

Em muitas situações, as estacas são submetidas a esforços de tração. Há casos em que essa solicitação é permanente (ancoragens de lajes de subpressão, por exemplo) e, em outros, a estaca é ora comprimida, ora tracionada (por exemplo, fundações de pontes, de torres de transmissão, de obras marítimas). Pode haver, ainda, a combinação de tração e flexão. Em qualquer caso, é necessário estimar a capacidade de carga à tração da estaca.

A capacidade de carga de uma estaca vertical trabalhando à tração deve ser o menor dos dois seguintes valores:

a. capacidade de carga considerando a ruptura na interface solo-estaca (como uma estaca comprimida) e
b. capacidade de carga segundo uma superfície cônica, se iniciando na ponta da estaca.

A experiência tem mostrado que a ruptura se dá segundo a interface solo-fundação, exceto quando se tem uma estaca curta com base alargada. Assim, a capacidade de carga pode ser calculada a partir dos métodos desenvolvidos para estacas à compressão (seções anteriores). Por outro lado, é comum se adotar um valor reduzido em relação àquele calculado para as estacas a compressão, uma vez que há dados mostrando uma redução considerável na capacidade de carga quando se reverte de compressão para tração, especialmente no caso de carregamento cíclico (TOMLINSON, 1994). Os autores recomendam cautela na escolha das cargas admissíveis de tração, que podem ser obtidas (i) por uma redução (por exemplo, da ordem de 20 a 30 %) em relação à admissível de compressão ou (ii) pela adoção de um fator de segurança maior (por exemplo, de 2,5) em relação à carga de ruptura (considerando somente o fuste, naturalmente).

Para um estudo do assunto, recomenda-se Danziger *et al.* (2021).

A seguir serão apresentados alguns exercícios resolvidos. Na resolução, além da carga de ruptura, em alguns exercícios será determinada também a carga de serviço, considerando as disposições da Norma de Fundações NBR 6122.

Exercício resolvido 1

Para o perfil geotécnico indicado na Figura 4.13, avalie a capacidade de carga da estaca pré-moldada com um embutimento de 2 m na camada de areia muito compacta. Parâmetros geotécnicos de projeto são:

Camada 1: γ_{sat} = 13 kN/m³ e S_u = 6 kPa
Camada 2: γ_{sat} = 19 kN/m³ e φ' = 32°
Camada 3: γ_{sat} = 21 kN/m³ e φ' = 35°

1. Métodos teóricos

1a. Método de Vesic

Resistência de ponta

Inicialmente, calcula-se a tensão média no nível da ponta – Equação (4.9). São necessários:

$$\sigma'_v = 5 \times (13 - 10) + 6 \times (19 - 10) + 2 \times (21 - 10) = 91 \text{ kPa}$$

$K_0 = (1 - \text{sen } 35°) = 0{,}43$ (suposta normalmente depositada, a favor da segurança)

Obtém-se, então,

$$\sigma'_0 = \frac{(1 + 2 \times 0{,}43) \times 91}{3} = 56{,}2 \text{ kPa}$$

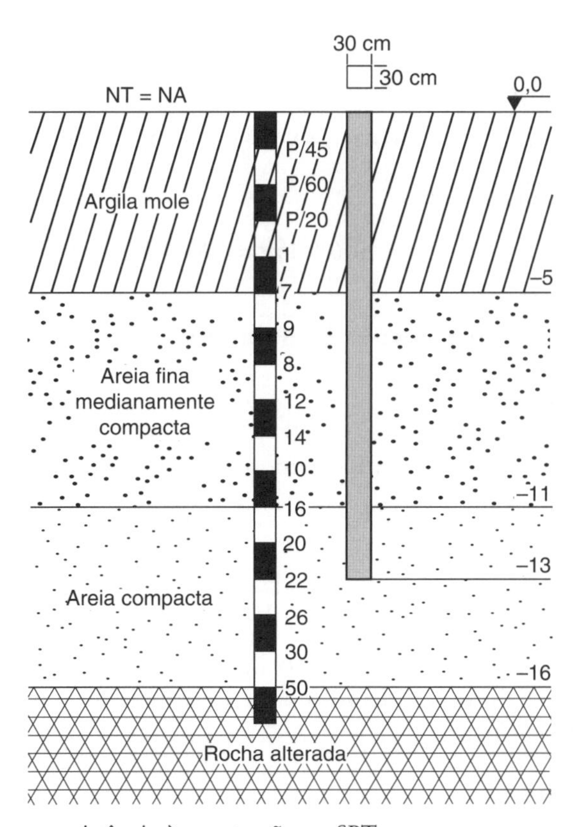

FIGURA 4.13. Perfil geotécnico com resistência à penetração no SPT.

É necessária uma estimativa do índice de rigidez reduzido, I_{rr}, que seria fornecido pelas Equações (4.11) e (4.12). Pode-se estimar o módulo de elasticidade como E = 90 MPa a partir da Tabela 5.2 (Poulos e Davis, 1980) e o coeficiente de Poisson como ν = 0,4. Daí:

$$I_{rr} = I_r = \frac{G}{c + \sigma'_0 \tan\varphi} = \frac{E}{2\,(1+\nu)\,(c + \sigma'_0 \tan\varphi)} \qquad I_{rr} = \frac{90.000}{2\,(1+0{,}4)\,(56{,}2 \tan 35°)} = 817$$

Este valor é excessivo em relação a valores típicos indicados por Vesic na Tabela 4.2. Portanto, foram feitos cálculos com I_{rr} = 100 e 200.

$$N_\sigma = \frac{3}{3 - \operatorname{sen}35°}\, e^{\left(\frac{\pi}{2} - \frac{35°\times\pi}{180}\right)\tan 35°} \tan^2\left(\frac{\pi}{4} + \frac{35°\times\pi}{2\times180}\right) 100^{\frac{4\,\operatorname{sen}35°}{3\,(1+\operatorname{sen}35°)}} = 84$$

$$N_\sigma = \frac{3}{3 - \operatorname{sen}35°}\, e^{\left(\frac{\pi}{2} - \frac{35°\times\pi}{180}\right)\tan 35°} \tan^2\left(\frac{\pi}{4} + \frac{35°\times\pi}{2\times180}\right) 200^{\frac{4\,\operatorname{sen}35°}{3\,(1+\operatorname{sen}35°)}} = 117$$

Adotando-se um valor médio de 100, a Equação (4.3d) indica $q_{p,rup}$ = 56,2 × 100 = 5620 kPa.

A capacidade de carga da ponta será $Q_{p,rup}$ = 5620 × 0,3² = 506 kN.

Atrito lateral

Pode-se montar tabela a seguir, com os cálculos feitos com a Equação (4.17b) para argila e a Equação (4.14) para areias.

Camada	Prof. do centro (m)	σ'_v(kN/m²)	Parâmetros de cálculo		$\tau_{l,rup}$ (kN/m²)
Argila	2,5	7,5	β = 0,3		2,2
Areia superior	8,0	42,0	K_s = 1,5	δ = 32°	39,4
Areia inferior	12,0	80,0	K_s = 1,5	δ = 35°	84,0

A capacidade de carga por atrito lateral será:

$$Q_{l,rup} = (2{,}2\times5 + 39{,}4\times6 + 84{,}0\times2)\times(0{,}3\times4) = 499\,\text{kN}$$

A capacidade de carga total será:

$$Q_{rup} = 506 + 499 = 1005\,\text{kN}$$

1b. Método do USACE – U.S. Army Corps of Engineers

Resistência de ponta

Profundidade crítica (areia compacta, *20B*): D_c = 20 × 0,3 = 6 m

Tensão vertical efetiva na profundidade crítica, supondo a areia compacta:

$$\sigma'_v = (21 - 10) \times 6 = 66 \text{ kPa}$$

Tensão vertical efetiva no nível da ponta:

$$\sigma'_v = 5 \times (13 - 10) + 6 \times (19 - 10) + 2 \times (21 - 10) = 91 \text{ kPa}$$

Como a tensão efetiva no nível do assentamento da estaca é superior à tensão efetiva vertical na profundidade crítica, a resistência unitária do solo para a estimativa de ponta será feita considerando a tensão efetiva na profundidade crítica.

Para φ' = 35° → N_q = 50

$q_{p,rup}$ = 66 × 50 = 3300 kPa

$Q_{p,rup}$ = 3300 × (0,3)² = 297 kN

Atrito lateral

$$q_{l,rup} = K_s \sigma'_v \tan\delta$$

O perfil contempla trechos em solo argiloso e arenoso. Sendo a resistência da areia (bem como da argila em condições drenadas) função da tensão efetiva, o conceito de profundidade crítica será aplicado, para o perfil estratificado, pela verificação da tensão efetiva correspondente.

O diagrama de tensões efetivas verticais, ao longo da profundidade do fuste da estaca, é indicado na Figura 4.14a.

- Camada de argila (no longo prazo): $K_s = 1$ e $\delta = \varphi'$
  Para a camada de argila mole superficial, de pequeno peso específico, as tensões efetivas são reduzidas (Figura 4.14a), não sendo aplicado o conceito de profundidade crítica.
  Para o cálculo do atrito unitário médio na camada, usa-se a tensão efetiva média, que, para o diagrama linear da Figura 4.14a, ocorre no centro da camada, ou seja, a 2,5 m de profundidade, conforme indica a tabela mais adiante.
- Camadas de areia: $K = 1{,}5$ e $\delta = \varphi'$
  Camada superior: sendo esta camada de compacidade média, o valor de *15B* será considerado como profundidade crítica, cuja tensão efetiva vertical correspondente, para um perfil de solo homogêneo, é de: $\sigma'_v = 15 \times 0{,}3 \times (19 - 10) = 40{,}5$ kPa

A Figura 4.14a indica que a tensão efetiva correspondente à profundidade crítica é inferior à tensão efetiva atuante na base da camada. A profundidade z, em relação ao topo da camada, correspondente à tensão efetiva de 40,5 kPa é calculada por:

$$\frac{69-15}{11-5} = \frac{40{,}5-15}{z-5}$$

Obtém-se $z - 5 = 2{,}83$ m e $z = 7{,}83$ m

O diagrama de tensão efetiva para o cálculo da tensão efetiva média da camada de areia medianamente compacta está indicado na Figura 4.14b.

A tensão efetiva média até a profundidade crítica na camada é:

$$\sigma'_v = \frac{(15+40{,}5)}{2} \cong 27{,}8\ \text{kPa}$$

E o valor calculado do atrito lateral unitário na camada está indicado na tabela a seguir.

Entre as profundidades 7,8 m e 11 m, a tensão efetiva é limitada àquela da profundidade crítica, 40,5 kPa, e o valor do atrito lateral unitário está indicado na mesma tabela.

Camada inferior: sendo esta camada de elevada compacidade, o valor de *20B* será considerado como profundidade crítica, cuja tensão efetiva vertical correspondente, para um perfil de solo homogêneo, é de:

$$\sigma'_v = 20 \times 0{,}3 \times (21 - 10) = 66\ \text{kPa}$$

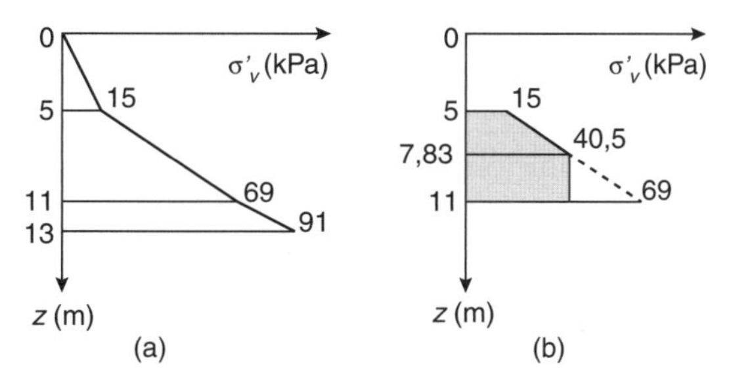

FIGURA 4.14. (**a**) Diagrama de tensão efetiva vertical (geostática) e (**b**) diagrama de tensão efetiva para cálculo do atrito da camada intermediária de areia.

A Figura 4.14b indica que a tensão efetiva correspondente à profundidade crítica é inferior à tensão efetiva atuante no topo da camada. Portanto, o atrito lateral unitário médio estará limitado à tensão efetiva correspondente à profundidade crítica da camada. Observe que este mesmo valor de tensão efetiva correspondente à profundidade crítica já tinha sido estimado quando do cálculo da resistência unitária de ponta. O atrito lateral unitário na camada está indicado na tabela a seguir, com os cálculos feitos com as Equações (4.14) e (4.19).

Camada	Prof. (m)	σ'_v(kN/m²)	K_s	δ	$\tau_{l,rup}$ médio (kN/m²)
Argila	0,0 – 5,0	7,5	1,0	24°	3,3
Areia superior até D_c	5,0 – 7,8	27,8	1,5	32°	26,1
Areia superior abaixo de D_c	7,8 – 11,0	40,5	1,5	32°	38,0
Areia inferior	11,0 – 13,0	66,0	1,5	35°	69,3

A capacidade de carga por atrito lateral será

$$Q_{l,rup} = (3,3 \times 5 + 26,1 \times 2,8 + 38 \times 3,2 + 69,3 \times 2) \times 4 \times 0,3 = 420 \text{ kN}$$

A capacidade de carga total será

$$Q_{rup} = 297 + 420 = 717 \text{ kN}$$

Ao comparar o valor obtido neste método com o anterior, observa-se a redução significativa do valor da capacidade de carga quando se considera o conceito de profundidade crítica, levando a valores conservadores.

1c. Método de Berezantzev

Resistência de ponta

A resistência de ponta do método é dada pela Equação (4.8b). Como o método de Berezantzev foi desenvolvido para estacas em solos arenosos homogêneos, será considerado para valor de γL da Equação (4.8b) a tensão efetiva na cota da ponta da estaca, estimada no método anterior como 91 kPa.

Os valores de A_k e B_k para $\varphi' = 35°$ são iguais a 43 e 74, respectivamente (Figura 4.2). O valor de α_T, função de L/B, é dado na Tabela 4.1.

Como se adotou para γL o valor de 91 kPa, e $\gamma' = (21 - 10) = 11$ kN/m³, o valor de L, para o perfil equivalente, é igual a 8,3 m. O valor de L/B, com $L = 8,3$ m, é 27,6, superior ao limite da Tabela 4.1. Neste caso será utilizado o valor limite de α_T 0,65, interpolado para $\varphi' = 35°$. Observa-se que esta é uma forma de se considerar uma redução na resistência de ponta com o aumento da profundidade, uma vez que os valores de α_T reduzem com aumento da profundidade relativa.

A resistência de ponta unitária, pelo método de Berezantzev é de:

$$q_{p,rupt} = 43(21 - 10) \times 0,30 + 74(0,65 \times 91) = 141,9 + 4377,1 = 4519 \text{ kPa}$$

A resistência de ponta total é obtida multiplicando-se a resistência unitária pela área da ponta da estaca:

$$Q_{p,rup} = 407 \text{ kN}$$

O atrito lateral total pode ser considerado o mesmo determinado no método de Vesic e a capacidade de carga total será

$$Q_{rup} = 407 + 499 = 906 \text{ kN}$$

2. Métodos semiempíricos

2a. Método Aoki-Velloso

Resistência de ponta

$$q_{p,rup} = \frac{k\,N}{F_1} = \frac{10 \times 22}{1{,}38}\ \text{kg/cm}^2 = 159{,}42 \times 10^2\ \text{kPa}$$

com

$$F_1 = 1 + \frac{B}{0{,}8} = 1 + \frac{0{,}30}{0{,}80} = 1{,}38 \quad ; \quad F_2 = 2\,F_1 = 2{,}76$$

A capacidade de carga da ponta será

$$Q_{p,rup} = 159{,}42 \times 10^2 \times 0{,}3^2 = 1435\ \text{kN}$$

Atrito lateral

Pode-se montar a tabela a seguir com os cálculos feitos com a Equação (4.26).

Camada	Prof. (m)	N_{SPT} médio	α	k (kN/m²)	$\tau_{l,rup}$ médio (kN/m²)
Argila	0,0 – 5,0	0,25	0,06	200	1,1
Areia superior	5,0 – 11,0	10	0,014	1000	50,7
Areia inferior	11,0 – 13,0	18	0,014	1000	91,3

A capacidade de carga por atrito lateral será

$$Q_{l,rup} = (1{,}1 \times 5 + 50{,}7 \times 6 + 91{,}3 \times 2) \times 4 \times 0{,}3 = 591\ \text{kN}$$

$$Q_{rup} = 1435 + 591 = 2026\ \text{kN}$$

2b. Método Décourt-Quaresma

Resistência de ponta

$$q_{p,rup} = C\,N = 400\left(\frac{20 + 22 + 26}{3}\right) = 400 \times 22{,}67 = 9066\ \text{kPa}$$

$$Q_{p,rup} = 9066{,}7 \times 0{,}3^2 = 816\ \text{kN}$$

Atrito lateral

$$\overline{N} = (3 + 3 + 3 + 3 + 7 + 9 + 8 + 12 + 14 + 10 + 16)/11 = 8$$

$$\tau_{l,rup} = 10\left(\frac{\overline{N}}{3} + 1\right) = 10\left(\frac{8}{3} + 1\right) = 36{,}6\ \text{kPa}$$

$$Q_{l,rup} = (36{,}6 \times 13) \times 4 \times 0{,}3 = 571\ \text{kN}$$
$$Q_{rupt} = 816 + 571 = 1388\ \text{kN}$$

2c. Método de Velloso

Resistência de ponta

$$q_{p,rup} = (\bar{q}_{c_1} + \bar{q}_{c_2})/2 \quad \text{e} \quad \bar{q}_c = a\,N^b$$

$$8B = 8 \times 0,3 = 2,4\,\text{m} \quad \text{e} \quad 3,5B = 3,5 \times 0,3 = 1,05\,\text{m}$$

$$\bar{q}_{c_1} = 600 \times (10 \times 0,4 + 16 + 20) \times \frac{1}{2,4} = 10.000,0\ \text{kPa}$$

$$\bar{q}_{c_2} = 600 \times (22 + 26 \times 0,05) \times \frac{1}{1,05} = 13.314,3\ \text{kPa}$$

$$\bar{q}_{p,rup} = (10.000,0 + 13.314,3)/2 = 11.657,1\ \text{kPa}$$

$$\alpha = 1 \quad \text{e} \quad \beta = 1,016 - 0,016 \times \frac{0,3}{0,036} = 0,88$$

$$Q_{p,rup} = 0,3^2 \times 1 \times 0,88 \times 11.657,1 = 923\ \text{kN}$$

Atrito lateral

Pode-se montar a tabela a seguir, com os cálculos feitos com a Equação (4.33).

Camada	Prof. (m)	N_{SPT} médio	a'	$N^{b'}$	$\tau_{l,rup}$ médio (kN/m²)
Argila	0,0 – 5,0	0,25	6,3	0,25	1,58
Areia superior	5,0 – 11,0	10	5,0	10	50,0
Areia inferior	11,0 – 13,0	18	5,0	18	90,0

Com $\alpha = 1$ e $\lambda = 1$ tem-se:

$$Q_{l,rup} = 4 \times 0,3 \times 1 \times 1(1,58 \times 5 + 50 \times 6 + 90 \times 2) = 585\ \text{kN}$$

$$Q_{rup} = 923 + 585 = 1508\ \text{kN}$$

3 Comparação de resultados

A Tabela 4.11 resume os resultados, permitindo sua comparação.

Cabe observar que o método Aoki-Velloso, nesse caso em que a ponta da estaca está em areia compacta, forneceu uma resistência de ponta excessiva. Ao se considerar k = 6 kgf/cm² na areia, a resistência

Tabela 4.11. **Resumo dos cálculos de capacidade de carga (valores em kN)**

Método	$Q_{p,rup}$	$Q_{l,rup}$	Q_{rup}
Vesic	506	499	1005
USACE	297	420	717
Berazantzev *et al.*	407	499*	906
Aoki-Velloso	1435	591	2026
	(861)**		(1452)**
Decourt-Quaresma	816	572	1388
Velloso	923	585	1508

* Adotado igual ao de Vesic.

** Valores calculados por Aoki-Velloso com k = 6 kgf/cm² na areia compacta.

de ponta cai para 861 kN, próximo aos demais métodos semiempíricos, e a capacidade de carga total para 1452 kN, valor próximo também aos demais métodos semiempíricos.

Os métodos teóricos indicaram valores mais conservativos, em especial o método do USACE.

Destaca-se a pequena variabilidade da resistência por atrito lateral quando comparada à variabilidade da parcela de ponta. Isso explica por que alguns países recomendam aplicar diferentes fatores de segurança às capacidades de carga por atrito e por ponta, essa última com maior incerteza.

Exercício resolvido 2

Neste exercício será determinada, a partir de cálculos da capacidade de carga na ruptura de uma estaca, sua *carga admissível*, bem como sua *capacidade de carga de projeto* pela Norma de Fundações NBR 6122, que permite dois enfoques: fator de segurança global e fatores parciais. Este exercício objetiva uma melhor compreensão dos dois enfoques e uma comparação dos resultados. Para o melhor acompanhamento do exercício, o leitor deve ter, à mão, a norma.

Parte 1: Determinar a *carga admissível*, bem como a *capacidade de carga de projeto*, de uma estaca pré-moldada de concreto, com seção quadrada de 0,30 × 0,3 m, cravada 10 m em um depósito homogêneo de argila. A investigação geotécnica foi feita, além das sondagens, por 4 ensaios CPT, que indicaram uma resistência de ponta do cone q_c de 300 kPa, com alguns valores mínimos de 200 kPa. O atrito lateral local médio f_s foi de 70 kPa, com alguns valores mínimos de 50 kPa. A interpretação dos ensaios CPT indicou para a resistência não drenada da argila: $S_{u,med}$ = 25 kPa e $S_{u,min}$ = 15 kPa.

1a. Pelo método teórico

A capacidade de carga da estaca será calculada como (USACE):

$$Q_{rup} = A_b\, q_{p,rup} + U\, L\, \tau_{l,rup} = A_b\, N_c\, S_u + U\, L\, S_u \quad , \quad \text{sendo}\, N_c = 9$$

É comum – na prática geotécnica – adotar-se, como valores representativos ou característicos, os **valores médios** dos parâmetros de resistência (diferente da Engenharia Estrutural, como discutido no Capítulo 2). Assim, utilizando-se a **resistência média**, 25 kPa, tem-se:

$$Q_{rup} = 0{,}09 \times 9{,}0 \times 25 + 1{,}2 \times 10{,}0 \times 25 = 320\ \text{kN}$$

Se a parcela de ponta for calculada com a **resistência mínima,** 15 kPa, obter-se-á uma capacidade de carga mais segura[1], Q_{rup} = 312 kN.

Método de Valores Admissíveis (fator de segurança global)

Considerando a capacidade de carga de 312 kN, e optando-se pelo *Método dos Valores de Admissíveis ou de Trabalho*, ou seja, aplicando-se um fator de segurança global 2,0, obtém-se uma *carga admissível* de 156 kN.

Método de Valores de Projeto (fatores de segurança parciais)

Optando-se pelo *Método de Valores de Projeto*, a capacidade de carga na ruptura (obtida com o valor médio de S_u) deve ser dividida por 1,4, obtendo-se uma *capacidade de carga de projeto* de 223 kN.

---

[1] A classificadora de plataformas offshore *Det Norske Veritas* recomenda que a capacidade de carga de estacas seja calculada com a resistência média de ensaios para o atrito lateral e com a resistência mínima para a ponta. Essa recomendação se baseia em que a resistência do fuste, por atrito, mobiliza todos os solos atravessados, portanto, mobilizando uma resistência média, enquanto a ponta mobiliza apenas o solo sob ela, que pode corresponder a uma camada mais fraca.

1b. Pelo método semiempírico

A capacidade de carga da estaca pode ser calculada pelo método Aoki-Velloso por:

$$Q_{rup} = A_b \frac{q_c}{F_1} + U\,L \frac{f_s}{F_2} \quad \text{com} \quad F_1 = 1{,}38 \quad \text{e} \quad F_2 = 2{,}76$$

Um cálculo considerando o **valor médio** das resistências do ensaio CPT para o atrito lateral da estaca e o **valor mínimo** para a ponta (como feito no método teórico) indica:

$$Q_{rup} = 0{,}09 \frac{200}{1{,}38} + 1{,}2 \times 10{,}0 \frac{70}{2{,}76} = 317 \text{ kN}$$

Pelo *Método dos Valores de Admissíveis*, deve-se aplicar um fator de segurança global 2,0 ao *valor acima*, obtendo-se 158 kN. Pelo *Método dos Valores de Projeto*, deve-se aplicar um fator de segurança 1,4 ao valor acima, obtendo-se uma *capacidade de carga de projeto* de 226 kN.

Cálculo com o valor característico da Norma NBR 6122

A NBR 6122 permite, no caso de se dispor de um conjunto de investigações em uma região com propriedades semelhantes, dita *região representativa*, que o cálculo da carga admissível (ou da capacidade de carga de projeto) seja feito a partir da ponderação dos resultados da aplicação de método semiempírico. A norma propõe que essa ponderação forneça uma capacidade de carga ou *resistência característica*, R_k, e que a ela se apliquem fatores de segurança inferiores aos usados anteriormente (2,0 e 1,4). A *resistência característica* seria obtida com os **valores médio** e **mínimo** dos cálculos da capacidade de carga, pela expressão:

$$R_k = \min\left[\frac{R_{se,med}}{\xi_1}; \frac{R_{se,\min}}{\xi_2}\right] \tag{4.35}$$

Os fatores ξ_1 e ξ_2 são fornecidos na Tabela 2 da norma. A equação acima usa a notação R para a capacidade de carga (resistência da estaca) e o subscrito *se* indica método semiempírico.

Para a Equação (4.35), calcula-se a capacidade de carga da estaca considerando o **valor médio** dos ensaios CPT tanto para o atrito lateral como para a ponta da estaca, obtendo-se:

$$Q_{rup,med} = R_{se,med} = 0{,}09 \frac{300}{1{,}38} + 1{,}2 \times 10{,}0 \frac{70}{2{,}76} = 324 \text{ kN}$$

Considerando o **valor mínimo** dos ensaios para ambas as resistências (ponta e atrito), tem-se:

$$Q_{rup,mid} = R_{se,mid} = 0{,}09 \frac{200}{1{,}38} + 1{,}2 \times 10{,}0 \frac{50}{2{,}76} = 230 \text{ kN}$$

Considerando que foram executados 4 ensaios de campo, e aplicando 0,9 por se tratar de ensaio CPT, chega-se à *resistência característica*:

$$R_k = \min\left[\frac{324}{1{,}31 \times 0{,}9}; \frac{230}{1{,}20 \times 0{,}9}\right] = \min\,[275; 213] = 213 \text{ kN}$$

Optando-se pelo *Método dos Valores de Admissíveis*, deve-se aplicar um fator de segurança global 1,4 ao *valor característico*, obtendo-se 152 kN. Esse valor deve ser comparado com a *carga de serviço* da estrutura.

Na opção pelo *Método de Valores de Projeto*, deve-se aplicar um fator de segurança parcial 1,0 ao *valor característico*, obtendo-se 213 kN. Esse valor deve ser comparado com a *carga de projeto* da estrutura.

Parte 2: Suponha que nesta obra, que tem um total de 100 estacas, tenham sido executadas 2 provas de carga estáticas. As provas de carga, executadas logo na fase de adequação do projeto, indicaram cargas de ruptura de 270 kN e 240 kN. Como seriam redefinidas as cargas *admissível* e *de projeto* para as estacas da obra?

A *capacidade de carga* ou *resistência característica*, de acordo com a NBR 6122, é obtida com a consideração dos valores médio e mínimo por:

$$R_k = \min\left[\frac{R_{pc,med}}{\xi_3}; \frac{R_{pc,\min}}{\xi_4}\right] \tag{4.36}$$

Os fatores ξ_3 e ξ_4 são fornecidos na Tabela 3 da norma (e o subscrito *pc* indica prova de carga). Então,

$$R_k = \min\left[\frac{255}{1{,}11}; \frac{240}{1{,}10}\right] = \min[230; 218] = 218 \text{ kN}$$

Método de Valores Admissíveis (fator de segurança global)

Considerando o fator de segurança da norma sobre uso de resultados de provas de carga estáticas executadas na fase de elaboração ou adequação do projeto, 1,4, tem-se uma carga *admissível*:

$$Q_{adm} = \frac{R_k}{FS} = \frac{218}{1{,}4} = 156 \text{ kN}$$

Método de Valores de Projeto (fatores de segurança parciais)

O valor R_k = 218 kN, obtido por provas de carga e com a Equação (4.36), que considera os valores médio e mínimo, deve ser dividido por 1,0, obtendo-se uma *capacidade de carga de projeto* de 218 kN, a ser comparada com as *cargas de projeto* da estrutura.

Observações

O leitor pode observar que a capacidade de carga na ruptura pode ser obtida através de métodos teóricos, métodos empíricos e provas de carga. Para a determinação da *carga admissível*, bem como da *capacidade de carga de projeto* (quando se opta pelos fatores de segurança parciais) há que se consultar as normas vigentes. No caso da NBR 6122, o projetista pode optar pelo enfoque do fator de segurança global, obtendo diretamente a *carga admissível*, ou pelo enfoque dos fatores de segurança parciais, em que a capacidade de carga assim obtida (*de projeto*) deve ser comparada com as *cargas (ações) de projeto* da estrutura.

A opção pela execução de um conjunto de provas de carga estáticas na fase de elaboração ou adequação do projeto pode, eventualmente, permitir a utilização de cargas maiores nas estacas.

A definição de carga característica pelas Equações (4.35) e (4.36) segue a norma europeia *Eurocode 7 – Geotechnical Design*, de 2010.

CAPÍTULO 5

Avaliação de recalques de fundações profundas. Transferência de carga. Efeito de grupo

Embora as estacas transmitam as cargas da edificação a camadas mais profundas e competentes do subsolo, os possíveis recalques da obra precisam ser avaliados, como em qualquer projeto de fundações. Estacas isoladas, projetadas para atender a segurança da ruptura (capacidade de carga), em geral apresentam recalques relativamente pequenos. Porém, em estruturas com cargas elevadas, que requerem várias estacas por pilar, o comportamento das estacas será afetado pelo chamado *efeito de grupo*. E o recalque do grupo é sempre maior que o de cada estaca se estivesse isolada. Ainda, como se verá neste capítulo, os métodos de cálculo precisam ser alimentados com propriedades de deformação dos solos, que não são obtidas diretamente – e de forma precisa – por ensaios; na prática, se recorrem a correlações, que fornecem valores aproximados ou prováveis. Portanto, cálculos de recalques contêm um nível considerável de incerteza, não tanto pelos métodos, mas pelos parâmetros dos solos. Assim, seria melhor entender que estes cálculos conduzem a *estimativas de recalques*.

5.1 Recalque de estacas isoladas

A estimativa de recalques de fundações profundas baseia-se nos mesmos princípios da estimativa de recalques em fundações diretas. No entanto, ao executar uma fundação profunda, ocorrem perturbações no maciço de solo adjacente à estaca, que envolvem mudanças no estado de tensões original e nas propriedades dos solos. Vesic (1977) destaca as mudanças de rigidez na região fortemente comprimida no entorno de estacas cravadas. Estacas escavadas sofrem, em alguma medida, redução na rigidez dos solos. Essas alterações são chamadas de *efeitos de instalação* da estaca. Além desse aspecto, estacas cravadas (e também estacas escavadas submetidas a um carregamento prévio, como ocorre em uma prova de carga) podem reter grandes *tensões residuais*, que podem influenciar de forma significativa as respostas ao carregamento (a curva carga-recalque).

O recalque de uma estaca é função do seu *modo de transferência de carga* para o solo, que dificilmente é conhecido com exatidão. E esse modo varia com o nível de carregamento. Assim, a previsão de recalques é um exercício difícil, envolvendo a avaliação dos *efeitos de instalação*, do *modo de transferência de carga* e, no caso de grupos de estacas, do *efeito de grupo*. Neste capítulo serão apresentadas algumas soluções para previsão de recalques, devendo-se ter em mente que são soluções aproximadas, com limitações.

O recalque do topo de uma estaca é a soma do recalque da ponta da estaca, w_p, com a deformação axial do fuste, w_s, ou seja,

$$w_o = w_s + w_p \tag{5.1a}$$

Pode-se, ainda, separar o recalque da ponta em duas parcelas, uma devida à carga transmitida ao solo pela ponta da estaca, w_{pp}, e outra devida à carga transmitida ao longo do fuste, w_{ps}, ou seja,

$$w_o = w_s + w_{pp} + w_{ps} \tag{5.1b}$$

5.1.1 Transferência de carga da estaca para o solo

A transferência da carga atuante na estaca para o solo adjacente representa um mecanismo de difícil previsão, uma vez que é função do comportamento tensão-deformação-tempo dos solos – afetado pelo processo de execução da estaca – e pelas propriedades da estaca. Um fator que muito influencia a transferência de carga é a presença de *tensões residuais de cravação* ou originárias de carregamentos prévios, como de provas de carga efetuadas em fase de testes.

A utilização da Equação (4.1), para a determinação da capacidade de carga, parte da premissa de que, por ocasião da ruptura, a ponta e todos os elementos do fuste mobilizam integralmente a resistência disponível pelo solo, em todo o trecho de embutimento da estaca. No entanto, os ensaios realizados em estacas instrumentadas ao longo de seu comprimento indicam que o deslocamento necessário para mobilizar o atrito lateral e a ponta são muito diferentes. Enquanto o atrito é mobilizado para deslocamentos de cerca de 10 mm, a mobilização integral da ponta se dá para deslocamentos maiores, em especial para estacas de maior diâmetro. Estes deslocamentos chegam a cerca de 8 % do diâmetro da ponta para estacas cravadas e até 30 % para as escavadas. Por este motivo, a parcela da carga da estaca transferida à ponta é muito menor para a carga de serviço do que por ocasião da ruptura. No caso de estacas esbeltas, mais deformáveis, em que o deslocamento do topo é bastante maior que o da ponta, o atrito é mobilizado progressivamente do topo para a ponta.

O trabalho de Vesic (1977) auxilia a compreensão do modo de transferência de carga (Figura 5.1). A medição do recalque w_z em diferentes níveis possibilita a determinação da diferença de recalque, em relação ao topo, $w_o - w_z$, cuja expressão, indicada na Figura 5.1a, fornece o deslocamento elástico do fuste até a profundidade z. O resultado da integral é função do diagrama de carga (esforço normal) Q_z, ao longo da profundidade z (Figura 5.1b). Esse diagrama mostra a carga de serviço Q_o aplicada ao topo (z = 0), e sua transferência pela ponta, Q_p, e por atrito, Q_s. O valor do atrito unitário, $\tau_l(z)$, ao longo do fuste, é dado pela transferência da carga em um trecho infinitesimal dz, dividida pela área da estaca neste trecho, que é igual a $U.dz$, sendo U o perímetro do fuste. A expressão superior da Figura 5.1c indica que o atrito unitário é proporcional à tangente à curva de transferência de carga. O sinal negativo indica que, à medida que a carga vai sendo transferida ao solo, o atrito aumenta, ou melhor, quando o esforço normal na estaca diminui é porque o atrito é positivo, e vice-versa.

A Figura 5.2 mostra diversos tipos de diagramas de atrito lateral e as curvas de transferência de carga respectivas.

Para a previsão de recalques da estaca isolada por alguns métodos, como de Vesic (1977), é necessário prever a parcela de carga transmitida ao fuste e pela ponta para a carga de serviço, ou seja, a transferência de carga em serviço. Como já mencionado, a transferência de carga é um mecanismo de difícil previsão. Na prática, é comum se tratar o problema de uma maneira simplificada. Como o atrito lateral é mobilizado antes da resistência na base, somente após boa parte do atrito estar esgotado é que começa a mobilização da resistência de ponta. Assim, costuma-se admitir na prática, de forma simplificada, que a reação na base só se inicia após a total mobilização do atrito lateral (Figura 5.3a). Assim procedendo, o diagrama de transferência de carga vai depender somente do conhecimento da distribuição do atrito lateral na ruptura (Figura 5.3a) e da carga no topo da estaca.

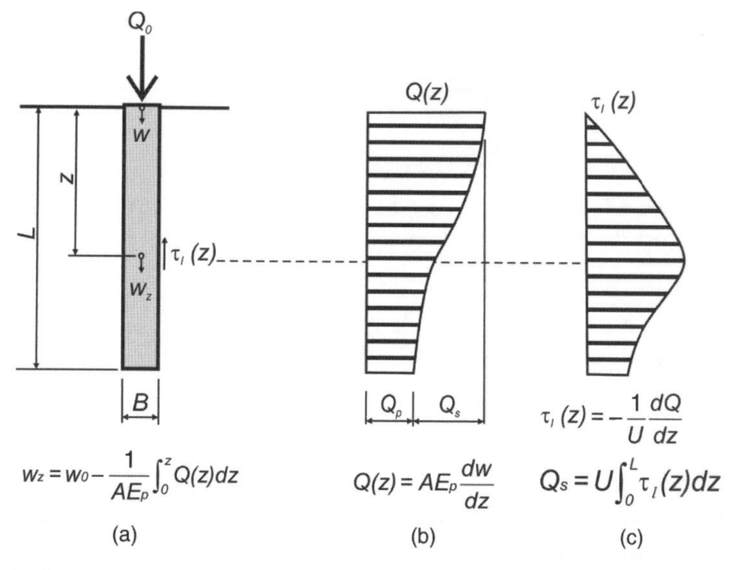

FIGURA 5.1. Transferência da carga Q_o, aplicada no topo da estaca, ao solo em profundidade (Adaptada de Vesic, 1977).

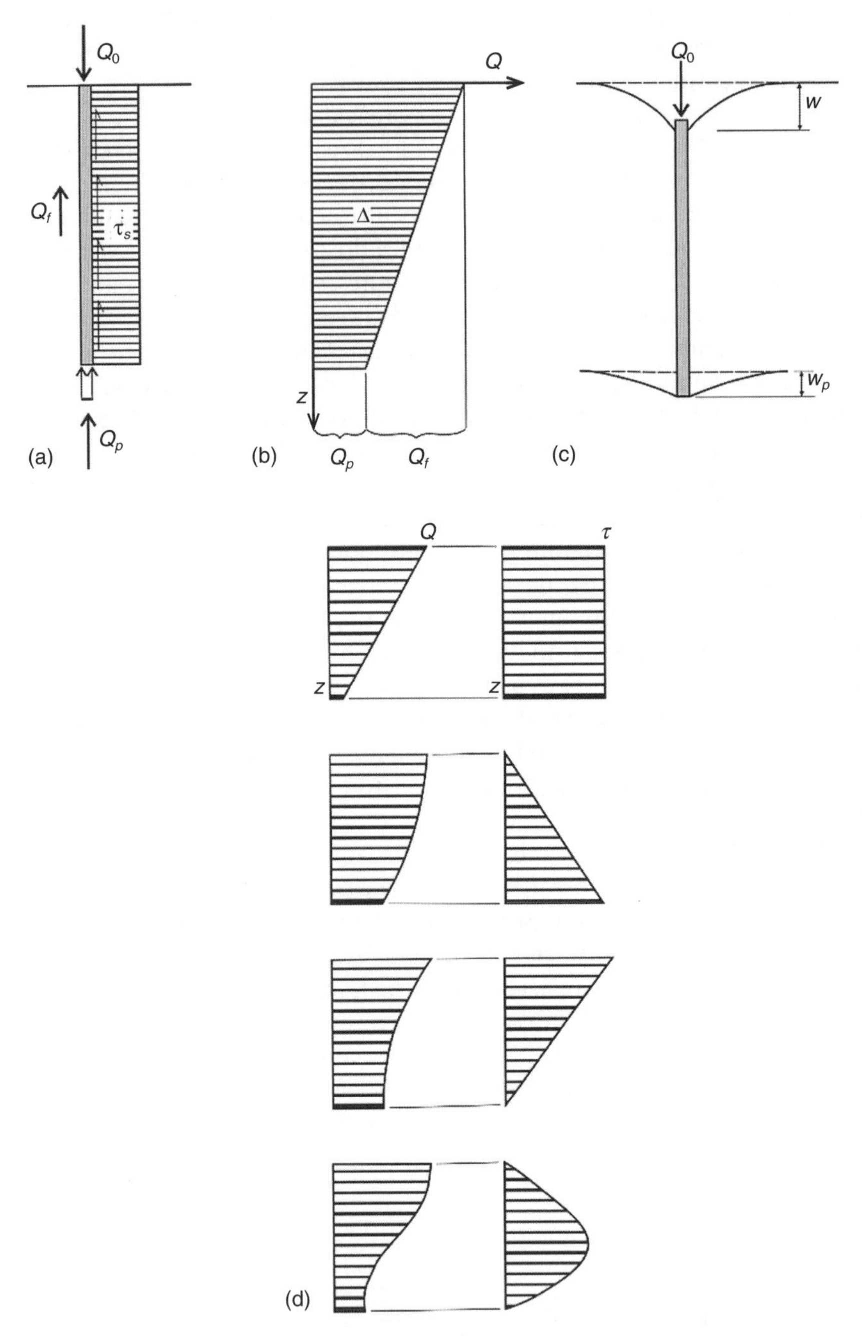

FIGURA 5.2. Transferência de carga: (**a**) atrito uniforme; (**b**) perfil de carga para atrito uniforme; (**c**) recalques no topo e ponta; e (**d**) diferentes distribuições de atrito e perfis de carga (Adaptada de Velloso e Lopes, 2010).

As parcelas de resistência de ponta, $Q_{p,rup}$, e de atrito lateral, $Q_{l,rup}$, bem como sua distribuição ao longo do fuste da estaca, podem ser calculadas, na ruptura, por métodos de capacidade de carga de estacas, como aqueles já vistos no Capítulo 4.

5.1.2 Método de Vesic

O método de Vesic (1970, 1977) faz uso da Equação (5.1b). A deformação elástica axial do fuste da estaca, w_s, pode ser determinada a partir do *modo de transferência de carga* conhecido ou admitido. Ela é igual à área do diagrama carga *versus* profundidade (Figura 5.1b) dividida pelo produto E_p, módulo de

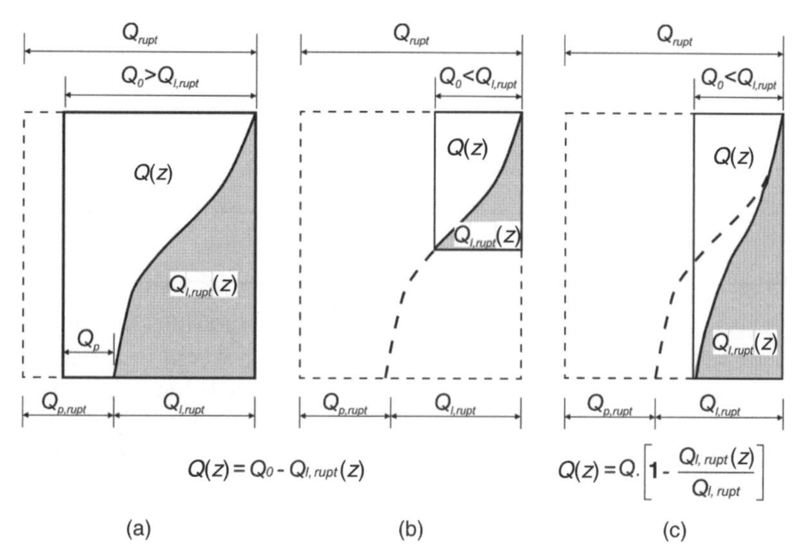

FIGURA 5.3. Modelo de transferência de carga (Adaptada de Aoki, 1997).

elasticidade do material da estaca, por A, sua seção transversal. O valor de w_s pode ser obtido também pela fórmula da resistência dos materiais para deformação axial de uma barra:

$$w_s = (Q_p + \alpha Q_s)\,\frac{L}{AE_p} \tag{5.2}$$

em que Q_p e Q_s são, respectivamente, a carga de ponta e carga de atrito lateral transmitida pela estaca ao solo, para o nível de carregamento considerado, e L o comprimento da estaca (A e E_p já definidos). O coeficiente α é um número que depende da distribuição do atrito lateral ao longo da profundidade. Para distribuições uniformes e parabólicas, $\alpha = 0{,}5$, enquanto, se o atrito variar linearmente, aumentando ou diminuindo com a profundidade, α vale 2/3 e 1/3, respectivamente. Valores de α pequenos foram observados em estacas cravadas, por conta de tensões residuais. Um valor típico para estacas esbeltas cravadas em areia, em condições de cravação difícil, é da ordem de 0,1. Valores ainda menores podem ser observados no caso de estacas flutuantes longas nas quais somente uma fração do comprimento do fuste efetivamente transmite a carga de serviço.

Vesic (1970, 1977), com base nos conceitos de transferência de carga, bem como em correlações disponíveis entre o módulo de Young do solo E e a resistência unitária de ponta ($q_{p,rup}$) para um determinado número de provas de carga, propôs as seguintes expressões para as componentes do recalque da ponta:

$$w_{pp} = \frac{C_p\, Q_p}{B\, q_{p,rup}} \tag{5.3}$$

$$w_{ps} = \frac{C_s\, Q_s}{L\, q_{p,rup}} \tag{5.4}$$

Nas Equações (5.3) e (5.4), B é o diâmetro da estaca e C_p e C_s são coeficientes empíricos que dependem do tipo de solo e do método executivo da estaca. Alguns valores típicos de C_p são dados na Tabela 5.1. C_s é relacionado com C_p pela expressão:

$$C_s = \left(0{,}93 + 0{,}16\sqrt{\frac{L}{B}}\right) C_p \tag{5.5}$$

Nas Equações (5.3) e (5.4), $q_{p,rup}$ é a tensão de ruptura na ponta da estaca em estudo (capacidade de carga de ponta unitária). O valor de $q_{p,rup}$ não é o mesmo para diferentes tipos de fundação em um mesmo solo e é, também, afetado pela dimensão (efeito de escala). Vesic (1977) concluiu que os coeficientes C_p e C_s praticamente independem das dimensões da estaca.

O emprego dos valores do coeficiente C_p dados na Tabela 5.1 fornecem recalques a longo prazo em estacas em condições em que a camada de solo sob a base da estaca se estende a pelo menos 10 diâmetros abaixo de sua ponta, e onde o solo abaixo é de rigidez próxima ou superior. Tais valores são significativamente

TABELA 5.1. **Valores típicos do coeficiente C_p**

Tipo de solo	Estacas cravadas	Estacas escavadas
Areia (densa a fofa)	0,02 a 0,04	0,09 a 0,18
Argila (rija a mole)	0,02 a 0,03	0,03 a 0,06
Silte (denso a fofo)	0,03 a 0,06	0,09 a 0,12

Fonte: Vesic (1977).

menores se uma camada resistente (rocha, por exemplo) existir nas proximidades da ponta. A redução do recalque depende da relação entre a profundidade da camada compressível sob a ponta da estaca e o diâmetro B. Se esta relação cair para 5, o recalque é 88 % do valor obtido pela expressão de w_{pp}. Quando a relação cai para 1, o recalque é ainda cerca de 51 % deste valor. Este é o efeito da profundidade de uma fronteira rígida ou "indeslocável", para o qual Cintra e Aoki (2010) chamam a atenção dos projetistas.

Caso ocorra uma camada argilosa compressível abaixo da ponta, na zona de influência da carga transmitida pela estaca, uma análise de deformação (adensamento) dessa camada será necessária.

5.1.3 Método de Poulos e Davis

Poulos e Davis (1980) apresentaram um método racional para previsão de recalques de estacas, baseado em procedimento numérico, que emprega as equações de Mindlin (1936). O método, apresentado na forma de ábacos, permite estimar o recalque de uma estaca isolada, inicialmente suposta como incompressível, em um meio elástico semi-infinito e homogêneo. Em seguida, foram desenvolvidos fatores corretivos de forma a considerar a influência da compressibilidade da estaca, da posição de uma fronteira considerada rígida (ou "indeslocável"), do valor do coeficiente de Poisson e da melhora do solo no nível da base (Figura 5.4).

Para uma estaca de diâmetro ou largura B, embutida em um maciço com módulo de Young E, carregada (em compressão) por Q_o no seu topo, o recalque, no topo, é dado por:

$$w_o = \frac{Q_o\, I}{E\, B} \tag{5.6}$$

e

$$I = I_o\ R_k\ R_h\ R_v\ R_b \tag{5.7}$$

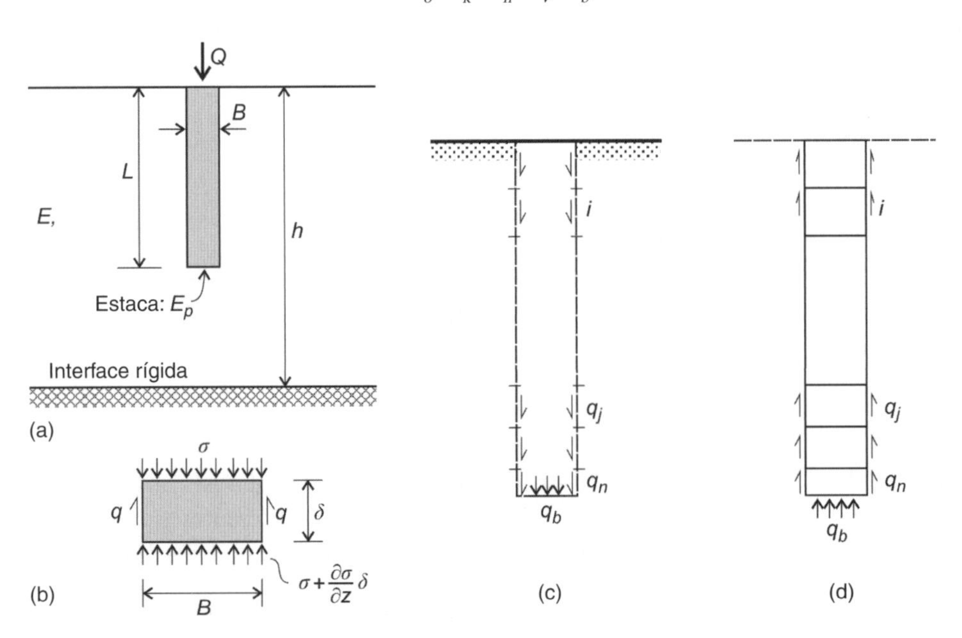

FIGURA 5.4. Problema resolvido por Poulos e Davis (1974): **(a)** o problema analisado; **(b)** elemento de estaca; **(c)** ação da estaca sobre o solo; e **(d)** ação do solo sobre a estaca.

sendo

I o fator de influência mais geral, incorporando diferentes fatores corretivos (a seguir);
I_o o fator de influência para estaca incompressível em meio homogêneo (Figura 5.5a);
R_k o fator que considera a compressibilidade da estaca (Figura 5.5b);
R_h o fator que considera a presença de fronteira rígida abaixo da ponta da estaca (Figura 5.5c);
R_ν o fator que considera o valor do coeficiente de Poisson (Figura 5.5d);
R_b o fator que considera um solo mais rígido abaixo da base da estaca (Figura 5.5e).

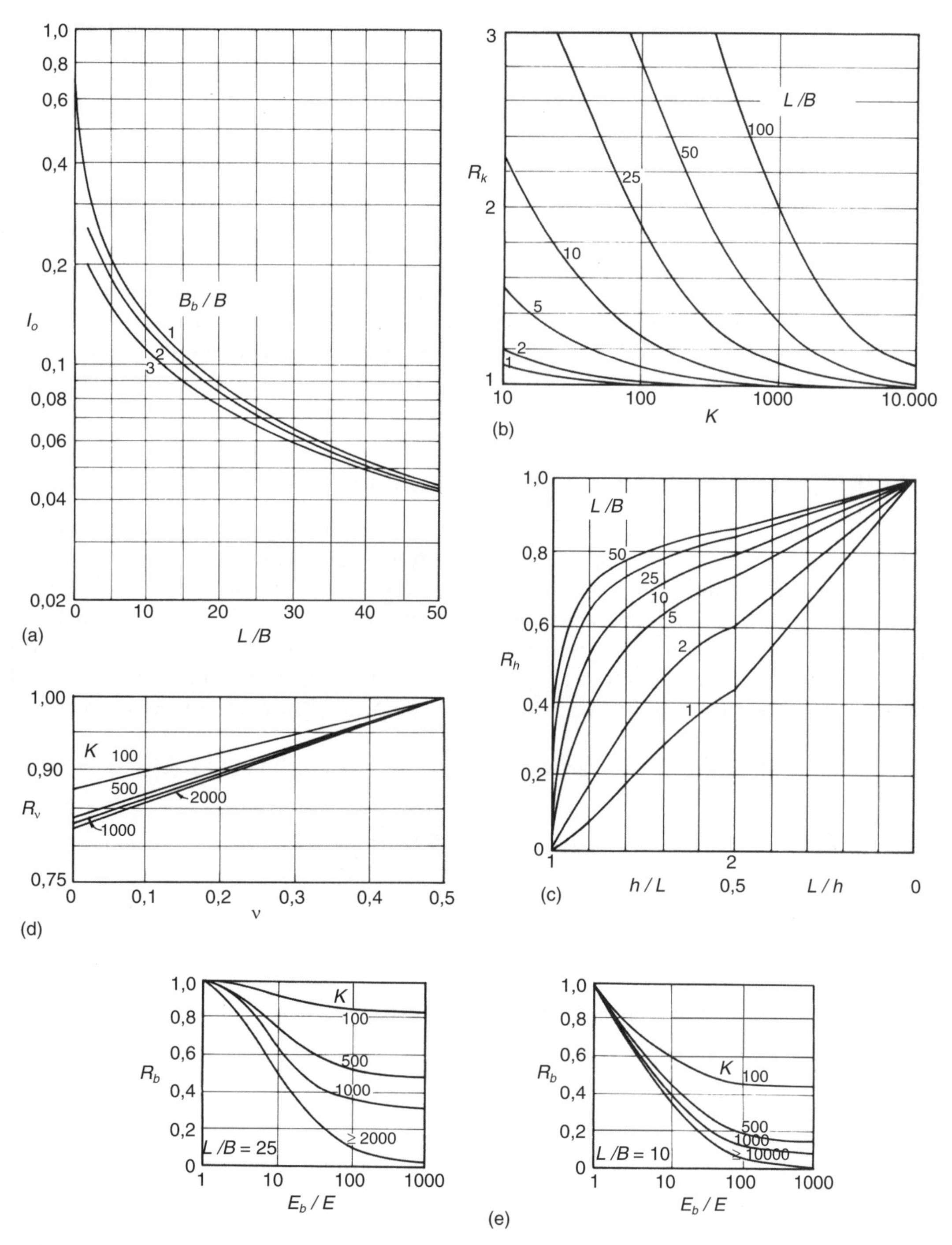

FIGURA 5.5. Fatores para cálculo de recalque em estacas isoladas: (**a**) fator I_o, (**b**) fator R_k, (**c**) fator R_h, (**d**) fator R_ν e (**e**) fator R_b (Adaptada de Poulos e Davis, 1974).

Para o fator R_k é necessária a razão de rigidez K, dada pela equação:

$$K = \frac{E_p}{E} R_A \tag{5.8}$$

em que R_A é a relação entre a área da seção da estaca e a área da seção integral, de tal forma que, em seções maciças, $R_A = 1$.

Transferência de carga

O método de Poulos e Davis permite também conhecer a parcela β da carga aplicada que seria transferida à base, ou seja, $Q_b = \beta\, Q_o$, e a parcela transferida por atrito, $Q_s = Q_o - Q_b$, ou $Q_s = (1 - \beta)Q_o$. O valor de β é dado por:

$$\beta = \beta_1\, c_k\, c_b \tag{5.9}$$

A parcela β_1, tal como o fator I_0, se refere a uma estaca incompressível e pode ser obtida pela Figura 5.6a, em função de L/B e B_b/B, sendo B_b o diâmetro da base alargada da estaca. Os fatores de correção c_k e c_b, tal como os fatores R_k e R_b, levam em conta a compressibilidade da estaca e a presença de solo mais resistente sob a base da estaca, em relação ao solo no trecho do fuste. Estes valores podem ser obtidos, respectivamente, nas Figuras 5.6b e 5.6c, em função de L/B, K e E_b/E, no caso do fator c_k. Assim, diferente do método de Vesic, que requer o modo de transferência da carga da estaca – que varia com o nível de carregamento–, o método de Poulos e Davis fornece o modo de transferência como resultado do próprio método.

5.1.4 Método de Randolph e outras contribuições

Randolph (1977) e Randolph e Wroth (1978) estudaram o recalque de uma estaca isolada carregada verticalmente, considerando inicialmente as cargas transferidas pela base e pelo fuste separadamente e posteriormente, juntando os dois efeitos para produzir uma solução aproximada. O problema resolvido está mostrado na Figura 5.7a, onde o maciço afetado pela estaca é dividido em duas camadas por um plano horizontal que passa pela base da estaca. É admitido que a parte superior se deforma exclusivamente devido à carga transferida pelo fuste, e que a parte inferior se deforma exclusivamente pela carga transferida pela base. A Figura 5.7b mostra os modos de deformação admitidos para a parte superior e inferior do maciço.

A expressão mais geral, que relaciona carga de serviço e recalque, é (Figura 5.7c):

$$\frac{Q}{w\, r_o\, G_L} = \left[\frac{\dfrac{4n}{(1-\nu)\,\Omega} + \dfrac{2\pi}{\zeta}\dfrac{L}{r_o}\dfrac{tgh(\mu L)}{\mu L}\rho}{1 + \dfrac{4n}{(1-\nu)\,\Omega}\dfrac{1}{\pi\lambda}\dfrac{L}{r_o}\dfrac{tgh(\mu L)}{\mu L}} \right] \tag{5.10}$$

em que:

$\zeta = \ln(r_m/r_o) \cong 4$ representa a influência (horizontal) da estaca;

$r_m \cong 2{,}5\, L\,(1-\nu)\,\rho$ representa o raio máximo de influência da estaca;

$\mu = \frac{1}{r_o}\sqrt{2/\zeta\lambda}$;

$\rho = \frac{G_{L/2}}{G_L}$ indica a taxa de crescimento do módulo G com a profundidade;

$\lambda = E_p / G_L$ representa a rigidez relativa estaca-solo;

$\Omega = G_L / G_b$ representa a melhora do solo no nível da base;

$n = r_b / r_o$ representa o aumento do diâmetro da estaca na base.

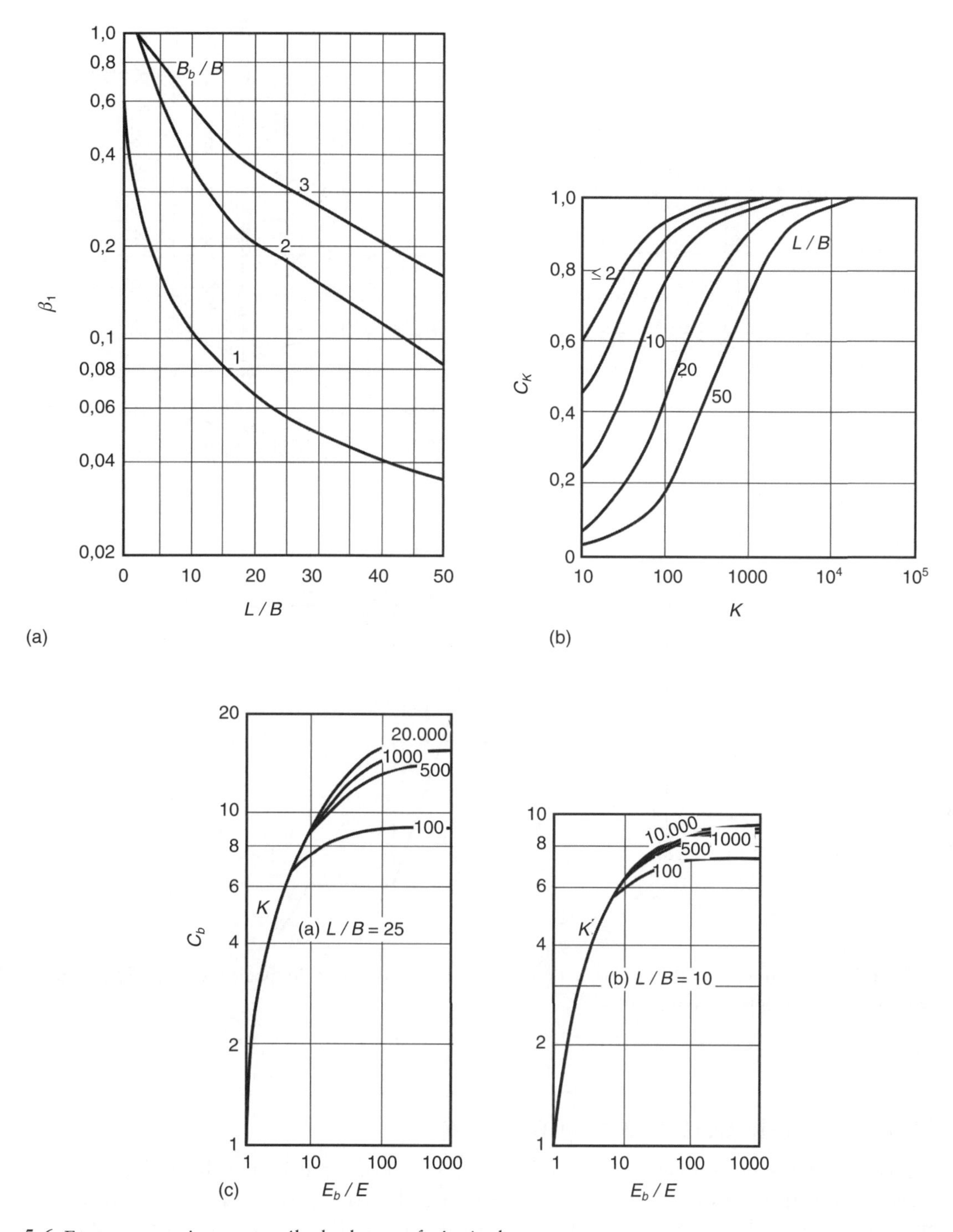

FIGURA 5.6. Fatores corretivos para cálculo da transferência de carga.

Outros métodos de estimativa de recalques de estacas isoladas podem ser encontrados na literatura, como o de Berezantzev (1965), Zeevaert (1972) e Butterfield e Banerjee (1971). Alguns métodos propõem substituir a ação do solo sobre a estaca por uma função, chamada *de função de transferência*, e, com isso, prever o recalque da estaca (ver, por exemplo, Cambefort, 1964; Massad, 1991).

O método de Aoki e Lopes (1975), que permite calcular recalques em um ponto no interior do maciço devidos ao carregamento de uma estaca isolada ou de um grupo, será abordado na seção 5.2.2 (sobre grupos de estacas).

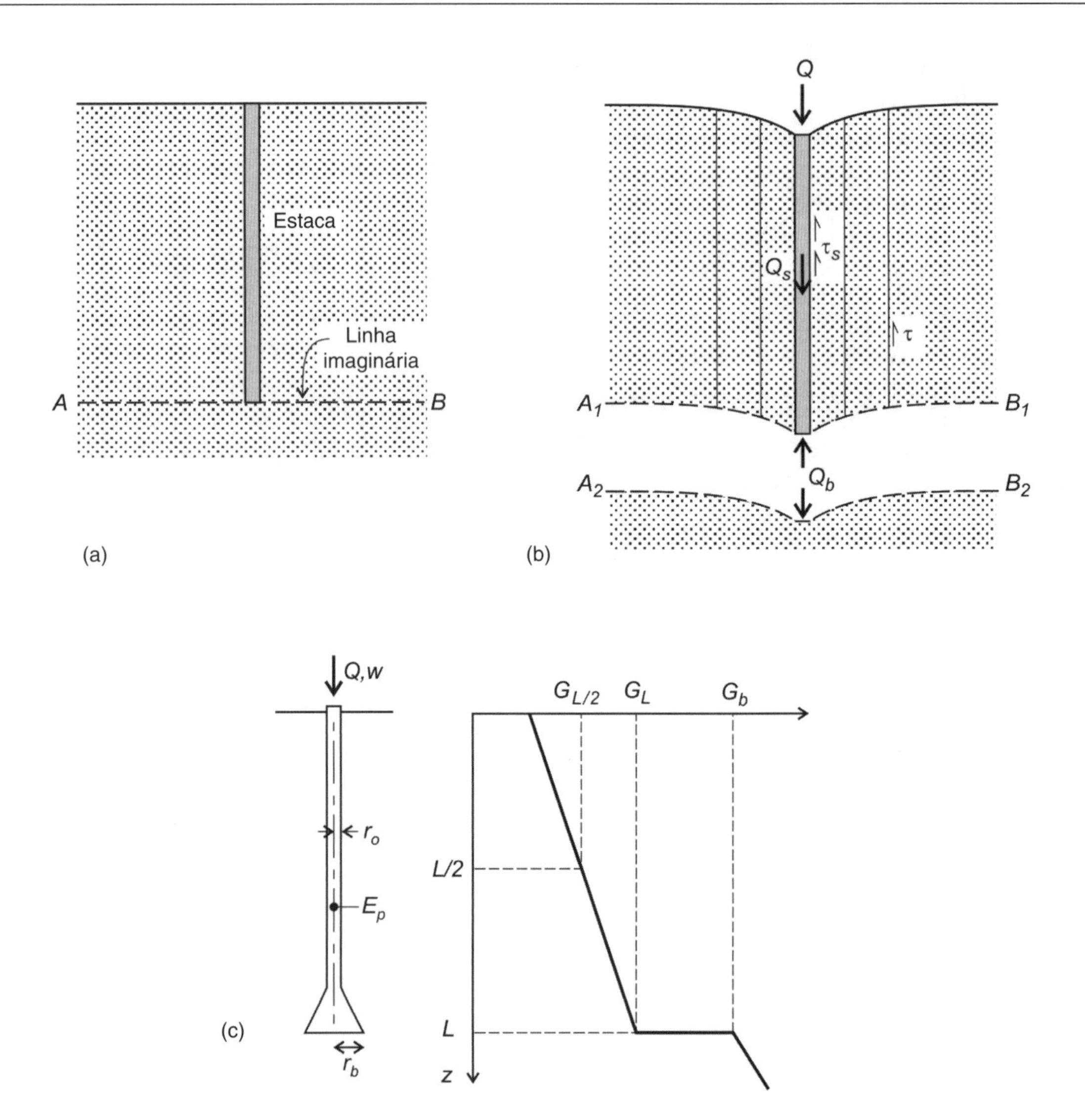

FIGURA 5.7. (a) Divisão do maciço; (b) modos de deformação das duas partes do maciço; e (c) perfil da estaca e do terreno no problema resolvido por Randolph (1977).

5.1.5 Parâmetros de deformação dos solos

Os métodos com base na Teoria da Elasticidade, como Poulos e Davis, Randolph, Aoki e Lopes etc., precisam ser alimentados com propriedades de deformação do solo: módulo de Young e coeficiente de Poisson. Essas propriedades precisam ser escolhidas pelo projetista das fundações, levando em conta as condições iniciais dos solos, o método executivo das estacas e ainda o nível de solicitação. Como na prática da Engenharia Geotécnica em geral, podem ser estudadas duas situações extremas: (i) *não drenada*, que corresponde a um carregamento rápido de solo de drenagem lenta ou *resposta a curto prazo* e (ii) *drenada*, representando a condição de longo prazo – com recalques maiores. No primeiro caso, são utilizados parâmetros *não drenados* (E_u, ν_u) e, no segundo, parâmetros *drenados* (E', ν').

Após a retroanálise de um conjunto de provas de carga, Poulos e Davis (1980) sugeriram valores do módulo de Young do solo para estimativas de recalque a longo prazo indicados na Tabela 5.2.

No trabalho original há uma coluna com valores para o coeficiente de Poisson, mas os valores sugeridos não parecem ter a tendência correta, que é de valores crescentes com a compacidade ou

TABELA 5.2. **Valores sugeridos para o módulo de Young**

Natureza do solo	Consistência (argilas) Compacidade (areias)	Faixa de valores de N_{SPT} (NBR 6484)	E'
Argilas	Mole (e muito mole)	≤ 5	$200 < E'/S_u < 400$
	Média	6 – 10	
	Rija	11 – 19	
Areias	Fofa (e pouco compacta)	≤ 8	27 – 55 MN/m²
	Medianamente compacta	9 – 18	55 – 70 MN/m²
	Compacta	19 – 40	70 – 110 MN/m²

Fonte: Adaptada de Poulos e Davis (1980).

consistência, e, portanto, não foi incluída. Nessa tabela, introduziu-se uma coluna, ao lado das consistências e compacidades, com a faixa de valores de N_{SPT} da norma brasileira de sondagens NBR 6484. Em relação aos módulos sugeridos para areias, pode-se observar uma relação E'/N_{SPT} entre 3 e 6 em MN/m², com valores maiores para areias fofas, que parecem compatíveis com estacas cravadas.

Na retroanálise, usando o método de Randolph, de um conjunto de provas de carga brasileiras, Benegas (1993) obteve valores do módulo de cisalhamento G, que foram correlacionados com resultados de CPT e SPT, por meio de:

$$G = \frac{E}{2(1+\nu)} = \eta\, q_c = \eta\, k\, N_{SPT} \qquad (5.11)$$

O coeficiente empírico η foi obtido para diferentes tipos de estaca e valores típicos constam da Tabela 5.3. O valor de k pode ser adotado como no método de Aoki e Velloso (1975), apresentado no Capítulo 4. Os valores de η refletem não só o método executivo, mas também o nível de solicitação do solo na carga de serviço. Como se sabe, o solo tem comportamento não linear e o módulo de Young diminui com o nível de solicitação ou de deformação. Essa é uma explicação para os valores elevados – obtidos na correlação – para estacas escavadas, que transmitem a maior parte da carga de serviço por atrito (exigência da Norma NBR 6122) e, portanto, solicitam o solo em um nível de deformação relativamente baixo.

Há muitas outras correlações na literatura nacional e internacional, grande parte voltada para fundações superficiais, mas que podem ser utilizadas para estacas, fazendo-se as necessárias correções para se levar em conta as alterações no solo pela execução das estacas. São exemplos: Vesic (1977), Barata (1984) e Freitas *et al.* (2012). Correlações da literatura britânica são discutidas por Fleming *et al.* (1992).

Quanto ao coeficiente de Poisson, observa-se uma menor influência nos resultados dos cálculos. Seu valor drenado, ν', varia na faixa de 0,2 para solos granulares fofos e argilas moles (solos contráteis) a 0,5 para solos muito compactos/rijos (solos dilatantes). Na falta de ensaios de laboratório (triaxiais CD), pouco comuns na prática de projetos, pode-se arbitrar um valor baseado em:

$$\nu' = 0{,}1 + N_{SPT}\,/\,100 \qquad (5.12)$$

devendo ser obedecido o limite de 0,5.

Uma observação final: além das imprecisões inerentes ao uso de correlações, que foram estabelecidas para determinados solos, em diferentes países etc., há ainda, no caso do ensaio SPT, a questão da

TABELA 5.3. **Valores de η**

Tipo de estaca	η
Metálica (perfil I ou H)	1,5
Pré-moldada de concreto	3,0
Tipo Franki	3,5
Escavada de grande diâmetro (com lama)	6,0

Fonte: (Adaptada de Lopes *et al.*, 1993).

energia. Apesar de padronizado internacionalmente em termos de *energia bruta*, o ensaio apresenta, em diferentes países, diferentes *energias líquidas* aplicadas ao amostrador (por conta de diferenças nos equipamentos). No Brasil, o ensaio apresenta uma energia líquida média da ordem de 80 % da energia bruta, e seus resultados são referidos como N_{80}. Nos Estados Unidos, ensaios mais antigos apresentavam energia líquida menor, referidos como N_{60}. Atualmente, a energia naquele país aumentou. Estabeleceu-se internacionalmente um padrão para efeito das correções, o N_{60}. Assim, antes de se usar uma correlação da literatura, é preciso verificar a energia líquida dos ensaios utilizados.

5.2 Grupos de estacas: efeito de grupo

A Norma Brasileira de Fundações NBR 6122 define como *efeito de grupo* o processo de interação dos diversos elementos que constituem uma fundação ao transmitirem ao solo as cargas que lhes são aplicadas. Esta interação acarreta uma superposição de tensões, de tal modo que o recalque do grupo é, em geral, diferente daquele do elemento isolado.

O comportamento do grupo de estacas é influenciado principalmente pela configuração do grupo e rigidez do bloco de coroamento, mas também pela natureza do maciço.

O efeito de grupo existe tanto em termos de capacidade de carga como em termos de recalques (VELLOSO; LOPES, 2010). Embora este capítulo se proponha a tratar do cálculo de recalques, onde este efeito tem grande relevância do ponto de vista prático, um resumo do efeito de grupo em termos de capacidade de carga é apresentado a seguir. Uma revisão interessante do tema pode ser vista em Santana (2008).

5.2.1 Efeito de grupo em termos de capacidade de carga

A capacidade de carga de um grupo de estacas costuma ser relacionada com a soma da capacidade de carga das estacas individuais no grupo através do quociente entre estes dois valores, conhecido por eficiência do grupo η.

Chellis (1951) apresenta uma comparação entre várias fórmulas empíricas propostas no passado relacionando a eficiência do grupo com o número de estacas e seu espaçamento, resultando em uma variação sensível na eficiência estimada para um mesmo grupo pelas diferentes fórmulas. De fato, Terzaghi e Peck (1967), Fleming e Thorburn (1983), entre outros, desaconselham o uso das fórmulas empíricas pela falta de uma base teórica consistente e de dados de campo que as justifiquem.

Em face do custo envolvido em ensaios de campo, a maior parte dos dados experimentais disponíveis são em modelos. Ensaios realizados por Whitaker (1957) em estacas executadas em argila indicaram que ocorre uma ruptura em bloco, com eficiência muito reduzida, para pequenos espaçamentos, inferiores a 2,5 diâmetros (Figura 5.8). Para espaçamentos maiores, a eficiência do grupo varia entre 0,7, para espaçamentos relativos de 2,5, até valores de 100 % de eficiência, para espaçamentos relativos de 8, como mostrado naquela figura. Já ensaios em modelo indicam eficiências superiores a 1 em areias

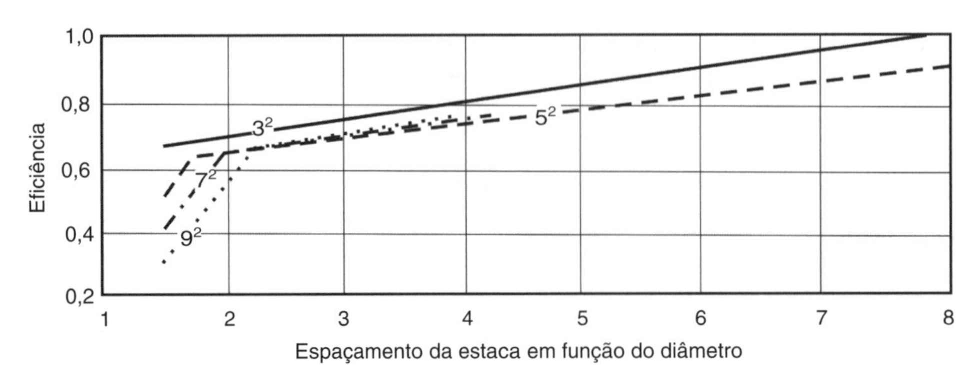

FIGURA 5.8. Eficiência de grupos de estacas em argila (Adaptada de Whitaker, 1957).

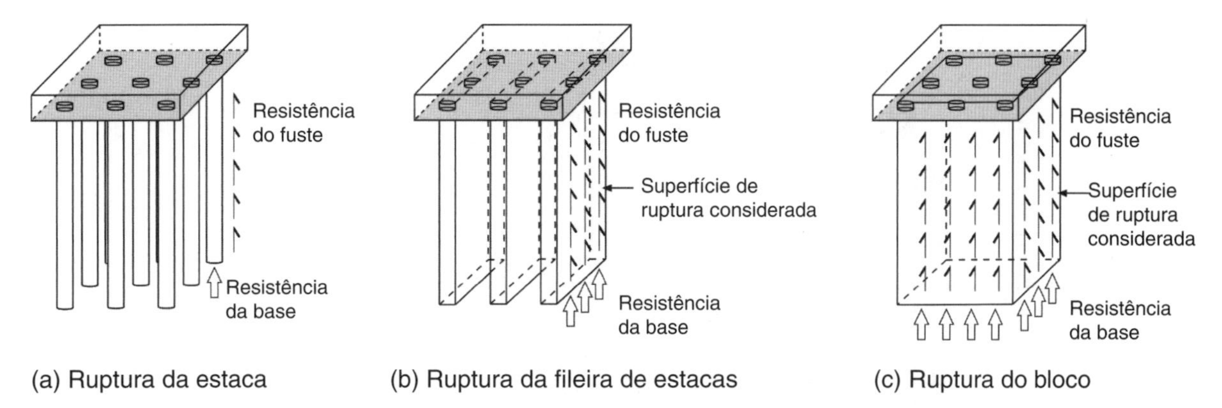

FIGURA 5.9. Mecanismos de ruptura em grupo de estacas (Adaptado de Fleming *et al.*, 1992).

fofas, pois o solo é melhorado pela cravação de estacas próximas. Nesses casos, para efeito de projeto, se limita a eficiência a 1.

Na prática de projetos, adota-se um espaçamento entre centros de estacas de três diâmetros, independentemente do tipo de solo. Supõe-se que, com este espaçamento, não há perdas significativas na eficiência.

Um procedimento para se determinar a capacidade de carga do grupo consiste em calcular a capacidade de carga (i) como sendo a soma das capacidades de carga das estacas individualmente e (ii) como sendo a capacidade de um bloco ou de fileiras de estacas (Figura 5.9); o menor valor indica o que deverá ocorrer na realidade.

5.2.2 Efeito de grupo em termos de recalque

A região de atuação das tensões impostas por um grupo de estacas é sempre maior do que a de uma estaca isolada (Figura 5.10) e assim, por efeito da superposição, as tensões são mais elevadas. Consequentemente, o recalque de um grupo de estacas para uma carga média por estaca é maior do que o da estaca isolada sob a mesma carga.

No caso de bloco rígido submetido a carga vertical centrada, as estacas do bloco, neste caso, obrigadas a sofrer recalques iguais, não recebem a mesma carga. Quando o espaçamento entre estacas é elevado, o modo de transferência de carga não é afetado. Porém, quando o espaçamento é pequeno, as estacas têm seu modo de transferência afetado e as estacas periféricas absorvem mais carga do que as estacas internas, como ilustra a Figura 5.11. No caso de bloco flexível, o recalque de cada estaca decorre da carga aplicada à estaca, admitida como isolada, e da influência das demais estacas do grupo.

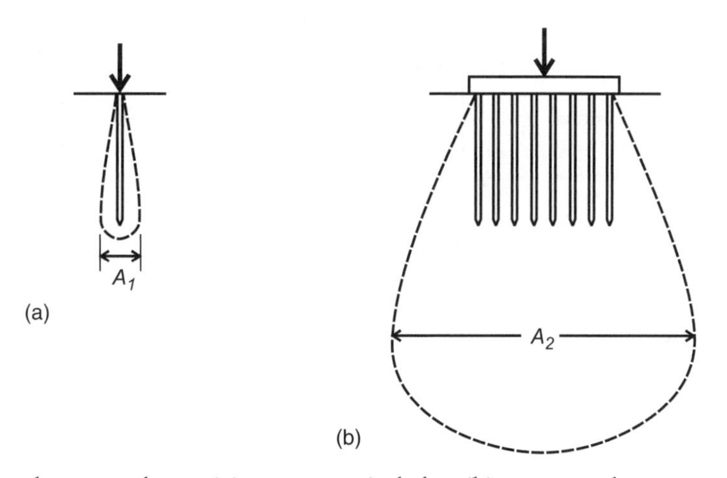

FIGURA 5.10. Maciço de solo carregado por (**a**) uma estaca isolada e (**b**) um grupo de estacas.

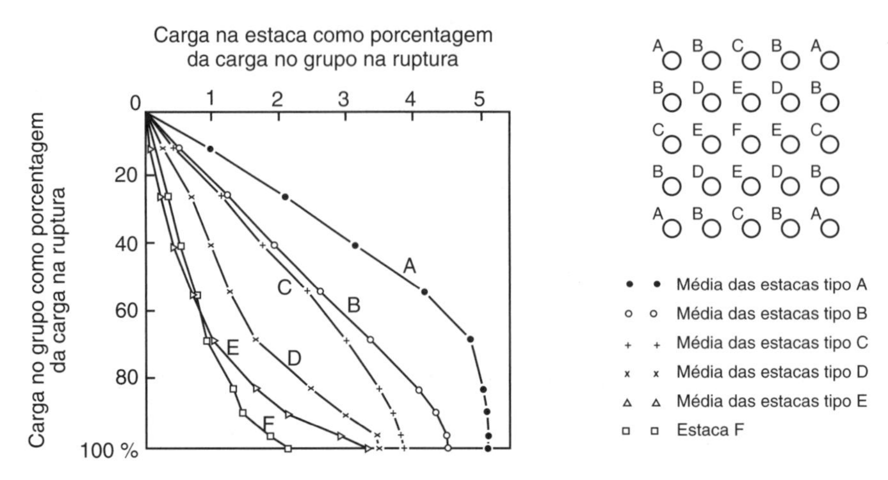

FIGURA 5.11. Medição de cargas em estacas de um grupo (Adaptada de Whitaker, 1957).

Há vários procedimentos propostos para avaliar o efeito de grupo em termos de recalque, como: métodos empíricos, método do *radier* equivalente, método da estaca equivalente, métodos dos fatores de interação e métodos numéricos. Os métodos empíricos, como mencionado anteriormente, uma vez que foram concebidos a partir de experimentos localizados, podem ser inadequados quando aplicados a depósitos de natureza distinta. Outros procedimentos, mais utilizados, são resumidos a seguir.

a. Método do Radier Equivalente

Este procedimento é simples e amplamente utilizado na prática, tendo sido proposto inicialmente por Terzaghi e Peck (1967). O grupo de estacas é considerado um *radier* equivalente, suposto como uma fundação direta fictícia assente em uma profundidade que depende da maior preponderância entre a transferência da carga por atrito ou pela ponta, como ilustra a Figura 5.12. O recalque do *radier* equivalente pode ser estimado por um método usual de fundações superficiais, por exemplo, baseado na Teoria da Elasticidade e/ou na Teoria do Adensamento. O recalque no nível do topo do bloco é obtido pela soma do recalque do *radier* e da compressão elástica das estacas correspondente ao trecho acima dele. Este esquema de cálculo é indicado na norma brasileira NBR 6122, porém sem os espraiamentos indicados na Figura 5.12, ou seja, o *radier* tem a área envolvente às estacas do grupo.

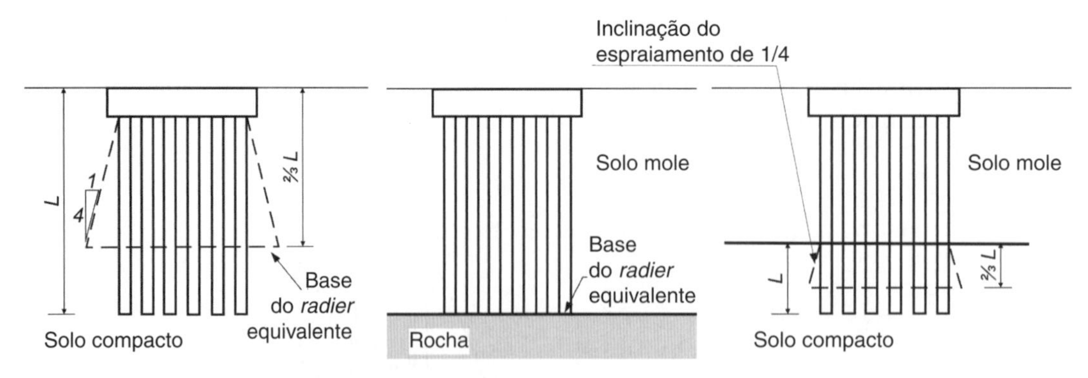

FIGURA 5.12. Método do *radier* equivalente (Adaptada de Tomlinson, 1994).

O recalque do *radier* equivalente deve ser estimado por um método usual de fundações superficiais, e visto que esses métodos estão fora do escopo deste livro, outros textos sobre o assunto devem ser estudados, como Velloso e Lopes (2000), Pinto (2006), entre outros. Uma solução simples para se estimar os recalques de um solo homogêneo, de espessura finita, é a fórmula da Teoria da Elasticidade:

$$w = qB\frac{1-\nu^2}{E} I_s\, I_d\, I_H \tag{5.13a}$$

em que:

q = tensão média aplicada
B = menor dimensão da sapata ou *radier*
ν = Coeficiente de Poisson
E = Módulo de Young
I_s = fator de forma da sapata ou *radier*
I_d = fator de profundidade/embutimento
I_H = fator de espessura de camada compressível

Como o fator de profundidade/embutimento, I_d, recomendado é 1,0 (LOPES, 1979; VELLOSO; LOPES, 2000), a Equação (5.13a) se reduz a:

$$w = q\,B\,\frac{1-\nu^2}{E}\,I_s\,I_H \tag{5.13b}$$

Valores de $I_s \cdot I_H$ para carregamentos na superfície de um meio de espessura finita podem ser vistos na Tabela 5.4.

Tabela 5.4. **Valores de $I_s \cdot I_H$ para carregamentos circulares e retangulares na superfície de um meio de espessura finita H**

H/B	Círculo	*L/B*			
		1	2	3	5
0,1	0,096	0,096	0,098	0,098	0,099
0,25	0,225	0,226	0,231	0,233	0,236
0,5	0,396	0,403	0,427	0,435	0,441
1,0	0,578	0,609	0,698	0,727	0,748
1,5	0,661	0,711	0,856	0,910	0,952
2,5	0,740	0,800	1,010	1,119	1,201
3,5	0,776	0,842	1,094	1,223	1,346
5	0,818	0,873	1,155	1,309	1,475
∞	0,849	0,946	1,300	1,527	1,826

H = espessura do meio (abaixo da fundação); carregamento retangular: $L \times B$
Fonte: Harr (1966).

Vale observar que o solo um pouco abaixo da ponta das estacas deverá estar em seu estado original, não afetado pelas estacas. Portanto, correlações entre o módulo de Young e resultados de ensaios CPT e SPT estabelecidas para estacas isoladas *a partir de provas de carga* podem não ser válidas. Isso porque as propriedades do solo na vizinhança da estaca foram afetadas por sua execução, em geral melhoradas no caso de cravação. Na estimativa de recalques usando o artifício do *radier* equivalente – se este estiver no nível das pontas – devem ser utilizadas correlações com solos virgens.

b. Método da estaca equivalente

O grupo de estacas pode ser tratado como uma estaca equivalente, como proposto por Poulos e Davis (1980) e Randolph (1994). Por este artifício de cálculo, o grupo de estacas é transformado em uma estaca circular com diâmetro que depende do espaçamento e interação entre as estacas, e cujo módulo de Young é um valor ponderado considerando as áreas ocupadas pelas estacas e pelo solo (Figura 5.13). Para um estudo do método, os leitores são referidos àqueles trabalhos.

c. Método de Aoki e Lopes

O método de Aoki e Lopes (1975) se propõe a fornecer tensões e recalques no interior do maciço por meio de um processo numérico em que as cargas transmitidas por uma estaca isolada ou por um

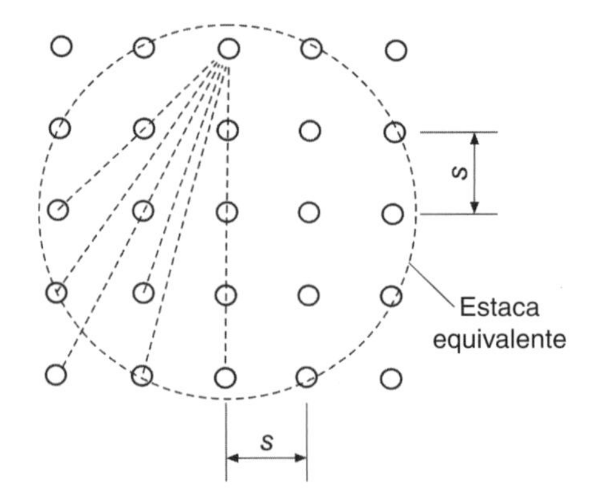

FIGURA 5.13. Método da estaca equivalente (Adaptada de Randolph, 1994).

conjunto de estacas são decompostas em um sistema equivalente de cargas concentradas (Figura 5.14), cujos efeitos são superpostos nos pontos em estudo. As tensões e deslocamentos verticais produzidos por cada uma das cargas concentradas são obtidos pelas equações de Mindlin (1936), válidas para um semiespaço elástico, infinito, homogêneo e isotrópico. As equações do método, assim como um esquema de programação, constam do Apêndice.

O método considera que a carga atuante no topo da estaca, Q, é dividida em uma parcela transferida à ponta, Q_b, e outra de atrito lateral, Q_l. E considera que o atrito lateral varia linearmente ao longo de cada camada de solo, e que a carga na base é uniformemente distribuída (Figura 5.14). Assim, o método de Aoki e Lopes (1975) requer, como dado de entrada, o modo de transferência de carga da estaca. Como visto anteriormente, é comum se admitir, para efeitos práticos, que toda a capacidade de carga do solo no fuste é mobilizada antes de iniciada a mobilização da resistência de ponta. Sendo assim, apenas a parcela da carga de trabalho que excede o atrito lateral é transmitida à ponta.

Na aplicação do método em projetos, o módulo de Young e o coeficiente de Poisson dos solos são estimados a partir de ensaios de campo e correlações da literatura, como foi tratado na seção 5.1.5. O recalque de uma estaca é previsto, pelo método, na ponta da mesma e deve ser acrescido do encurtamento elástico do fuste (considerando-se o modo de transferência e o módulo de Young do material da estaca).

Para mais detalhes do método, ver o Apêndice.

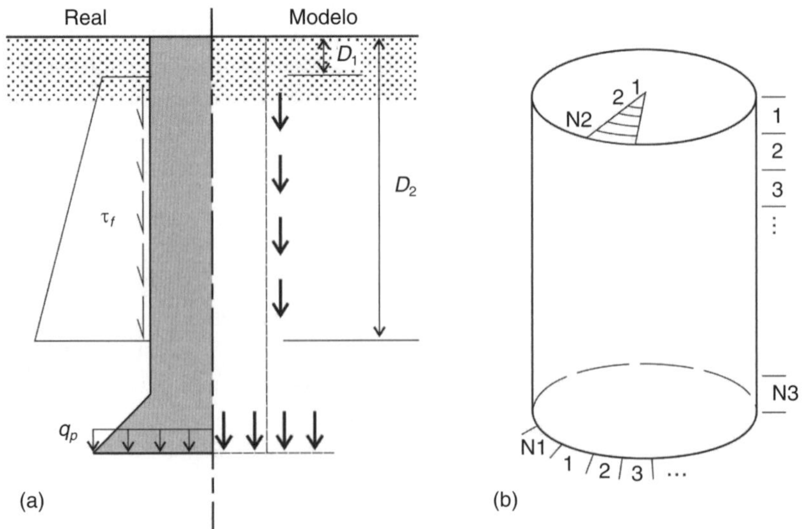

FIGURA 5.14. Sistema equivalente de forças concentradas, representando as ações da estaca no solo (Adaptada de Aoki e Lopes, 1975).

Exercício resolvido 1

Para a mesma estaca do Exercício Resolvido 1 do Capítulo 4, pré-moldada quadrada de 0,30 m de largura, faça uma estimativa do recalque da estaca isolada para uma carga de serviço de 600 kN. Para a estaca, considerar E_p = 25 GPa.

1. Método de Vesic

O método de Vesic (1977) requer o conhecimento prévio do diagrama de transferência de carga. Será considerada a mobilização plena do atrito, e uma carga de ponta correspondente à diferença entre a carga aplicada no topo e a capacidade de carga por atrito. A capacidade de carga por atrito é de cerca de 500 kN, e um diagrama de esforço normal na estaca, baseado no método de Vesic, é dado pela Figura 5.15.

Com a resistência de ponta unitária de 5620 kN/m², tem-se

$$w_{pp} = \frac{C_p\, Q_p}{B\, q_{ult}} = \frac{0{,}02 \times 100}{0{,}3 \times 5620} = 0{,}0012 \text{ m}$$

Foram considerados, para efeito de transferência por atrito, apenas a camada de areia fina, de 5 a 11 m de profundidade, e 2 m de areia compacta, ou seja, L = 8 m (na camada argilosa superficial, a carga transferida por atrito lateral é muito pequena). Assim,

$$C_s = \left(0{,}93 + 0{,}16\sqrt{\frac{L}{B}}\right) C_p = \left(0{,}93 + 0{,}16\sqrt{\frac{8}{0{,}3}}\right) 0{,}02 = 0{,}035$$

$$w_{ps} = \frac{C_s\, Q_s}{L q_{ult}} = \frac{0{,}035 \times 500}{8{,}0 \times 5620} = 0{,}0004 \text{ m}$$

O encurtamento do fuste nada mais é que a área do diagrama de carga da Figura 5.15 dividida por E_p A. A área do diagrama é 6038 kN.m e o encurtamento do fuste será:

$$w_s = 6038 / (25.000.000 \times 0{,}09) = 0{,}0027 \text{ m}$$

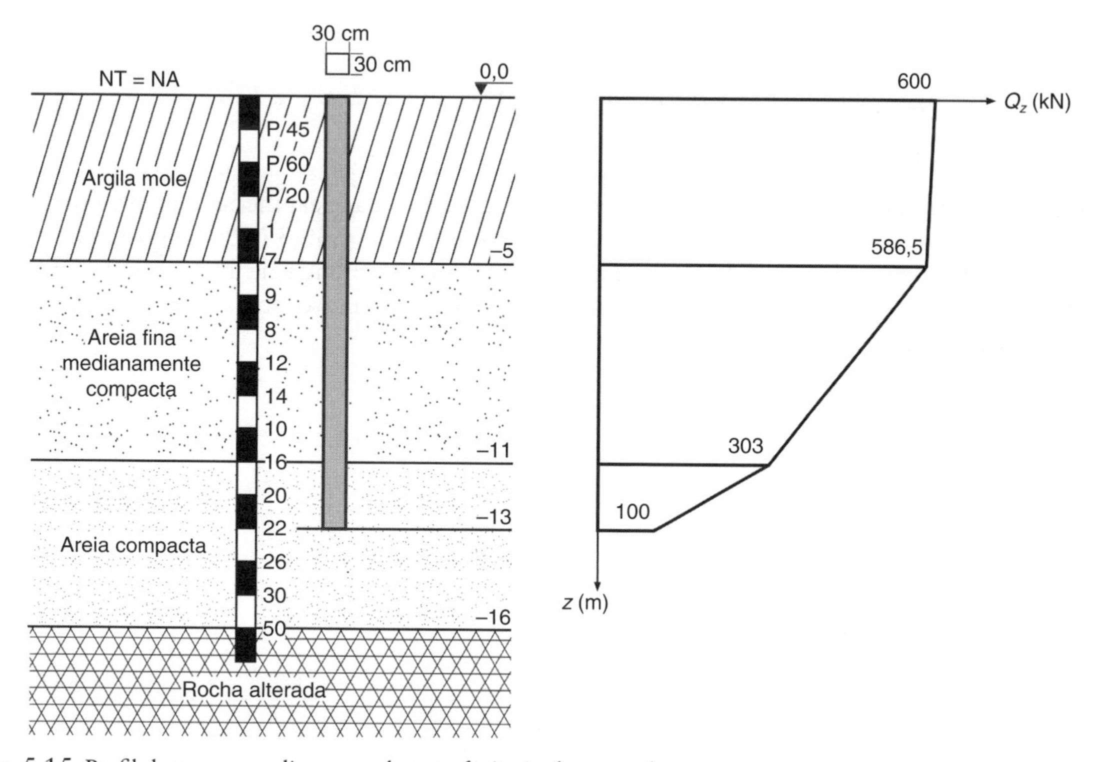

FIGURA 5.15. Perfil do terreno e diagrama de transferência de carga da estaca.

O recalque do topo será, então,

$$w = w_s + w_{pp} + w_{ps} = 0,0027 + 0,0012 + 0,0004 = 0,0043\,\text{m} = 4,3\,\text{mm}$$

2. Método de Poulos e Davis

Vamos admitir $E' = 50$ MPa para a areia medianamente compacta e $E' = 110$ MPa para a areia compacta, segundo a Tabela 5.2. E vamos admitir $\nu' = 0,3$ para a areia medianamente compacta. O cálculo será feito como se o topo da estaca estivesse no topo da camada de areia medianamente compacta.

Com $L/B = 8/0,3 = 27$, tem-se $I_o = 0,07$
Com $K = Ep/E = 25.000.000/50.000 = 500$, tem-se $R_k = 1,4$
Com $H/L = 11,0/8,0 = 1,37$, tem-se $R_h = 0,7$
Com $\nu' = 0,3$, tem-se $R_\nu = 0,94$
Com $E_b/E = 110/50 = 2,2$, tem-se $R_b = 0,95$

A partir da Equação (5.7) tem-se $I = 0,07 \times 1,4 \times 0,7 \times 0,94 \times 0,95 = 0,062$.

O cálculo do recalque [Equação (5.6)] indica:

$$w = \frac{600 \times 0,062}{50.000 \times 0,3} = 0,0025 \text{ m} = 2,5 \text{ mm}$$

A este recalque é preciso somar o encurtamento do fuste no trecho de argila mole:

$$w_s = QL / AE_p = (600 \times 5,0) / (0,09 \times 25.000.000) = 0,0013\,\text{m} = 1,3\,\text{mm}$$

ficando o recalque total:

$$w = 0,0013 + 0,0025 = 0,0038\,\text{m} = 3,8\,\text{mm}$$

Pode-se também verificar o que o método indica para as parcelas de carga de ponta e atrito lateral [Equação (5.9)]. A partir da Figura 5.6, com $L/B = 27$, chega-se a $\beta_1 = 0,06$. Os valores de c_k e c_b, obtidos também da Figura 5.3, são, aproximadamente, 0,76 e 4,5. Logo:

$$\beta_1 = 0,06 \times 0,76 \times 4,5 = 0,20$$

ou seja, 20 % da carga aplicada ao topo iria para a ponta, o que equivale a 120 kN.

3. Método de Randolph

Para o método de Randolph, foram fornecidas as propriedades: (i) da areia medianamente compacta (até a ponta da estaca) $G = 19,2$ MPa, $\nu' = 0,3$; (ii) da areia compacta $G = 39,3$ MPa (suposta com $\nu' = 0,4$). O cálculo será feito como se o topo da estaca estivesse no topo da camada de areia medianamente compacta. Observa-se que o método não leva em conta a presença de uma fronteira indeslocável 3 m abaixo da ponta. Para aplicação do método foram calculados:

r_0	0,17	m
ρ	1,00	
r_m	14,0	m
ζ	4,4	
λ	1300	
μ	0,11	m^{-1}
n	1,00	
Ω	0,49	

O recalque, obtido com a Equação (5.10), foi $w = 0,0031$ m.

A este recalque é preciso somar o encurtamento do fuste no trecho de argila mole, como na aplicação do método de Poulos e Davis, ficando o recalque total:

$$w = 0{,}0013 + 0{,}0031 = 0{,}0044\,\text{m} = 4{,}4\,\text{mm}$$

4. Método de Aoki e Lopes

Para o método, é necessário o modo de transferência de carga. Foi adotado um modo simplificado, semelhante àquele do método de Vesic: não há transferência de carga na argila mole e depois uma transferência de 500 kN por atrito lateral, suposto constante com a profundidade. A carga transferida pela base é 100 kN.

O método foi aplicado supondo o meio constituído por (i) areia medianamente compacta até a ponta da estaca, ou seja, com 8 m de espessura, e E' = 50 MPa, ν' = 0,3; (ii) areia compacta, da ponta da estaca até o material rígido, ou seja, com 3 m de espessura, e E' = 110 MPa, ν' = 0,4.

Utilizando-se um programa do método (como descrito no Apêndice), obtém-se, em um ponto sob a ponta da estaca: w = 0,0021 m. O recalque do topo será o encurtamento do fuste (obtido no método de Vesic anterior) somado ao recalque da ponta, ou seja,

$$w = 0{,}0027 + 0{,}0021 = 0{,}0048\,\text{m} = 4{,}8\,\text{mm}$$

5. Comentários sobre os resultados

Como pode ser visto na tabela a seguir, os valores obtidos pelos quatro métodos são próximos, lembrando que três métodos são baseados na Teoria da Elasticidade (mas com hipóteses algo diferentes em sua formulação) e foram alimentados com os mesmos parâmetros elásticos.

Método	Parcelas (mm)		Recalque total (mm)
	Encurtamento do fuste	Recalque da ponta	
Vesic	2,7	1,6	4,3
Poulos e Davis	1,3*	2,5	3,8
Randolph	1,3*	3,1	4,4
Aoki e Lopes	2,7	2,1	4,8

*Encurtamento correspondente ao trecho de argila mole, pois o encurtamento do trecho abaixo está incluído no cálculo do recalque da ponta.

Na abertura deste capítulo sugeriu-se que os resultados dos cálculos de recalques fossem entendidos como *estimativas de recalques*. A variação de resultados *por conta dos métodos de cálculo* (vista anteriormente) não é a maior fonte de incertezas, mas, sim, os parâmetros de deformação dos solos. Na prática, esses parâmetros são escolhidos pelo projetista a partir de ensaios *in situ* e correlações publicadas. Assim, após a escolha de parâmetros dos solos e a aplicação de um determinado método, o projetista chegará a um valor provável, mas sujeito a um erro de pelo menos 50 % para mais ou para menos.

Por outro lado, os recalques calculados foram muito pequenos, entre 4 e 5 mm. Pequenos recalques são comuns em estacas isoladas com adequada segurança em relação à capacidade de carga. Provas de carga estáticas costumam indicar isso. Entretanto, como se verá no próximo exercício, esta mesma estaca, em um grupo, apresentará recalques bem maiores.

Exercício resolvido 2

Considerando a mesma estaca do Exercício Resolvido 1, faça uma estimativa do recalque de um grupo de quatro dessas estacas, espaçadas de 0,90 m entre centros. Considere, para o grupo, uma carga de 2400 kN.

O grupo, com afastamento entre centros de $3B$, ou seja, 0,9 m, apresentaria uma largura de $4 \times 0{,}3 = 1{,}2$ m. A tensão aplicada pelo *radier* equivalente é $q = Q/A = 2400/(1{,}2)^2 = 1667$ kN/m².

O *radier* equivalente será suposto assente no topo da areia compacta, ou seja, a 11,0 m de profundidade. O recalque do *radier* será previsto pela Equação (5.13b). Com espessura compressível (abaixo do *radier* equivalente) $H = 5{,}0$ m, tem-se $H/B = 5{,}0/1{,}2 = 4{,}2$. Daí, com a Tabela 5.4, obtém-se $I_s \cdot I_H \sim 0{,}85$. Assim, o recalque do *radier* será:

$$w = 1667 \times 1{,}2\,(1 - 0{,}4^2)\,0{,}85\,/\,110.000 = 0{,}013\text{m}$$

A este recalque é preciso somar o encurtamento do fuste. Para esse deslocamento pode-se adotar o valor obtido no método de Vesic, ficando:

$$w = 0{,}0027 + 0{,}013 = 0{,}0157\text{m} = 15{,}7\text{ mm}$$

Observa-se que o recalque do grupo é bem maior do que o da estaca isolada. E que um fator importante é a *espessura compressível abaixo das pontas das estacas* (distância da fronteira rígida ou do *indeformável*).

CAPÍTULO 6

Cálculo de estaqueamentos

A distribuição dos esforços da estrutura em um grupo de estacas consiste no chamado *cálculo do estaqueamento*. Para o arranjo adequado das estacas em planta, de forma que sejam capazes de absorver as cargas verticais, horizontais e momentos atuantes no grupo em diferentes direções, é necessário que o projetista considere todas as possibilidades de carregamento, inclusive aqueles decorrentes de desvios construtivos. Um estaqueamento bem projetado é aquele que contenha o menor número de estacas, trabalhando com cargas próximas entre si, com a adequada segurança geotécnica e capaz de resistir aos carregamentos que possam ocorrer durante a vida útil da estrutura. O projetista pode lançar mão de estacas verticais e inclinadas, mantendo um afastamento mínimo entre elas, objetivando a otimização do estaqueamento. Quando a resistência do solo superficial for considerável, e o contato entre o bloco e o solo superficial puder ser garantido durante a vida útil da estrutura, pode ser adotado o conceito de *radier estaqueado*, assunto este que não será aqui abordado, uma vez não ser ainda uma prática corrente no Brasil.

6.1 Introdução

A forma tradicional de cálculo de estaqueamentos, ou seja, o cálculo da carga transmitida a cada estaca para o carregamento de serviço, considera a estaca um elemento birrotulado, portanto capaz de resistir a cargas apenas na direção de seu próprio eixo. Esta forma de considerar o comportamento da estaca é a que conduz a um projeto de menor risco; a consideração da possibilidade de engaste no bloco e contenção lateral pelo terreno introduz esforços de flexão, que fogem do funcionamento mais natural das estacas, que, por serem elementos longos, devem transmitir cargas axiais.

Existem diversos métodos de cálculo de estaqueamento. Os mais simples, mencionados anteriormente, consideram as estacas birrotuladas (apoiadas na ponta) ou com uma resposta elástica do solo – apenas no sentido axial da estaca (como se, sob a ponta das estacas, houvesse uma mola axial). Métodos um pouco mais sofisticados consideram a contenção lateral do solo e, em um nível maior de sofisticação, consideram o comportamento do solo como elastoplástico. Os mais simples e mais antigos são o método gráfico de Culmann e o método de Nökkenteved (1924, também conhecido como Nökkenteved-Vetter, pelo trabalho mais conhecido de Vetter, 1938), baseado em fórmulas simples da Estática.

Os métodos simples devem ser usados na prática, pois permitem identificar a participação de cada estaca na absorção de cada componente do carregamento do bloco. Essa é base da concepção de um estaqueamento (*lançamento do estaqueamento*). Os métodos matriciais, resolvidos por computador, na verdade fazem uma *verificação* do estaqueamento lançado (indicam as cargas nas estacas para um estaqueamento já inicialmente concebido). Assim, se não houver um bom lançamento do estaqueamento, se entrará em um *processo de tentativa e erro* ineficiente.

O método sistematizado por Schiel (1957), de natureza elástica, é um método absolutamente geral, capaz de verificar qualquer estaqueamento. O método apresenta as seguintes hipóteses:

i. O bloco de coroamento é suficientemente rígido para que se possa desprezar sua deformação diante das deformações das estacas.
ii. As estacas são suficientemente esbeltas e o deslocamento do bloco é tão pequeno que se poderá desprezar os momentos nas estacas decorrentes deste deslocamento, ou seja, as estacas são supostas articuladas no bloco e no solo.
iii. O esforço axial na estaca é proporcional à projeção do deslocamento do topo da estaca sobre o eixo da mesma.

Em relação a estas premissas, Velloso (1981) comenta que a primeira é satisfeita no caso de fundações de edifícios e pontes, uma vez que os blocos de coroamento apresentam alturas apreciáveis, sendo suas deformações por flexão muito reduzidas diante das deformações das estacas. Por outro lado, em estruturas marítimas, sobretudo no caso de plataformas de cais, esta hipótese está longe de ser observada. Velloso (1981) chama a atenção para o fato de que, se o bloco for considerado rígido no cálculo do estaqueamento, seu dimensionamento estrutural deverá ser feito com base nos valores das cargas nas estacas obtidas desta mesma hipótese.

A hipótese 2 é ainda hoje muito adotada. Caso o projetista opte por engastar a estaca no bloco, além de o método de Schiel não ser aplicável, será necessário um detalhamento do projeto quanto à ligação da estaca no bloco (entrada no bloco de parte da estaca de aço ou da armadura em estacas de concreto armado ou protendido).

A hipótese 3 é característica dos métodos elásticos, diferentes dos métodos elastoplásticos, como estudado por Cabral (1982). O cálculo de estaqueamentos através da análise elastoplástica permite que as cargas nas estacas mais carregadas sejam redistribuídas para as demais, em função das características do estaqueamento e da curva carga-recalque de cada estaca. Dessa forma, é possível se obter uma melhor utilização das estacas, com maior economia do projeto.

A observação de obras com bom comportamento tem validado o projeto de estaqueamentos pelo método de Schiel. Há soluções interessantes para se considerar a contenção do solo, como de Costa (1973) e Randolph (1980, 1994), mas, como dito anteriormente, um estaqueamento mal lançado poderá, eventualmente, ser possível por esses métodos, porém, à custa de momentos fletores elevados nas estacas (em especial na ligação com o bloco). Assim, seria indicado iniciar o projeto com um método simples (como Culmann ou Schiel) e, eventualmente, em uma etapa final, otimizar com uma solução que considere outras possibilidades, como contenção do solo, engaste no bloco etc.

Cabe destacar que se despreza, nos métodos usuais de cálculo de estaqueamentos, a contribuição do solo sob o bloco, trabalhando como fundação direta (que seria pertinente no conceito de *radier estaqueado*).

Ao se projetar um estaqueamento, é preciso levar em conta o maior ângulo de cravação (ou inclinação) com que o equipamento previsto para a obra pode trabalhar. É comum uma inclinação de até 1:4 em estacas cravadas (pré-moldadas, de aço, Franki e raiz). Estacas hélice contínua podem ser executadas, excepcionalmente, com pequena inclinação (como 1:6). Estacas escavadas não são, normalmente, inclinadas.

Uma última questão: em alguns tipos de obras, como pontes, obras marítimas e torres de transmissão, mesmo com um bom arranjo do estaqueamento, haverá cargas de tração em algumas estacas ou, ainda, algumas estacas sofrerão compressão para um dado carregamento e tração para outro. Nesse caso, há que se respeitar a carga limite de tração das estacas, abordada na seção 4.4, no Capítulo 4.

6.2 Método de Culmann

Este método pode ser utilizado em estaqueamentos planos, com estacas distribuídas em, no máximo, três direções. O método se baseia na decomposição das forças de reação das estacas nas direções do eixo das mesmas, tal como indicado na Figura 6.1a. Na figura há dois alinhamentos de estacas com a mesma inclinação, 2 e 2', estando o alinhamento da resultante, destas direções, equidistante destas estacas. As reações

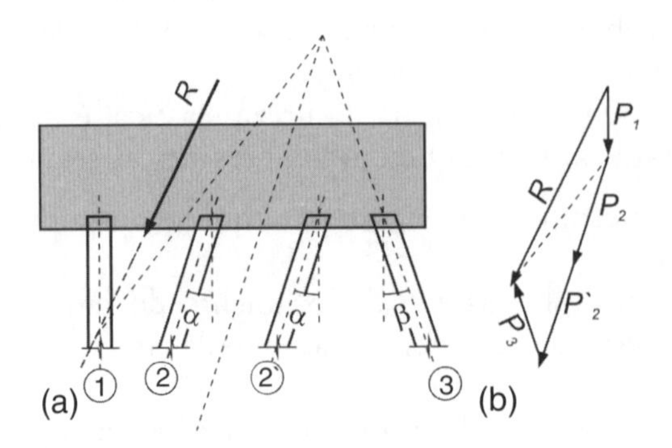

FIGURA 6.1. (a) Método de Culmann e (b) polígono de forças.

das estacas, somadas à carga externa atuante, deverão fechar um polígono de forças, para que se tenha o equilíbrio. Na Figura 6.1a, a resultante R da força aplicada (que resulta do carregamento externo), quando somada à resultante da carga na estaca do alinhamento 1, deverá ter seu eixo passando pelo ponto de interseção do alinhamento das estacas 2 e 3, para que o sistema esteja em equilíbrio. A inclinação desta resultante é, então, conhecida. O traçado do polígono de forças da Figura 6.1b se inicia com o traçado da resultante externa R e o traçado da linha de ação da resultante da soma vetorial de R e P_1. A linha de ação desta resultante está tracejada no polígono. A interseção da linha tracejada com a linha de ação de P_1 vai definir o módulo de P_1. A partir de P_1, no polígono de forças da Figura 6.1b, se traça a direção da linha de ação de $P_2 + P'_2$ e, a partir de R, a linha de ação de P_3, fechando-se o polígono de forças e definindo-se os valores de P_3 e de $P_2 + P'_2$. No caso ilustrado, como a linha de ação da resultante do alinhamento das estacas 2 e 2' encontra-se centrada em relação a estas estacas, os valores de P_2 e P'_2 serão iguais. Dependendo da posição deste alinhamento resultante, as cargas serão distribuídas de forma diferenciada entre as estacas 2 e 2'.

O mesmo método pode ser resolvido de outra forma, como mostra a Figura 6.2. Na Figura 6.2a, tem-se três alinhamentos de estacas formando um plano. Observe que a interseção do alinhamento das estacas 2 e 3 vai resultar no ponto (1). Da mesma forma, a interseção do alinhamento das estacas 1 e 3, 1 e 2 e 2 e 3 vai resultar, respectivamente, nos pontos (2), (3) e (1) indicados na figura. O momento formado pela resultante do carregamento externo em relação ao ponto (1) terá que ser absorvido pelas estacas do alinhamento 1, pois as estacas dos alinhamentos 2 e 3 passam pelo ponto (1), não tendo condições de resistir a qualquer momento em relação a este ponto. Assim, a carga no alinhamento da estaca (1) será igual ao momento resultante do carregamento externo em relação ao ponto (1) dividido pelo braço de alavanca, distância $R_{(1)}$, resultando na reação N_1. Da mesma forma, determina-se a resultante do alinhamento 2, N_2, e do alinhamento 3, N_3.

No caso da Figura 6.2b, os três alinhamentos de estaca se interceptam no mesmo ponto, que se costuma chamar de *centro elástico* do estaqueamento (CE), e a resultante dos esforços neste ponto é decomposta em uma força vertical e horizontal. O momento em relação ao centro elástico é nulo, já que nenhuma estaca é capaz de absorver este momento, pois todas as estacas têm sua linha de ação passando por este centro elástico. Neste caso, usam-se as três equações da Estática para resolver este problema, com as três incógnitas, S_1, S_2 e S_3.

Quando se conhece a resultante dos esforços atuantes no bloco e as direções das estacas inclinadas, que é função da inclinação da torre do bate-estacas, o engenheiro projetista das fundações poderá lançar as estacas em planta. Se as cargas externas forem aplicadas na direção dos três eixos coordenados, em um estaqueamento espacial, as cargas podem ser decompostas em cargas atuantes em dois planos e a resolução do estaqueamento espacial pode ser feita pela superposição de dois estaqueamentos planos, pelo método de Culmann.

Resumindo: é importante a escolha de uma adequada disposição das estacas em planta e de seus ângulos (*lançamento do estaqueamento*) e, nesse processo, o método de Culmann é muito útil. Ao acompanhar os exercícios resolvidos, o leitor poderá melhor compreender a importância prática do método de Culmann no lançamento do estaqueamento.

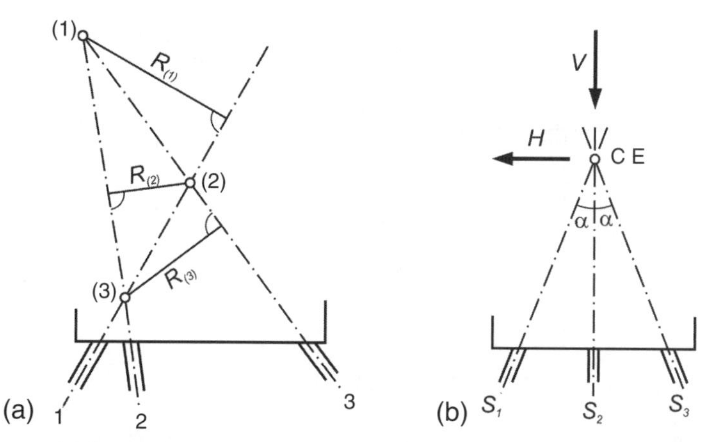

FIGURA 6.2. (a) Estacas em três direções quaisquer e (b) convergindo para o centro elástico.

Na hora de dispor as estacas em planta, deve-se lembrar de manter um espaçamento mínimo entre estacas (usualmente três diâmetros entre eixos de estacas) e de verificar se as estacas não irão se interceptar. Estacas paralelas nunca se interceptam, mas como as estacas terão diferentes inclinações, é importante verificar e dispor as estacas em planta de forma que estacas de diferentes inclinações não venham sofrer interseção no espaço. Em relação ao espaçamento, como visto no Capítulo 5, mesmo com um espaçamento de três diâmetros, há superposição das tensões geradas pelas estacas no maciço, e o *efeito de grupo* precisa ser avaliado na questão dos recalques.

6.3 Método de Schiel

6.3.1 Sistema de coordenadas e parâmetros característicos

O sistema de coordenadas considerado é um sistema cartesiano dextrogiro, com o eixo vertical positivo, x, orientado para baixo (Figura 6.3).

Na Figura 6.3 está representado o vetor unitário da estaca i, com coordenadas x_i, y_i, z_i. No caso particular dessa figura, em que o sistema de eixos local é coincidente com o sistema de eixos global, as coordenadas são todas nulas. Como a maior parte dos estaqueamentos apresenta uma mesma cota de arrasamento das estacas, costuma-se adotar, no plano de arrasamento, a coordenada $x_i = 0$. Para a representação do vetor estaca i no espaço, é necessário conhecer os ângulos de inclinação α, β e γ, como ilustrados na Figura 6.3. Como na prática se representa o estaqueamento em uma planta baixa, é preferível se utilizar os ângulos de inclinação α e ω na caracterização do vetor unitário. Para a projeção do vetor estaca no plano yz da Figura 6.3, o ângulo ω é aquele que a projeção do vetor estaca, no plano horizontal, faz com o eixo y.

Como ilustrado também na Figura 6.3, o ângulo ω_i é definido do eixo y para a projeção da estaca, sentido horário sendo positivo. A Figura 6.4 exemplifica, para um estaqueamento em estacas metálicas verticais e inclinadas, as coordenadas e ângulos de inclinação, α e ω, empregados para a caracterização do vetor estaca. A figura ilustra os parâmetros característicos das estacas 1 e 2 em relação ao sistema de eixos global.

Considerando o vetor unitário no topo da estaca (vetor estaca), como indicado na Figura 6.3, tem-se:

$$\cos^2\alpha_i + \cos^2\beta_i + \cos^2\gamma_i = 1 \tag{6.1}$$

$$\cos\beta_i = \operatorname{sen}\alpha_i \cos\omega_i \tag{6.2}$$

$$\cos\gamma_i = \operatorname{sen}\alpha_i \operatorname{sen}\omega_i \tag{6.3}$$

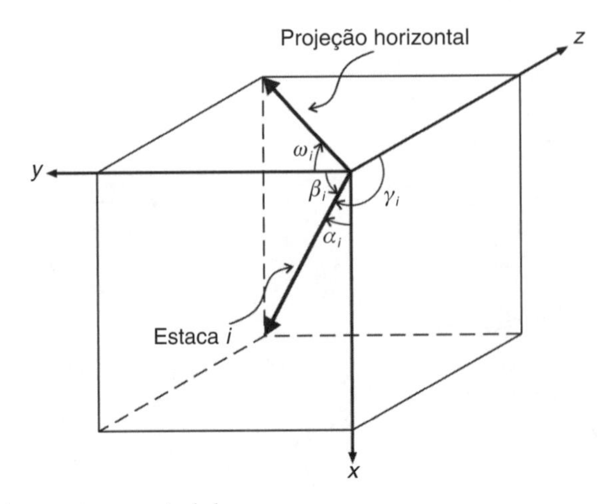

FIGURA 6.3. Sistema de eixos dextrogiro no nível do arrasamento.

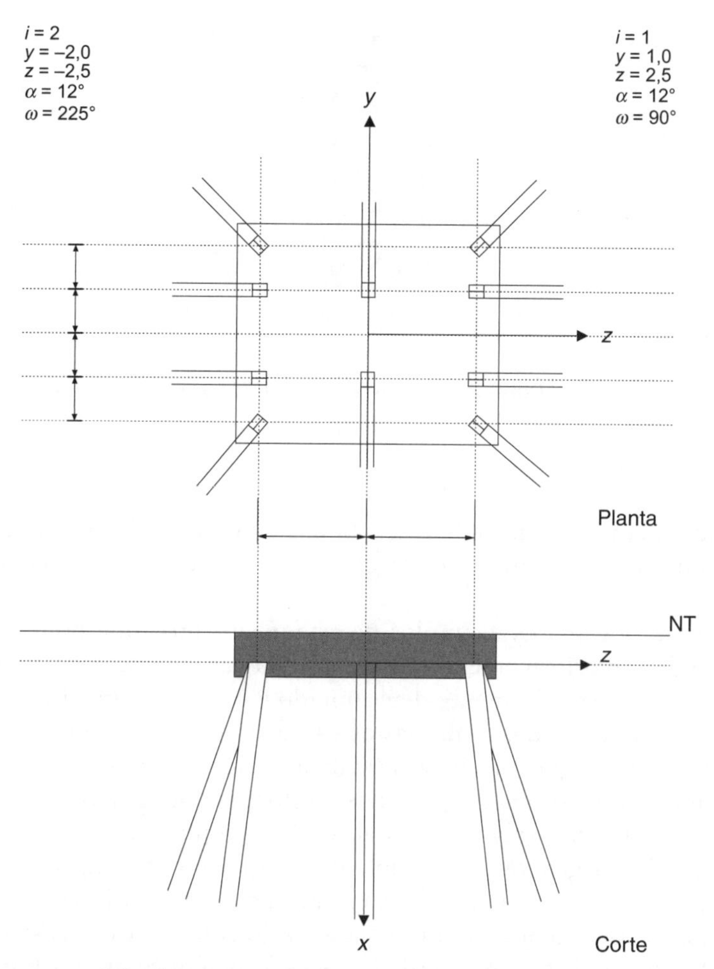

FIGURA 6.4. Características exemplificadas para as estacas designadas 1 e 2.

Para a determinação da posição das estacas, são utilizadas as componentes do vetor unitário com origem no topo da estaca e dirigido para sua ponta, bem como os momentos deste vetor em relação aos eixos coordenados (sistema global).

$$p_{x_i} = \cos \alpha_i \tag{6.4}$$

$$p_{y_i} = \cos \beta_i = \text{sen}\, \alpha_i \cos \omega_i \tag{6.5}$$

$$p_{z_i} = \cos \gamma_i = \text{sen}\, \alpha_i\, \text{sen}\, \omega_i \tag{6.6}$$

As componentes dos momentos do vetor estaca unitário são:

$$p_{a_i} = y_i p_{z_i} - z_i p_{y_i} \tag{6.7}$$

$$p_{b_i} = z_i p_{x_i} - x_i p_{z_i} \tag{6.8}$$

$$p_{c_i} = x_i p_{y_i} - y_i p_{x_i} \tag{6.9}$$

As forças transferidas pelo pilar (ou conjunto de pilares) e que atuam no bloco podem ser substituídas por uma única força R, transferida para a origem dos eixos coordenados, com os momentos resultantes. A resultante tem componentes R_x, R_y, R_z, componentes de força, e R_a, R_b, R_c, componentes de momento.

Da ação do carregamento no estaqueamento resultarão forças nas n estacas, N_1, N_2, N_3 ..., N_n, forças estas axiais. O esforço N na estaca é de compressão, se positivo, e de tração, se negativo.

As seis equações de equilíbrio da Estática podem ser estabelecidas, Equação (6.10), sendo as incógnitas N_i os esforços axiais nas estacas.

$$
\begin{aligned}
R_x &= \sum N_i \, p_{x_i} \\
R_y &= \sum N_i \, p_{y_i} \\
R_z &= \sum N_i \, p_{z_i} \\
R_a &= \sum N_i \, p_{a_i} \\
R_b &= \sum N_i \, p_{b_i} \\
R_c &= \sum N_i \, p_{c_i}
\end{aligned}
\tag{6.10}
$$

Em notação matricial:

$$[R] = [P] \cdot [N] \text{ e, portanto, } [P]^{-1} \cdot [R] = [P]^{-1} \cdot [P] \cdot [N] \tag{6.11}$$

Logo,

$$[N] = [P]^{-1} \cdot [R] \tag{6.12}$$

A matriz $[P]$, chamada de matriz estaca, tem seis linhas e um número de colunas igual ao número de estacas. Esta matriz define geometricamente o estaqueamento. Cada coluna contém as seis componentes do vetor estaca i, p_{x_i}, p_{y_i}, p_{z_i}, p_{a_i}, p_{b_i}, p_{c_i}.

Antes de serem apresentados alguns exemplos de estaqueamentos que podem ser resolvidos apenas com as expressões definidas anteriormente, será feita a discussão do sistema de equações anterior.

Se o sistema de equações for estaticamente determinado e o estaqueamento constituído por seis estacas, as equações poderão ser resolvidas e obtidas as cargas nas estacas. Porém, não basta o critério do número de estacas para que o estaqueamento seja estaticamente determinado. É necessário que as estacas sejam dispostas de tal forma que, submetidas apenas a esforços normais, ou seja, paralelos a seus eixos, tenham capacidade de absorver o carregamento dado. Um estaqueamento que só possa resistir a determinados carregamentos é dito degenerado. Exemplo de estaqueamento degenerado é um estaqueamento plano, em que as estacas têm seus eixos contidos em um único plano. Neste caso, só poderá resistir a cargas cuja resultante esteja contida nesse mesmo plano, pois, como as estacas são supostas birrotuladas, elas não resistem a esforços de flexão. Na verdade, as estacas têm sempre a possibilidade de resistir a esforços de flexão, ao menos pequenos, como será abordado no Capítulo 8. No caso de fundações de edifícios residenciais e comerciais, é comum se empregar apenas estacas verticais que, para a solicitação de cargas horizontais de vento, deverão trabalhar a flexo-compressão.

Considerando a matriz $[P]$ das estacas, do Sistema de Equações (6.12), tem-se, quanto à degeneração:

- Se a ordem da matriz das estacas $[P]$ for igual a 6, o estaqueamento é não degenerado.
- Se a ordem da matriz das estacas $[P]$ for inferior a 6, o estaqueamento é degenerado.
- O número de graus de liberdade do estaqueamento é igual a 6 - a ordem da matriz $[P]$.

Em relação à determinação estática do estaqueamento, tem-se que se o número de estacas, n, for igual à ordem da matriz $[P]$, o estaqueamento é determinado. Se o número de estacas for maior que a ordem de $[P]$, o estaqueamento é indeterminado. O grau de hiperestaticidade do estaqueamento é dado pela diferença entre n e a ordem de $[P]$.

Neste capítulo, serão vistos os casos de estaqueamentos determinados, uma vez que, havendo algum grau de hiperestaticidade, a resolução mais natural é através de programas. Caso se deseje resolver sem auxílio de programas, recomenda-se consultar Schiel (1957).

Destaca-se que, sendo o método de Schiel um método elástico, vale a superposição de efeitos. No caso de estaqueamentos simétricos, com eixos de simetria sendo eixos principais de inércia, o cálculo se simplifica, como será ilustrado na seção 6.3.3 e nos Exercícios Resolvidos. No caso de estaqueamentos paralelos, com pelo menos um eixo de simetria, o cálculo também é simples, como se verá a seguir.

6.3.2 Caso de estaqueamentos paralelos

O estaqueamento paralelo é aquele em que todas as estacas têm a mesma direção, como é o caso típico de fundações de edifícios, em que os esforços horizontais, por efeito do vento, são muito pequenos diante dos esforços verticais. Nesse caso, as estacas são todas verticais e os esforços horizontais são absorvidos por empuxo passivo contra os blocos ou pelas estacas, como será visto no Capítulo 8. Trata-se de um estaqueamento degenerado, que só é capaz de resistir a carregamentos com $R_y = R_z = R_a = 0$.

Uma forma simples de resolver um estaqueamento deste tipo é posicionar os eixos coordenados nas direções principais de inércia do estaqueamento (baricêntricos). No caso de as estacas serem iguais, que é o caso mais usual, a carga nas estacas pode ser calculada pela equação:

$$N_i = \frac{P_{\text{pilar}}}{n} \pm \frac{M_y}{\sum z_i^2} \cdot z_i \pm \frac{M_z}{\sum y_i^2} \cdot y_i \tag{6.13}$$

em que:

N_i = carga atuando na estaca i;

P_{pilar} = carga vertical do pilar, ou a resultante na direção vertical das cargas atuantes nos pilares contidos no bloco, transferidas ao centro de gravidade do bloco;

n = número de estacas;

M_y = momento transmitido pelo pilar, ou pelo conjunto de pilares, na direção y;

M_z = momento transmitido pelo pilar, ou pelo conjunto de pilares, na direção z;

y_i, z_i = coordenadas da estaca i segundo as direções y e z, respectivamente.

Esta equação só é válida quando os eixos y e z são os eixos principais de inércia do estaqueamento. Como todo eixo de simetria é um eixo principal, esta é a forma mais simples de resolver estaqueamentos paralelos com pelo menos um eixo de simetria. Porém, quando há erros de locação das estacas, deixando de haver simetria, ou no caso em que as estacas não são todas iguais (como no caso de reforço de fundações), recomenda-se resolver pelo Sistema de Equações (6.12), resolução esta mais geral, válida para casos simétricos ou não. Essa resolução é feita usualmente com auxílio de programas computacionais.

6.3.3 Caso de estaqueamentos com dupla simetria

Este é o estaqueamento comum em fundações de pontes. Os eixos coordenados são posicionados nos eixos de simetria. Nesta situação, pode-se estudar separadamente as várias componentes do carregamento: força R_x transferida ao eixo de simetria; momento R_a em relação ao eixo de simetria; força R_y e momento R_c atuantes no plano de simetria xy; força R_z e momento R_b atuantes no plano de simetria xz. Costuma-se dizer que o estaqueamento com dupla simetria é resolvido pela superposição de dois estaqueamentos planos, obtidos pelas projeções do estaqueamento espacial sobre os dois planos de simetria.

No caso de as estacas serem iguais, costuma-se superpor os efeitos dos diversos esforços, como nas Equações (6.14) a (6.17) a seguir. Porém, como dito anteriormente, quando não há simetria ou as estacas não são iguais, recomenda-se resolver pelo Sistema de Equações (6.12), solução mais geral (usualmente com auxílio de programas computacionais).

Efeito de R_x na estaca i

$$= \frac{R_x \cos \alpha_i}{\sum \cos^2 \alpha_i} \tag{6.14}$$

Efeito de R_y na estaca i

$$= \frac{R_y \operatorname{sen} \alpha_i}{\sum \operatorname{sen}^2 \alpha_i} \tag{6.15}$$

Efeito de R_z na estaca i

$$= \frac{R_z \operatorname{sen} \alpha_i}{\sum \operatorname{sen}^2 \alpha_i} \tag{6.16}$$

Efeito de R_b e R_c (M)

$$= \frac{M \cdot r}{\sum r^2} \tag{6.17}$$

sendo r é a distância ao eixo considerado (y ou z) e M o momento aplicado (M_z ou M_y).

O estudo dos Exercícios Resolvidos no final deste capítulo permitirá ao leitor uma melhor compreensão do lançamento e verificação de estaqueamentos.

6.3.4 Recomendações práticas

Algumas sugestões e recomendações de ordem prática podem ser feitas, quanto à disposição das estacas em planta, de forma a conduzir a blocos com o menor volume possível, minimizando, assim, o consumo de concreto e armadura. Em figuras geometricamente simétricas em planta, a distribuição das estacas deve ser feita, sempre que possível, mantendo o centro de gravidade do bloco coincidente com o centro de gravidade do grupo de estacas. Arranjos muito utilizados na prática constam das Figuras 6.5 e 6.6 (ALONSO, 1989).

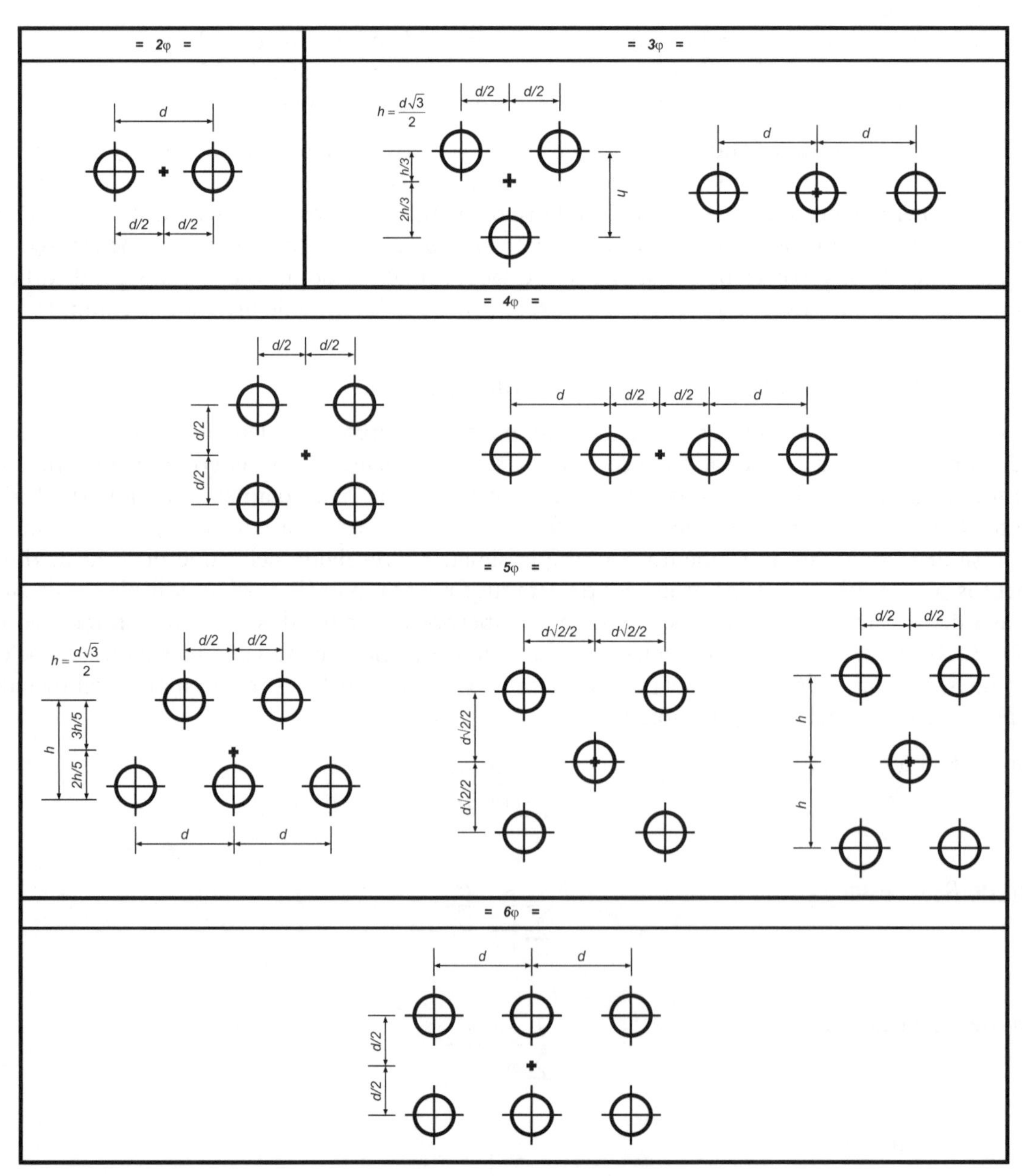

FIGURA 6.5. Estaqueamentos padronizados com até seis estacas (Adaptada de Alonso, 1989).

Na disposição das estacas em planta deve-se atentar ao espaçamento mínimo entre estacas, bem como à distância mínima à divisa com construções vizinhas, como indicado na Figura 6.7. A distância do eixo da estaca à divisa é fornecida pelas empresas executoras, devendo ser maior no caso de estacas de grande deslocamento. Por exemplo, para estacas do tipo Franki com diâmetro de 60 cm, costuma-se adotar 0,80 m.

O plano de maior inércia do pilar deve, sempre que possível, coincidir com o plano de maior inércia do estaqueamento.

Alonso (1989) recomenda que, no caso de blocos com duas estacas, para dois pilares, deve-se evitar a posição das estacas sob o pilar, como mostrado na Figura 6.8a, sendo indicada a locação da Figura 6.8b.

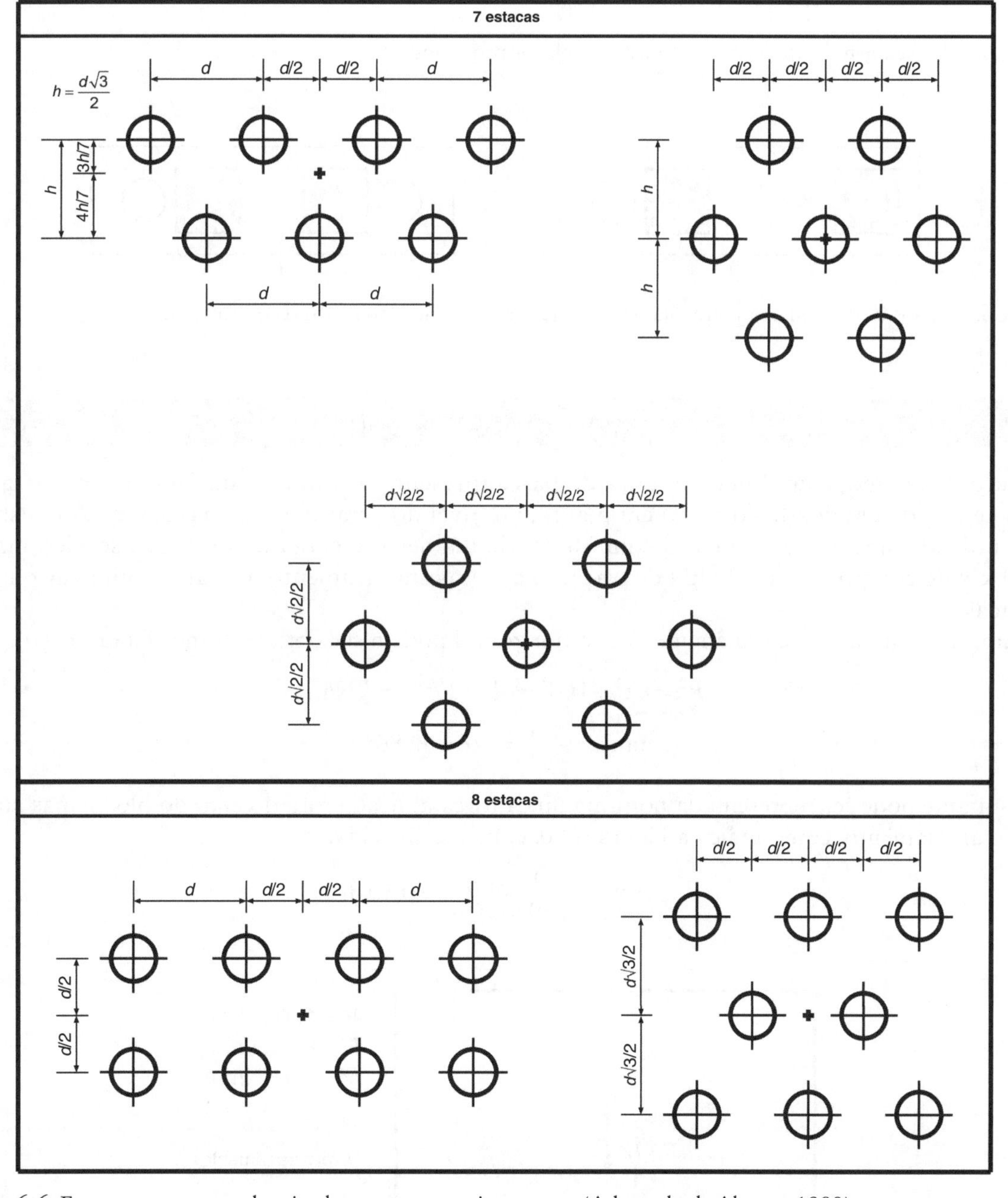

FIGURA 6.6. Estaqueamentos padronizados com sete a oito estacas (Adaptada de Alonso, 1989).

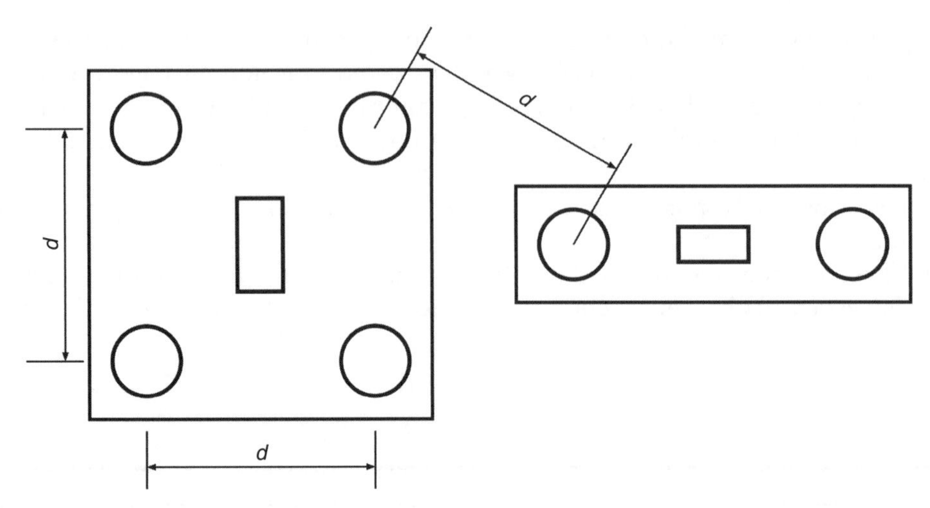

FIGURA 6.7. Espaçamento entre eixos de estacas em blocos próximos.

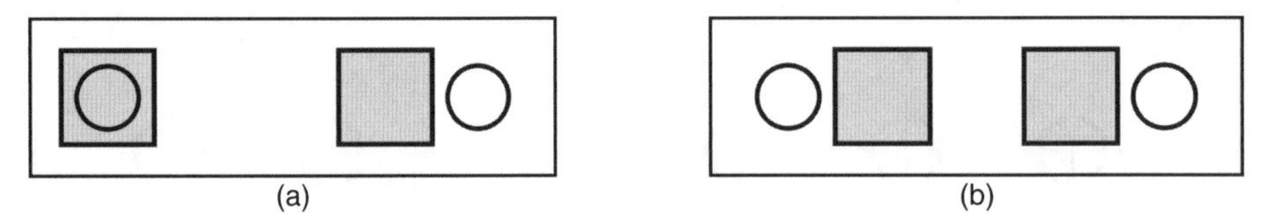

FIGURA 6.8. Casos de dois pilares sobre duas estacas: (a) não recomendada e (b) recomendada.

Exercício resolvido 1

Um muro de arrimo, com 3 m de largura da base, apresenta os esforços da Figura 6.9, já transferidos ao centro de gravidade do bloco em planta, no nível do arrasamento das estacas. A construtora deseja utilizar estacas pré-moldadas com 30 cm de diâmetro e carga nominal (de serviço máxima) de 500 kN de compressão e 200 kN de tração. Lance o estaqueamento, tentando otimizar o número de estacas.

O valor da resultante R e seu ângulo com a horizontal podem ser obtidos como (Figura 6.10):

$$R^2 = 82^2 + 160^2 \Rightarrow R = 179,79 \text{ kN/m}$$

$$\tan\alpha = \frac{160}{82} \Rightarrow \alpha = 62,86°$$

A resultante pode ser representada por uma única força aplicada fora do eixo do bloco, mas ainda no nível do arrasamento, como indica a Figura 6.10, com excentricidade:

$$e = \frac{M}{V} = \frac{80 \text{ kNm/m}}{160 \text{ kN/m}} = 0,50 \text{ m}$$

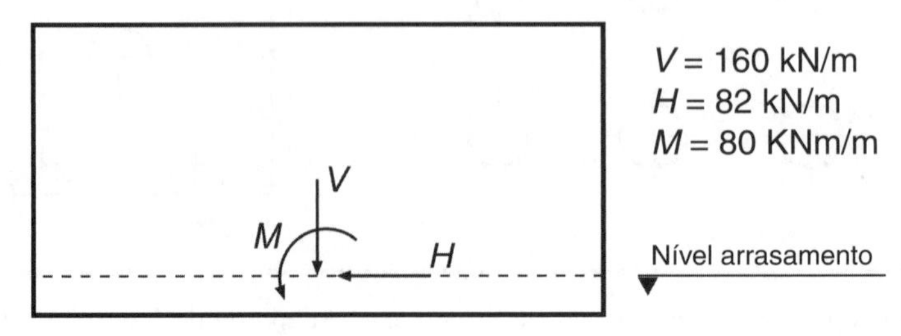

FIGURA 6.9. Ações do muro (por metro) sobre o centro geométrico do bloco.

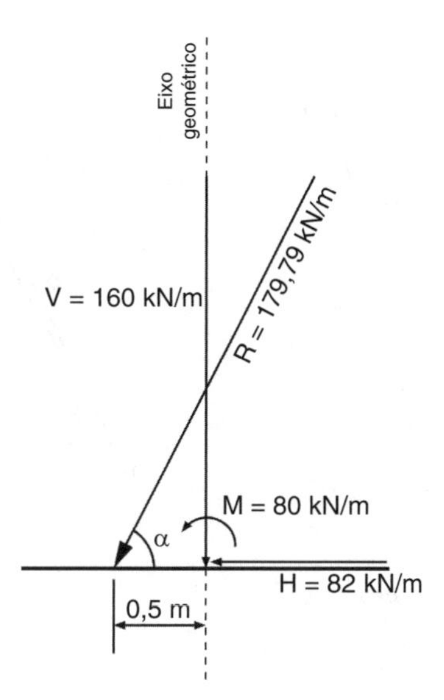

FIGURA 6.10. Ponto de aplicação da resultante em relação ao eixo geométrico do bloco.

Será lançado um estaqueamento plano pelo método de Culmann. Considerando-se uma inclinação máxima das estacas de 1:4, e adotando-se três direções (1, 2 e 3), faz-se um primeiro lançamento mostrado da Figura 6.11.

O polígono de forças (Figura 6.12) pode, então, ser fechado, conhecendo-se R e os ângulos α e β, e a inclinação das linhas 2 e 3, de 1:4.

$$\tan\alpha = \frac{160}{82} = \frac{x}{0{,}8} \Rightarrow x = 1{,}56 \text{ m}$$

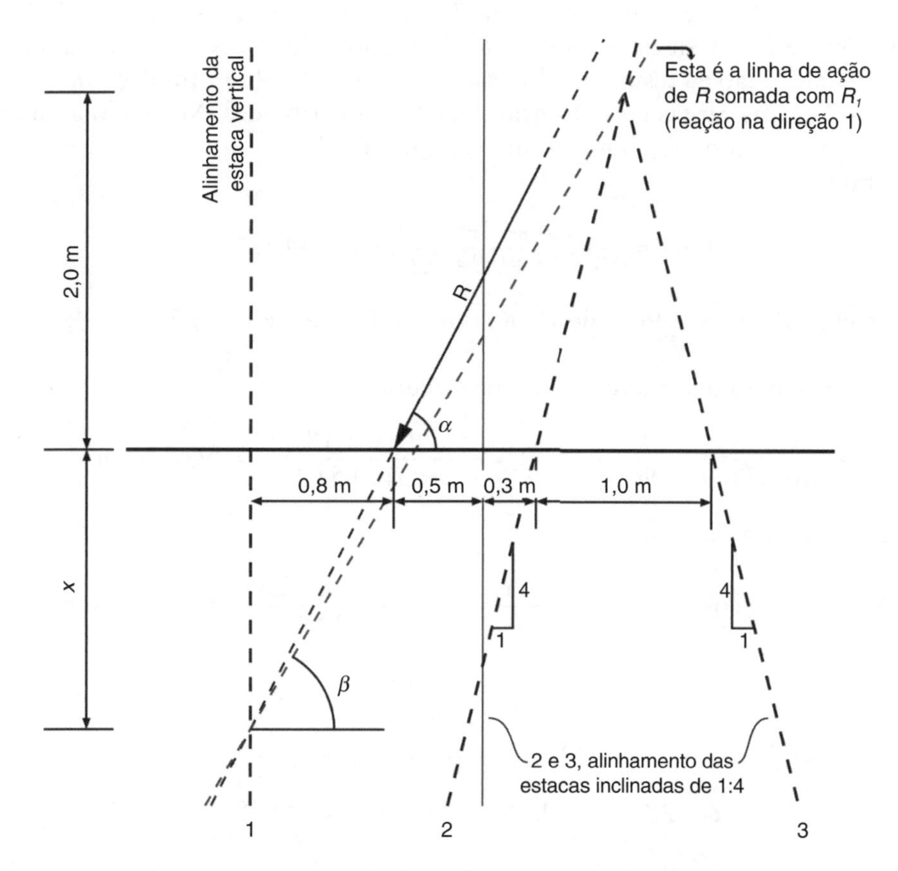

FIGURA 6.11. Lançamento do estaqueamento, método de Culmann, primeira alternativa.

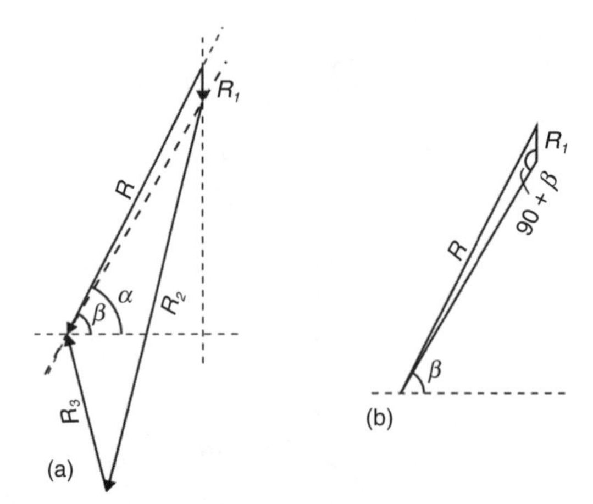

Figura 6.12. Polígono de forças, primeira alternativa.

Logo,

$$\tan\beta = \frac{2 + 1{,}56}{0{,}8 + 0{,}5 + 0{,}3 + 0{,}5} = \Rightarrow \beta = 59{,}46°$$

Uma vez que R = 179,79 kN/m, obtém-se, na mesma escala, o valor de R_1, que pode ser também calculado pela *lei dos senos*, como:

$$\frac{R_1}{\text{sen}\,(\alpha - \beta)} = \frac{R}{\text{sen}\,(90 + \beta)} \Rightarrow R_1 = \frac{179{,}79 \times \text{sen}\,3{,}40°}{\text{sen}\,149{,}46°} = 21{,}0 \text{ kN/m (compressão)}$$

Observe que o valor de R_1, que representa a reação na linha de estacas verticais, é muito pequeno. Para aumentar o valor de R_1 e reduzir o valor de R_2 é preciso reduzir o valor de β, já que o valor de α depende da carga atuante (ação da resultante dos esforços do muro sobre a fundação). Se aproximarmos as linhas das estacas 2 e 3, as cargas deverão ficar mais bem distribuídas. Movendo a linha 2 em 0,6 m para a direita, tem-se a nova disposição mostrada na Figura 6.13.

O valor de β passou para

$$\tan\beta = \frac{0{,}8 + 1{,}56}{0{,}8 + 0{,}5 + 0{,}9 + 0{,}2} \Rightarrow \beta = 44{,}52°$$

Pode-se simplesmente obter os valores de R_1 R_2 *e* R_3 graficamente da Figura 6.14, na mesma escala usada na ação R.

Usando a *lei dos senos*, para obter o resultado mais acurado:

$$\frac{R_1}{\text{sen}(\alpha - \beta)} = \frac{R}{\text{sen}(90 + \beta)} \Rightarrow R_1 = \frac{179{,}79 \times \text{sen}\,(18{,}34°)}{\text{sen}\,(134{,}52°)} = 79{,}4 \text{ kN/m}$$

Do polígono de forças, tem-se:

$$R\cos\alpha = W\cos\beta \Rightarrow W = \frac{R\cos\alpha}{\cos\beta} = \frac{179{,}79 \times \cos 62{,}86°}{\cos 44{,}52°} = 115{,}0 \text{ kN/m}$$

$$\tan\lambda = \frac{1}{4} \Rightarrow \lambda = 14{,}04°$$

$$\omega + 2\lambda + [90 - \beta - \lambda] = 180°$$

$$\omega + 28{,}08° + 31{,}45° = 180° \Rightarrow \omega = 120{,}48°$$

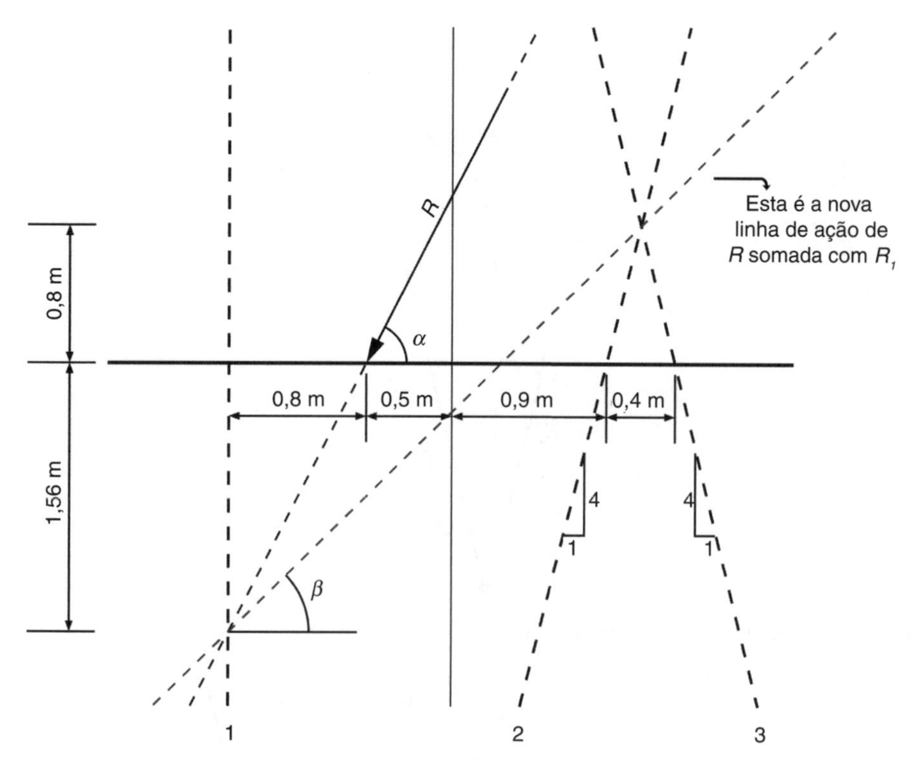

FIGURA 6.13. Lançamento do estaqueamento, método de Culmann, segunda alternativa.

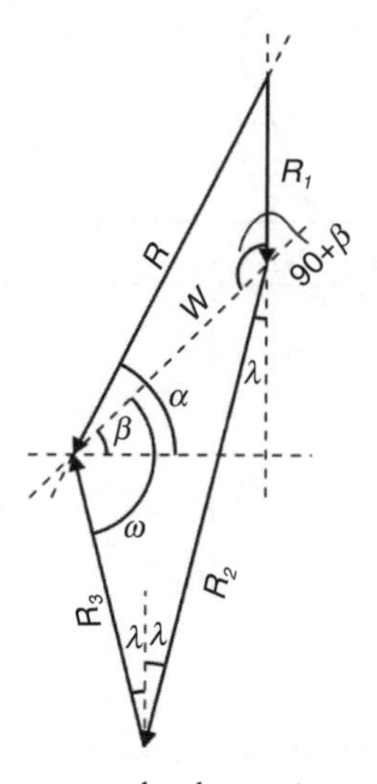

FIGURA 6.14. Construção do polígono de forças, segunda alternativa.

$$\frac{R_2}{\text{sen}\,\omega} = \frac{W}{\text{sen}\,(2\lambda)} \Rightarrow R_2 = \frac{115{,}0 \times \text{sen}\,(120{,}48°)}{\text{sen}\,(28{,}08°)} = 210{,}6 \text{ kN/m}$$

$$\frac{R_3}{\text{sen}\,(90 - \beta - \lambda)} = \frac{W}{\text{sen}\,(2\lambda)} \Rightarrow R_3 = \frac{115{,}0 \times \text{sen}(31{,}44°)}{\text{sen}\,(28{,}08°)} = 127{,}4 \text{ kN/m}$$

Embora o polígono de forças da Figura 6.15 esteja com ações nas linhas R_1, R_2 e R_3 mais equilibradas em relação ao polígono da Figura 6.12, a ação na linha vertical pode ser aumentada e a na linha 2, reduzida. Uma nova tentativa será feita. Trocando as linhas 2 e 3 de posição, tem-se a Figura 6.16.

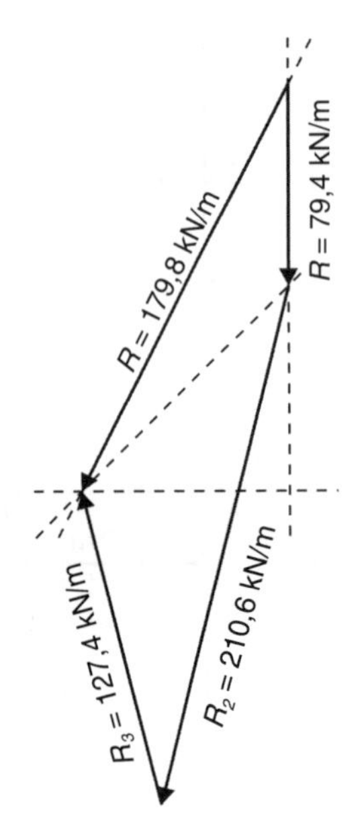

FIGURA 6.15. Polígono de forças, segunda alternativa.

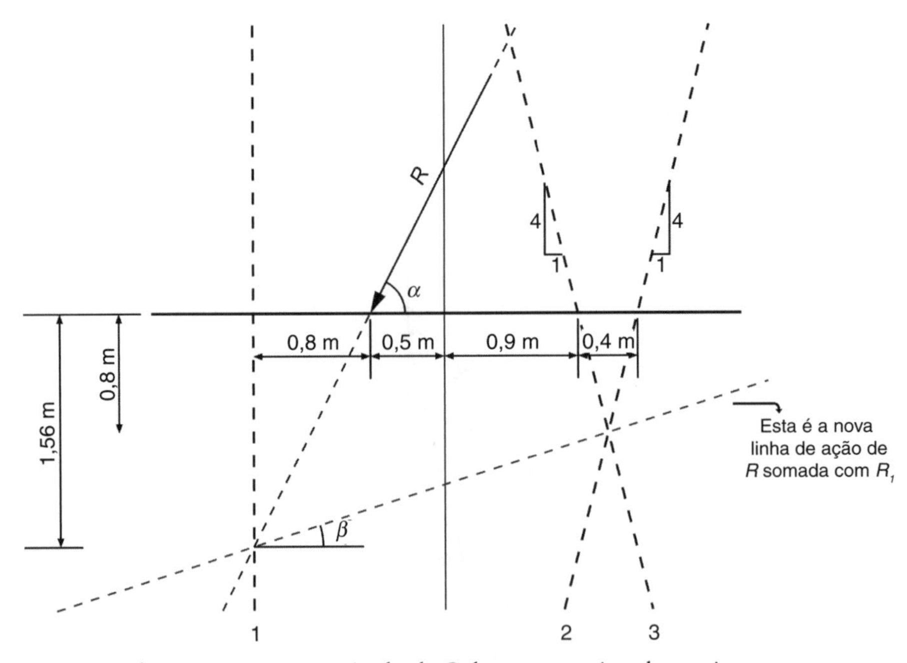

FIGURA 6.16. Lançamento do estaqueamento, método de Culmann, terceira alternativa.

O ponto de interseção entre as linhas 2 e 3 ficará a 0,8 m abaixo do arrasamento e

$$\tan\beta = \frac{1{,}56 - 0{,}80}{0{,}8 + 0{,}5 + 0{,}9 + 0{,}2} \Rightarrow \beta = 17{,}57°$$

Usando a *lei dos senos*, para obter o resultado mais acurado:

$$\frac{R_1}{\text{sen}(\alpha - \beta)} = \frac{R}{\text{sen}(90 + \beta)} \Rightarrow R_1 = \frac{179{,}79 \times \text{sen}(45{,}29°)}{\text{sen}(107{,}57°)} = 134{,}0 \text{ kN/m}$$

Do polígono de forças, tem-se:

$$R\cos\alpha = W\cos\beta \Rightarrow W = \frac{R\cos\alpha}{\cos\beta} = \frac{179{,}79 \times \cos 62{,}86°}{\cos 17{,}57°} = 86{,}0 \text{ kN/m}$$

$$\tan\lambda = \frac{1}{4} \Rightarrow \lambda = 14{,}04°$$

$$\omega + 2\lambda + [90 - \beta - \lambda] = 180°$$

$$\omega + 28{,}08° + 58{,}39° = 180° \Rightarrow \omega = 93{,}53°$$

$$\frac{R_2}{\operatorname{sen}\omega} = \frac{W}{\operatorname{sen}(2\lambda)} \Rightarrow R_2 = \frac{86{,}0 \times \operatorname{sen}(93{,}53°)}{\operatorname{sen}(28{,}08°)} = 182{,}4 \text{ kN/m}$$

$$\frac{R_3}{\operatorname{sen}(90 - \beta - \lambda)} = \frac{W}{\operatorname{sen}(2\lambda)} \Rightarrow R_3 = \frac{86{,}0 \times \operatorname{sen}(58{,}39°)}{\operatorname{sen}(28{,}08°)} = 155{,}7 \text{ kN/m}$$

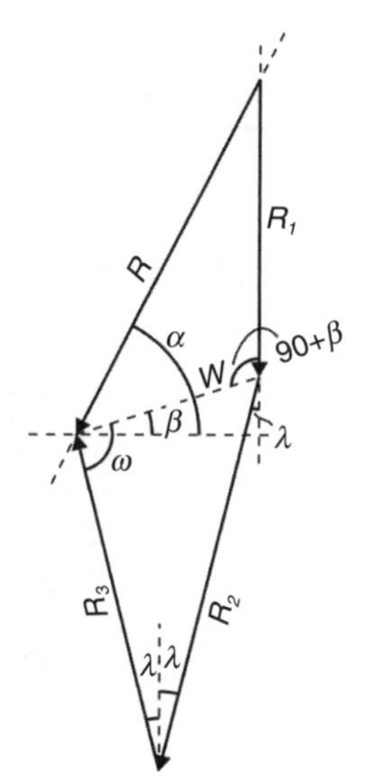

FIGURA 6.17. Polígono de forças, terceira tentativa.

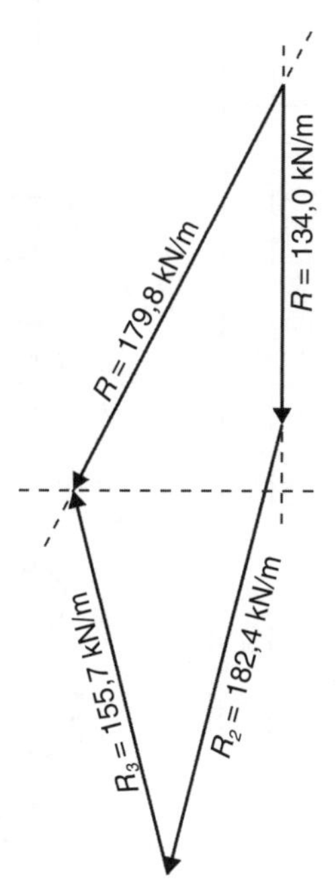

FIGURA 6.18. Polígono de forças, terceira tentativa.

$$R_1 = 134{,}0 \text{ kN/m: } d = \frac{500}{134{,}0} = 3{,}73 \text{ m} - \text{Adotar 1 estaca a cada 3,6 m}$$

$$R_2 = 182{,}4 \text{ kN/m: } d = \frac{500}{182{,}4} = 2{,}74 \text{ m} - \text{Adotar 1 estaca a cada 2,4 m}$$

$$R_3 = 155{,}7 \text{ kN/m: } d = \frac{200}{155{,}7} = 1{,}28 \text{ m} - \text{Adotar 1 estaca a cada 1,2 m}$$

Uma planta do estaqueamento que atende ao carregamento está mostrada na Figura 6.19. O projetista deve atentar para que as estacas da linha 2 – nas suas cotas de ponta – estejam com afastamento mínimo em relação às estacas verticais, da linha 1.

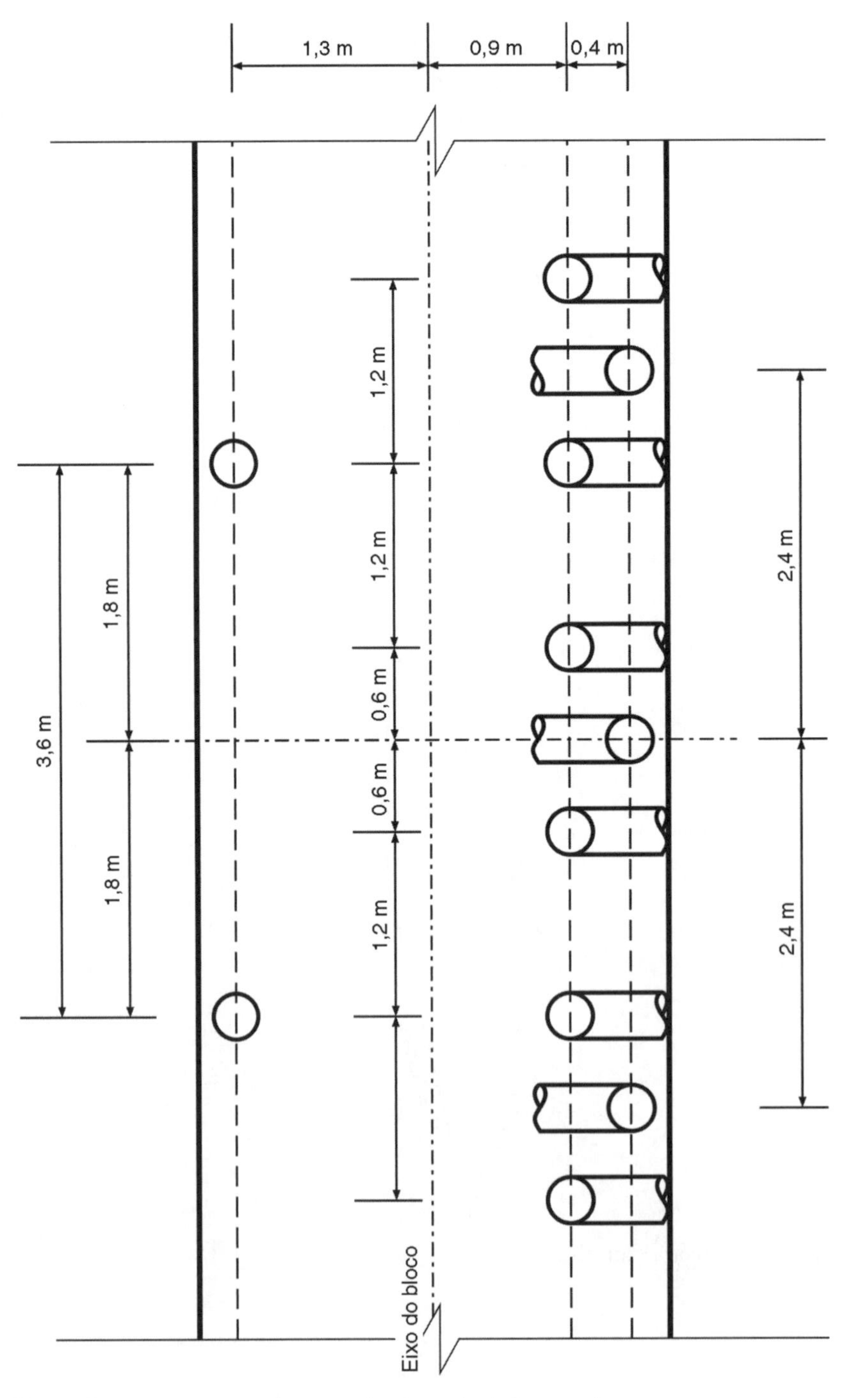

FIGURA 6.19. Planta do estaqueamento (a extensão dependerá do muro).

Exercício resolvido 2

Seja um pilar com carga P, transmitindo a carga da estrutura a um bloco rígido suportado por duas estacas. Determine a carga atuante sobre cada estaca.

Sendo as estacas verticais, $\alpha = 0$. Calculando-se os parâmetros característicos com base nas equações da seção 6.3, os resultados são apresentados na Tabela 6.1.

Considerando as equações de equilíbrio:

$P = \sum N_i \cdot p_{x_i} = N_1 \cdot p_{x_1} + N_2 \cdot p_{x_2}$ – esforço vertical, direção x

$0 = \sum N_i \cdot p_{y_i} = N_1 \cdot p_{y_1} + N_2 \cdot p_{y_2}$ – esforço horizontal, direção y

$0 = \sum N_i \cdot p_{z_i} = N_1 \cdot p_{z_1} + N_2 \cdot p_{z_2}$ – esforço horizontal, na direção z

$0 = \sum N_i \cdot p_{a_i} = N_1 \cdot p_{a_1} + N_2 \cdot p_{a_2}$ – momento em torno do eixo x

$0 = \sum N_i \cdot p_{b_i} = N_1 \cdot p_{b_1} + N_2 \cdot p_{b_2}$ – momento em torno do eixo y

$0 = \sum N_i \cdot p_{c_i} = N_1 \cdot p_{c_1} + N_2 \cdot p_{c_2}$ – momento em torno do eixo z

Como o único esforço atuante é o vertical, a substituição dos valores característicos das estacas (Tabela 6.1), nas equações de equilíbrio anteriores, resulta em:

$P = N_1 \cdot (1) + N_2 \cdot (1)$ (equação do esforço na direção x)
$P = N_1 + N_2$
$0 = N_1\,(-d/2) + N_2\,(d/2)$ (equação do momento em torno do eixo y)

As outras equações levarão a $0 = 0$, já que além do esforço ser nulo, nas demais direções, o estaqueamento também não tem como absorver esforços nestas direções. Observe que, para o momento em torno de y, a equação de equilíbrio mostra que as duas estacas formam um binário, podendo resistir, através de esforço normal, algum momento em torno do eixo y.

Logo, a equação de equilíbrio de momentos em torno do eixo y fornece: $N_1 = N_2$ e, substituindo na equação do equilíbrio de esforços na direção x, vem:

$$P = N_1 + N_2 = 2N_1 \Rightarrow N_1 = \frac{P}{2} \Rightarrow N_2 = \frac{P}{2}$$

Observa-se que as demais equações de equilíbrio não foram utilizadas, uma vez que resultam em nulidade em ambos os termos.

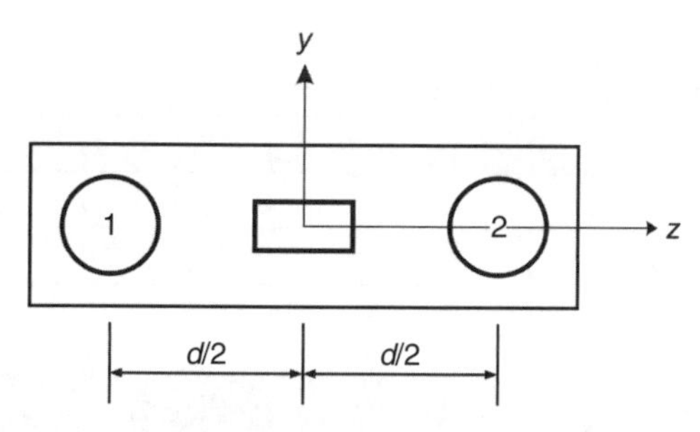

FIGURA 6.20. Estaqueamento simétrico com 2 estacas.

TABELA 6.1. **Parâmetros característicos das estacas**

	x	y	z	p_x	p_y	p_z	p_a	p_b	p_c
1	0	0	$-d/2$	1	0	0	0	$-d/2$	0
2	0	0	$+d/2$	1	0	0	0	$+d/2$	0

Exercício resolvido 3

Se durante a execução a estaca 2 do exercício anterior for cravada fora de seu eixo, o estaqueamento deixa de ser simétrico, como ilustra a Figura 6.21. Quais os novos esforços nas estacas que resultam deste erro de locação?

Substituindo os valores da Tabela 6.2 nas equações de equilíbrio, tem-se:

$P = N_1 \cdot (1) + N_2 \cdot (1)$ (equação do esforço na direção x)

$0 = N_1 (- d/2) + N_2 (+ d/2 + \delta)$ (equação do momento em torno do eixo y)

o que resulta em:

$$N_1 = \frac{N_2 (d + 2\delta)}{d}$$

Substituindo na equação do equilíbrio vertical (direção x) tem-se:

$$P = \frac{N_2 (d + 2\delta)}{d} + \frac{N_2 \cdot d}{d}$$

$$P = \frac{N_2 (2d + 2\delta)}{d}$$

Logo,

$$N_1 = \frac{P (d + 2\delta)}{2 (d + \delta)} \quad \text{e} \quad N_2 = \frac{P \cdot d}{2 (d + \delta)}$$

Em relação ao estaqueamento simétrico da Figura 6.20, a estaca 1 apresenta um acréscimo de carga e a estaca 2, um decréscimo.

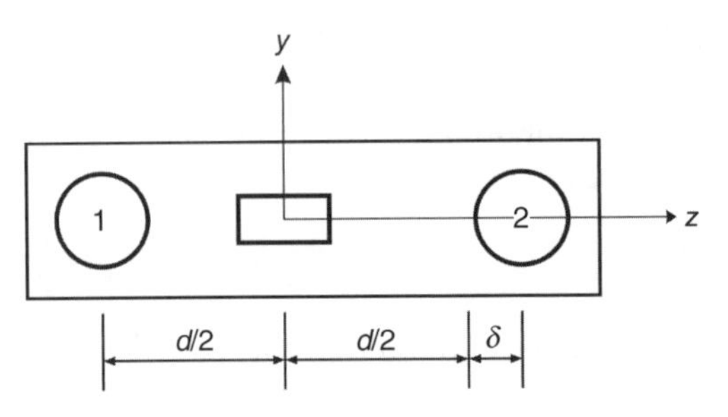

FIGURA 6.21. Estaqueamento não simétrico, com uma estaca cravada com desvio δ.

TABELA 6.2. **Parâmetros característicos das estacas**

	x	y	z	p_x	p_y	p_z	p_a	p_b	p_c
1	0	0	$-d/2$	1	0	0	0	$-d/2$	0
2	0	0	$d/2 + \delta$	1	0	0	0	$d/2 + \delta$	0

Exercício resolvido 4

Seja um pilar com carga P, transmitindo a carga da estrutura a um bloco rígido suportado por três estacas. Determine a carga atuante sobre cada estaca.

Para um bloco com três estacas, o arranjo mais comum e simples é o que dispõe as estacas com eixos formando um triângulo equilátero de lado igual ao afastamento entre estacas. Neste caso, locando as estacas em relação ao eixo do pilar, que deve estar disposto no centro de gravidade do triângulo, teríamos o arranjo indicado na Figura 6.22. Os parâmetros característicos das estacas estão indicados na Tabela 6.3.

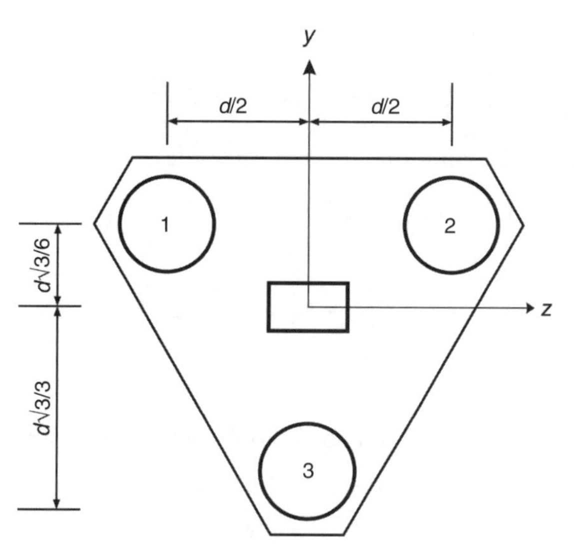

FIGURA 6.22. Estaqueamento simétrico com três estacas.

Considerando as equações de equilíbrio:

$P = \sum N_i \cdot p_{x_i} = N_1 \cdot p_{x_1} + N_2 \cdot p_{x_2} + N_3 \cdot p_{x_3}$ – esforço vertical, direção x

$P = \sum N_i \cdot p_{y_i} = N_1 \cdot p_{y_1} + N_2 \cdot p_{y_2} + N_3 \cdot p_{y_3}$ – esforço horizontal, direção y

$0 = \sum N_i \cdot p_{z_i} = N_1 \cdot p_{z_1} + N_2 \cdot p_{z_2} + N_3 \cdot p_{z_3}$ – esforço horizontal, na direção z

$0 = \sum N_i \cdot p_{a_i} = N_1 \cdot p_{a_1} + N_2 \cdot p_{a_2} + N_3 \cdot p_{a_3}$ – momento em torno do eixo x

$0 = \sum N_i \cdot p_{b_i} = N_1 \cdot p_{b_1} + N_2 \cdot p_{b_2} + N_3 \cdot p_{b_3}$ – momento em torno do eixo y

$0 = \sum N_i \cdot p_{c_i} = N_1 \cdot p_{c_1} + N_2 \cdot p_{c_2} + N_3 \cdot p_{c_3}$ – momento em torno do eixo z

Como o único esforço atuante é o vertical, a substituição dos valores característicos das estacas, Tabela 6.3, nas equações de equilíbrio anteriores resulta em:

$P = N_1 + N_2 + N_3$ (equação do esforço na direção x)

$0 = N_1\left(-\frac{d}{2}\right) + N_2\left(\frac{d}{2}\right) + N_3\,(0)$ (equação do momento em torno do eixo y)

que resulta em:

$$N_1\left(-\frac{d}{2}\right) + N_2\left(\frac{d}{2}\right) + 0 = 0$$

$$N_1\left(-\frac{d}{2}\right) = -N_2\left(\frac{d}{2}\right)$$

$$N_1 = N_2$$

TABELA 6.3. **Parâmetros característicos das estacas**

	x	y	z	p_x	p_y	p_z	p_a	p_b	p_c
1	0	$\frac{d\sqrt{3}}{6}$	$-\frac{d}{2}$	1	0	0	0	$-\frac{d}{2}$	$-\frac{d\sqrt{3}}{6}$
2	0	$\frac{d\sqrt{3}}{6}$	$\frac{d}{2}$	1	0	0	0	$\frac{d}{2}$	$-\frac{d\sqrt{3}}{6}$
3	0	$-\frac{d\sqrt{3}}{3}$	0	1	0	0	0	0	$\frac{d\sqrt{3}}{3}$

e

$$N_1\left(-\frac{d\sqrt{3}}{6}\right)+N_2\left(-\frac{d\sqrt{3}}{6}\right)+N_3\left(\frac{d\sqrt{3}}{3}\right)=0 \text{ (momento em torno do eixo } z)$$

Substituindo $N_1 = N_2$ na equação do momento em torno de z:

$$2N_1\left(-\frac{d\sqrt{3}}{6}\right)+N_3\left(\frac{d\sqrt{3}}{3}\right)=0$$

$$2N_1\left(\frac{d\sqrt{3}}{6}\right)=N_3\left(\frac{d\sqrt{3}}{3}\right)$$

$$N_1=N_3$$

Substituindo os valores de $N_1 = N_2 = N_3$ na equação do esforço na direção x, resulta em:

$$P=N_1+N_2+N_3$$

$$P=3N_1$$

$$N_1=N_2=N_3=\frac{P}{3}$$

Exercício resolvido 5

Para um bloco com seis estacas pré-moldadas de diâmetro 33 cm, calcule o estaqueamento paralelo e simétrico da Figura 6.23. As cargas são: $P_{\text{pilar}} = 2000$ kN, $M_y = -500$ kNm e $M_z = 400$ kNm.

Para um espaçamento mínimo entre eixos de três diâmetros, tem-se $d = 1{,}0$ m e $\frac{d\sqrt{3}}{2} = 0{,}87$ m.

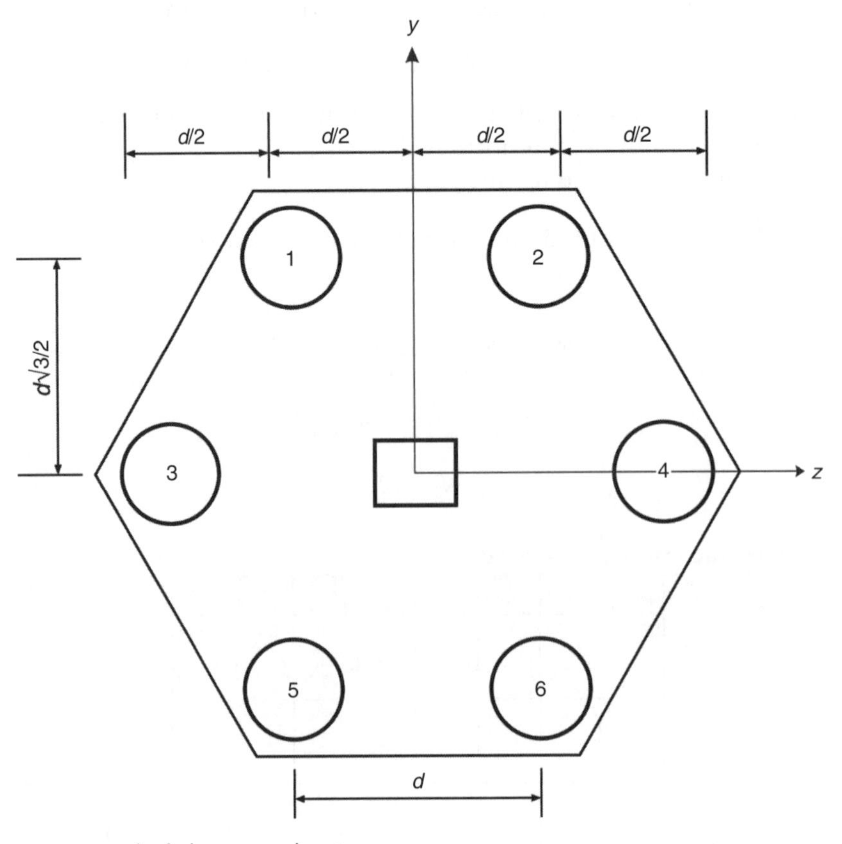

FIGURA 6.23. Estaqueamento simétrico com seis estacas.

Considerando a Equação (6.13), tem-se a carga atuando no eixo de cada uma das estacas *i*, *i* = 1 a 6. O momento é positivo quando atua no sentido do eixo (regra da mão direita).

$$N_1 = \frac{2000}{6} + \frac{500 \times 0,5}{2 \times (1,0)^2 + 4 \times (0,5)^2} - \frac{400 \times 0,87}{4 \times (0,87)^2} = 333,33 + 83,33 - 114,94 = 301,72 \text{ kN}$$

$$N_2 = 333,33 - 83,33 - 114,94 = 135,06 \text{ kN}$$

$$N_3 = 333,33 + \frac{500 \times 1,0}{3,0} = 333,33 + 166,67 = 500,00 \text{ kN}$$

$$N_4 = 333,33 - 166,67 = 166,66 \text{ kN}$$

$$N_5 = 333,33 + 83,33 + 114,94 = 531,60 \text{ kN}$$

$$N_6 = 333,33 - 83,33 + 114,94 = 364,94 \text{ kN}$$

Exercício resolvido 6

Se a carga admissível da estaca do exercício anterior for de 700 kN, o estaqueamento pode ser otimizado. Uma solução alternativa é calculada a seguir para cinco estacas, Figura 6.24.

Como o eixo de simetria é um eixo principal de inércia, e o sistema de eixos passa pelo centro de gravidade do estaqueamento, pode ser utilizada a mesma Equação (6.13). Em uma primeira alternativa, será considerado o menor valor de h de forma a garantir o espaçamento mínimo de 1,0 m entre estacas. Sendo h a altura do triângulo equilátero de lado igual a 1,0 m, que liga as estacas 3, 4 e 5 (ou 1, 2 e 3), tem-se h = 0,87 m, $3h/5$ = 0,52 m e $2h/5$= 0,35 m.

Observe que, em função do sinal dos momentos, a estaca mais carregada deve ser a de número 4. A carga atuante não pode superar 700 kN. Tem-se:

$$N_4 = \frac{2000}{5} + \frac{500 \times 0,52}{2 \times (0,52)^2 + 3 \times (0,35)^2} + \frac{400 \times 0,5}{2 \times (0,5)^2 + 2 \times (1,0)^2} = 400 + 286,25 + 80 = 766,25 > 700 \text{ kN}$$

Portanto, é preciso aumentar o valor de h, indicado na Figura 6.24, de forma a reduzir a carga na estaca mais carregada. Observa-se que a parcela de 286,25 kN da equação anterior pode ser no máximo igual a (286,25 – 66,25) = 220,0 kN. Para isso, o valor de h será:

$$N_4 = \frac{2000}{5} + \frac{500 \times 0,6h}{2 \times (0,6h)^2 + 3 \times (0,4h)^2} + \frac{400 \times 0,5}{2 \times (0,5)^2 + 2 \times (1,0)^2} = 400 + \frac{250}{h} + 80 = 700 \text{ kN}$$

$$h \geq 1,14 \text{ m}$$

Seja $h = 1,15\text{m}$: $\frac{3}{5}h = 0,69\text{m}$ e $\frac{2}{5}h = 0,46\text{m}$.

Então, as cargas nas estacas serão

$$N_1 = \frac{2000}{5} - \frac{500 \times 0,46}{2 \times (0,69)^2 + 3 \times (0,46)^2} - \frac{400 \times 1,0}{2 \times (0,5)^2 + 2 \times (1,0)^2} = 400 - 144,93 - 160 = 95,07 \text{ kN}$$

$$N_2 = 400 + \frac{500 \times 0,69}{1,587} - \frac{400 \times 0,5}{2,5} = 400 + 217,39 - 80 = 537,39 \text{ kN}$$

$$N_3 = 400 - 144,93 = 255,07 \text{ kN}$$

$$N_4 = 400 + 217,39 + 80 = 697,39 \text{ kN}$$

$$N_5 = 400 - 144,93 + 160 = 415,07 \text{ kN}$$

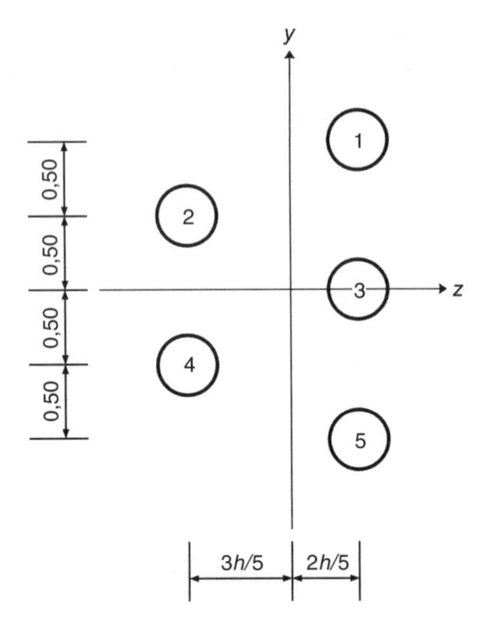

FIGURA 6.24. Estaqueamento com cinco estacas, simétrico em relação ao eixo z.

Ainda é possível otimizar o estaqueamento, para quatro estacas, porém com um maior afastamento entre estacas, o que resultará em um bloco maior.

Exercício resolvido 7

Para o pilar de ponte das Figuras 6.25 e 6.26, calcule o estaqueamento para os esforços indicados. O peso próprio do bloco, que deve ser somado ao peso do pilar, é de 3000 kN. As estacas têm 50 cm de diâmetro, sendo que as inclinadas estão com 10 graus.

Projetando o estaqueamento no sentido paralelo à atuação do H_L, tem-se o esquema da Figura 6.27.

O centro de gravidade das estacas inclinadas encontra o eixo central do estaqueamento no centro elástico, cuja altura é designada por h_{ce}. A numeração das estacas está indicada em planta, e também no esquema da Figura 6.27. Veja que se tem, nas linhas de atuação das estacas inclinadas mais externas, duas estacas, e nas linhas mais internas, apenas 1 estaca.

A distância z do centro de gravidade das estacas inclinadas ao eixo é dada por (Figura 6.26):

$$Z = \frac{2 \times 2{,}00 + 1 \times 1{,}50}{3} = 1{,}83 \text{ m}$$

A altura do centro elástico, indicada na Figura 6.27, é:

$$h_{ce} = \frac{1{,}83}{\tan 10°} = 10{,}37 \text{ m}$$

O momento das cargas aplicadas, transferidas ao centro elástico, $M_{L,ce}$, é dado por:

$$M_{L,ce} = -500 \times (10{,}50 - 10{,}37) + 60 \times (10{,}37 - 3{,}5) = +347{,}2 \text{ kNm}$$

Para a aplicação da Equação (6.17) é necessário determinar o valor de $\sum(r_l)^2$, em que r_l é o braço de alavanca de cada uma das estacas em relação ao centro elástico (Figura 6.27):

$$\sum(r_l)^2 = 4 \times (1{,}5)^2 + 4 \times \left(\frac{1}{3} \times 0{,}5 \times \cos(10°)\right)^2 + 2 \times \left(\frac{2}{3} \times 0{,}5 \times \cos(10°)\right)^2 = 9{,}32 \text{ m}^2$$

Projetando o estaqueamento no sentido paralelo à atuação de H_T, a projeção de todas as estacas é vertical. O valor do momento, no nível do arrasamento, provocado pela carga atuante H_T, é:

$$M_T = 150 \times 10,5 = 1575,00\,\text{kNm}$$

O valor de $\sum (r_t)^2$, em que r_t é o braço de alavanca de cada uma das estacas ao centro do estaqueamento, é:

$$\sum (r_t)^2 = 4 \times 4^2 + 4 \times 2^2 = 80\ \text{m}^2$$

Para a determinação da carga nas estacas, o efeito de cada um dos esforços será determinado separadamente. O peso do bloco somado à carga do pilar é da ordem de 9000 kN. O efeito da carga vertical pode ser determinado, para cada estaca, como (Equação 6.14):

$$= \frac{R_x \cos\alpha_i}{\sum \cos^2 \alpha_i} = \frac{9000 \cos\alpha_i}{6 \times (\cos 10)^2 + 4 \times (\cos 0)^2} = \frac{9000 \cos\alpha_i}{6 \times 0,9698 + 4 \times 1} = \frac{9000 \cos\alpha_i}{9,82} =$$

916,50 kN, *para as estacas* 1, 2, 9, 10 (*verticais*) e 902,57 kN *para as estacas* 3, 4, 5, 6, 7, e 8 (*inclinadas*).

O efeito da carga horizontal H_L é determinado como (Equação 6.15):

$$\frac{R_y \,\text{sen}\,\alpha_i}{\sum \text{sen}^2 \alpha_i} = \frac{H_L \,\text{sen}\,\alpha_L}{n_L \,\text{sen}^2 \alpha_L} = \frac{560 \,\text{sen}\, 10^0}{6\,(\text{sen}\,10°)^2} = 537,\ 49\ \text{kN}$$

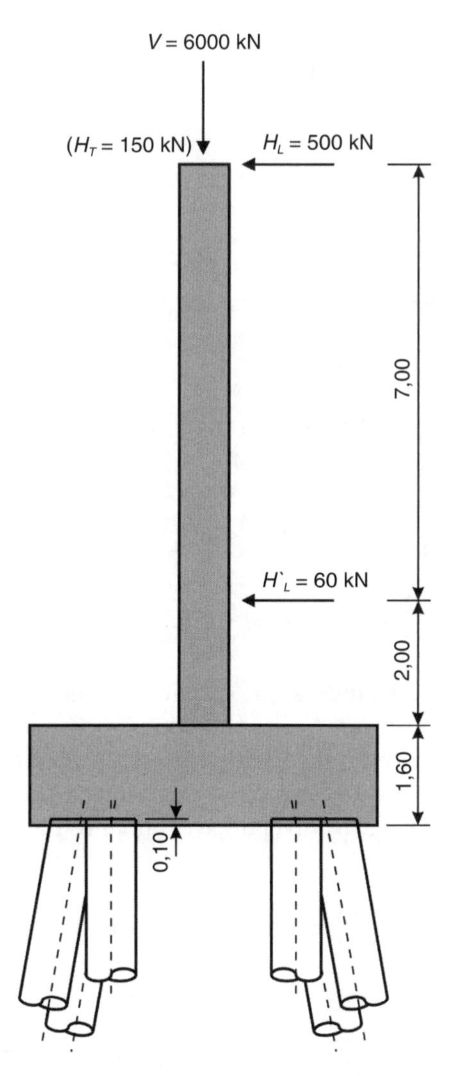

FIGURA 6.25. Perfil do pilar de ponte.

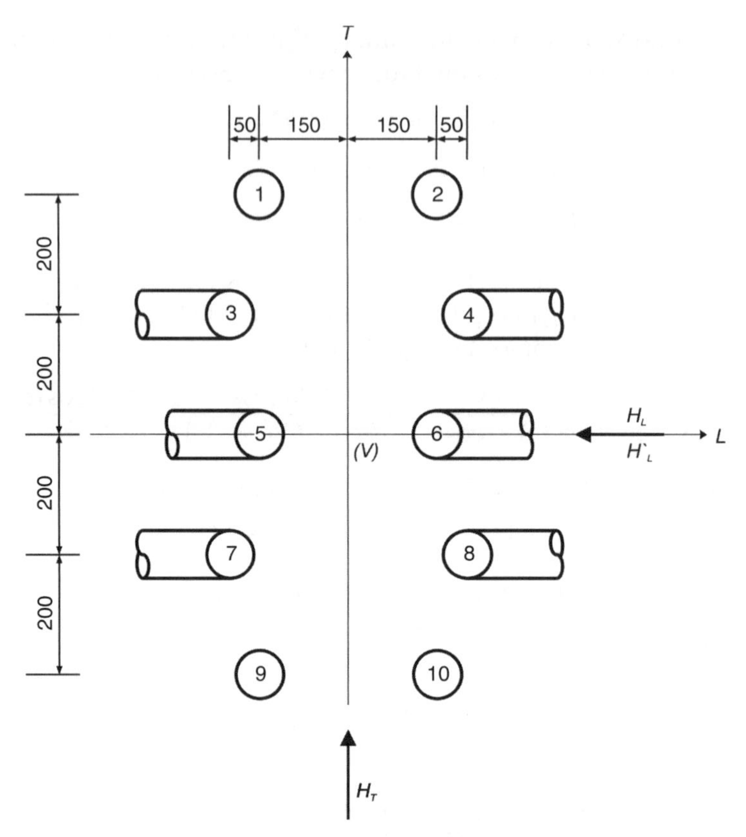

FIGURA 6.26. Planta do estaqueamento do pilar de ponte.

Este esforço é de compressão (positivo) para as estacas 3, 5 e 7 e de tração (negativo) para as estacas 4, 6 e 8.

O efeito do momento M_L é calculado por:

$$\frac{M \times r}{\sum r^2} = \frac{M_L \times r_L}{\sum r_L^{\,2}} = \frac{347,2}{9,32} \times 1,5 = 55,88 \text{ kN } (+2,10) \text{ e } (-1,9)$$

$$= \frac{347,2}{9,32}\left(\frac{1}{3} \times 0,5 \times \cos 10°\right) = 6,11 \text{ kN } (+4,8) \text{ e } (-3,7)$$

$$= \frac{347,2}{9,32}\left(\frac{2}{3} \times 0,5 \times \cos 10°\right) = 12,22 \text{ kN } (-6) \text{ e } (+5)$$

O sinal + para as estacas 2, 4, 5, 8 e 10 indica que o efeito será de compressão nestas estacas e negativo (tração) para as estacas 1, 3, 6, 7 e 9.

A carga horizontal H_T não tem como ser absorvida por esforço normal nas estacas, uma vez não haver estacas inclinadas na direção desta força. A absorção desta força por flexão das estacas é estudada no Capítulo 8. Porém, esta força, transferida ao nível do arrasamento das estacas, faz surgir o momento M_T, cujo efeito é calculado a seguir:

$$\frac{M_T \times r_T}{\sum r_T^{\,2}} = \frac{1575}{80} \times 4 = 78,75 \text{ kN } (+1,2) \text{ e } (-9,10)$$

e

$$= \frac{1575}{80} \times \frac{2}{\cos 10°} = 39,98 \text{ kN } (+3,4) \text{ e } (-7,8)$$

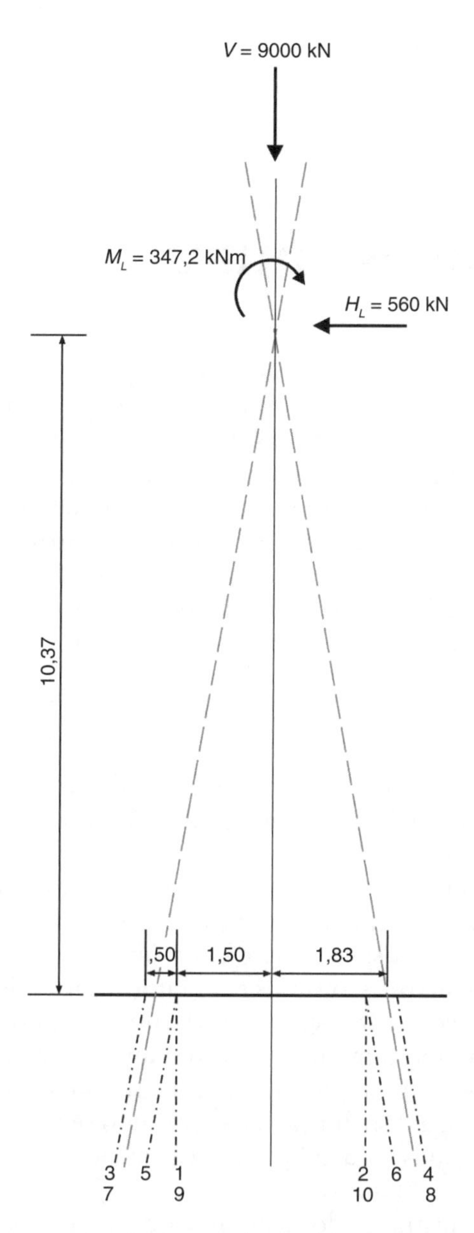

FIGURA 6.27. Estaqueamento da ponte projetado no sentido paralelo à atuação do H_L.

Quanto ao sinal, vale o mesmo comentário anterior. Finalmente, há que se superpor os efeitos para cada uma das estacas, conforme Tabela 6.4.

TABELA 6.4. **Cargas nas estacas (valores em kN)**

Fundações em estacas	1	2	3	4	5	6	7	8	9	10
Efeito de V	916,5	916,5	902,6	902,6	902,6	902,6	902,6	902,6	916,5	916,5
Efeito de H_L			537,5	–537,5	537,5	–537,5	537,5	–537,5		
Efeito de M_L	–55,9	55,9	–6,1	6,1	12,2	–12,2	–6,1	6,1	–55,9	55,9
Efeito de H_T										
Efeito de M_T	78,8	78,8	40,0	40,0			–40,0	–40,0	–78,8	–78,8
Carga axial	939,4	1051,2	1474,0	411,2	1452,3	352,9	1394,0	331,2	781,8	893,6

Capítulo 7
A interação solo-estrutura

O projeto estrutural convencional de uma edificação é geralmente desenvolvido admitindo-se a hipótese dos apoios serem indeslocáveis. O projeto de fundação, por sua vez, é realizado levando-se em consideração somente as cargas nos apoios (obtidas do projeto estrutural) e as propriedades do terreno de fundação, ou seja, desprezando-se o efeito da rigidez da estrutura. Com isso, é estabelecida uma independência entre o solo de fundação e a estrutura, comportamento este distinto do que ocorre na realidade. Dependendo da grandeza dos recalques e da rigidez da estrutura, a consideração da interação solo-estrutura pode modificar significativamente os resultados da análise e, consequentemente, o projeto. Desprezar essa interação pode conduzir a resultados irreais em algumas situações, levando a um desempenho não satisfatório das fundações e até mesmo a um comprometimento da segurança da obra.

7.1 Introdução

A norma de Fundações da ABNT, NBR 6122 preconiza, em seu item 5.5, que "Em estruturas nas quais a deformabilidade das fundações pode influenciar na distribuição de esforços, deve-se estudar a interação solo-estrutura ou fundação-estrutura".

A estrutura apoiada nos elementos de fundação, que transmitem seus esforços ao maciço de solo, consiste em um sistema hiperestático, que, no Brasil, teve seu estudo iniciado por Chamecki (1956). Conforme ressalta Gusmão (1990), existem dois efeitos importantes da interação solo-estrutura: a redistribuição de esforços nos elementos estruturais e a uniformização de recalques.

Em uma análise considerando-se a interação solo-estrutura, tanto o recalque absoluto máximo quanto o recalque diferencial máximo diminuem com o aumento da rigidez relativa entre a estrutura e o solo. Cabe ressaltar ainda que os recalques diferenciais são mais influenciados por esta rigidez do que os recalques absolutos. Ou seja, a distribuição dos recalques se torna mais suave com o aumento da rigidez, com os apoios mais carregados tendendo a recalcar menos do que o previsto e os apoios menos carregados tendendo a recalcar mais do que o previsto.

Gusmão Filho (1995) apresenta ilustração do efeito da sequência de construção na análise de interação, reproduzida na Figura 7.1a. Durante a construção, a carga média dos pilares cresce, tendo como consequência o aumento do recalque médio, $\overline{\varpi}$. No entanto, o aumento da rigidez da superestrutura faz com que haja uma tendência de uniformização dos recalques, manifestada por uma redução no coeficiente de variação dos recalques (CV), ilustrado na Figura 7.1b.

Chamecki (1956) apresentou uma solução consistente com os fundamentos da engenharia estrutural e de fundações. A partir das reações dos apoios da estrutura, considerados indeslocáveis, determinou as rijezas das fundações como apoios (que chamou de *coeficientes de transferência de carga*) que correspondem às reações verticais adicionais dos apoios provenientes de recalques unitários de cada apoio em separado. Em seguida, calculou, de forma iterativa, os recalques da fundação, levando em consideração a rigidez da estrutura. Após nova análise estrutural, são obtidas novas reações de apoio e, em seguida, novos valores de recalques. Esse processo é repetido diversas vezes até que os valores das reações de apoio e recalques convirjam entre si. Com o uso dessa metodologia, o autor observou que os recalques diferenciais são influenciados pela rigidez da estrutura, sendo menos acentuados que aqueles calculados sem consideração da estrutura.

Gusmão (1990) estudou o problema da interação solo-estrutura pela interação entre dois modelos de cálculo, um de análise estrutural e outro de previsão de recalques de fundações, seguindo a

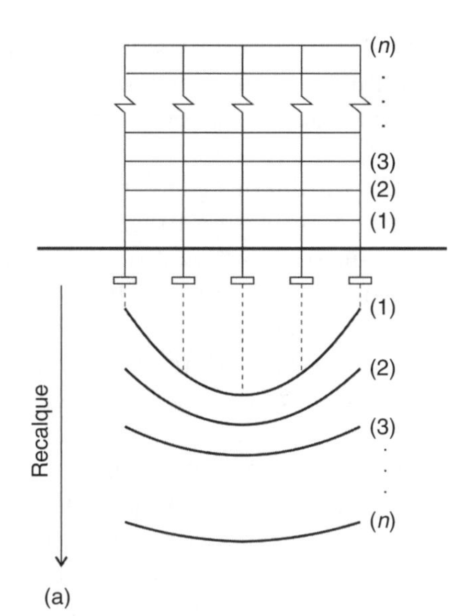

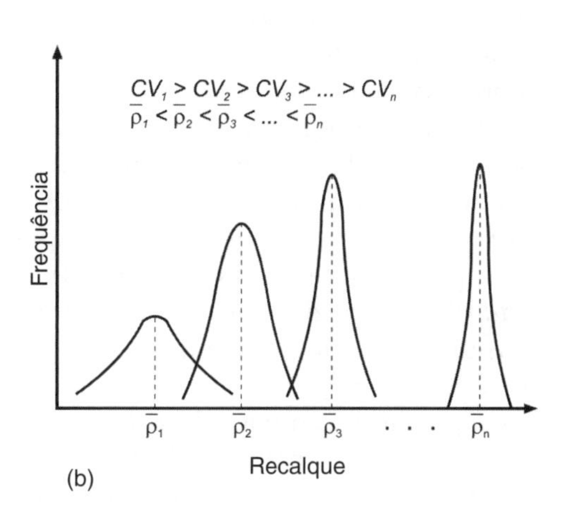

FIGURA 7.1. Efeito da sequência executiva (Adaptada de Gusmão Filho, 1995).

proposição de Poulos (1975). Além de estudos paramétricos, identificando os principais fatores que participam do problema, obteve resultados interessantes para casos reais (ver, também, Lopes e Gusmão, 1991).

A estimativa de recalques de fundações profundas – no que diz respeito ao solo – baseia-se nos mesmos princípios da estimativa de recalques em fundações diretas. A diferença está no modo de transferência de carga da fundação para o solo. No caso das fundações superficiais, essa transferência se dá simplesmente pela base da fundação, enquanto nas fundações em estacas se dá em parte por atrito ao longo do fuste e em parte pela ponta ou base. Esse modo de transferência, como já comentado, não é conhecido com exatidão, e depende, ainda, do nível de carregamento. Na análise da interação solo-estrutura com fundações profundas, para efeito do estudo da relação carga-recalque das estacas, tem-se por base o Capítulo 5.

7.2 Modelo simples de interação solo-estrutura

Aoki e Cintra (2003) sugerem um procedimento que segue a proposta de Chamecki (1956). Inicialmente, reconhecem a existência de duas especialidades que tratam do problema: a engenharia estrutural e a mecânica dos solos, sendo o ponto de convergência o cálculo das cargas nos pilares. Isso decorre do fato de que sem as cargas não se pode prever a distribuição de recalques, e sem os recalques não se pode estimar a rigidez de molas que representam as fundações. Para resolver esta situação de interdependência, procede-se, de forma iterativa, do seguinte modo:

i. Inicialmente, o engenheiro estrutural calcula as cargas nos pilares, considerando que as fundações não recalcam (apoios indeslocáveis).
ii. A partir destas cargas, o engenheiro geotécnico de fundações calcula os recalques, considerando que a rigidez da estrutura é nula, obtendo a distribuição de recalques inicial.
iii. O engenheiro estrutural divide as cargas pelos recalques e obtém os coeficientes de mola iniciais para cada apoio e recalcula as cargas nos pilares, considerando a estrutura sobre apoios elásticos.
iv. A partir dessas novas cargas, o engenheiro de fundações recalcula os recalques, considerando que a rigidez da estrutura é nula, obtendo nova distribuição de recalques.
v. O engenheiro estrutural reavalia os coeficientes de mola a partir desta nova distribuição de recalques, recalcula as cargas nos pilares e as reenvia ao geotécnico.
vi. O processo é repetido até que se atinja a convergência desejada.

Se a relação carga-recalque das fundações for *linear*, como previsto em soluções simples da Teoria da Elasticidade para previsão de recalques, como o método de Poulos e Davis (1980), não são necessárias iterações, e o processo de cálculo pode terminar no passo 3. Ainda, há programas de análise estrutural que consideram apoios, as molas não lineares. Nesse caso, o comportamento das molas é fornecido na forma de curvas carga-deslocamento (obtidas da análise de recalques das fundações), fazendo, o próprio programa, o processo iterativo.

Cabe destacar que, embora na prática, o comportamento das fundações (determinado pelo solo) seja modelado por molas, pode ser introduzido um modelo mais refinado para representar a fundação, como feito por Reis (2000) e Rosa (2005), em que o apoio inclui um amortecedor viscoso para representar a evolução do recalque no tempo. Ainda, como discutido na seção 5.1.5, no Capítulo 5, podem ser estudadas duas situações: a de curto prazo (*não drenada*) e a de longo prazo (*drenada*), essa última com maiores recalques. Caso se deseje avaliar as duas situações, a rigidez dos apoios pode ser calculada com parâmetros *não drenados* (E_u,ν_u) e, posteriormente, *drenados* (E',ν').

A estrutura é geralmente modelada pelo Método dos Elementos Finitos em programas comerciais disponíveis no mercado. Já para o cálculo dos recalques das fundações, pode-se utilizar um método simples dentre aqueles apresentados no Capítulo 5, ou mesmo um programa computacional, como do método Aoki e Lopes (1975), visto no mesmo capítulo. Para o cálculo pelo método de Vesic e Aoki-Lopes, há que se partir de um modo de transferência de carga. Embora este assunto já tenha sido tratado no Capítulo 5, se voltará a ele na próxima seção.

7.3 Modo simples de transferência de carga

O problema da interação solo-estaca apresenta elevado grau de indeterminação, uma vez que as ações do solo são continuamente distribuídas ao longo do fuste e da base da estaca (AOKI, 1997). Essa indeterminação pode ser levantada se for conhecido o modo de transferência da carga vertical estaca-solo.

Aoki (1997) apresenta um modo simples de transferência de carga da estaca isolada para o maciço de solo, utilizado na prática, ilustrado na Figura 7.2. Neste modo simplificado, a transferência da carga de compressão Q da estaca para o solo se dá, basicamente, por meio de duas parcelas: do atrito ao longo do fuste e pela ponta da estaca. Ao longo do fuste, pequenos movimentos relativos entre a estaca e o solo dão origem a tensões de cisalhamento mobilizadas que, integradas ao longo da área lateral, resultam na resistência Q_L por atrito lateral, indicada na Figura 7.2. Na ponta da estaca, a tensão normal de contato com o solo, multiplicada pela área da seção da estaca, resulta na parcela da resistência mobilizada pela ponta, Q_p, conforme mostra o diagrama de força normal da Figura 7.2.

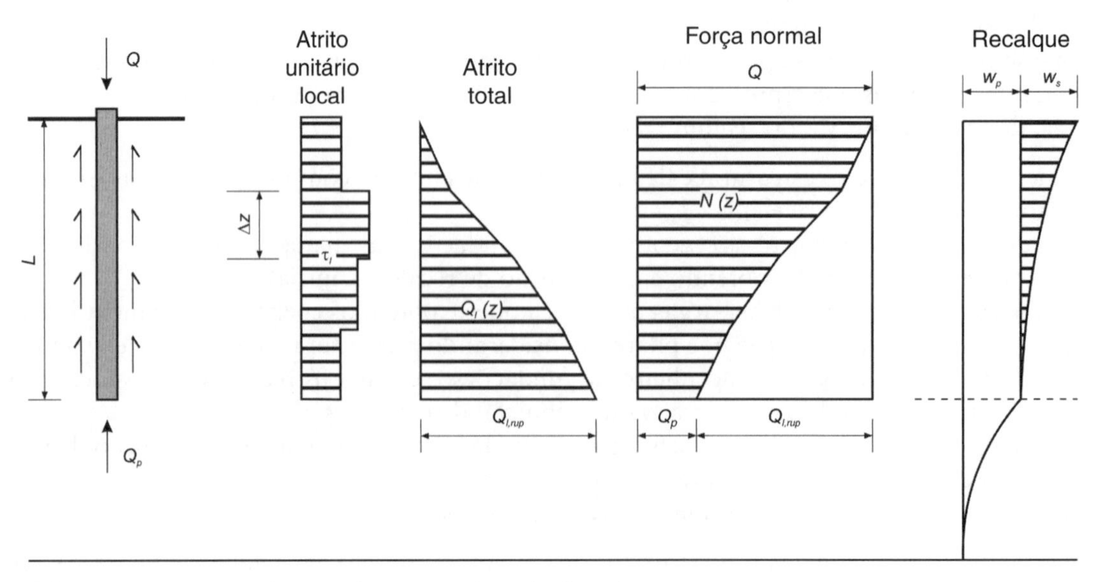

FIGURA 7.2. Diagrama de transferência de carga (Adaptada de Aoki, 1997).

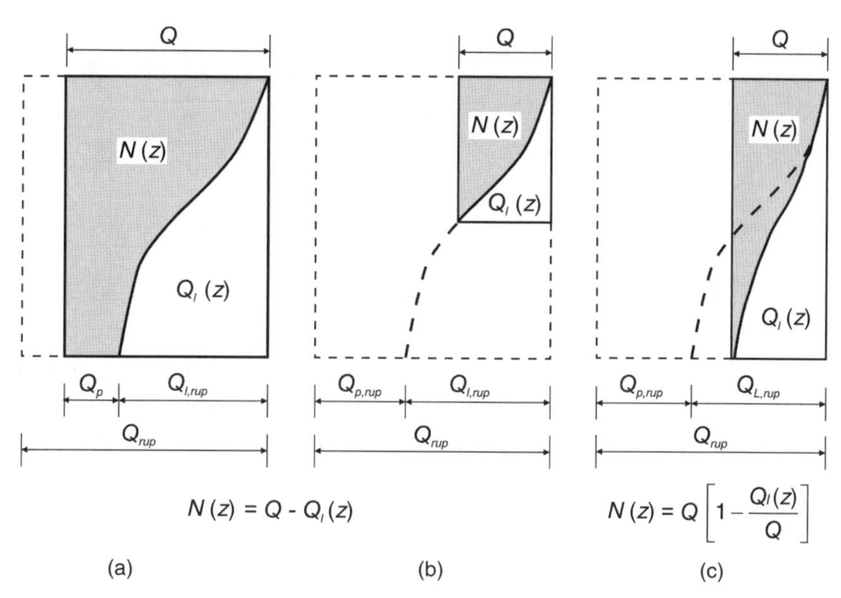

FIGURA 7.3. Modo de transferência de carga (Adaptada de Aoki, 1997).

A experiência mostra que o atrito lateral é mobilizado antes da resistência na base, podendo-se admitir, de forma simplificada, que a reação na base só se inicia após a total mobilização do atrito lateral (Figuras 7.3a e b). Assim procedendo, o diagrama de transferência de carga vai depender somente do conhecimento do diagrama de ruptura estaca-solo e da carga no topo da estaca. O problema deixa de ser indeterminado e o diagrama de transferência de carga passa a ser conhecido.

Uma outra alternativa que pode ser adotada é admitir-se que a distribuição se manifeste ao longo da estaca, redistribuindo as forças, como exemplificado na Figura 7.3c, que é uma alternativa ao diagrama de transferência da Figura 7.3b. No caso da alternativa da Figura 7.3b, a carga atuante é pequena e transfere carga de compressão apenas a um pequeno trecho superior do fuste da estaca, estando o trecho inferior e a ponta totalmente descarregados. Na alternativa da Figura 7.3c, para a mesma carga pequena no topo, considera-se o fuste todo mobilizado, mas com um atrito lateral mobilizado muito menor do que aquele disponível da ruptura.

As parcelas de resistência de ponta, Q_p, e de atrito lateral, Q_l, bem como sua distribuição ao longo do fuste da estaca, podem ser calculadas, na ruptura, por métodos de capacidade de carga em estacas, como os que foram apresentados no Capítulo 4.

A aplicação prática da interação solo-estrutura envolve, comumente, a modelagem da estrutura em elementos finitos, por meio de um programa de análise estrutural, e o cálculo de recalques, por meio de um método de previsão de recalques, como de Vesic, Poulos e Davis, Aoki e Lopes, entre outros. Serão apresentados exercícios resolvidos simples, com objetivo didático.

Exercício resolvido 1

O pórtico plano ilustrado na Figura 7.4 recebe o carregamento indicado em kN/m. A altura do pórtico é de 3 m e a distância entre pilares é de 5 m. Os três pilares têm seção de 0,30 × 0,30 m e a viga horizontal 0,30 m de largura e 0,80 m de altura. Os pilares da extremidade são apoiados em estacas isoladas e o pilar central em um grupo de quatro estacas. As estacas são as mesmas do Exercício 1 do Capítulo 5, ou seja, pré-moldadas quadradas com largura de 0,3 m. Naquele exercício foram estimados os recalques para a estaca isolada e para o grupo de quatro estacas, para as cargas de 600 kN e 2400 kN, respectivamente. As propriedades do material da estrutura (viga e pilares) são: f_{ck} do concreto 28 MPa, peso específico 24 kN/m^3, módulo de elasticidade 24.800 MPa, coeficiente de Poisson 0,2.

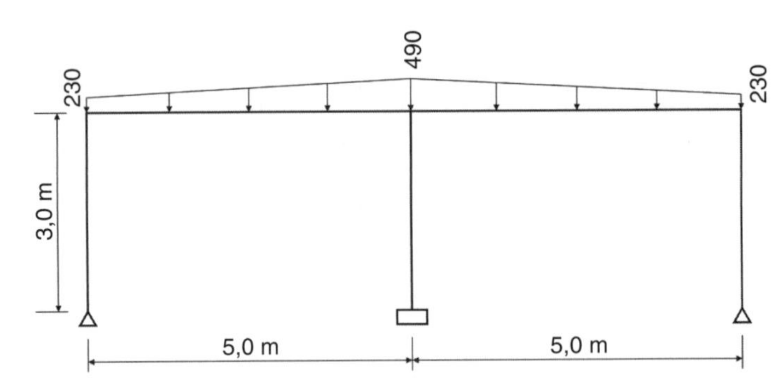

FIGURA 7.4. Pórtico com carregamento simétrico, apoios externos sobre estaca isolada e apoio central sobre grupo de quatro estacas.

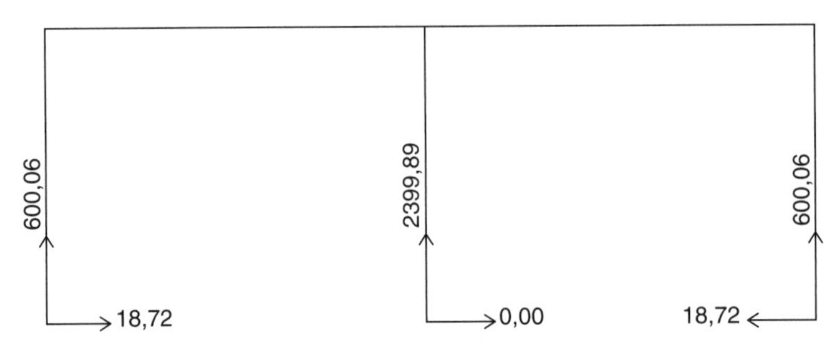

FIGURA 7.5. Reações de apoio, considerando os apoios indeslocáveis.

(i) Primeiro cálculo – sem considerar o efeito da interação solo-estrutura

Em um primeiro cálculo, sem considerar a deslocabilidade dos apoios e a participação da estrutura, com auxílio do programa SAP2000, chegam-se às reações de apoio indicadas na Figura 7.5, ou seja, os pilares extremos têm carga de 600 kN e o pilar central de 2400 kN.

Utilizando as cargas anteriores e os recalques indicados a seguir, obtêm-se as rijezas das molas que representarão as fundações na próxima análise:

P1 e P3: w = 4,3 mm K = 139.500 kN/m
P2 (central): w = 15,7 mm K = 152.800 kN/m

(ii) Primeira interação (segundo cálculo)

Como primeira interação, o pórtico é calculado com apoios deslocáveis, considerando os coeficientes de mola indicados anteriormente, e chegam-se às reações de apoio da segunda coluna da Tabela 7.1. Observa-se que nos pilares extremos do pórtico, P1 e P3, as cargas aumentaram, enquanto no pilar central a carga reduziu.

Foram previstos, para as novas cargas, recalques dos pilares, pelos mesmos métodos de Vesic e do *radier* fictício, e os resultados estão na Tabela 7.1. Para a segunda interação, os coeficientes de mola, baseados nos recalques previstos, serão atualizados com os valores da última coluna da Tabela 7.1.

TABELA 7.1. **Resultados após segundo cálculo e previsões para o próximo cálculo**

Pilar	Carga após 1ª iteração (kN)	Cálculo de recalque para próxima iteração (m)				Rigidez de mola para próxima iteração (kN/m)
		w_{pp}	w_{ps}	w_s	w_o	
P1 e P3	683,17	0,00217	0,00039	0,00316	0,00573	119.300
P2	2233,66	0,01208		0,00244	0,01453	153.800

(iii) Segunda interação (terceiro cálculo)

Como segunda interação, o pórtico é calculado com apoios deslocáveis com os coeficientes de mola indicados na Tabela 7.1, e chegam-se às reações de apoio da segunda coluna da Tabela 7.2. Observa-se que nos pilares extremos do pórtico, P1 e P3, as cargas se reduziram ligeiramente, enquanto no pilar central a carga aumentou.

Foram previstos, para as novas cargas, recalques dos pilares, e os resultados estão na Tabela 7.2. Para a terceira interação, os coeficientes de mola, baseados nos recalques previstos, serão atualizados com os valores da última coluna da Tabela 7.2.

TABELA 7.2. **Resultados após terceiro cálculo e previsões para o próximo cálculo**

Pilar	Carga após 2ª iteração (kN)	Cálculo de recalque para próxima iteração (m)				Rigidez de mola para próxima iteração (kN/m)
		w_{pp}	w_{ps}	w_s	w_o	
P1 e P3	676,45	0,00209	0,00039	0,00313	0,00561	120.600
P2	2247,10	0,01215		0,00246	0,01462	153.700

(iv) Terceira interação (quarto cálculo)

Como terceira interação, o pórtico é calculado com apoios deslocáveis com os coeficientes de mola indicados na Tabela 7.2, e chegam-se às reações de apoio da segunda coluna da Tabela 7.3. Observa-se que as cargas nos pilares não mudaram significativamente.

(v) Considerações após o quarto cálculo

Os valores de cargas mostrados nas Tabelas 7.2 e 7.3 (após segunda e terceira iterações) são praticamente iguais, indicando uma rápida convergência. Na prática, duas ou três iterações são suficientes. A distorção angular inicial era de 1/438. Com a primeira iteração, passou para 1/568 e com a segunda iteração, passou para 1/554. Com a terceira iteração, a distorção praticamente se manteve. No caso deste exercício, os recalques e, portanto, as distorções angulares convergiram após duas iterações. Para a terceira iteração, os coeficientes de mola foram atualizados, mas praticamente não mostraram mudanças nos resultados. Assim, uma quarta iteração se mostrou desnecessária, conforme ilustram as Figuras 7.6a e b.

TABELA 7.3. **Resultados após quarto cálculo e previsões para o próximo cálculo**

Pilar	Carga após 3ª interação (kN)	Cálculo de recalque para próxima iteração (m)				Rigidez de mola para próxima interação (kN/m)
		w_{pp}	w_{ps}	w_s	w_o	
P1 e P3	674,51	0,00207	0,00039	0,00311	0,00557	120.600
P2	2250,98	0,01218		0,00247	0,01464	153.700

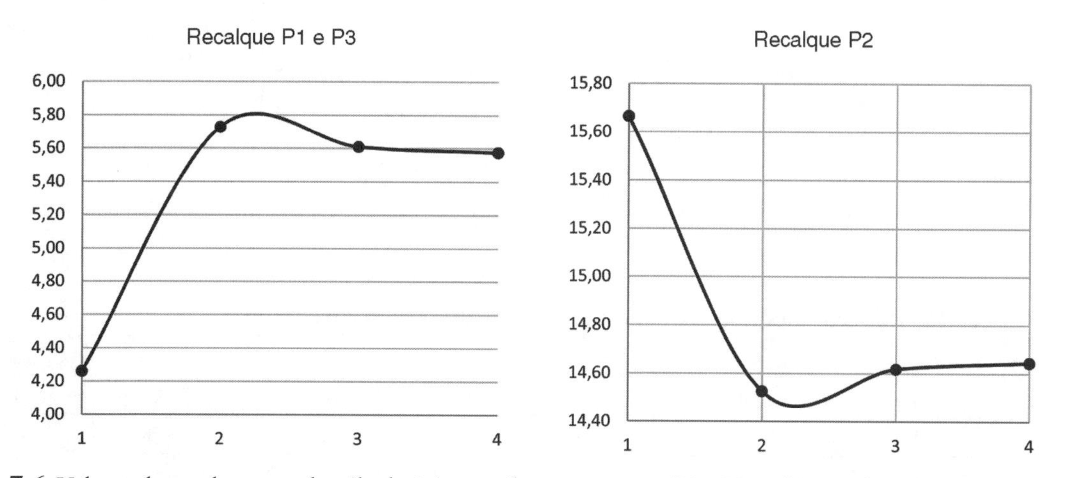

FIGURA 7.6. Valores de recalque a cada cálculo (**a**) nos pilares extremos, P1 e P3, e (**b**) no pilar central, P2.

A Figura 7.6a mostra que os pilares extremos, com menor recalque calculado sem interação solo-estrutura, sofreram um acréscimo de recalque com o cálculo contemplando a interação. Já com o pilar central, aconteceu o contrário (Figura 7.6b), ou seja, um decréscimo de recalque com a interação. Consequentemente, o recalque diferencial se reduziu, bem como a distorção.

Exercício resolvido 2

A Figura 7.7 mostra a planta do pavimento de um prédio de quatro pavimentos. O piso do térreo tem a mesma estrutura de um pavimento superior ("piso estruturado"). O pé-direito é único, com 3,0 m. O prédio tem dupla simetria e as cargas dos pilares – considerando apoios indeslocáveis – têm três valores: 284 kN, 613 kN e 1.012 kN. Essas cargas decorrem de peso próprio da obra e de uma sobrecarga nas lajes de 300 kgf/m^2 (não foi incluída a ação de vento). As fundações são em estacas pré-moldadas de concreto (isoladas) nos diâmetros 30, 40 e 60 cm, cravadas 14 m em uma espessa camada de areia de baixa compacidade. Será suposto que o solo é representado por $E' = 9$ MPa e $\nu' = 0{,}2$.

Nas análises, foi utilizado o programa SAP 2000. As vigas foram consideradas com um trecho de laje colaborando, formando um T (portanto, com momentos de inércia maiores que da seção retangular). O concreto foi suposto com 21 GPa.

A previsão de recalques foi feita pelo método de Poulos e Davis [Equações (5.6) e (5.7), no Capítulo 5], como mostrado na Tabela 7.4. A partir deles, foram definidos os coeficientes de rigidez dos apoios, K.

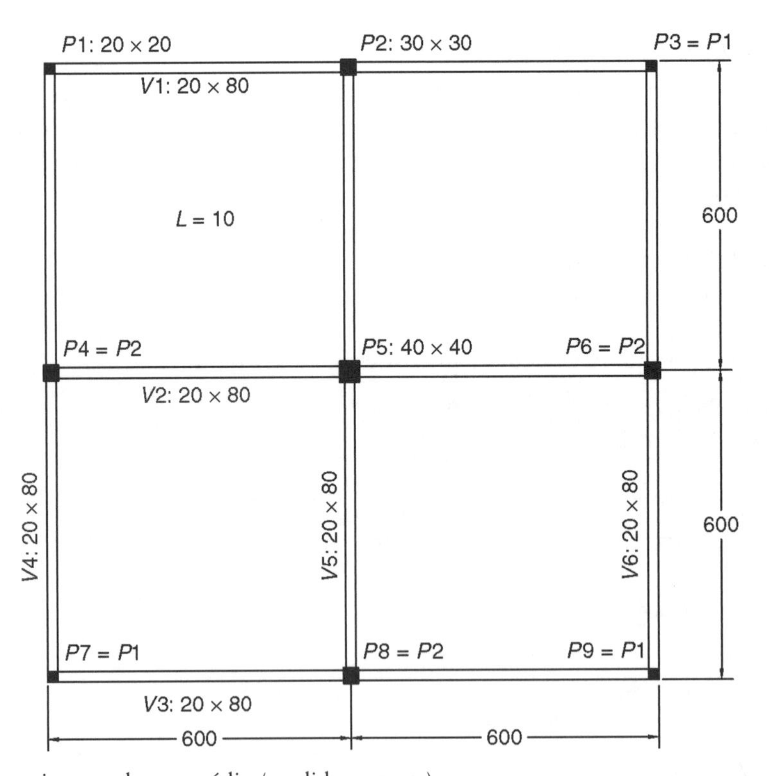

FIGURA 7.7. Planta do pavimento de um prédio (medidas em cm).

TABELA 7.4. **Previsão de recalques dos pilares e coeficientes de rigidez dos apoios**

Pilar	Carga (kN)	Diâm. estaca (m)	L/B	I_o	R_k	R_v	I	w (m)	$K = Q/w$ (kN/m)
P1 (canto)	284	0,30	46,7	0,047	1,15	0,9	0,04864	0,00512	55.470
P2 (fachada)	613	0,40	35,0	0,058	1,10	0,9	0,05742	0,00978	62.680
P5 (meio)	1012	0,60	23,3	0,080	1,08	0,9	0,07776	0,01457	69.450

TABELA 7.5. **Cargas e recalques dos pilares, sem considerar a interação solo-estrutura e com a interação**

Pilar	Sem interação			Com interação		Diferença	
	Carga (kN)	Recalque PE*	Recalque PG*	Carga (kN)	Recalque	na carga	no recalque**
P1	284	0	5,1 mm	367	6,6 mm	29 %	29 %
P2	613	0	9,8 mm	583	9,3 mm	–5 %	–5 %
P5	1012	0	14,6 mm	800	11,5 mm	–21 %	–21 %

* PE = projeto estrutural inicial (sem interação); PG = projeto geotécnico inicial (sem interação).
** Diferença em relação à previsão no projeto geotécnico inicial (sem interação).

Uma segunda análise, com apoios deslocáveis (com valores de K da Tabela 7.4), produziu novas cargas e recalques, mostrados na Tabela 7.5 (como a análise é linear, as variações nas cargas e nos recalques são, naturalmente, as mesmas). Os pilares periféricos tiveram suas cargas aumentadas e o pilar interno sua carga diminuída. A Figura 7.8 mostra a distribuição de recalques (por sua forma, conhecida como "bacia de recalques") sem considerar a interação solo-estrutura e considerando-a.

A Figura 7.9 mostra os diagramas de momentos fletores da viga central inferior (térreo) nas duas análises. Esta viga foi selecionada porque as cintas e vigas inferiores são as que mais sofrem com os recalques. Observa-se um aumento substancial nos momentos (positivos) nos vãos. O que acontece

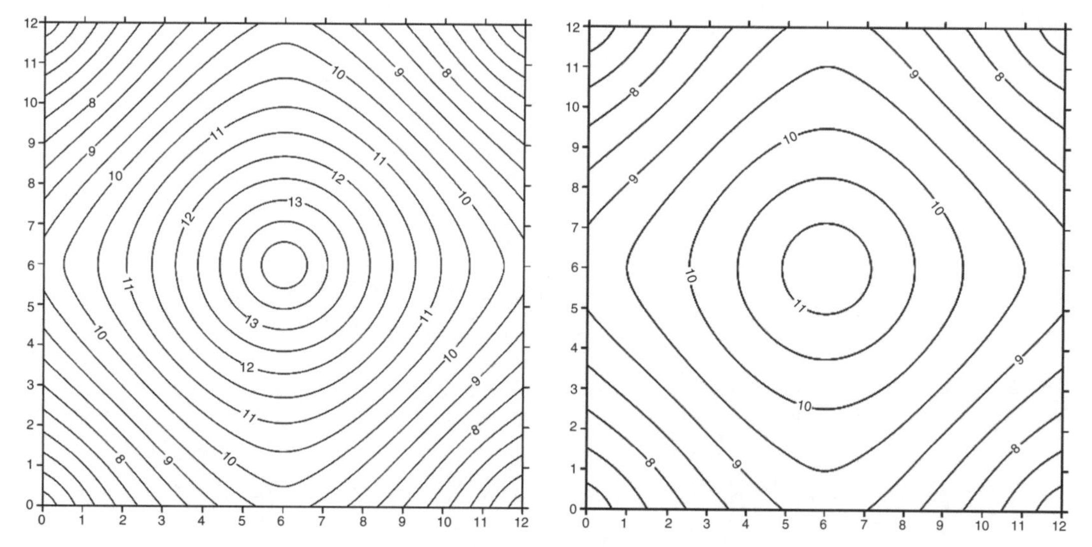

FIGURA 7.8. Curvas de igual recalque (**a**) sem considerar a interação solo-estrutura e (**b**) com a interação.

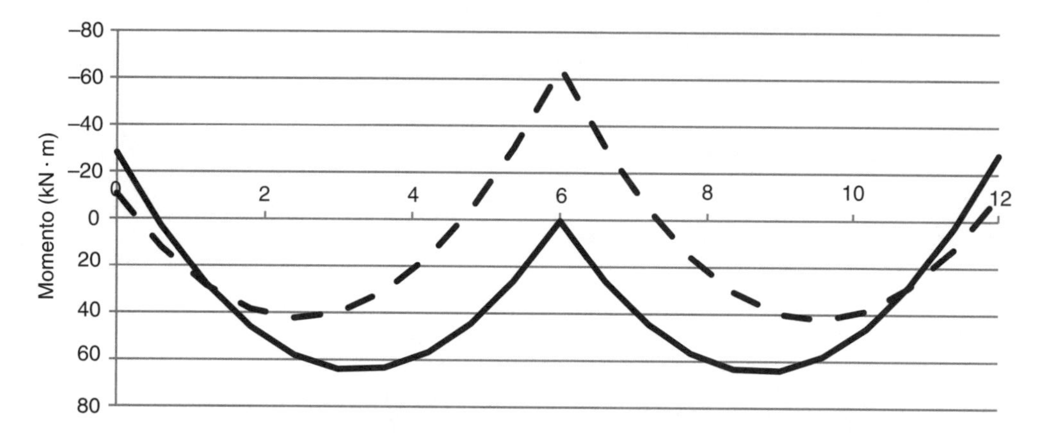

FIGURA 7.9. Diagrama de momentos fletores da viga central no nível térreo, sem considerar a interação solo-estrutura (linha tracejada) e com a interação (linha cheia).

na prática é que, se o projeto estrutural não considerar os recalques (caso de projeto sem interação), os recalques, ao produzirem um diagrama de momentos fletores diferente do previsto, podem levar a plastificações localizadas nas vigas (formação de *rótulas plásticas*).

7.4 Comentários finais

Observa-se, pelos exercícios apresentados, que o efeito da interação solo-estrutura de um edifício resulta em (i) redistribuição das cargas nos pilares, com aumento de carga em pilares periféricos, (ii) uniformização dos recalques e (iii) alteração nos momentos fletores nas vigas, especialmente nos pavimentos inferiores, e nas cintas. Portanto, nos casos em que os recalques são significativos, o efeito da interação solo-estrutura é relevante no projeto, não só das fundações, como da estrutura. Há relatos de prédios em Santos, que sofreram grandes recalques, apresentaram esmagamento de pilares periféricos e intenso trincamento dos primeiros níveis de vigas.

Estes exercícios se constituem em casos simples, e o leitor interessado poderá consultar outros trabalhos sobre o assunto, inclusive comparações de previsões com medições em obras, como Vargas e Leme de Moraes (1989), Gusmão (1990), Fonte *et al.* (1994), Gusmão Filho (1995), Holanda Junior (1998), Santa Maria *et al.* (1999), Moura (1999), Reis (2000), Danziger *et al.* (2000), Aoki e Cintra (2003), Costa (2003), Gonçalves (2004), Soares (2004), Silva (2005), Rosa (2005), Russo Neto (2005), Torres (2007), Savaris (2008), Mota (2009), Gonçalves (2010), Araújo (2010), Rosa (2015), Santos (2006).

Capítulo 8
Estacas sob esforços transversais

Embora usualmente carregadas por forças axiais, as estacas podem, em função do carregamento que vem da estrutura, receber forças transversais: forças horizontais e momentos aplicados. Nesse caso, as estacas estarão submetidas a flexão composta. O problema apresenta três aspectos: (1) estabilidade – ou segurança à ruptura do solo –, isto é, verificar se o solo é capaz de suportar, com segurança, as tensões que lhe são aplicadas pela estaca; (2) deslocamentos, ou seja, verificar se o deslocamento (e rotação) do topo da estaca sob a carga de trabalho é aceitável pela estrutura; e (3) dimensionamento estrutural da estaca, que significa garantir a segurança da estaca como elemento estrutural (para o que será necessário prever os esforços internos).

8.1 Reação do solo ao deslocamento horizontal da estaca

8.1.1 Introdução

O solo reage aos deslocamentos de uma estaca carregada horizontalmente em seu topo. Nos trechos em que a estaca se desloca contra o solo, são despertados acréscimos de tensão horizontal – de compressão – e, nos trechos em que a estaca se afasta, por uma incapacidade do solo de suportar tração, o solo não oferece reação, permanecendo as tensões iniciais ou geostáticas, ou mesmo evoluindo para tensões de empuxo ativo (Figura 8.1a).

Ao se imaginar uma estaca vertical submetida a uma força horizontal H aplicada acima da superfície do terreno, é fácil entender que à medida que H cresce, os deslocamentos horizontais da estaca e a correspondente reação do solo crescem até que se atinge a ruptura do solo (supondo que a estaca resista às solicitações fletoras que nela aparecem). Assim, há um limite para a reação do solo, que corresponde à ruptura passiva.

Alguns métodos analisam a *condição de serviço*, fornecendo, para as forças horizontais de serviço, os deslocamentos horizontais e esforços internos na estaca. Nesses métodos o solo é representado de duas formas (ou modelos): a primeira é uma extensão da hipótese de Winkler, usada no estudo das vigas de fundação, em que o solo é substituído por molas horizontais (Figura 8.1b); a segunda considera o solo um meio contínuo, normalmente elástico.

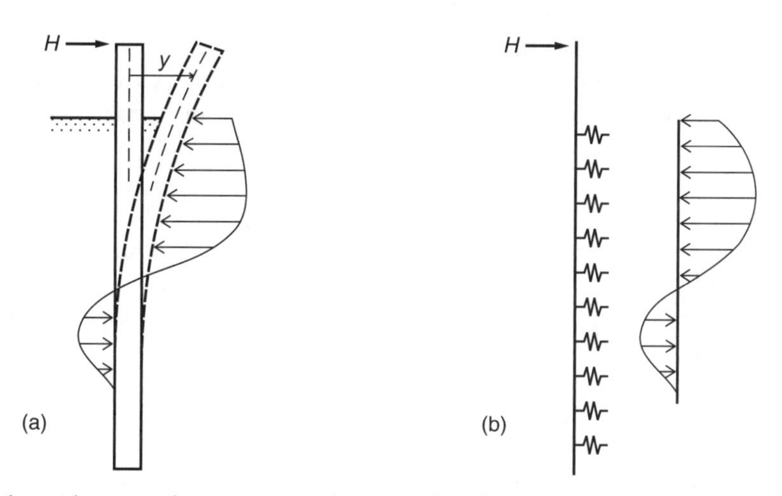

Figura 8.1. Estaca submetida a uma força transversal: reação do solo (**a**) real e (**b**) modelada pela hipótese de Winkler (Adaptada de Velloso e Lopes, 2010).

Quando os modelos são elásticos lineares, as tensões despertadas no solo precisam ser verificadas quanto à possibilidade de se esgotar a resistência passiva, por um cálculo à parte. Se, por outro lado, o modelo for não linear – por exemplo, com molas não lineares –, o comportamento do solo é modelado considerando um limite para cada profundidade.

O solo ao redor de uma estaca carregada horizontalmente é solicitado em compressão de um lado, e seria por tração do outro. Como o solo não resiste à tração, do lado que seria tracionado, a estaca tende a se descolar do solo. Assim, o modelo de meio elástico contínuo não representa adequadamente o solo em torno de uma estaca sob carga horizontal. Por esse motivo, e por sua maior simplicidade, o modelo de Winkler (de molas) é mais utilizado na prática, e será explorado neste capítulo. Embora interessante, a modelagem do solo por molas não lineares (as chamadas *curvas p-y*), que requer solução computacional, também não será abordada neste capítulo.

Outros métodos analisam a estaca na *condição de ruptura* (ou *equilíbrio plástico*), fornecendo a força horizontal que levaria à ruptura do solo e/ou da estaca, força esta que precisará ser reduzida por um fator de segurança (global) para obtenção da máxima força horizontal de serviço. Alternativamente pode-se comparar a força horizontal de serviço, majorada por um fator parcial, com a resistência passiva do solo, minorada por fatores parciais de minoração da resistência, e verificar se há um equilíbrio (nominal). Os chamados *métodos de ruptura* normalmente não fornecem deslocamentos para as cargas de serviço.

8.1.2 Hipótese de Winkler

No caso de uma viga de fundação, a substituição do solo por molas pode ser compreendida facilmente. O mesmo não acontece com uma estaca imersa no solo. Qualquer que seja a forma da seção transversal, o solo resiste ao deslocamento horizontal da estaca por tensões normais contra a frente da estaca e por tensões cisalhantes atuando nas laterais (Figura 8.2a); não há praticamente resistência na parte de trás da estaca (Figura 8.2b). Para efeitos práticos, considera-se que a resultante dessas tensões atua na área correspondente à frente da estaca, ou seja, em uma faixa com largura igual ao diâmetro ou largura da estaca, B. Assim, a reação do solo é suposta uma tensão normal (em geral chamada de p), atuando em uma faixa de largura B, perpendicular à qual ocorre o deslocamento horizontal.

Pela hipótese de Winkler, pode-se escrever, então,

$$p = k_h v \tag{8.1a}$$

ou

$$p = k_h y \tag{8.1b}$$

em que:

p = tensão normal horizontal (dimensão FL^{-2}) atuando na frente da estaca (em uma faixa de largura B = diâmetro ou largura da estaca);

k_h = coeficiente de reação horizontal (dimensão FL^{-3});

v = deslocamento horizontal; esse deslocamento – no sentido do eixo y – recebe, no estudo de estacas sob forças transversais, frequentemente a notação y, como aparece na Equação (8.1b) e na Figura 8.1.

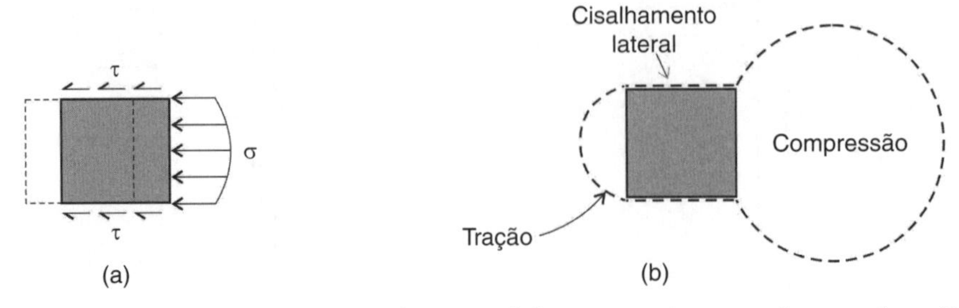

FIGURA 8.2. Reação do solo contra o deslocamento horizontal da estaca: (a) tensões despertadas e (b) mecanismo simplificado de ruptura.

É preciso atentar para a forma como o coeficiente de reação horizontal é expresso nos diferentes trabalhos sobre o assunto. O coeficiente descrito nas Equações (8.1) pode incorporar a dimensão transversal da estaca B, ficando $K_h = k_h B$ (dimensão FL^{-2}). Este, por sua vez, não deve ser confundido com o coeficiente de rigidez de mola correspondente a um dado segmento de estaca K (dimensão FL^{-1}), obtido multiplicando K_h pelo comprimento do segmento[1].

O coeficiente de reação horizontal k_h pode ser constante ou variar com a profundidade, nesse caso podendo-se exprimir o valor do coeficiente em uma dada profundidade z de duas maneiras:

$$k_h = m_h z \tag{8.2}$$

ou

$$k_h = n_h \frac{z}{B} \tag{8.3}$$

em que:

m_h = taxa de crescimento do coeficiente de reação horizontal com a profundidade (dimensão FL^{-4});
n_h = taxa de crescimento do coeficiente de reação horizontal com a profundidade, incluindo a dimensão transversal B, ou seja, $n_h = m_h B$ (dimensão FL^{-3}).

8.1.3 Contribuições à avaliação do coeficiente de reação horizontal

Terzaghi (1955) abordou, em trabalho clássico, tanto o coeficiente de reação vertical (k_v), para fundações superficiais, como o coeficiente de reação horizontal (k_h), para estacas. Para o coeficiente de reação horizontal, distinguiu dois casos: (1) argilas muito sobreadensadas, para as quais k_h poderia ser considerado praticamente constante com a profundidade; (2) argilas normalmente adensadas e areias, para as quais k_h cresceria linearmente com a profundidade.

Como no caso vertical (k_v), o coeficiente de reação horizontal não é uma propriedade apenas do solo, mas também da geometria do carregamento. No caso horizontal, a forma do carregamento não varia – é alongada –, e caberia considerar, então, a dimensão (B). Assim, se a rigidez do solo for representada por um módulo de elasticidade E, pode-se adotar, para efeitos práticos:

$$k_h \sim \frac{E}{B} \tag{8.4}$$

Há que se lembrar que o módulo de elasticidade depende das condições de drenagem e do tipo e nível de carregamento.

Carregamento drenado e não drenado

De modo geral, nos solos argilosos saturados, admite-se uma condição não drenada em um carregamento rápido. Se a carga for mantida, deverá ocorrer drenagem e os deslocamentos crescerão com o tempo, devendo ser calculados com parâmetros drenados. Se E_u e ν_u ($\cong 0{,}5$) são o módulo de elasticidade e o coeficiente de Poisson não drenados, e E' e ν' estes parâmetros na condição drenada, tem-se, a partir da equação do módulo de cisalhamento G, suposto igual nas duas condições de drenagem,

$$E_u = \frac{3E'}{2(1+\nu')} \tag{8.5}$$

Se se considerar $\nu' = 0{,}2$, ter-se-á $E_u \cong 1{,}3\ E$. Daí se conclui que os deslocamentos ao longo do tempo deverão ser, pelo menos, 30 % dos deslocamentos iniciais. Na verdade, o processo de adensamento não é devidamente representado pela simples diferença de duas análises pela Teoria da Elasticidade, uma com parâmetros não drenados e outra com parâmetros drenados. Assim, se adota, na prática, um coeficiente de reação drenado da ordem de 50 % do não drenado.

[1] Este cuidado deve se estender também à tensão horizontal p, que, dependendo do método, incorpora a dimensão transversal da estaca, ficando com a dimensão FL^{-1}. É recomendável, portanto, que, ao se aplicar um determinado método, se faça uma análise dimensional de suas principais equações para se determinar as unidades de seus parâmetros.

Tipo e nível de carregamento

Nas fundações superficiais, cujo projeto precisa atender à limitação dos recalques, os carregamentos são bastante distantes da ruptura. Assim, os módulos de elasticidade dos solos envolvidos correspondem a valores do início da curva tensão-deformação. Já nas estacas sob forças horizontais, dependendo do perfil do terreno, são atingidos elevados níveis de mobilização da resistência (ou seja, próximo da ruptura) nos solos superficiais, mesmo para as cargas de serviço. Assim, na escolha do coeficiente de reação horizontal é preciso levar em conta o nível de mobilização da resistência e se o carregamento é cíclico.

No caso não drenado (argilas saturadas), por exemplo, é comum se estimar o módulo de elasticidade a partir da razão E_u/S_u. Esta razão é tipicamente 300 a 400 para baixos níveis de mobilização de resistência (como em fundações superficiais); em níveis maiores de mobilização, esta razão cai para 100 ou 200. Em areias, observa-se, para um nível maior de deformação, também uma redução no coeficiente de reação horizontal à metade ou 1/3 do valor de pequenas deformações (POULOS; DAVIS, 1980).

Já a questão do carregamento cíclico é mais complexa, pois alguns solos apresentam uma rigidez maior sob carregamento cíclico (correspondente a um módulo de elasticidade de descarregamento/recarregamento, de valor próximo do módulo "de pequenas deformações"), enquanto a maioria dos solos apresenta um decréscimo da rigidez com a ciclagem da carga.

Outro aspecto importante: os solos superficiais são os mais solicitados pelo carregamento horizontal das estacas, e, portanto, a escolha de parâmetros deve tê-los como foco. Na aplicação dos métodos tradicionais de análise de estacas sob forças horizontais, observa-se que os acréscimos de tensões horizontais pelo carregamento praticamente desaparecem abaixo de 4 ou 5 vezes o chamado *comprimento característico* (definido na seção 8.2, a seguir). Assim, no início dos cálculos, deve-se estimar o comprimento característico e, daí, verificar quais camadas serão mais solicitadas.

Argilas moles (normalmente adensadas)

No caso de argilas moles, Terzaghi (1955) não fornece valores típicos. Pode-se tentar estimá-los a partir da razão E_u/S_u (tipicamente 300 para carregamentos distantes da ruptura e 100 para mais próximos da ruptura) e da razão S_u/σ'_{vo} (tipicamente 0,25 para argilas sedimentares, normalmente adensadas). A tensão vertical efetiva original (σ'_{vo}) é função do peso específico submerso (caso de poro-pressões hidrostáticas).

Por exemplo, se uma argila tiver γ_{sub} = 5 kN/m³, ter-se-ia

$$S_u \cong 1{,}2z \text{(para } z \text{ em m e } S_u \text{ em kN/m}^2\text{)} \tag{8.6}$$

Combinando a Equação (8.6) com a razão E_u/S_u e com a Equação (8.4) obter-se-ia, para uma baixa mobilização de resistência,

$$k_h \cong \frac{300\, S_u}{B} \cong \frac{360\, z}{B} \text{ (para } z \text{ e } B \text{ em m e } k_h \text{ em kN/m}^3\text{)} \tag{8.7}$$

Daí,

$$m_h = \frac{k_h}{z} \cong \frac{360}{B} \text{ (para } B \text{ em m e } m_h \text{ em kN/m}^4\text{)} \tag{8.8a}$$

ou

$$n_h = m_h\, b \cong 360 \text{kN/m}^3 \tag{8.8b}$$

Para uma elevada mobilização de resistência, deve-se adotar a metade ou 1/3 deste valor. Para incorporar a drenagem, deve-se reduzir, ainda, a 50 %.

Sedimentos orgânicos recentes, permanentemente submersos em baías e estuários (chamados "vasa"), encontrados em obras de portos, podem apresentar γ_{sub} de 1 a 2 kN/m³. Nesses casos, valores ainda menores da taxa do coeficiente de reação devem ser usados, como $n_h \sim 60$ kN/m³.

Na literatura há algumas poucas sugestões de valores de n_h e m_h para solos argilosos moles, das quais se extraiu a Tabela 8.1.

TABELA 8.1. **Valores da taxa de crescimento do coeficiente de reação horizontal com a profundidade para argilas e solos orgânicos moles**

Tipo de solo	Faixa de valores de n_h (kN/m³)*	Valores sugeridos para m_h (kN/m⁴)**
Solos orgânicos recentes (vasa, lodo, turfa etc.)	1 a 10	15
Argila orgânica, sedimentos recentes	10 a 60	80
Argila siltosa mole, sedimentos consolidados (norm. adensados)	30 a 80	150

* Adaptada de Davisson (1970), suposto válido para estacas de 0,3 m de lado.
** Adaptados de Miche (1930).

Argilas rijas (muito sobreadensadas)

Para o coeficiente de reação horizontal de argilas muito sobreadensadas, k_h, suposto constante com a profundidade, Terzaghi (1955) sugere os mesmos valores obtidos com placas horizontais de 30 × 30 cm (cuja notação é k_{s1} nos textos), entre 240 e 960 kN/m³ para argilas de rija a dura, valores, aparentemente, muito baixos. Se for utilizada uma relação com a resistência não drenada, como $k_h = E_u/B \sim 200\ S_u/B$, seriam obtidos – na condição não drenada – valores entre 50.000 e 200.000 kN/m³ para argilas de rija a dura (supondo uma placa de 30 cm). Considerando a drenagem e o carregamento cíclico, esses valores podem cair para 10 %, ou seja, para 5000 e 20.000 kN/m³, respectivamente. Para estacas com diâmetros maiores que 30 cm, cabe a correção de dimensão (multiplicar por b/B, em que b = 30 cm e B é o diâmetro da estaca).

Areias

Para areias, valores da taxa de crescimento do coeficiente de reação horizontal com a profundidade incorporando a dimensão transversal (n_h) sugeridos por Terzaghi (1955) estão na Tabela 8.2. Não há menção do nível de carregamento etc.

A premissa de que o coeficiente de reação em um subsolo de areia cresce linearmente com a profundidade deve ser verificada pelo exame do perfil de ensaios SPT ou CPT. O perfil pode indicar uma situação diferente, com camadas de compacidades distintas e, nesse caso, pode-se adotar um coeficiente de reação para cada camada (o que vai requerer uma solução computacional). Para esta adoção pode-se lançar mão de correlações entre o módulo de elasticidade do solo e resultados de ensaios de penetração. Uma possível correlação é (LOPES *et al.*, 1994)

$$E' \sim 2 N_{SPT} \text{ (para } E' \text{em MN/m}^2\text{)} \tag{8.9}$$

válida para carregamentos de baixa mobilização da resistência. Assim, combinando-se as Equações (8.4) e (8.9), obtém-se

$$k_h \sim \frac{E'}{B} \sim \frac{2\ N_{SPT}}{B} \text{ (para } B \text{ em m e } k_h \text{ em MN/m}^3\text{)} \tag{8.10a}$$

TABELA 8.2. **Valores típicos da taxa de crescimento do coeficiente de reação horizontal para areias**

Compacidade	n_h (MN/m³)	
	Acima do NA	Abaixo do NA
Fofa	2,3	1,5
Medianamente compacta	7,1	4,4
Compacta	17,8	11,1

(Adaptada de Terzaghi, 1955).

Para primeiro carregamento e elevada mobilização da resistência, deve-se reduzir o valor anterior a pelo menos a metade, ou seja,

$$k_h \sim \frac{N_{SPT}}{B} \text{ (para } B \text{ em m e } k_h \text{ em MN/m}^3\text{)} \tag{8.10b}$$

8.2 Soluções para estacas longas baseadas no coeficiente de reação horizontal

Os métodos expostos nesta seção se propõem a analisar estacas na condição de serviço. Ou seja, são análises do tipo **ELS (Estados Limites de Serviço)**. As soluções são aplicáveis a estacas cujo comprimento é tal que podem ser tratadas como vigas flexíveis semi-infinitas com apoio elástico (ou seja, vigas ou estacas cujos efeitos do carregamento em uma extremidade desaparecem antes da extremidade oposta). Estas estacas são ditas *longas*. O comprimento necessário para que se possa considerar uma estaca longa é, tipicamente, 5 vezes o *comprimento característico*, explicado a seguir (no trabalho de Hetenyi, 1946, para vigas de fundação, e de Miche, 1930, o limite é π ou 4, enquanto no método de Matlock e Reese, 1960, o limite é 5).

8.2.1 Solução para coeficiente de reação horizontal constante com a profundidade

Nesse caso, o estudo da estaca carregada transversalmente recai no de viga sobre base elástica, mostrado na Figura 8.3. Segundo Hetenyi (1946), o comprimento de uma viga ou estaca L permite tratá-la como de comprimento semi-infinito se

$$\lambda L > 4$$

sendo a rigidez relativa solo-estaca

$$\lambda = \sqrt[4]{\frac{k_h\, B}{4\, E_p I}} = \sqrt[4]{\frac{K_h}{4\, E_p I}} \tag{8.11}$$

em que:

E_p = módulo de elasticidade da estaca;
I = momento de inércia da seção transversal da estaca.

É mais comum, para estacas, se usar a *rigidez relativa estaca-solo*, T, sendo $T = 1/\lambda$. Este parâmetro é chamado de *comprimento característico* (tem a dimensão de comprimento).

A equação diferencial do problema é:

$$E_p I \frac{d^4 y}{dz^4} + K_h y = 0 \tag{8.12}$$

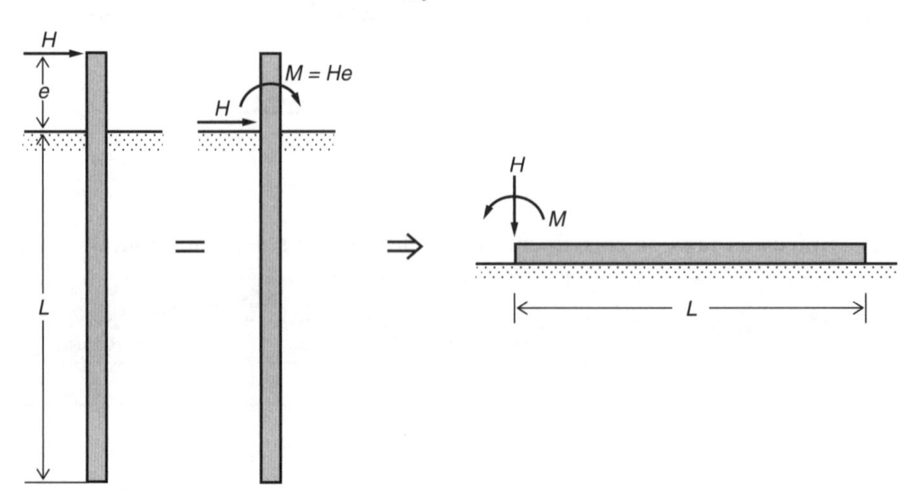

FIGURA 8.3. Hipótese de Winkler: coeficiente de reação horizontal constante.

De sua solução, obtém-se o deslocamento horizontal na superfície do terreno:

$$v_0 = \frac{2H\lambda}{K_h} + \frac{2M\lambda^2}{K_h} \tag{8.13}$$

e o momento fletor máximo (valor aproximado) a uma profundidade aproximada de $0{,}7/\lambda$:

$$M_{max} = 0{,}32\,\frac{H}{\lambda} + 0{,}7\,M \tag{8.14}$$

8.2.2 Solução para coeficiente de reação horizontal crescente com a profundidade - Método de Miche

Miche (1930) resolveu o problema da estaca em solo com um coeficiente de reação horizontal crescendo *linearmente* com a profundidade, levando em conta a deformabilidade da estaca (Figura 8.4).

Considerando uma estaca de largura B, com $k_h = m_h\, z = n_h\, z/B$ (ver Equação 8.2), a equação diferencial do problema será escrita

$$E_p I\,\frac{d^4y}{dz^4} + n_h\frac{z}{B}By = 0 \tag{8.15a}$$

ou

$$E_p I\,\frac{d^4y}{dz^4} + n_h z y = 0 \tag{8.15b}$$

Com a definição da rigidez relativa estaca-solo (ou comprimento característico)

$$T = \sqrt[5]{\frac{E_p I}{n_h}} = \sqrt[5]{\frac{E_p I}{m_h B}} \tag{8.16}$$

foram obtidos os seguintes resultados:

- Deslocamento horizontal no topo da estaca:

$$v_0 = 2{,}40\,\frac{T^3 H}{E_p I} \tag{8.17}$$

- Tangente ao diagrama de reação do solo:

$$\tan\beta = 2{,}40\,\frac{H}{BT^2} \tag{8.18}$$

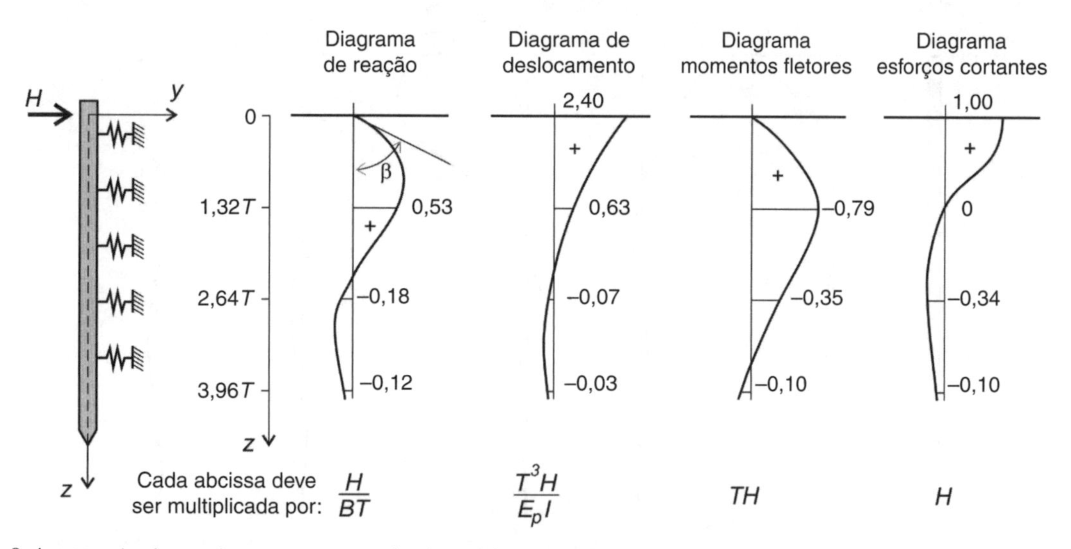

FIGURA 8.4. Método de Miche: estaca vertical submetida a uma força horizontal aplicada no topo, coincidente com a superfície do terreno.

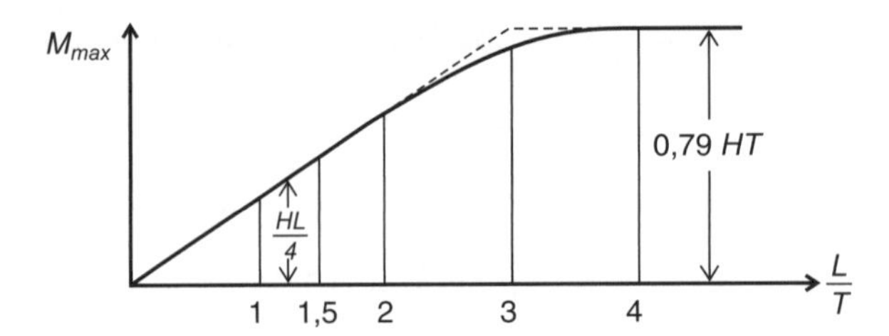

FIGURA 8.5. Método de Miche: cálculo aproximado do momento fletor máximo.

- Momento fletor máximo (a uma profundidade 1,32T):

$$M_{max} = 0{,}79HT \tag{8.19a}$$

A uma profundidade da ordem de 4T, os momentos fletores e os esforços cortantes são muito pequenos e podem ser desprezados.

Se o comprimento da estaca for menor que 1,5T ela será calculada como rígida e

$$M_{max} = 0{,}25HT \tag{8.19b}$$

Se o comprimento da estaca estiver compreendido entre 1,5T e 4T o momento fletor máximo pode ser obtido, com razoável aproximação, a partir da Figura 8.5.

8.2.3 Outros métodos

Método de Matlock e Reese

Das contribuições desses autores para o cálculo de estacas sob forças horizontais e momentos destacam-se as publicadas em 1956, 1960 e 1961. Em Matlock e Reese (1956), é considerado o caso do coeficiente de reação horizontal variando linearmente com a profundidade para a estaca vertical submetida a força horizontal e momento no topo (Figura 8.6). Em Matlock e Reese (1960) são abordadas diferentes leis de variação do coeficiente de reação. Em Matlock e Reese (1961) é retomado o caso do coeficiente de reação variando linearmente com a profundidade (na notação desses autores: E_s, com dimensão FL^{-2}).

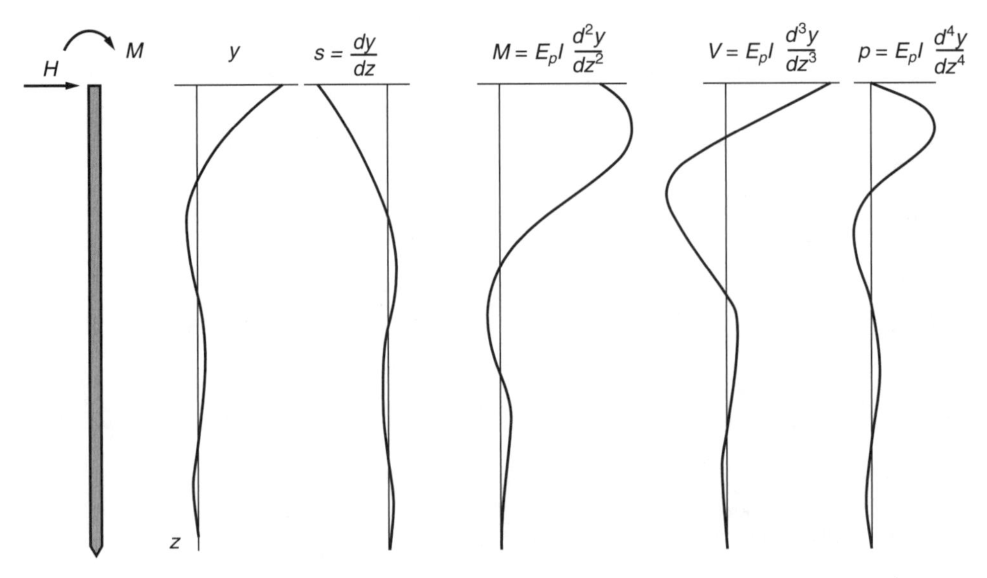

FIGURA 8.6. Estaca vertical, topo livre, submetida a uma força horizontal e a um momento (topo da estaca = superfície do terreno).

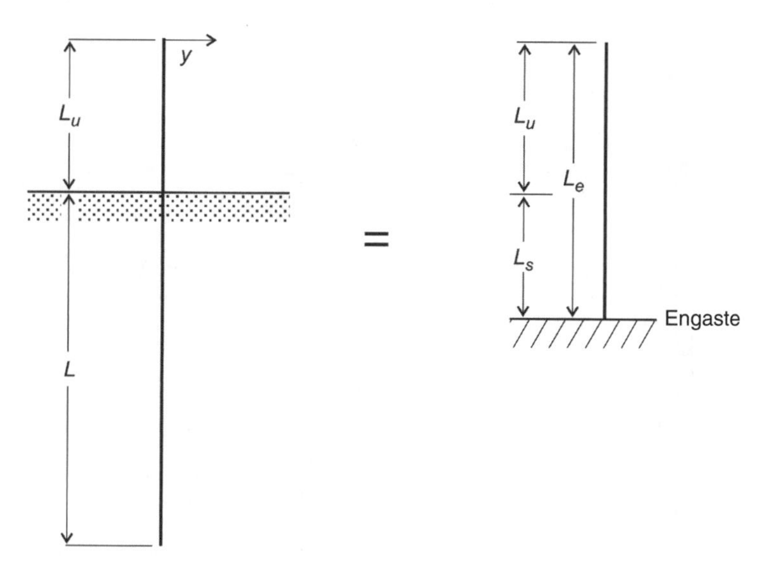

FIGURA 8.7. Estaca parcialmente enterrada real e equivalente.

Método de Davisson e Robinson

Davisson e Robinson (1965) fornecem um procedimento de fácil aplicação para o cálculo de estacas parcialmente enterradas submetidas a esforços transversais e para a verificação da flambagem (objeto do Capítulo 11). O método trata uma estaca com comprimento enterrado L e comprimento livre L_u (Figura 8.7), podendo ser submetida no topo a forças vertical e horizontal, e a momento. Davisson e Robinson determinaram um comprimento L_s tal que, somado ao comprimento livre L_u, conduza a uma haste engastada, de comprimento $L_e = L_u + L_s$, que tenha o mesmo deslocamento do topo da estaca ou a mesma carga crítica de flambagem. O método será apresentado no Capítulo 11, tanto para as ações no topo como para determinação da carga crítica de flambagem.

8.3 Cálculo da carga de ruptura

Serão apresentados dois métodos que analisam a estaca sob esforços horizontais na ruptura. Nesses métodos se obtém uma carga de ruptura, e o projeto deverá garantir segurança (1) pela aplicação de um *coeficiente de segurança global* a esta carga ou (2) pela introdução de *coeficientes de segurança parciais* (de majoração das cargas e de minoração da resistência). Ou seja, trata-se de uma análise de **ELU (Estados Limites Últimos)**. Assim, deslocamentos da estaca sob a carga de serviço não são fornecidos.

8.3.1 Método de Hansen

O método de Hansen (1961) é baseado na teoria do empuxo de terra. Oferece como vantagem: aplicabilidade aos solos com resistência ao cisalhamento expressa por c, φ e aos solos estratificados. Como desvantagens: aplicação restrita às estacas curtas e solução por tentativas.

Considere-se uma estaca de dimensão transversal B e comprimento enterrado L, submetida a uma força horizontal H aplicada a uma altura e acima da superfície do terreno (Figura 8.8).

O valor de H pode aumentar até o valor H_u para o qual a reação do terreno atinge o seu valor máximo, ou seja, o valor correspondente ao empuxo passivo (p_{zu}). As equações de equilíbrio são escritas (o somatório de momentos em relação ao nível do terreno):

$$\Sigma F_y = 0 \quad H_u - \int_0^{z_r} p_{zu} B dz + \int_{z_r}^{L} p_{zu} B dz = 0$$

$$\Sigma M = 0 \quad H_u e + \int_0^{z_r} p_{zu} B\, z\, dz - \int_{z_r}^{L} p_{zu} B\, z\, dz = 0$$

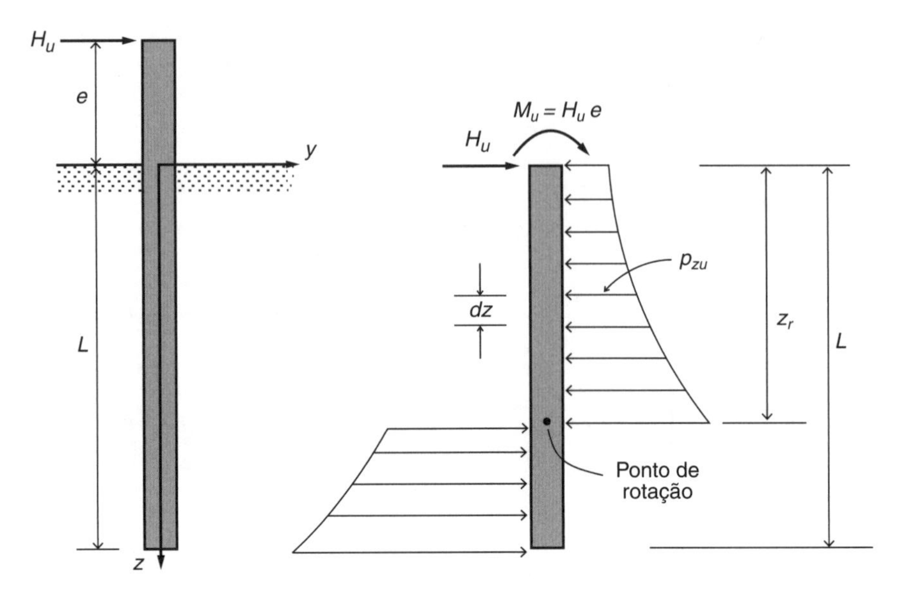

FIGURA 8.8. Estaca vertical sob a ação de uma carga horizontal – Método de Brinch-Hansen.

Desde que conhecida a distribuição de p_{zu}, essas duas equações permitem, por tentativas, determinar os valores de z_r e H_u. Hansen (1961) fornece

$$p_{zu} = \sigma'_{vz} K_q + c K_c \tag{8.20}$$

em que:

σ'_{vz} = tensão vertical efetiva no nível z;
K_q e K_c = coeficientes de empuxo que dependem de φ e de z/B, dados na Figura 8.9.

No caso de argilas saturadas, para carregamentos rápidos, deve-se usar a resistência não drenada S_u; para carregamentos lentos (ou para uma avaliação do comportamento a longo prazo), devem-se usar parâmetros drenados c' e φ'.

Um exemplo numérico pode ser visto em Velloso e Lopes (2010).

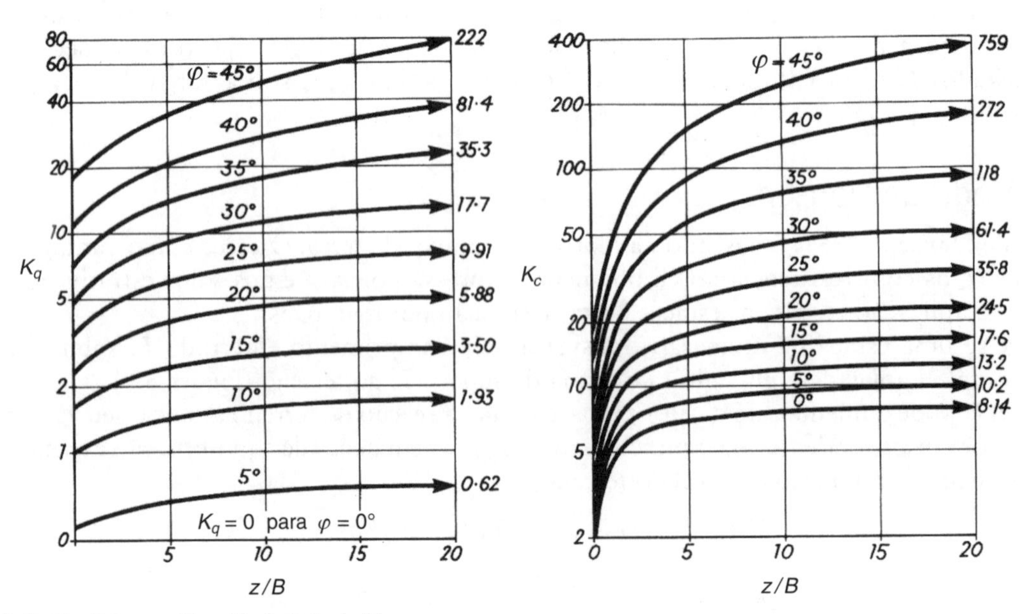

FIGURA 8.9. Coeficientes K_q e K_c de Brinch-Hansen.

8.3.2 Método de Broms

Broms (1964a, 1964b) analisou, em dois primeiros artigos, o comportamento das estacas em argilas na condição não drenada ("solos coesivos") e areias. Posteriormente, Broms (1965) resumiu suas conclusões apresentando um critério para o cálculo de estacas carregadas horizontalmente.

A ruptura de uma estaca carregada horizontalmente segue um dos possíveis mecanismos de ruptura mostrados na Figura 8.10. De um modo geral, pode-se admitir que as estacas de grande comprimento rompem pela formação de uma ou duas rótulas plásticas ao longo do seu comprimento (Figura 8.10a,b) e que as estacas curtas rompem quando a resistência do terreno é vencida (Figura 8.10c,d).

a. Introdução da segurança

Broms sugeriu a introdução de segurança através de coeficientes de majoração das cargas (1,5 para cargas permanentes e 2,0 para cargas acidentais) e de uma minoração da resistência em 25 % (coesão de projeto = 0,75 c; tan φ de projeto = 0,75 tan φ). Seguindo o critério de um fator de segurança único, é possível se aplicar, ao resultado do cálculo com as propriedades características dos solos, um fator de segurança global, como 2,0.

b. Mecanismos de ruptura

Estacas curtas livres – A ruptura ocorre quando a estaca, como um corpo rígido, gira em torno de um ponto localizado a uma certa profundidade (Figura 8.10c).

Estacas longas livres – A ruptura ocorre quando a resistência à ruptura (ou plastificação) da estaca é atingida a uma certa profundidade (Figura 8.10a).

Estacas curtas engastadas no bloco ("impedidas") – A ruptura ocorre quando a estaca tem uma translação de corpo rígido (Figura 8.10d).

Estacas longas engastadas no bloco ("impedidas") – A ruptura ocorre quando se formam duas rótulas plásticas: uma na seção de engastamento e outra a uma certa profundidade (Figura 8.10b).

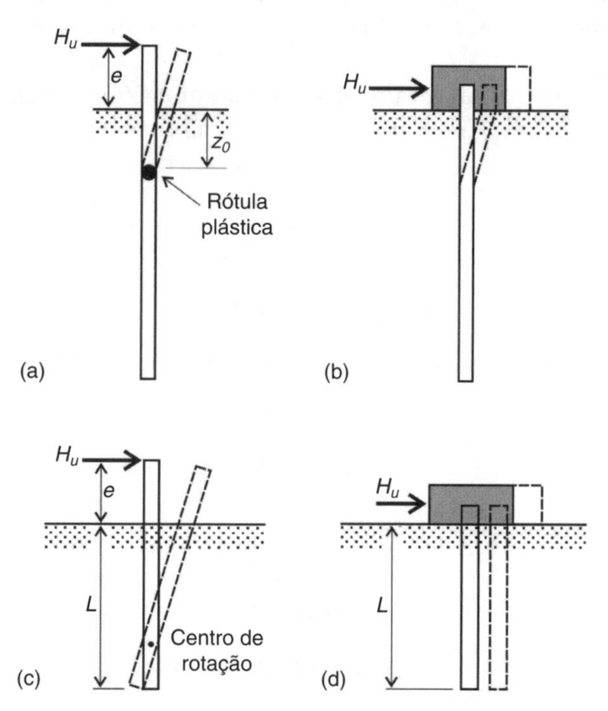

FIGURA 8.10. Mecanismos de ruptura de (**a**) estaca longa livre; (**b**) estaca longa engastada no bloco ("impedida"); (**c**) estaca curta livre; e (**d**) estaca curta engastada no bloco ("impedida").

c. Ruptura (ou plastificação) a flexão da estaca

No tipo de análise feita por Broms, é necessário que, no estado de ruptura, a capacidade de rotação das rótulas plásticas formadas ao longo da estaca seja suficiente para: (a) desenvolver o empuxo passivo do solo acima da rótula plástica inferior; (b) provocar a redistribuição completa dos momentos fletores ao longo da estaca; e (c) utilizar a total resistência à ruptura (ou plastificação) da estaca nas seções críticas.

Com os dados de que dispunha, Broms concluiu:

a. em *estacas de aço*, a capacidade de rotação é suficiente para produzir completa redistribuição de momentos e despertar o empuxo passivo acima da rótula plástica (estaca longa) ou acima do centro de rotação (estaca curta); cumpre evitar a flambagem local, o que pode ser conseguido, no caso de estacas tubulares, enchendo-as com areia ou concreto;

b. em *estacas de concreto armado*, a capacidade de rotação é, provavelmente, suficiente para desenvolver o empuxo passivo antes que ocorra a ruptura no caso de areias e provocar uma completa redistribuição de momentos se (1°) as estacas forem subarmadas e (2°) se a ruptura ocorre mais pelo escoamento da armadura do que pelo esmagamento do concreto; como resultados de ensaios em número suficiente não eram, ainda, disponíveis, deve-se ter cuidado na utilização do método proposto no caso de "solos coesivos" e quando a ruptura é provocada pela formação de uma ou mais rótulas plásticas.

Para o cálculo dos momentos de ruptura (ou plastificação) da estaca, deve-se estudar seu dimensionamento como peça de concreto armado ou aço, levando em conta a influência da força normal (ver Exercício Resolvido 3, a seguir).

d. Cargas na ruptura

d1 Em areias

Estacas curtas com o topo livre. Para estacas curtas, a carga de ruptura é dada por

$$H_u = \frac{0{,}5\,\gamma'\,B\,L^3\,K_p}{(e+L)} \tag{8.21}$$

desde que o momento fletor máximo que solicita a estaca seja menor que o momento de ruptura (ou plastificação) da estaca. O valor adimensional $H_u\,/\,K_p\,B^3\,\gamma'$ está indicado na Figura 8.11a em função da relação L/B e de e/L.

Estacas longas com o topo livre. A ruptura ocorre quando uma rótula plástica se forma a uma profundidade z_0 correspondente à localização do momento fletor máximo. São obtidos os valores:

$$z_0 = 0{,}82\sqrt{\frac{H_u}{\gamma' B K_p}} \tag{8.22}$$

e

$$M_{max} = H_u\,(e + 0{,}67\,z_0) \tag{8.23}$$

Igualando esse momento fletor máximo ao momento de ruptura (ou plastificação) M_u obtém-se:

$$H_u = \frac{M_u}{e + 0{,}55\sqrt{\dfrac{H_u}{\gamma' B K_p}}} \tag{8.24}$$

O valor adimensional $H_u\,/\,K_p\,B^3\,\gamma'$ está indicado na Figura 8.11b em função de $M_u\,/\,K_p\,B^4\,\gamma'$ e de e/B.

Estacas curtas impedidas. A carga de ruptura é dada por:

$$H_u = 1{,}5\,L^2\,B\gamma' K_p \tag{8.25}$$

desde que o momento fletor (negativo) máximo, na ligação da estaca com o bloco, seja menor que o momento de ruptura (ou plastificação) da estaca.

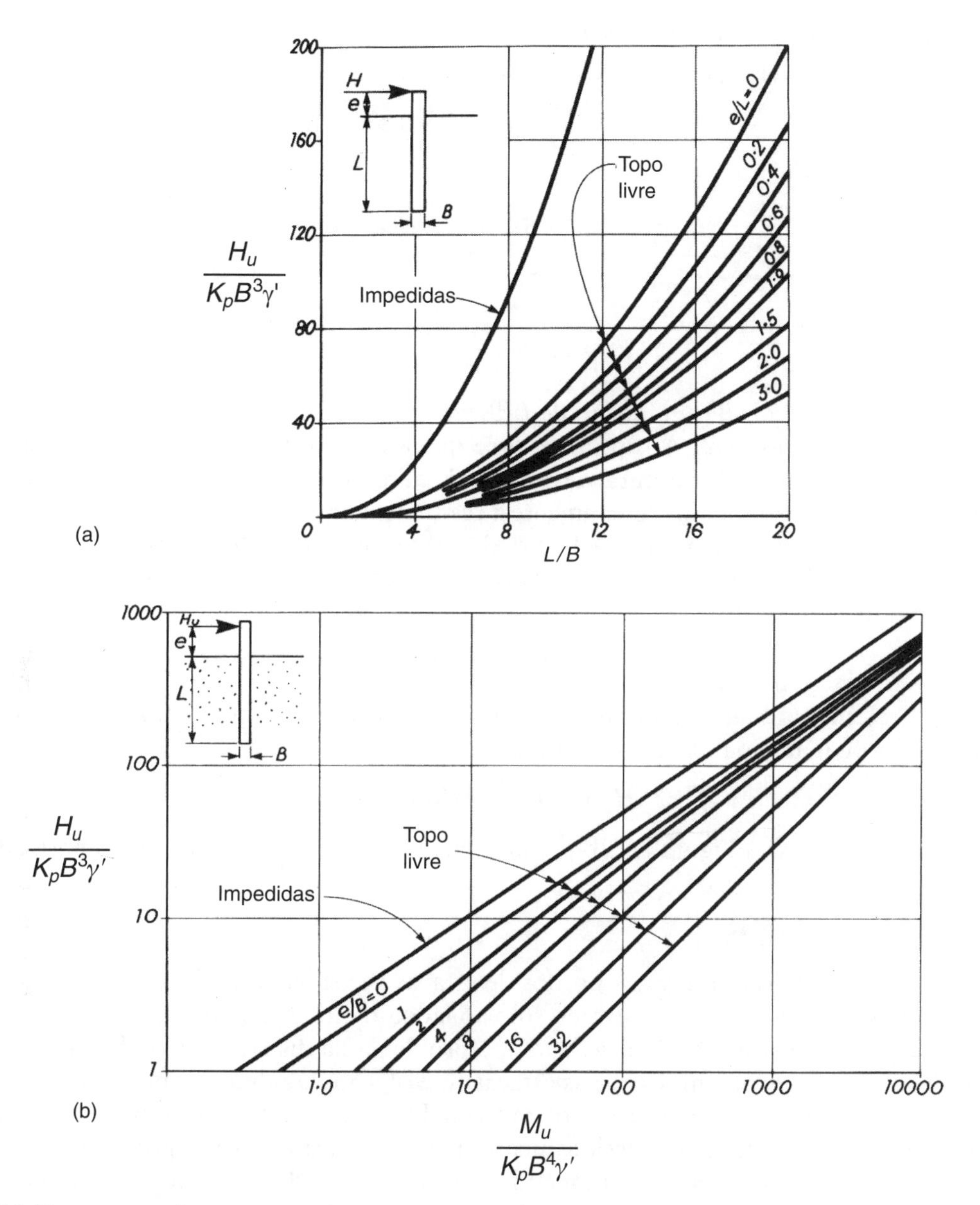

FIGURA 8.11. Estacas em solos arenosos: (a) estacas curtas e (b) estacas longas.

Estaca longa engastada. Se a seção da estaca tiver momento de ruptura positivo (M_u^+) diferente do negativo (M_u^-), a carga de ruptura será dada por:

$$H_u = \frac{M_u^+ + M_u^-}{e + 0{,}54\sqrt{\dfrac{H_u}{\gamma' B K_p}}} \tag{8.26a}$$

Se os dois momentos de ruptura forem iguais:

$$H_u = \frac{2M_u}{e + 0{,}54\sqrt{\dfrac{H_u}{\gamma' B K_p}}} \tag{8.26b}$$

Os valores de H_u podem ser obtidos da Figura 8.11b.

d2 Em argilas saturadas ("solos coesivos")

Estacas curtas com o topo livre. Têm-se as seguintes equações:

$$M_{max} = H_u (e + 1,5\,B + 0,5 z_o) \tag{8.27}$$

ou

$$M_{max} = 2,25\,BS_u (L - 1,5B - z_o)^2 \tag{8.28}$$

e

$$z_0 = \frac{H_u}{9\,S_u\,B} \tag{8.29}$$

A Figura 8.12a fornece $H_u/S_u\,B^2$ em função de L/B e de e/B.

Estacas longas com o topo livre. A ruptura ocorre quando o momento fletor calculado pela Equação (8.28) iguala o momento de ruptura da estaca. É admitido que os deslocamentos laterais são suficientemente grandes para mobilizar plenamente a resistência passiva do solo abaixo da profundidade em que ocorre o momento fletor máximo. A Figura 8.12b fornece $H_u/S_u\,B^2$ em função de $M_u/S_u\,B^3$.

Estacas curtas engastadas. Tal como no caso das areias, na ruptura, a estaca experimenta uma translação de corpo rígido. Tem-se:

$$H_u = 9\,S_u\,B(L - 1,5B) \tag{8.30}$$

A fim de que o referido mecanismo de ruptura aconteça, é necessário que o momento fletor negativo máximo seja menor ou igual ao momento de ruptura da estaca:

$$H_u(0,5\,L + 0,75B) < M_u \tag{8.31}$$

Estacas longas engastadas. A Figura 8.12b permite calcular a carga de ruptura H_u a partir de M_u.

8.4 Grupos de estacas

Na prática, frequentemente são utilizados grupos de estacas verticais para absorver forças horizontais. Em geral, despreza-se a contribuição passiva do solo ao lado do bloco, a menos que haja garantia de que não haverá escavação em torno dele. Tem-se, então, o problema da distribuição da força atuante H pelo grupo de n estacas que o constituem. Como as estacas se deslocam igualmente (bloco rígido), é razoável atribuir a cada estaca a mesma força H/n. Por outro lado, se as estacas estão próximas, haverá uma interação entre elas de tal forma que o deslocamento de uma estaca no grupo poderá ser maior do que aquele que ela teria se estivesse isolada e submetida à mesma carga. Desse maior deslocamento decorre um maior momento fletor. Assim, o efeito do grupo pode ser levado em conta reduzindo-se o coeficiente de reação lateral (DAVISSON, 1970).

Segundo Davisson (1970), para estacas espaçadas de $3B$, o coeficiente de reação deve ser da estaca isolada, que só seria adotado para espaçamentos maiores que $8B$. Para espaçamentos intermediários pode ser adotada uma interpolação linear.

Há um terceiro procedimento, conhecido como *processo de amplificação de grupo*, proposto por Ooi e Duncan (1994). Um trabalho sobre a contribuição do bloco de coroamento de um grupo de estacas submetido a forças horizontais é de Rollins e Sparks (2002).

Exercício resolvido 1

Calcule o momento fletor máximo e o deslocamento horizontal do topo em uma estaca pré-moldada de concreto armado, de diâmetro externo 40 cm, parede de 10 cm, cravada 24 m em um solo argiloso e submetida a uma força horizontal no nível do terreno de 30 kN. Suponha que o solo apresente k_h = 500 kN/m^3 constante com a profundidade. A estaca tem um módulo de Young E_p = 25 GPa (na compressão).

A estaca tem momento de inércia I = 0,0012 m^4.

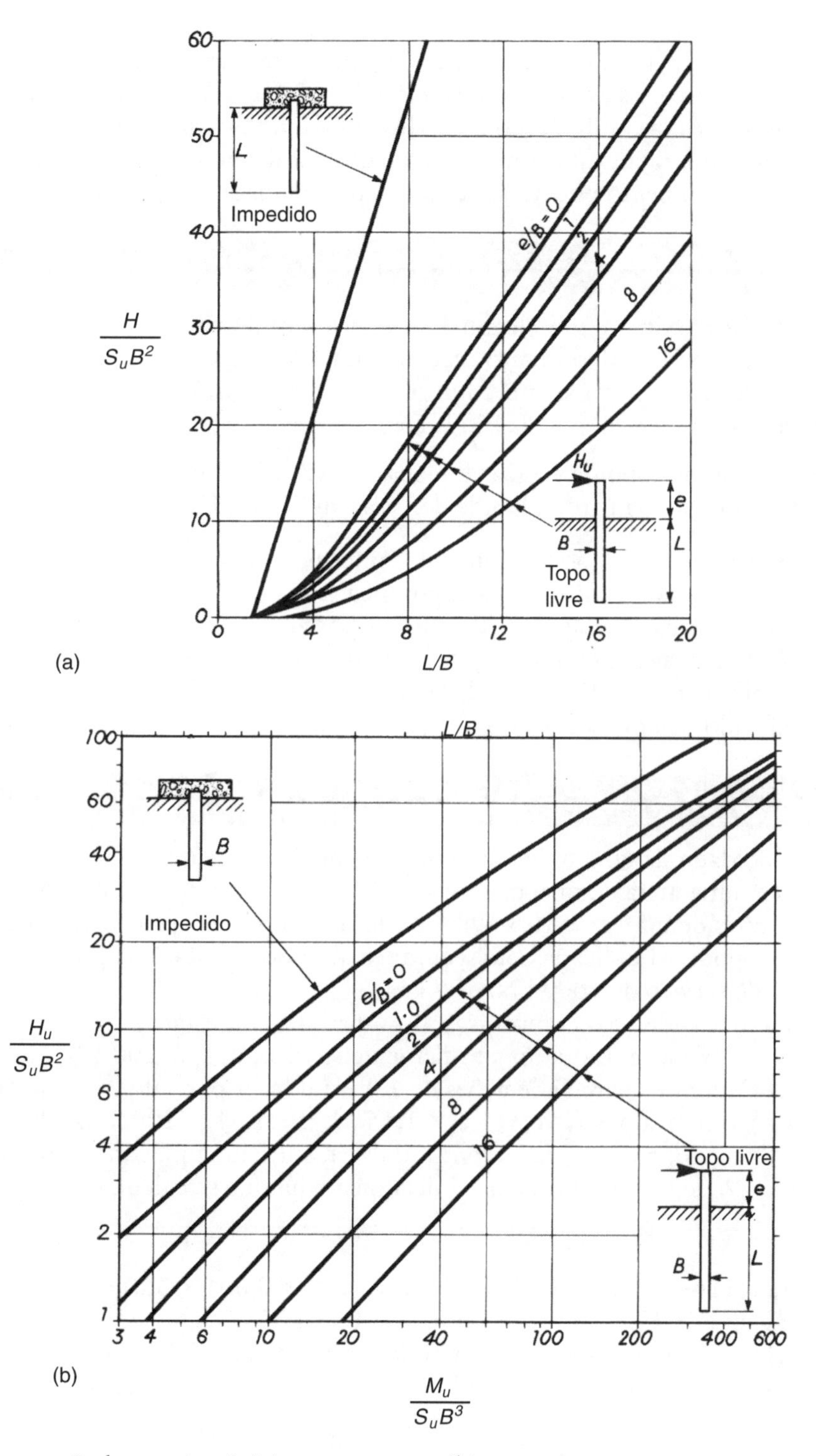

FIGURA 8.12. Estacas em "solos coesivos": (**a**) estacas curtas e (**b**) estacas longas.

Pelo método de Hetenyi (1946), tem-se λ = 0,20 m^{-1} [Equação (8.11)] e um *comprimento característico* (inverso da *rigidez relativa solo-estaca*) $T = 1/\lambda$ = 4,93 m. Conclui-se que o método é aplicável, pois $L > 4T$. Daí, tem-se:

- Deslocamento horizontal no topo da estaca [Equação (8.13)]: 0,06 m.
- Momento fletor máximo, a uma profundidade de ~ 3,5 m [Equação (8.14)]: 48 kNm.

Observação

Foi adotado, no exercício, o módulo de elasticidade para o concreto armado de 25 GPa, válido para compressão. Em flexão, a estaca se fissura e este módulo cai (na verdade, rigidez a flexão, E_p I, cai). O cálculo com a rigidez mais alta conduz a momento fletor maior, a favor da segurança. Já o deslocamento do topo será maior com uma rigidez menor. Como a rigidez a flexão de uma peça de concreto armado pode cair à metade, o deslocamento poderá ser o dobro do calculado.

Exercício resolvido 2

Calcule o momento fletor máximo e o deslocamento horizontal do topo para a mesma estaca anterior, submetida à mesma força horizontal, porém cravada em uma areia fofa que apresenta $m_h = 1000$ kN/m^4.

Pelo método de Miche (1930), tem-se um *comprimento característico* T = 2,36 m [Equação (8.16)]. Conclui-se que o método é aplicável, pois $L > 4T$. Daí, tem-se:

- Deslocamento horizontal no topo da estaca [Equação (8.17)]: 0,03 m.
- Momento fletor máximo, a uma profundidade de ~ 3,1 m [Equação (8.19a)]: 56 kN · m.

Como a aplicação desse método, assim como do anterior, é uma previsão do comportamento em serviço (ELS), cabe ainda uma verificação da segurança à ruptura (ELU). Uma forma simples dessa verificação consiste em desenhar o diagrama de tensões horizontais despertadas no solo (por exemplo, indicado na Figura 8.4) juntamente com o empuxo passivo (que pode ser multiplicado por 2 por conta da mobilização de empuxo em $2B$). Deve ser observado um empuxo passivo disponível superior ao das tensões horizontais afetado de uma segurança adequada.

Exercício resolvido 3

Seja uma estaca pré-moldada de 60 cm de diâmetro, 10 cm de espessura de parede, com 12 m de comprimento, embutida em uma areia compacta com $\varphi' = 30°$ e γ_{sat} = 20 kN/m^3. O NA coincide com o NT e, portanto, deve ser considerado γ' = 10 kN/m^3. Pede-se determinar, pelo método de Broms, a força horizontal máxima que pode ser aplicada com segurança ao topo da estaca, suposto livre. Considere que há uma carga vertical de serviço de 1000 kN.

De acordo com um ábaco de flexocompressão do fabricante da estaca, entrando com uma normal de serviço de 1000 kN, obtém-se um momento fletor de serviço M_{serv} = 200 kN · m. No momento de serviço foi considerado um fator parcial de ações de 1,4 e um fator parcial para o aço de 1,15. Assim, o momento de plastificação será suposto $M_u = 1{,}4 \times 1{,}15\ M_{serv} = 1{,}61 \times 200 = 322$ kN · m.

Será suposto, logo de início, que a estaca é *longa*, ou seja, sofre uma plastificação por momento fletor em algum ponto ao longo de seu comprimento. Inicialmente há que se calcular

$$K_p = \tan^2(45° + \varphi'/2) = \tan^2(45° + 15°) = 3{,}0$$

Entrando na Figura 8.11b com $M_u / (\gamma' B^4 K_p) = 322 / (10 \times 0{,}60^4 \times 3{,}0) = 83$, e com $e = 0$, chega-se a $H_u / (\gamma' B^3 K_p) \sim 35$. Então, $H_u = 35\ (10 \times 0{,}60^3 \times 3{,}0) = 227$ kN.

Logo, seria possível aplicar uma força horizontal *de serviço* de 227/2,0 = 113 kN.

É preciso verificar a profundidade da rótula plástica. Com a Equação (8.22) obtém-se

$$z_o = 0{,}82[227/(10 \times 0{,}6 \times 3{,}0)]^{0,5} = 2{,}91\text{m}$$

ou seja, a rótula plástica se formaria a 1/4 do comprimento da estaca.

Observação

Ao se consultar um ábaco de flexocompressão, vê-se que o momento fletor que a estaca resiste depende da carga axial (*carga normal*). No caso da estaca deste exercício, por exemplo, se a carga normal for nula, o momento fletor resistente cai para a metade. Portanto, é preciso verificar se a carga *total* passada pelo projetista da estrutura tem uma parcela *permanente* (devido ao peso próprio etc.) e uma – ou mais – parcelas *variáveis* (devido ao uso da estrutura, vento, correntes etc.). Considerando as diferentes hipóteses de carga axial, o menor momento fletor resistente (na ruptura) M_u deve ser levado em conta.

CAPÍTULO 9

Esforços devidos a sobrecargas assimétricas ou "Efeito Tschebotarioff"

Neste capítulo são estudados os esforços de flexão que podem surgir em uma estaca quando, de dois lados da mesma, há diferenças no nível do terreno (por exemplo, por aterro de um lado) ou sobrecargas diferentes aplicadas diretamente sobre o terreno. Nesses casos, surgirá um empuxo horizontal atuando no fuste da estaca, causando flexão na mesma. Na ocorrência de solos argilosos moles, esse empuxo pode levar a deslocamentos das fundações e mesmo à ruptura das estacas. Este fenômeno é conhecido como *"Efeito Tschebotarioff"*.

9.1 Introdução

Toda sobrecarga aplicada diretamente sobre um solo de fundação induz deslocamentos no interior da massa de solo, tanto verticais como horizontais. Caso existam estacas na região deformada pelo carregamento, estas se constituirão em um impedimento ao deslocamento do solo e, consequentemente, ficarão sujeitas aos esforços provenientes desta restrição. Este fenômeno foi descrito por Tschebotarioff, em 1962, e por isso é conhecido como *"Efeito Tschebotarioff"*. Na literatura técnica, estacas sujeitas a este tipo de solicitação são ditas *estacas passivas sob esforços horizontais* (para distingui-las das estacas que recebem forças horizontais no topo e que passam a solicitar o solo, chamadas *estacas ativas sob esforços horizontais*).

Embora Tschebotarioff (1962) tenha chamado a atenção para esse efeito no caso da ocorrência de camadas argilosas moles, há relatos desse fenômeno também em depósitos arenosos pouco compactos.

Situações clássicas em que ocorre o Efeito Tschebotarioff são (Figura 9.1):

a. armazém estaqueado apenas na periferia, em que o material armazenado transmite tensões à camada compressível, que se desloca lateralmente pressionando as estacas periféricas;
b. tanque de armazenamento de fluidos estaqueado apenas na periferia (semelhante ao caso anterior);
c. muros de arrimo sobre estacas;
d. muros de encontro de pontes (semelhante ao caso anterior);
e. aterro de acesso a pontes.

Embora esse efeito esteja associado à execução de aterros e aplicação de sobrecargas, um efeito semelhante ocorre no caso de escavações assimétricas em relação a um estaqueamento. A escavação de um lado de um estaqueamento pode deformá-lo e até levá-lo à ruptura.

Podem-se destacar os seguintes fatores que mais influenciam na solicitação lateral de estacas:

1. valor da sobrecarga (altura e peso específico do material de aterro ou do material armazenado);
2. características da camada compressível;
3. fator de segurança à ruptura global (decorrente dos dois fatores anteriores);
4. distância das estacas à sobrecarga;
5. rigidez das estacas;
6. geometria do estaqueamento;
7. execução do aterro (ou aplicação da sobrecarga) após a execução das estacas;
8. tempo.

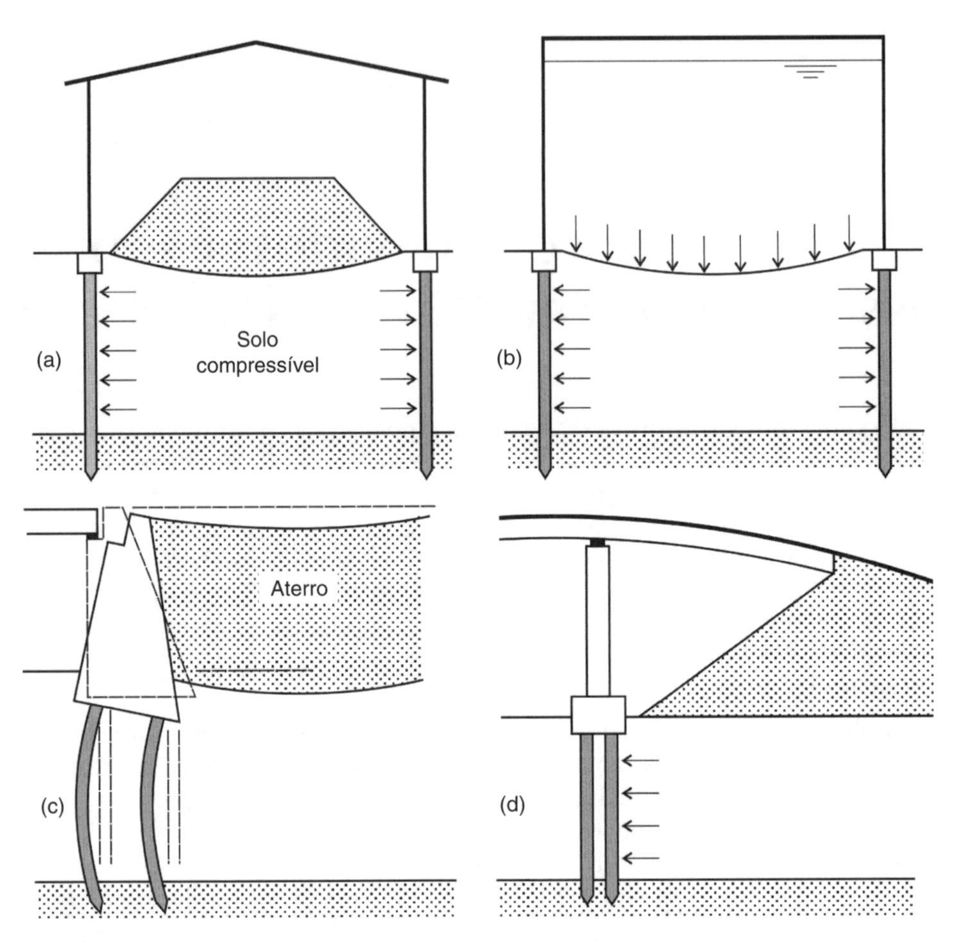

Figura 9.1. Exemplos do "Efeito Tschebotarioff: (**a**) armazém com sobrecarga aplicada sobre o terreno; (**b**) tanque de armazenamento de fluido; (**c**) muro de encontro de pontes; e (**d**) aterro de acesso a ponte (Adaptada de Velloso e Lopes, 2010).

O terceiro fator é muito importante (deixando claro que o fator de segurança em questão é aquele associado a superfícies que atinjam o estaqueamento). Quando o fator de segurança é baixo, o efeito nas estacas é muito intenso. Assim, na proximidade de obras estaqueadas, aterros sobre solo mole têm que apresentar fator de segurança bem mais elevado que os mínimos frequentemente aceitos em uma obra de terra.

Em relação ao penúltimo fator, vale lembrar que um aterro sobre argila mole (saturada) provoca, no curto prazo, uma deformação praticamente a volume constante (deformação não drenada), sendo elevados os deslocamentos horizontais próximo aos bordos. Com o tempo (ou com o adensamento), esses deslocamentos horizontais evoluem um pouco mais, mas a maior parcela de deslocamentos ocorreu na ocasião da execução do aterro. Assim, se um aterro é executado após as estacas, elas serão solicitadas pelos deslocamentos não drenados, que são os maiores.

O último fator, como dito anteriormente, está associado ao aumento de deformações com o tempo (ou com o adensamento). Portanto, é possível que um estaqueamento se comporte bem por um tempo e que bem mais tarde apresente problema.

9.2 Estimativa de esforços

A relação de fatores que mais influenciam na solicitação lateral de estacas já indica a complexidade do fenômeno. Uma avaliação precisa de esforços nas estacas é muito difícil, mesmo fazendo uso de métodos numéricos. Trata-se de um problema tridimensional, em que a modelagem dos solos envolvidos precisaria incluir seu comportamento elastoviscoplástico associado à dissipação de poro-pressões (adensamento). Entretanto, há alguns métodos empíricos, apresentados a seguir, que podem fornecer uma estimativa dos esforços nas estacas.

9.2.1 Método de Tschebotarioff

Em seu primeiro trabalho, Tschebotarioff (1962) recomendou, para uma estimativa grosseira do momento fletor nas estacas, que as tensões laterais deveriam ser representadas por um carregamento triangular com uma ordenada máxima, no centro da camada compressível, de (Figura 9.2):

$$P_h = 2\,B\,K\,\gamma\,H\,(\text{dimensão FL}^{-1}) \tag{9.1}$$

em que:

B = largura da estaca;
$\gamma\,H$ = tensão vertical correspondente a um aterro vizinho de altura H;
K = coeficiente de empuxo.

O coeficiente de empuxo, K, para um depósito normalmente adensado e não amolgado, poderia ser tomado como 0,5. As estacas da fileira mais próxima do aterro poderiam ser dimensionadas como vigas simplesmente apoiadas (ver condições de apoio na Figura 9.2), com o carregamento na espessura da camada argilosa; estacas de outras fileiras podem receber um empuxo menor, mas, a favor da segurança, costumam ser dimensionadas da mesma forma.

Após uma pesquisa patrocinada por órgão de estradas norte-americano, Tschebotarioff (1970, 1973) manteve o diagrama de pressões triangular que sugerira anteriormente, recomendando, entretanto, uma redução na ordenada de pressão P_h para

$$P_h = B\,K\,\Delta\sigma_z\,(\text{dimensão FL}^{-1}) \tag{9.2a}$$

em que $\Delta\sigma_z$ é o acréscimo de tensão vertical devido à ação do aterro, ou de uma sobrecarga qualquer, no centro da camada argilosa e junto à estaca.

Em princípio, $\Delta\sigma_z$ pode ser obtido por solução da Teoria da Elasticidade, considerando o aterro uma sobrecarga na superfície de um meio elástico. Quando o aterro ou a sobrecarga se situar de um lado apenas da estaca analisada (por exemplo, apenas do lado direito da Figura 9.2 ou 9.3), $\Delta\sigma_z$ pode ser calculado diretamente da solução da Teoria da Elasticidade que apresente a geometria do carregamento. Porém, se parte do aterro está de um lado da estaca (por exemplo, do lado direito) e parte do outro (por

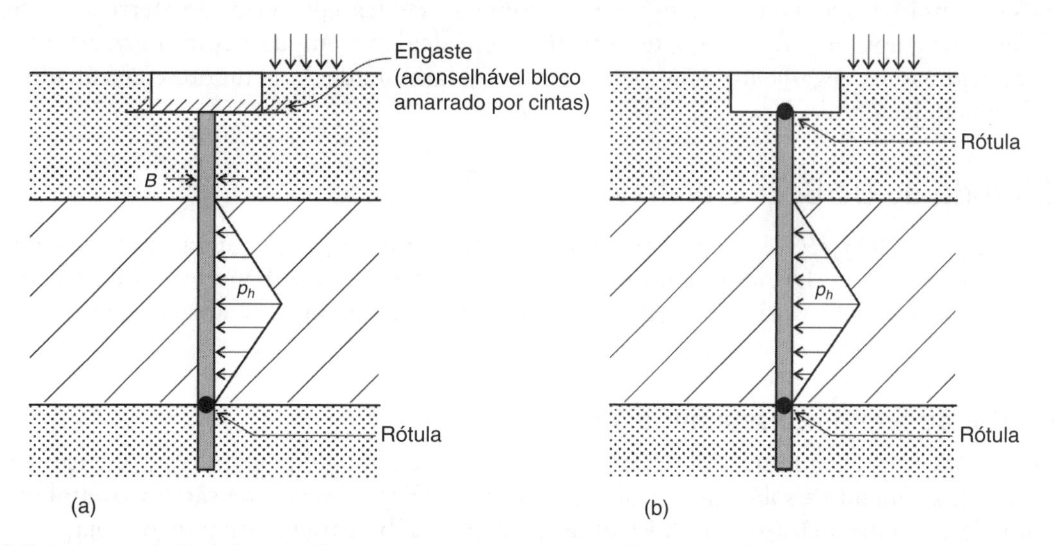

FIGURA 9.2. Proposta de Tschebotarioff: (a) caso em que a estaca pode ser considerada engastada no bloco e (b) caso em que a estaca não pode ser considerada engastada no bloco.

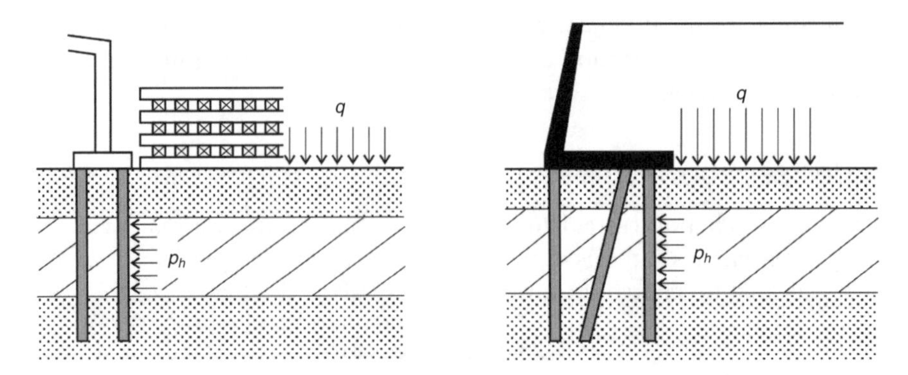

FIGURA 9.3. Empuxo em estacas no caso de sobrecarga uniforme (Adaptada de De Beer e Wallays, 1969).

exemplo, do lado esquerdo), o método não indica como proceder. Sugere-se calcular $\Delta\sigma_z$ como devido à *parte assimétrica da sobrecarga*, como será mostrado no Exercício Resolvido 2.

Em relação à Equação (9.2a), Velloso e Lopes (2010) recomendam o uso de $2B$ em vez de B [como estava na Equação (9.1), mais antiga], a partir do entendimento de que a faixa de solo envolvida no empuxo da estaca tem uma largura de pelo menos duas vezes a largura da estaca. Esse entendimento existe no caso em que a estaca é carregada horizontalmente e o solo reage à estaca – *estaca ativa* –, problema estudado no Capítulo 8. A ordenada de empuxo máxima seria então

$$P_h = 2B\,K\,\Delta\sigma_z \text{ (dimensão FL}^{-1}\text{)} \tag{9.2b}$$

Quanto às condições de apoio, Tschebotarioff (1973) recomenda considerar a estaca rotulada na base da argila. Se a estaca estiver engastada no bloco, vale o esquema da Figura 9.2a. Caso haja dúvida quanto ao engastamento no bloco, a estaca deve ser suposta birrotulada (Figura 9.2b).

Tschebotarioff (1973) recomenda um fator de segurança mínimo de 1,7 em relação à ruptura do aterro.

Sugestão para o caso de execução do aterro após as estacas

Para as equações do método, Tschebotarioff sugere um coeficiente de empuxo, K, de 0,5, que corresponde a um K_0 de argila em adensamento. Porém, como dito na seção 9.1, se o aterro for executado após as estacas, elas estarão sujeitas aos deslocamentos horizontais não drenados, portanto, em uma condição de carregamento mais desfavorável. O método de Tschebotarioff não considera deslocamentos, mas sim acréscimos de tensão. Uma maneira de se levar em conta a execução posterior do aterro seria considerar um coeficiente de empuxo maior. Ou, alternativamente, calcular o empuxo com o *acréscimo de tensão horizontal* devido ao carregamento dado pela Teoria da Elasticidade. Essa hipótese de cálculo será aplicada no Exercício Resolvido 2.

9.2.2 Método de De Beer e Wallays

De Beer e Wallays (1969,1972) propuseram um método empírico para algumas situações de carregamento próximo a estacas. Distinguiram dois casos: (a) as tensões cisalhantes no solo são consideravelmente menores que os valores de ruptura e (b) as tensões cisalhantes se aproximam dos valores de ruptura.

Caso A. Fator de segurança superior a 1,6

Este método pode ser aplicado quando o fator de segurança global, desprezando a presença das estacas, for superior a 1,6. Quando a sobrecarga atuante é uniforme (Figura 9.3), a tensão horizontal p_h nas estacas, na camada sujeita às deformações horizontais, é igual à sobrecarga q atuante, ou seja,

$$p_h = q \text{ (dimensão FL}^{-2}\text{)} \tag{9.3}$$

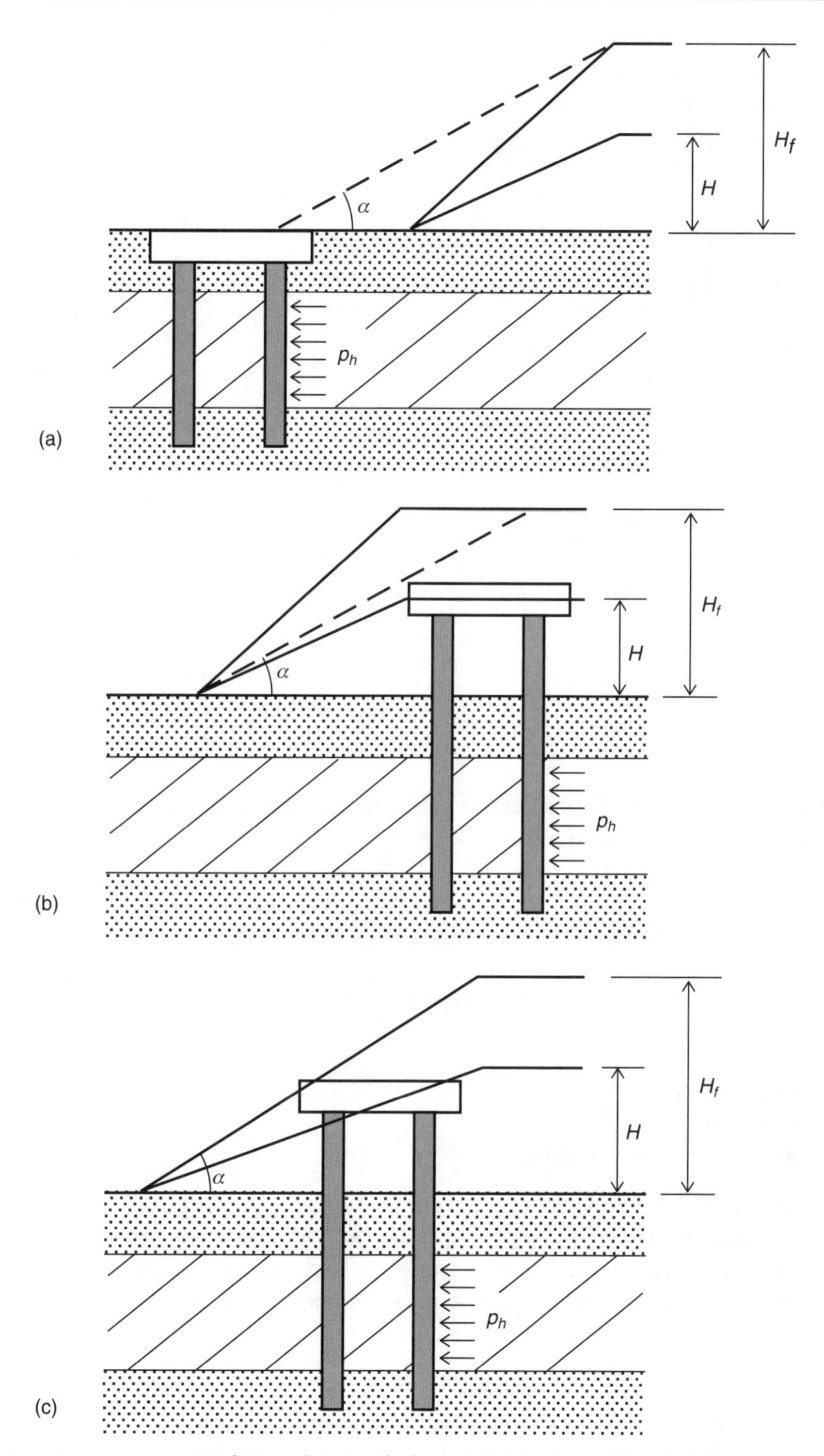

FIGURA 9.4. Empuxo em estacas na vizinhança de um talude (Adaptada de De Beer e Wallays, 1969).

Quando a sobrecarga lateral não é uniforme, mas sim definida por um talude (Figura 9.4), um fator de redução *f*, dado por

$$f = \frac{\alpha - \varphi'/2}{\pi/2 - \varphi'/2} \tag{9.4}$$

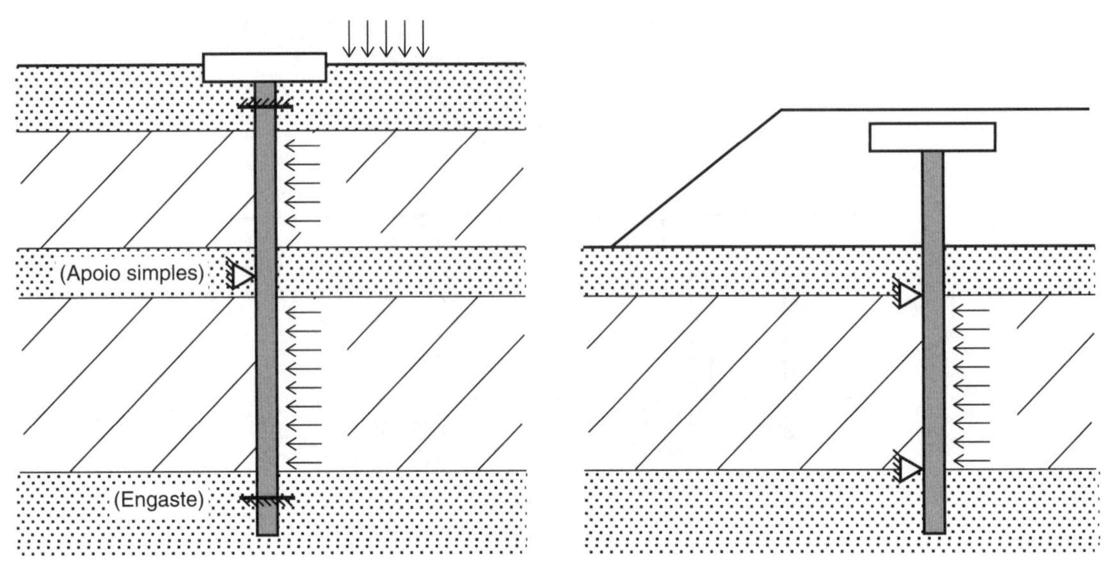

FIGURA 9.5. Condições de contorno de deslocabilidade horizontal (Adaptada de De Beer e Wallays, 1969).

é introduzido, obtendo-se

$$p_h = f\,q \tag{9.5}$$

em que α é o ângulo de um talude fictício, dado em radianos, definido na Figura 9.4, e φ' é o ângulo de atrito efetivo do solo, também em radianos.

A pressão p_h deve ser multiplicada pela largura ou diâmetro da estaca.

Como os autores do método se basearam em um material com peso específico 18 kN/m³, para um material qualquer é preciso calcular uma altura fictícia do talude, dada por

$$H_f = H\frac{\gamma_k}{18} \tag{9.6}$$

em que:

H_f = altura do talude fictício;
H = altura do talude real;
γ_k = peso específico do material do talude real em kN/m³.

O cálculo dos momentos fletores deve ser feito como indicado na Figura 9.5.

Ainda, De Beer e Wallays (1972) ressaltam que o método proposto é aproximado e serve para a estimativa apenas do valor máximo do momento fletor. Portanto, por segurança, as estacas devem ser dimensionadas em todo seu comprimento para o máximo momento calculado.

Caso B. Fator de segurança baixo

No caso de fator de segurança à ruptura global baixo, as estacas estarão submetidas a um carregamento muito maior do que o indicado anteriormente. Os autores recomendam que o carregamento horizontal máximo atuante na estaca seja calculado com base em um método de ruptura, como Hansen (1961), ou pelo cálculo de empuxos considerando uma faixa de largura igual a três diâmetros da estaca.

9.2.3 Contribuição de Marche e Lacroix

Marche e Lacroix (1972) analisaram quinze pontes nas quais foram observados movimentos apreciáveis dos encontros. Tentaram caracterizar as condições para as quais existe grande probabilidade de uma movimentação excessiva em encontros de pontes.

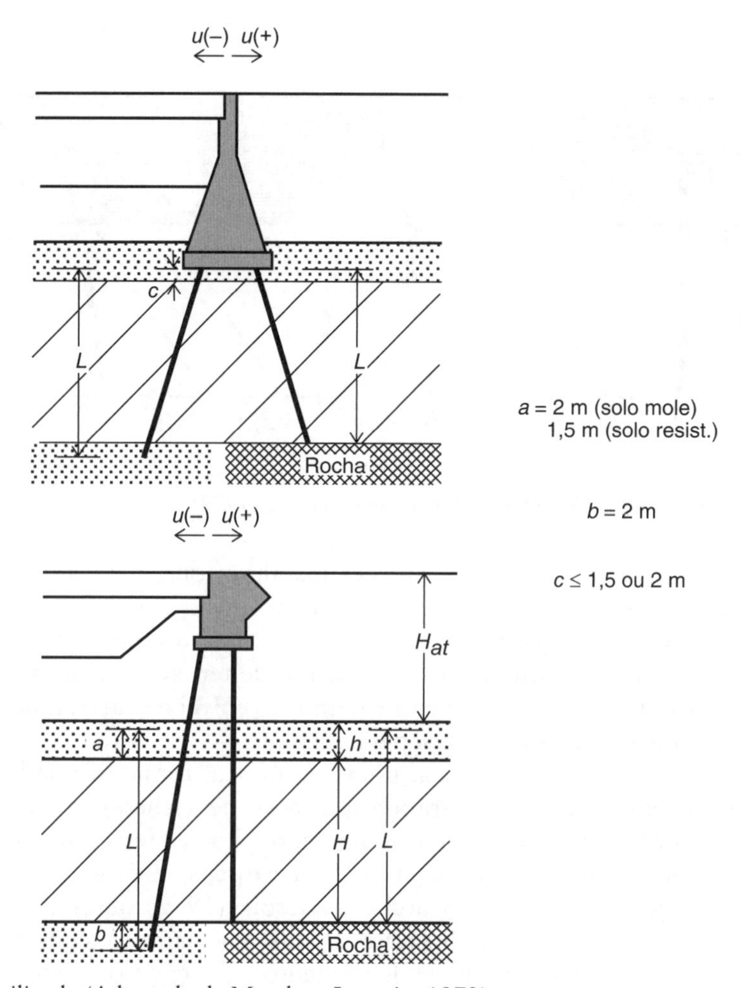

FIGURA 9.6. Notação utilizada (Adaptada de Marche e Lacroix, 1972).

Os movimentos horizontais dos encontros foram definidos pelo aumento (ou diminuição) da distância inicial entre o tabuleiro e o encontro. Os movimentos são considerados positivos quando se referem a um afastamento do encontro em relação ao tabuleiro da ponte e negativos, em caso contrário (Figura 9.6).

Os quinze casos analisados apresentavam geometria da obra e condições de subsolo muito diversas. Os autores, então, procuraram realizar sua análise segundo dois critérios distintos:

i. Uma análise qualitativa, resultado da observação, permitindo definir as condições gerais para as quais ocorreriam movimentos.
ii. Uma análise quantitativa, baseada nos princípios da análise dimensional, sendo as variáveis escolhidas indicadas na Figura 9.6.

Como resultado da análise qualitativa, Marche e Lacroix (1972) observaram a ocorrência de três tipos de movimento. No primeiro caso (Figura 9.7a), movimentos positivos foram observados em encontros que se situavam a meia altura do aterro. O trecho inferior do aterro mobiliza um empuxo que restringe a movimentação do trecho superior das estacas e o encontro gira na direção do aterro. No segundo caso (Figura 9.7b), os movimentos observados são negativos. Os encontros, nestes casos, apresentavam a mesma altura do aterro e a camada de argila mole não mobilizava o empuxo necessário para restringir a translação do encontro no sentido do tabuleiro da ponte. No terceiro caso (Figura 9.7c), os movimentos observados são positivos. As cabeças das estacas se deslocam contra o aterro. A presença do aterro sob a região do tabuleiro mobiliza um empuxo suficiente.

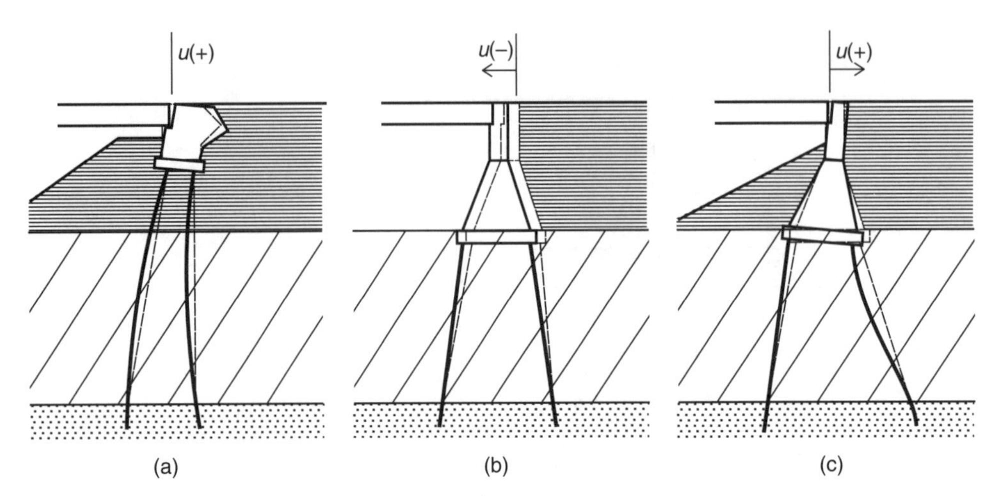

FIGURA 9.7. Movimentos observados (Adaptada de Marche e Lacroix, 1972).

Quanto às magnitudes dos movimentos, os autores ressaltam que, para as 15 pontes consideradas, o nível de carregamento superou o limite correspondente ao início das deformações plásticas segundo Tschebotarioff (1970). Os casos em que foram registrados os maiores movimentos corresponderam aos maiores valores da relação $\Delta\sigma_z$ / S_u, sendo $\Delta\sigma_z$ o acréscimo de tensão vertical na superfície da camada mole. Nos casos em que foram observadas estacas rompidas, o nível de carregamento se aproximava do correspondente à capacidade de carga de uma sapata corrida.

Quanto à sequência de construção, em todas as pontes as estacas foram instaladas antes da construção do aterro. Marche e Lacroix (1972) confirmaram a indicação de Tschebotarioff (1970) de que, após o adensamento parcial da camada argilosa sob a ação de um trecho de aterro tal que $\Delta\sigma_z < 3\ S_u$, a construção do restante do aterro não ocasionou movimentos nem esforços adicionais.

Quanto à estabilização dos movimentos, Marche e Lacroix (1972) observaram que, em 14 das 15 pontes analisadas, os movimentos se estabilizaram alguns anos após a construção dos aterros. Tal fato foi atribuído ao ganho de resistência pelo adensamento sob ação do aterro. Para uma das pontes, 20 anos após sua construção, as deformações não se estabilizaram. Tais movimentos, segundo os autores, tinham características de fluência (*creep*).

Na análise quantitativa, os autores procuraram definir o nível de carregamento mínimo para o qual se iniciam os movimentos, levando em conta a rigidez das estacas e a compressibilidade da camada argilosa. As variáveis adimensionais escolhidas para caracterizar o fenômeno são:

L^4/I = relação entre a quarta potência do comprimento definido na Figura 9.6 e o momento de inércia da seção da estaca;

$\Delta\sigma_z / S_u$ = variável que caracteriza o nível de carregamento;

EL^4/E_pI = rigidez relativa solo-estaca.

Sendo

E = módulo de Young do solo equivalente, obtido da análise de recalques dos aterros;

E_p = módulo de elasticidade do material da estaca.

Na Figura 9.8 são representados, em função das variáveis adimensionais, os pontos correspondentes às 15 pontes analisadas. A envoltória desses pontos define o nível de carregamento mínimo provável para o qual se iniciam os movimentos. Esta envoltória define dois domínios: o primeiro engloba os pontos correspondentes às 15 pontes analisadas e que representa o domínio em que movimentos apreciáveis são muito prováveis; o segundo domínio não engloba nenhum ponto representativo de pontes cujos encontros tenham sofrido deformações apreciáveis, sendo, portanto, o domínio em que movimentos apreciáveis são pouco prováveis.

Do ponto de vista prático, se a sequência de construção consiste na instalação das estacas antes da construção dos aterros ou durante sua construção, a Figura 9.8 permite a verificação da possibilidade de uma movimentação apreciável dos encontros.

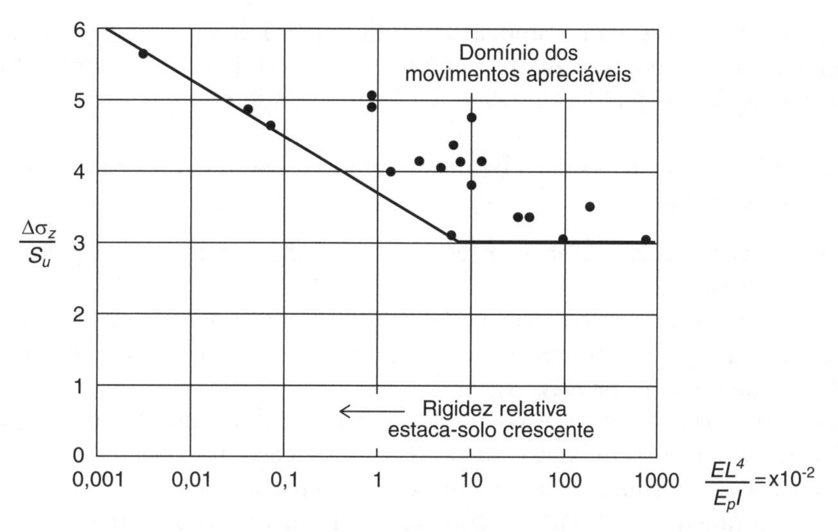

FIGURA 9.8. Nível de carregamento provável que inicia deslocamentos apreciáveis (Adaptada de Marche e Lacroix, 1972).

Outra tentativa dos autores, na análise quantitativa, foi a de definir os movimentos máximos prováveis dos encontros com fundações em estacas de aço atravessando camadas de argila mole. As variáveis que caracterizam o fenômeno do ponto de vista da deslocabilidade são:

w = recalque do aterro;
v = deslocamento horizontal do topo do encontro.

E as novas variáveis adimensionais são:

v/w = deslocamento relativo;
S_uL^4/E_pI = flexibilidade relativa solo-estaca.

Os pontos representativos daquelas pontes construídas sobre estacas de aço estão apresentados na Figura 9.9. A envoltória desses pontos define o deslocamento relativo máximo provável dos encontros.

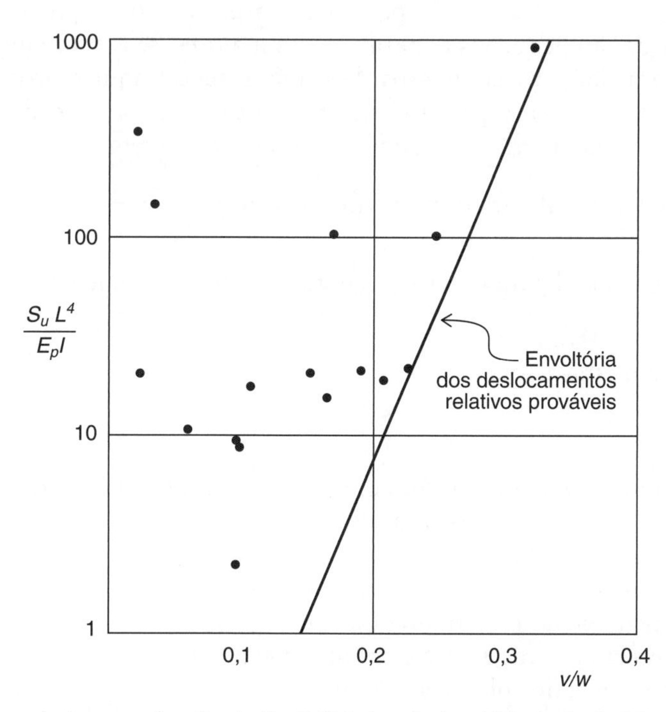

FIGURA 9.9. Deslocamentos relativos em função da flexibilidade relativa (Adaptada de Marche e Lacroix, 1972).

Com base nos recalques previstos, na resistência ao cisalhamento da argila e na flexibilidade das estacas é possível se estimar, portanto, o deslocamento máximo provável de um encontro sobre estacas de aço. Convém ressaltar que os dados que deram origem à Figura 9.9 se referem a encontros assentes a meia altura dos aterros.

Marche e Lacroix (1972) concluem seu trabalho sugerindo o seguinte procedimento para a análise das fundações dos encontros de pontes:

i. As estacas devem ser verificadas de forma a resistirem às cargas transmitidas pelo encontro e àquelas devidas a atrito negativo.
ii. Se a tensão vertical transmitida pelo aterro superar $3\ S_u$, há risco de deformações plásticas importantes no interior da massa de solo e, consequentemente, movimentos dos encontros (usar Figura 9.8 para verificar se tais movimentos são prováveis).
iii. Caso se trate de encontro assente em estacas de aço a meia altura do aterro, a Figura 9.9 fornecerá uma indicação dos movimentos máximos prováveis. Neste caso, pode ser empregado um dispositivo de apoio do tabuleiro que permita deslocamento do encontro sem afetar a funcionalidade da obra.
iv. Uma solução para o problema de movimentação excessiva consiste no pré-carregamento (eventualmente com o emprego de drenos verticais) nas vizinhanças dos encontros antes da instalação das estacas.

Aqueles autores também sugerem, além do pré-carregamento e da redução do peso do aterro, uma estrutura constituída de rampa de acesso à ponte (minimizando o fenômeno).

Tschebotarioff, em discussão ao trabalho de Marche e Lacroix (1972), comenta que a utilização de estacas inclinadas nas fundações dos encontros é um meio eficaz de restringir os deslocamentos dos encontros. Sugere que a falta de estacas inclinadas em ambas as direções e com adequada rigidez à flexão ocasionou os movimentos negativos relatados por Marche e Lacroix (1972).

9.2.4 Contribuição de Stewart, Jewell e Randolph

Estudos em modelos reduzidos em centrífuga estão embasando novos métodos de cálculo (por exemplo, Springman, 1989, Springman *et al.*, 1991, Stewart *et al.*, 1994, Goh *et al.*, 1997).

Stewart *et al.* (1994) apresentam resultados de ensaios em centrífuga comparados a observações de campo e a resultados de cálculos elaborados de acordo com alguns critérios. Foi verificado que há um valor crítico da sobrecarga, em torno de $3\ S_u$ (para sobrecargas menores que $3\ S_u$, os momentos fletores e deslocamentos das estacas são pequenos e, para valores maiores, se tornam apreciáveis).

Estes autores apresentam dois procedimentos de projeto, sendo aqui reproduzido o primeiro deles. Nesse procedimento, utilizam-se, para previsão do momento máximo e do deslocamento do bloco de estacas, as curvas mostradas na Figura 9.10, com as grandezas adimensionais:

$$M_q = \frac{\Delta M_{\text{máx}}}{\Delta q\, B L_{eq}^2} \text{ (fator adimensional para o momento máximo)} \tag{9.7}$$

$$y_q = \frac{\Delta y\, E_p I}{\Delta q\, B L_{eq}^4} \text{ (fator adimensional para o deslocamento do bloco de estacas)} \tag{9.8}$$

$$K_R = \frac{E_p I}{E H^4} \text{ (rigidez relativa estaca-solo)} \tag{9.9}$$

em que:

$\Delta M_{máx}$ = acréscimo no momento fletor máximo correspondente ao acréscimo Δq na sobrecarga;
Δy = acréscimo no deslocamento horizontal do bloco de estacas correspondente ao acréscimo Δq;
B = diâmetro ou largura da estaca;
L_{eq} = comprimento equivalente da estaca entre pontos de fixação;
E_p = módulo de elasticidade do material da estaca;
I = momento de inércia da seção transversal da estaca;
E = módulo de elasticidade do solo (argila mole);
H = espessura da camada de argila mole.

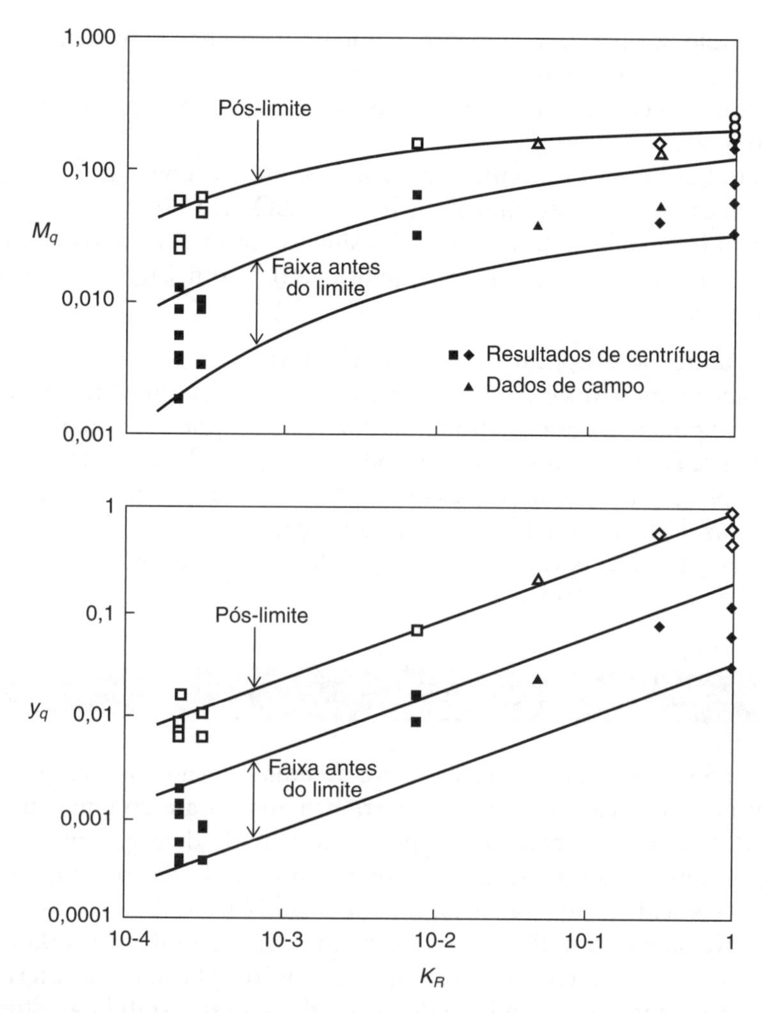

FIGURA 9.10. Fatores adimensionais para (a) momento máximo e (b) deslocamento do bloco de estacas, em função da rigidez relativa estaca-solo (Adaptada de Stewart *et al.*, 1994).

Quanto ao comprimento equivalente, são dadas as seguintes indicações (L é o comprimento da estaca):

$L_{eq}= L$ no caso de estaca engastada no bloco, com deslocamento horizontal permitido;
$L_{eq}= 0,6\ L$ no caso de estaca rotulada em bloco indeslocável;
$L_{eq}= 1,3\ L$ no caso de estaca com topo livre.

9.3 Sugestões para projeto

Inicialmente deve-se ter em mente que o Efeito Tschebotarioff é responsável por uma porcentagem elevada dos acidentes com pontes. Também é motivo de preocupação nos edifícios com aterros próximos.

Uma vez constatada a possibilidade da ocorrência do fenômeno, o projetista deve, preferencialmente, reposicionar sobrecargas e fundações, tratar o solo mole etc., para evitá-lo; se não for possível, restará o dimensionamento das estacas para flexão (composta).

As medidas que podem ser tomadas para evitar ou minimizar o fenômeno são:

1. Execução do estaqueamento após a execução do aterro.
2. Evitar a contenção de aterros com estruturas ou soluções que tenham um paramento vertical próximos a pontes e edifícios estaqueados.
3. Remoção da argila mole (solução viável se a camada não for muito espessa).

4. Melhoria da argila mole por pré-carregamento, emprego de drenos verticais, colunas granulares etc.
5. Utilização de reforço com geogrelhas na base do aterro.
6. Adoção de laje estaqueada para receber o aterro/sobrecarga, evitando transmitir o carregamento para o solo de fundação mole.
7. Utilização de material com peso específico reduzido no aterro (como argila expandida, isopor) ou mesmo criando grandes vazios constituídos por bueiros (AOKI, 1970).
8. Encamisamento (com folgas) das estacas no trecho sujeito aos maiores movimentos.
9. Adotar estacas de adequada resistência à flexão (e orientadas com seu eixo de maior inércia normal à direção do movimento).

Duas questões importantes ao se aplicar determinado método para previsão de esforços nas estacas são o tipo de ligação da estaca com o bloco e a deslocabilidade do bloco. Em edifícios, os blocos, usualmente ligados por cintas, não podem se deslocar horizontalmente. Em pontes, blocos com estacas inclinadas (formando cavaletes) também têm pequena deslocabilidade lateral. Já a questão da ligação com o bloco depende de detalhe do projeto estrutural. Em caso de dúvida sobre qualquer dessas duas questões, deve-se adotar a hipótese mais desfavorável, a favor da segurança.

Para um estudo do assunto, inclusive sobre aplicação de métodos numéricos e monitoração, ver Pires (2013), França (2014) e Oliveira (2015).

Exercício resolvido 1

Seja prever o momento fletor máximo e deslocamento de uma estaca de ponte que esteja ao lado de um aterro de acesso com faces verticais, contido por terra armada. O aterro tem 3 m de altura e seu peso específico é 20 kN/m^3. O subsolo é constituído por uma camada de argila mole de 6 m de espessura, com S_u = 20 kN/m^2, seguindo-se solo muito competente. Um estudo de recalques do aterro produziu os seguintes módulos de elasticidade equivalentes: $E_u \sim 8000$ kN/m^2 e $E' \sim 4000$ kN/m^2. As estacas são de concreto armado, circulares, com diâmetro 40 cm (com E_p = 25 GPa e I = 0,001257 m^4) e o fundo do bloco coincide com o nível do terreno. Note que a tensão aplicada pelo aterro no topo da argila mole, q, é de 3 S_u, valor máximo recomendado do ponto de vista de estabilidade (deformações plásticas excessivas).

a. Método de Tschebotarioff

O acréscimo de tensão no meio da camada de argila mole seria a metade da sobrecarga do aterro, $\Delta\sigma_v = 0{,}5\, q = 30$ kN/m^2. A ordenada de empuxo máxima [Equação (9.2b)] seria: $p_h = 2B\, K\, \Delta\sigma_z = 2 \times 0{,}4 \times 0{,}5 \times 30 = 12$ kN/m. A resultante do empuxo seria 36 kN. Considerando uma viga birrotulada, o momento fletor máximo seria $M_{máx} = (p_h\, L^2)/12 = (12 \times 6{,}0^2)/12 = 36$ kN · m.

b. Método de De Beer e Wallays

Estima-se o empuxo [Equação (9.3)] em $p_h = q = 60$ kN/m^2, constante com a profundidade (e a resultante do empuxo em 144 kN). O momento fletor máximo (viga birrotulada) seria: $M_{máx} = p_h\, B\, L^2/8 = 60 \times 0{,}4 \times 6{,}0^2/8 = 108$ kN · m.

c. Contribuição de Marche e Lacroix

Nesse método, o comprimento L corresponde à espessura da argila mole e mais 2 m do solo abaixo (não são acrescentados 2 m acima, pois a base do bloco está no topo da argila), portanto, L = 8 m. Calcula-se inicialmente a rigidez relativa solo-estaca EL^4/E_pI = 521. Entrando com essa rigidez relativa, e com $\Delta\sigma_z/S_u = 3$ na Figura 9.8, obtém-se um ponto na fronteira da região em que seriam esperados deslocamentos apreciáveis dos encontros. Entrando com $S_uL^4/E_pI \sim 2{,}6$ na Figura 9.9, obtém-se uma razão entre deslocamento horizontal e recalque de $\sim 0{,}16$. Um aterro de 3 m diretamente no topo de uma argila mole poderia sofrer um recalque de pelo menos 50 cm, e o deslocamento horizontal do encontro seria de ~ 8 cm. A deslocabilidade do bloco é difícil de se estimar sem levar em conta o arranjo das estacas, uma vez que estacas inclinadas podem restringir o deslocamento horizontal.

d. Método de Stewart *et al.*

Será suposto que $L_{eq}= L = 6$ m (estaca engastada no bloco, com deslocamento horizontal permitido). Calcula-se inicialmente a rigidez relativa estaca-solo $K_R= E_pI/EH^4 = 0{,}006$ [Equação (9.9)]. Entrando com esse valor de K_R na Figura 9.10, e usando a linha média, obtém-se $M_q \sim 0{,}05$. Daí, tem-se um momento fletor máximo [Equação (9.7)] $M_{máx} = 44$ kN · m. Também na Figura 9.10, obtém-se $y_q \sim 0{,}01$. Entrando com esse valor e $\Delta q = 60$ kN/m^2 na Equação (9.8), obtém-se um deslocamento horizontal do bloco de $\Delta y \sim 0{,}01$ m.

e. Comentários

Observa-se que, mesmo neste caso simples, os momentos fletores dados por diferentes métodos variam consideravelmente. O valor dado por De Beer e Wallays é muito superior aos de Tschebotarioff e de Stewart *et al.* O método de Tschebotarioff, mesmo com a consideração do dobro da largura da estaca sugerida por Velloso e Lopes (2010), fornece valores relativamente baixos, que devem ser vistos com cautela.

Em relação aos deslocamentos, os métodos indicam resultados muito diferentes, como 8 cm (dependendo ainda de uma previsão de recalque do aterro) e 1 cm. Seria melhor analisar – com um modelo estrutural – o bloco junto com o estaqueamento, considerando os devidos vínculos no bloco e no solo abaixo (sugere-se rótula), aplicando-se os empuxos previstos e, daí, tirando deslocamentos (e rotações).

Exercício resolvido 2

Seja prever, pelos métodos de Tschebotarioff e de De Beer e Wallays, o momento fletor máximo nas estacas de dois blocos de uma ponte, conforme Figura 9.11. O aterro tem 8 m de altura e seu peso específico é 18 kN/m^3. O subsolo é constituído por uma camada de argila de baixa consistência de 6 m de espessura, com $S_u = 30$ kN/m^2 e $\varphi' = 25°$, seguindo-se solo muito competente. As estacas são as mesmas do exercício anterior, com 40 cm de diâmetro.

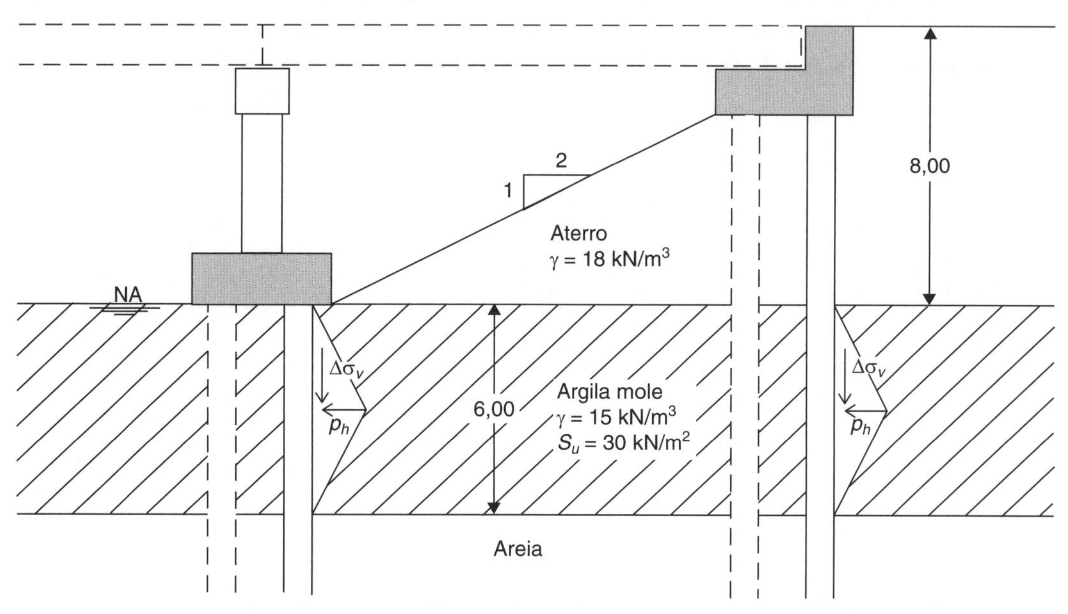

Figura 9.11. Ponte com encontro na crista do talude de aterro de acesso (empuxos do método de Tschebotarioff indicados).

a. Método de Tschebotarioff

Bloco na crista do talude (Encontro)

Partindo do entendimento de que o empuxo horizontal na estaca se deve à assimetria da sobrecarga, pode-se pensar que na vertical da estaca a assimetria no carregamento é causada por uma sobrecarga simétrica somada a uma assimétrica, como será desenvolvido na Figura 9.12. Na vertical da estaca (crista do aterro), o carregamento simétrico seria um aterro triangular (Figura 9.12b). O carregamento assimétrico seria uma pilha trapezoidal, parte triangular e parte constante (Figura 9.12c). O carregamento (c), que é o responsável pela assimetria, está reproduzido na Figura 9.12d como um carregamento trapezoidal que tem a estaca em seu pé.

A tensão vertical no meio da camada de argila mole resultante de um carregamento inicialmente triangular, depois constante (Figura 9.12d), pode ser calculada por solução da Teoria da Elasticidade, encontrada, por exemplo, em Poulos e Davis (1974). Considerando uma sobrecarga no trecho constante de $8 \times 18 = 144$ kN/m^2 e um talude de 1:2 (pé do talude a 16 m da crista), o cálculo indica, no meio da camada de argila (3 m de profundidade), $\Delta\sigma_z \sim 9$ kN/m^2.

Considerando o acréscimo de tensão vertical de 9 kN/m^2, a ordenada de empuxo máxima [Equação (9.2b)] seria: $p_h = 2 \times 0{,}4 \times 0{,}5 \times 9 = 3{,}6$ kN/m. A resultante do empuxo seria 10,8 kN. Considerando uma viga birrotulada no topo e na base da argila, o momento fletor máximo seria $M_{máx} = qL^2/12 = 3{,}6 \times 6^2/12 =$ 11 kN · m.

Bloco no pé do talude

No caso dessa ponte, para uma estaca no pé do talude, o acréscimo de tensão vertical no meio da camada de argila é igual ao que foi calculado como causando assimetria em uma estaca na crista do talude. Ou seja, $\Delta\sigma_z = 9$ kN/m^2. A resultante do empuxo seria a mesma. O momento fletor máximo, considerando uma viga birrotulada no bloco e na base da argila, seria $M_{máx} = qL^2/12 = 3{,}6 \times 6^2/12 = 11$ kN · m.

b. Cálculo alternativo para o caso de aterro executado após as estacas

Se for calculada, em uma vertical do pé do talude e no meio da camada de argila mole, a tensão horizontal devida ao carregamento da Figura 9.12d pela Teoria da Elasticidade (POULOS; DAVIS, 1974), obtém-se $\Delta\sigma_x \sim 20$ kN/m^2. Esse valor é bem superior ao acréscimo de tensão vertical. Se for considerado este acréscimo no cálculo da ordenada de empuxo máxima [Equação (9.2b)], se teria: $p_h = 2 \times 0{,}4 \times 20 =$ 16 kN/m. A resultante do empuxo seria 48 kN. Considerando uma viga birrotulada no topo e na base da argila, o momento fletor máximo seria $M_{máx} = qL^2/12 = 16 \times 6^2/12 = 48$ kN · m

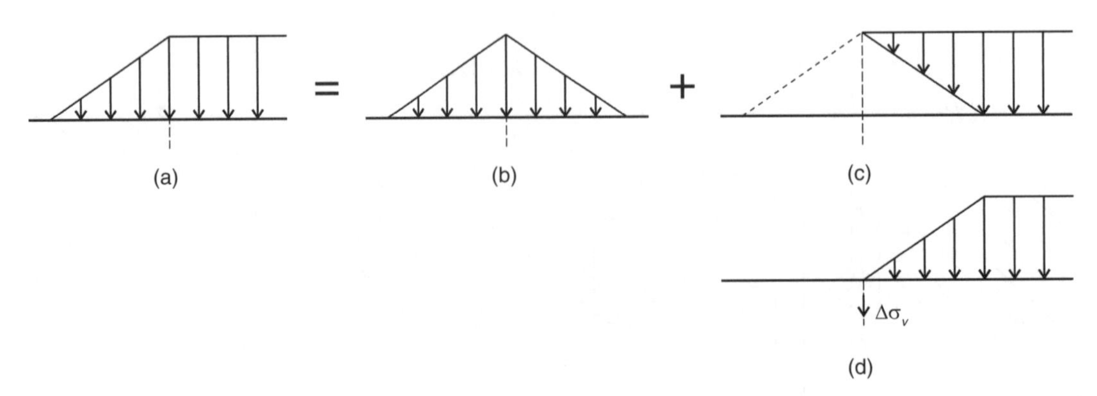

FIGURA 9.12. Efeito de uma sobrecarga assimétrica: (a) carregamento real; (b) carregamento simétrico triangular; (c) carregamento assimétrico trapezoidal; e (d) carregamento assimétrico trapezoidal atuando na superfície do solo de fundação.

c. Método de De Beer e Wallays

Nesse método, ambos os blocos estão contemplados na Figura 9.4. Para os dois casos devem-se aplicar as Equações (9.4) e (9.5).

Entrando com $\alpha = 26{,}5° = 0{,}464$ rad e $\varphi' = 25° = 0{,}436$ rad na Equação (9.4), obtém-se o fator de redução $f = 0{,}18$, válido para ambas as situações. O empuxo – constante na profundidade –, incorporando a dimensão transversal B, será $p_h = f\,q\,B = 0{,}18 \times 144 \times 0{,}4 = 10{,}4$ kN/m. A resultante será 63 kN. O momento fletor máximo será $M_{máx} = qL^2/8 = 10{,}4 \times 6^2/8 = 47$ kN · m.

d. Comentários

O método de Tschebotarioff, mesmo considerando duas vezes a largura da estaca ($2B$), conduziu a momentos fletores baixos. Considerando a possibilidade de o aterro ser executado após o estaqueamento (possível no caso do pilar de baixo, não do encontro), a tensão horizontal induzida pelo aterro seria maior, e poderia ser suposta igual àquela dada diretamente pela Teoria da Elasticidade (alternativa do método Tschebotarioff). Dessa forma, os empuxos seriam maiores, assim como os momentos fletores. Com essa consideração, os valores do método Tschebotarioff (alternativo) e o de De Beer e Wallays são próximos.

Capítulo 10

Atrito negativo em estacas

Neste capítulo será estudado o *atrito negativo*, o atrito lateral em uma estaca no trecho em que o terreno recalca mais do que ela. Esse fenômeno decorre de recalques elevados na parte mais compressível do terreno que recebeu um aterro ou teve as condições de água subterrânea alteradas.

10.1 Introdução

O atrito lateral em uma estaca depende do deslocamento relativo entre o solo e a estaca. Quando a estaca recalca mais que o solo, ocorre o *atrito positivo*, que contribui para a capacidade de carga da estaca, tratado no Capítulo 4. Quando, ao contrário, o solo recalca mais, ter-se-á o *atrito negativo*, que sobrecarregará a estaca. Casos típicos em que se manifesta o atrito negativo são:

a. Uma estaca cravada através de uma camada de argila mole sensível pode sofrer atrito negativo, pois a argila – amolgada pela cravação – pode readensar pela ação de seu próprio peso (Figura 10.1a). Este efeito é tão mais severo quanto mais sensível for a argila e, para as argilas brasileiras, pode ser considerado de pequeno valor.
b. O caso mais frequente é aquele em que estacas atravessam uma camada de argila mole sobre a qual se depositou recentemente um aterro. A argila mole, em processo de adensamento, sofre recalques, e o atrito negativo se desenvolve ao longo das camadas de aterro e de argila mole (Figura 10.1b).
c. Um terceiro caso, semelhante ao segundo, ocorre quando se promove um rebaixamento do lençol d'água em camada(s) acima de argila mole (Figura 10.1c) ou alívio de poro-pressões em camada(s) abaixo de argila mole (Figura 10.1d). Novamente coloca-se a argila mole em processo de adensamento, e atrito negativo se desenvolve nas estacas daquela obra ou em estacas de obras vizinhas.
d. Um quarto caso é o de estacas cravadas em solos colapsíveis que, quando saturados, sofrem recalques.

Em praticamente todos os casos mencionados, verifica-se que o atrito negativo decorre do adensamento de camadas de solo compressível, em geral de baixa permeabilidade. Consequentemente, é um fenômeno que se desenvolve ao longo do tempo, crescendo até atingir um valor máximo. Ainda, a bibliografia sobre o assunto menciona que o atrito negativo se transforma em um problema de recalque crônico da fundação. Ele não é capaz de levar à ruptura uma estaca por perda da capacidade de carga do solo, visto que essa ruptura seria precedida de um recalque da estaca em relação ao solo que inverteria o sinal do atrito. Teoricamente, pelo menos, seria possível a ruptura estrutural da estaca, por compressão ou flambagem (COMBARIEU, 1985).

10.1.1 O ponto neutro

Na profundidade em que o recalque da estaca e o do terreno são iguais, tem-se o chamado *ponto neutro*. Acima desse ponto ter-se-á atrito negativo; abaixo, atrito positivo (Figura 10.2). A carga na estaca cresce desde o valor do topo até um máximo no ponto neutro.

Quando há apenas uma camada de argila mole sobrejacente a solo competente, não há dúvida de que o *ponto neutro* se situa na base desta camada, ou um pouco acima (se ela for muito espessa). Entretanto, em alguns casos da prática, quando há uma sequência de camadas de baixa consistência intercaladas por camadas de material de melhor qualidade, fica-se em dúvida sobre em que se situaria o *ponto neutro* (ou até que camada se considera que virá a gerar atrito negativo). Nestes casos é preciso elaborar um perfil

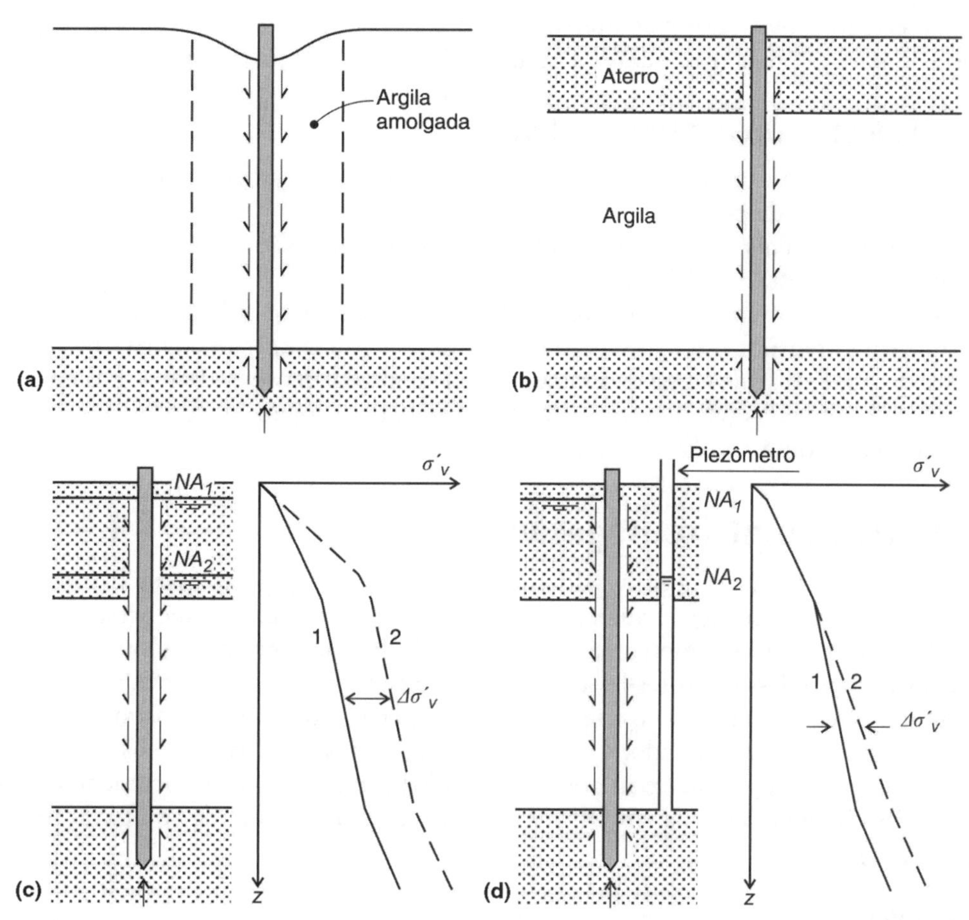

FIGURA 10.1. Causas do atrito negativo: (a) adensamento de argila amolgada; (b) adensamento de argila por aterro; (c) idem por rebaixamento do lençol d'água; e (d) idem por alívio de poro-pressões em lençol confinado (Adaptada de Velloso e Lopes, 2010).

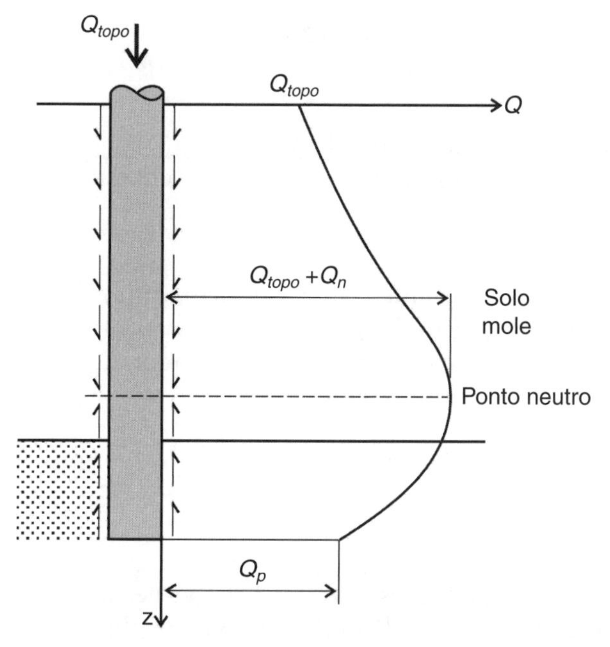

FIGURA 10.2. Perfil de carga (axial) com indicação do *ponto neutro*.

de recalques do terreno provocados pelo aterro, e a ele acrescentar uma linha ou perfil representando o recalque esperado para a estaca; nos quais os perfis se cruzarem, estaria o *ponto neutro*.

10.1.2 Dois aspectos do atrito negativo

Há dois aspectos a considerar no atrito negativo: (1) o carregamento adicional da estaca e (2) a influência na capacidade de carga da estaca.

O primeiro aspecto é o mais conhecido, e leva o projetista à previsão de uma carga vertical que deve ser somada à carga que a estaca recebe da estrutura.

O segundo aspecto vem do fato de que, quando há atrito negativo, o solo ao redor da estaca "se pendura" nela, o que causa tensões verticais nas proximidades da estaca um pouco menores que a uma certa distância. Como a capacidade de carga de uma estaca depende das tensões efetivas atuantes ao longo do fuste e no nível da ponta, elas não devem ser consideradas em projeto integralmente iguais às tensões geostáticas levando em conta a presença do aterro.

10.2 Estimativa do atrito negativo

Os métodos de previsão do atrito negativo diferem em relação às seguintes questões: (i) a consideração do ponto neutro acima da base da camada compressível e (ii) a consideração da presença de outras estacas. No caso de estacas atravessando camadas espessas de solo compressível e/ou que tenham estacas próximas, a consideração desses fatores leva a menores valores de atrito negativo.

Será apresentado a seguir um método simples e serão apenas citados métodos mais sofisticados para um posterior estudo mais aprofundado. Os resultados da aplicação dos diversos métodos podem ser muito diferentes. Uma comparação de métodos, aplicados a um caso bem documentado da literatura (COMBARIEU, 1985), pode ser vista em Oliveira (2000). Outro trabalho de comparação de métodos é o de Azevedo (2017).

a. Método simples

Um método simples consiste em estimar o atrito negativo com uma expressão para o cálculo do atrito lateral de estacas em condições drenadas. O cálculo na condição drenada está correto, uma vez que se trata de um fenômeno que se desenvolve com o processo de adensamento, atingindo o valor máximo na condição drenada. A expressão fundamental para o atrito é:

$$\tau_n = a + K\sigma'_v \tan\delta \qquad (10.1)$$

em que:

a = aderência entre solo e estaca, geralmente desprezada;
σ'_v = tensão vertical efetiva *junto da estaca* na profundidade em estudo;
K = coeficiente de empuxo lateral;
δ = ângulo de atrito solo-estaca.

Pode-se dizer que σ'_v depende dos seguintes fatores principais: (a) tipo de estaca (processo de execução), (b) presença de outras estacas (efeito de grupo).

Para uma estaca isolada (ou em grupo esparso), pode-se adotar, por simplicidade (GARLANGER, 1973; LONG; HEALY, 1974),

$$\tau_n = \xi K\sigma'_{vo} \tan\delta = \xi \beta \sigma'_{vo} \qquad (10.2)$$

em que:

$\beta = K \tan\delta$;
ξ = fator que considera a redução da tensão vertical efetiva geostática em decorrência da transferência de carga do solo para a estaca (*alívio de tensão vertical*);
σ'_{vo} = tensão vertical efetiva geostática na profundidade em estudo.

TABELA 10.1. **Valores de $\xi\beta$**

Solo	$\xi\beta$
Argilas	0,20 a 0,25
Siltes	0,25 a 0,35
Areias	0,35 a 0,50

Fonte: Long e Healy (1974).

Sugestões para valores de $\xi\beta$ para estimativa do atrito negativo estão na Tabela 10.1.

Nessa abordagem simples, o atrito negativo é calculado até o ponto neutro – suposto na base da camada compressível – e a carga negativa é obtida com

$$Q_n = U \sum_1^n \tau_1 l_i \tag{10.3}$$

em que:

U = perímetro da estaca;
τ_i = atrito lateral unitário médio na camada i;
l_i = espessura da camada i;
n = número de camadas até o ponto neutro.

Consideração simples da presença de estacas próximas

Uma maneira simples de levar em conta a presença de estacas próximas – chamado efeito de grupo – consiste em comparar a carga negativa obtida anteriormente [Equação (10.3)] com o peso de solo correspondente a um volume de influência da estaca. O menor dos valores será a carga negativa. O volume de influência, que corresponde à massa de solo que se pendura na estaca, seria a área de influência da estaca, indicada na Figura 10.3, multiplicada pela profundidade do ponto neutro. Nessa figura, h é a espessura de solo que recalca mais do que a estaca.

b. Métodos mais sofisticados

Alguns métodos se propõem a levar em conta de maneira mais detalhada a profundidade do ponto neutro e a presença de estacas próximas. São os métodos de De Beer e Wallays (1968), Endo *et al.* (1969), Zeevaert (1983) e Combarieu (1985).

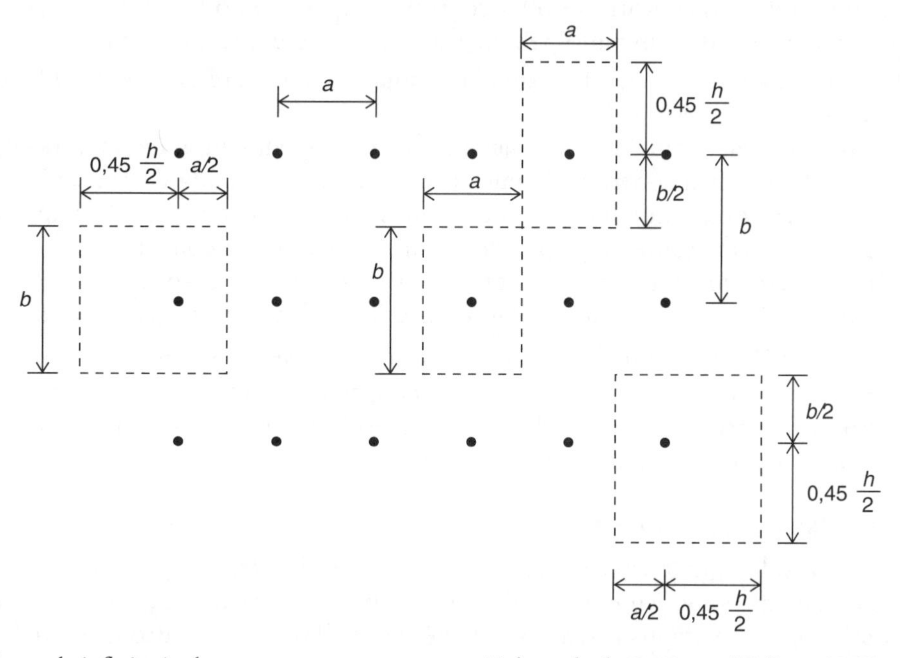

FIGURA 10.3. Áreas de influência de uma estaca em um grupo (Adaptada de De Beer e Wallays, 1968).

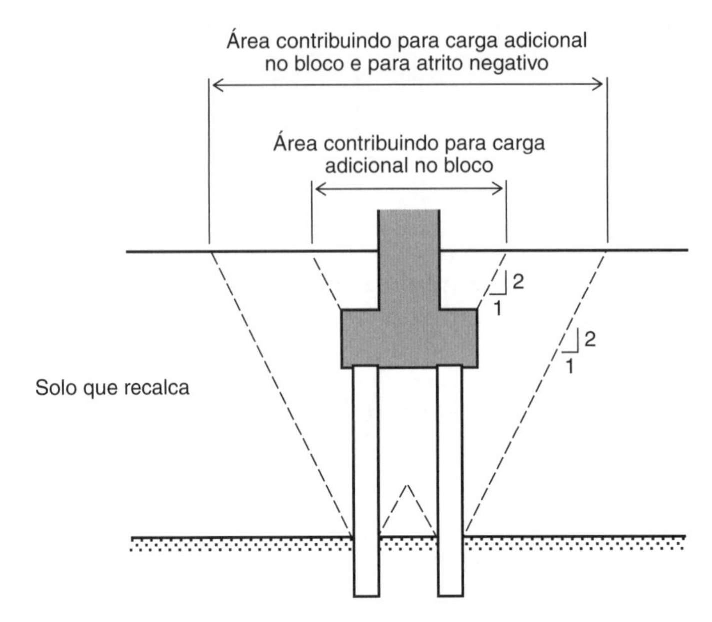

FIGURA 10.4. Método estático (Dinamarquês).

c. Método estático

No Código Dinamarquês de Fundações (DANSK INGENIØRFORENING, 1978; LONG; HEALY, 1974), há indicações sobre as cargas que atuam nas fundações em estacas atravessando solos que recalcam em consequência de aterros. Segundo esse código, além das cargas advindas da superestrutura, a fundação pode receber (1) *"cargas adicionais no bloco"*, que seriam transmitidas diretamente a superfícies estruturais inclinadas ou horizontais (blocos, projeções de fundações etc.), e (2) *atrito negativo* nas estacas (e eventualmente em paredes de subsolos, laterais de blocos e cintas etc.).

Os carregamentos poderão ser determinados de acordo com o que se segue (ver Figura 10.4):

1. A *carga adicional no bloco* é dada pelo peso de aterro e carregamentos de superfície que atuem em uma área determinada pela interseção de uma superfície (cônica ou piramidal) inclinada de 1 (horizontal): 2 (vertical), se iniciando nos contornos do bloco, com a superfície do terreno.
2. O *atrito negativo* pode ser determinado pelo menor dos dois seguintes valores:
   i. O atrito lateral da estaca ao longo das camadas acima da camada resistente, calculado por fórmulas estáticas usuais.
   ii. Carregamento capaz de produzir recalques (aterro e carregamentos de superfície), que atua em uma área definida por uma superfície (cônica ou piramidal) inclinada de 1:2 (H:V) se iniciando na interseção da estaca com a camada resistente, menos a parte que foi incluída como *carga adicional no bloco*. A parte do carregamento capaz de produzir recalques a considerar é a responsável pelos recalques que se desenvolverão após a instalação das estacas. No caso de haver uma superposição pelo carregamento de estacas vizinhas, deve-se fazer uma distribuição estimada entre as estacas.

Em Long e Healy (1974), o cálculo segundo o item (ii) anterior é apresentado como "método aproximado baseado na estática". É adotada a mesma inclinação 1:2 (H:V). Essa inclinação é a hipótese arbitrária do método. Se correta, é fora de dúvida que a estática impõe que o atrito negativo não pode ser maior que a sobrecarga colocada na superfície dentro da área indicada.

d. Estacas inclinadas em solos que recalcam

Estacas inclinadas em solos que recalcam estão sujeitas, além do atrito negativo, a um outro efeito: o recalque do solo tem uma componente perpendicular ao eixo das estacas, que induz um momento fletor. Na bibliografia encontram-se alguns trabalhos: De Beer e Wallays (1972), Broms e Fredriksson (1976), Rao *et al.*, 1994, Lopes e Mota (1999).

10.3 Mitigação do atrito negativo

O atrito negativo pode ser reduzido por meio de um revestimento betuminoso do fuste das estacas (naturalmente, aplicado até o ponto neutro). Um estudo do assunto pode ser visto em Briaud (1997). O Código Dinamarquês, por exemplo, sugere que, se a superfície lateral da estaca de concreto for lisa e o revestimento betuminoso adequado, o atrito negativo pode ser reduzido para uma tensão da ordem de 10 kPa. Entretanto, há que se considerar o risco de danos ao revestimento asfáltico.

Outra solução consiste em se adotar uma luva ou camisa no trecho da estaca sujeito a atrito negativo. Essa luva teria liberdade de se deslocar com o recalque do terreno, não aplicando, portanto, carga à estaca.

Exercício resolvido

Seja prever o atrito negativo e a carga útil de uma estaca pré-moldada de diâmetro 40 cm, que tem uma carga de serviço máxima (carga nominal) de 1100 kN. A estaca será cravada através de um aterro arenoso recente, medianamente compacto, com 3 m de espessura, passando por uma camada de argila mole (normalmente adensada) com 12 m de espessura, e penetrando um solo competente abaixo. O nível d'água está na base do aterro. As propriedades do aterro são: $\varphi' = 35°$, $\gamma_{nat} = 18$ kN/m^3; da argila: $\varphi' = 30°$, $\gamma_{sat} = 15$ kN/m^3.

Para o método simples, tem-se os seguintes cálculos feitos para o ponto médio das camadas:

Camada	Prof. meio da camada (m)	σ'_{vo} (kN/m^2)	$\xi\beta$	τ_i (kN/m^2)
Aterro arenoso	1,5	27	0,35	9,5
Argila mole	9,0	84	0,2	16,8

Com a Equação (10.3) obtém-se a *carga negativa* $Q_n = \pi\ 0{,}4\ (9{,}5 \times 3{,}0 + 16{,}8 \times 12{,}0) = 289$ kN. Como a carga máxima de serviço dessa estaca é 1100 kN, se poderá dispor de uma *carga útil* de $Q_{util} = Q_{nom} - Q_n = 1100 - 289 = 811$ kN.

Observa-se que, neste caso, a carga negativa reduziu em cerca de 25 % a carga útil da estaca. Vale lembrar que, de acordo com a NBR 6122, a *capacidade de carga (na ruptura)* da estaca, calculada a partir da base da argila mole (neste caso, o ponto neutro), precisará ser, pelo menos, 2200 kN.

Capítulo 11

Flambagem em estacas

Neste capítulo se discutirá a questão da flambagem de estacas. Embora pouco comum, a possibilidade de flambagem precisa ser avaliada em algumas situações que envolvem estacas muito esbeltas atravessando camadas argilosas moles. Na Engenharia Estrutural, a flambagem é temida porque pode levar a um colapso rápido. Os poucos casos de flambagem de estacas constatados indicaram um processo de ruptura também relativamente rápido.

11.1 Introdução

Projetistas de fundações se preocupam com a flambagem nos projetos em que as estacas têm um trecho *acima do terreno natural*, como em pontes e obras marítimas e portuárias. Mas os casos de estacas *totalmente enterradas*, porém esbeltas, em solos muito moles, também merecem atenção. A Norma de Fundações NBR 6122 ressalta: "*As estacas executadas em solos sujeitos a erosão, imersas em solos muito moles ou que tiverem sua cota de arrasamento acima do nível do terreno, devem ser verificadas quanto ao efeito de segunda ordem (flambagem)*".

Outra questão que será discutida é que estacas, em sua execução, frequentemente sofrem pequenos desvios de locação e dificilmente permanecem com seu eixo exatamente vertical. Esses desvios construtivos aumentam em muito o risco de flambagem.

A flambagem de estacas esbeltas, totalmente enterradas, mas atravessando argilas muito moles, já foi responsável pelo colapso de algumas obras, inclusive com perda de vidas, como no caso de um prédio em final da construção no Norte do Brasil. Este aspecto deve merecer a atenção também dos *engenheiros responsáveis pela execução*, no cuidadoso controle executivo, minimizando excentricidades e desvios de alinhamento das estacas, para reduzir riscos de mau comportamento das fundações.

11.2 Análise da flambagem de estacas com cargas alinhadas

Entre os primeiros estudos de flambagem de estacas, está o trabalho de Bergfelt (1957), que propõe uma fórmula empírica simples para a carga crítica:

$$Q_{cr} \sim 8\,\sqrt[2]{S_u\,E_p I} \tag{11.1}$$

em que:

S_u = resistência não drenada da argila;
$E_p\,I$ = rigidez à flexão da estaca.

Posteriormente, foram desenvolvidos estudos teóricos para o problema de flambagem. Serão apresentadas, a seguir, algumas abordagens teóricas, e mais soluções podem ser vistas em Velloso e Lopes (2010), incluindo os trabalhos brasileiros de van Langendonck (1957) e Nunes (1957).

11.2.1 Contribuição de Timoshenko, hipótese de Winkler

Seja considerada ponto de partida, a fórmula da carga crítica de flambagem de Euler:

$$Q_{Euler} = \frac{\pi^2 E_p I}{L^2} \tag{11.2}$$

em que:

L = comprimento da coluna;

$E_p\,I$ = sua rigidez à flexão.

Essa fórmula é válida para uma carga (compressiva) perfeitamente alinhada com uma coluna *rotulada nas duas extremidades*, portanto, apresentando *uma única curvatura senoidal* (meia-onda) até as extremidades (Figura 11.1a). Para cargas acima da crítica, a coluna sofre a deflexão indicada nessa figura e se rompe a flexão. Para outras condições de extremidade (engastes, por exemplo) o comprimento L deve ser alterado convenientemente, como se estuda em análise estrutural.[1]

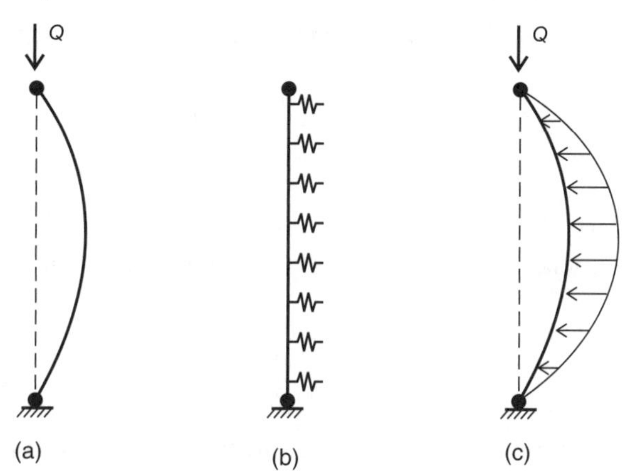

FIGURA 11.1. (**a**) Coluna birrotulada em flambagem; (**b**) estaca birrotulada com solo representado por molas; e (**c**) pressões horizontais em estaca birrotulada em flambagem.

Na extensão dos estudos de flambagem de colunas para estacas, também se supõe que há o perfeito alinhamento da carga, mas se introduz uma contenção horizontal pelo terreno. Essa contenção pode ser modelada seguindo a hipótese de Winkler, muito usada em estacas sob forças horizontais, como se viu no Capítulo 8. O solo seria, então, representado por um conjunto de molas (Figura 11.1b), com coeficiente de reação horizontal k_h (dimensão FL^{-3}). Sofrendo deslocamento, o solo oferece a reação horizontal indicada na Figura 11.1c, contribuindo para minimizar a flambagem.

Trabalho de Timoshenko e Gere

Timoshenko e Gere (1961) exploraram o caso em que uma haste (estaca) está inserida em um meio (solo) com coeficiente de reação horizontal constante com a profundidade (na lateral da haste de largura B se disporá de um coeficiente de reação $K_h = k_h\, B$, dimensão FL^{-2}). Ao estudar as possíveis deformações da haste, chegam à expressão da carga de flambagem:

$$Q = \frac{\pi^2 E_p I}{L^2}\left(n^2 + \frac{K_h L^4}{n^2 \pi^4 E_p I}\right) \tag{11.3}$$

em que n é um inteiro que representa o número de meias-ondas senoidais em que a haste é subdividida no momento da flambagem. A menor carga crítica pode ocorrer com n = 1, 2, 3, ..., dependendo dos valores das demais constantes (diferente da coluna, em que a carga crítica corresponde a n = 1). Dados E_p, I e K_h, é possível se determinar n que conduz à carga crítica. Essa carga pode ser expressa por:

$$Q_{cr} = \frac{\pi^2 E_p I}{L'^2} \tag{11.4}$$

em que L' é um "comprimento reduzido", que depende de K_h, E_p e I. A Tabela 11.1 apresenta a relação L'/L obtida por aqueles autores.

[1] Considerando todas as condições de vínculo no topo, a fórmula (11.2) é aplicada com o denominador KL no lugar de L, sendo: K = 1 para o topo rotulado sem deslocabilidade horizontal e para topo engastado com deslocabilidade horizontal, K = 0,8 para o topo engastado sem deslocabilidade horizontal e K = 2 para topo livre (sem engaste e com deslocabilidade horizontal).

Tabela 11.1. **Relação L'/L em função de $K_h\,L^4/16E_pI$**

$K_h\,L^4/16E_pI$	10	50	100	200	300	500
L'/L	0,615	0,406	0,351	0,286	0,263	0,235

Fonte: Timoshenko e Gere (1961).

Abordagem simplificada de Whitaker

Whitaker (1957) indica, com base em trabalho de Timoshenko, que a carga crítica de flambagem seria:

$$Q_{cr} = Q_{Euler}\left(n^2 + \frac{L'}{n^2}\right) \tag{11.5}$$

em que:

Q_{Euler}= carga crítica de Euler;
n = número (inteiro) de meias-ondas senoidais que a haste apresenta no momento da flambagem sendo

$$L' = \frac{K_h L^4}{\pi^4 E_p I} \tag{11.6}$$

O valor de Q_{cr} na Equação (11.5) será mínimo quando $n = \sqrt[4]{L'}$, sendo dado, então, por:

$$Q_{cr} = 2Q_{Euler}\sqrt{L'} = 2\sqrt{K_h\,E_p\,I} \tag{11.7}$$

Assim, segundo observação de Whitaker (1957), a carga de flambagem não seria determinada pelo comprimento da estaca, mas pelo coeficiente de reação lateral do solo e pela rigidez à flexão da estaca.

11.2.2 Método de Davisson e Robinson

O trabalho clássico de Davisson e Robinson (1965) é muito empregado na prática, inclusive para estacas parcialmente enterradas. Os autores apresentam um procedimento simplificado tanto do problema de forças horizontais e momentos aplicados em estacas como de flambagem. O procedimento foi desenvolvido com base em soluções teoricamente corretas, baseadas na hipótese de Winkler, aplicáveis a estacas parcialmente enterradas submetidas a momento, força horizontal e força vertical, atuando separadamente. Os autores mostram que uma estaca parcialmente enterrada pode ser representada como uma estaca com fuste livre, porém engastada a uma dada profundidade abaixo do nível do terreno.

A Figura 11.2 mostra uma estaca com um trecho livre de comprimento L_u e com um trecho embutido no solo de comprimento L. A carga lateral H_t, o momento M_t e a carga V_t causam na estaca a deflexão indicada na figura, em relação aos eixos coordenados. Davisson e Robinson determinaram um comprimento L_s tal que, somado ao comprimento livre L_u, conduza a uma haste rigidamente engastada, de comprimento equivalente $L_e = L_u + L_s$, que tenha o mesmo deslocamento y_t da estaca sob força horizontal e momento ou, ainda, a mesma carga crítica de flambagem.

Davisson e Robinson resolveram o problema para as duas situações: (i) coeficiente de reação constante com a profundidade (K_h constante), como em argilas sobreadensadas; e (ii) coeficiente de reação crescente com a profundidade ($K_h = n_h\,z$), como em areias e argilas normalmente adensadas.

1º Caso: reação do solo constante

Os autores partiram da equação diferencial de uma viga sob base elástica dada por Hetenyi [Equação (8.12) ampliada, Capítulo 8]:

$$E_pI\frac{d^4y}{dz^4} + V_t\frac{d^2y}{dz^2} + K_hy = 0 \tag{11.8}$$

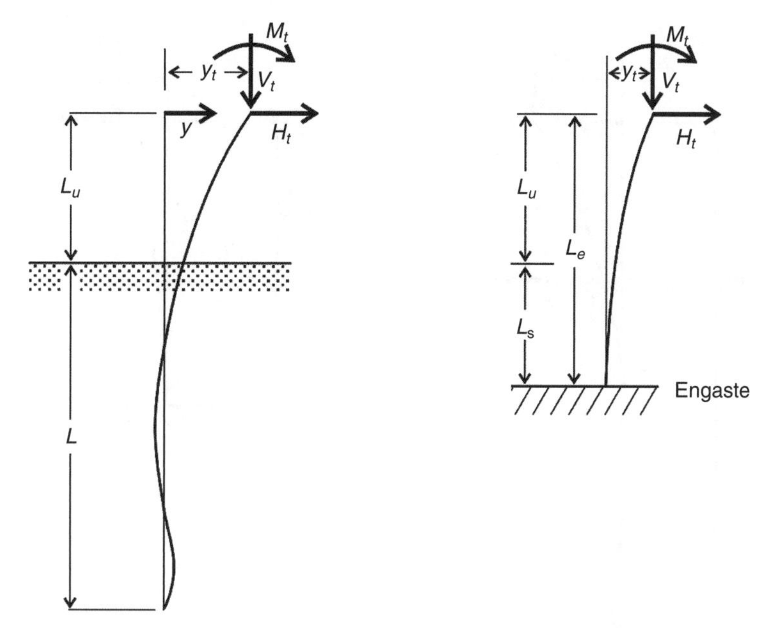

FIGURA 11.2. Estaca parcialmente enterrada e estaca engastada equivalente (Adaptada de Davisson e Robinson, 1965).

Fazendo uma mudança de variáveis com:

$$R=\sqrt[4]{E_pI/K_h}\ ;\quad U={V_tR^2}/{E_pI}\ ;\quad L=\frac{z}{R} \tag{11.9}$$

a equação diferencial anterior fica:

$$\frac{d^4y}{dL^4}+U\frac{d^2y}{dL^2}+y=0 \tag{11.10}$$

É possível, assim, expressar as variáveis da Figura 11.2 em termos adimensionais, como mostrado na Figura 11.3. Observe que R tem a dimensão de comprimento e as grandezas abaixo são adimensionais:

$$L_{\max}=L/R;\quad S_R=L_s/R;\quad J_R=L_u/R \tag{11.11}$$

O comprimento equivalente da estaca livre de comprimento L_e é $(S_R + J_R)\,R$.

2º Caso: reação do solo crescente com a profundidade

A equação diferencial neste caso é [Equação (8.15b) ampliada, Capítulo 8]:

$$E_pI\,\frac{d^4y}{dz^4}+V_t\,\frac{d^2y}{dz^2}+n_hzy=0 \tag{11.12}$$

Como no caso de K_h constante, soluções podem ser obtidas mais facilmente através de mudança de variáveis. Assim, com

$$T=\sqrt[5]{E_pI/n_h}\ ;\quad W=\frac{V_tT^2}{E_pI};\quad Z=z/T \tag{11.13}$$

a equação diferencial fica:

$$\frac{d^4y}{dZ^4}+W\,\frac{d^2y}{dZ^2}+Zy=0 \tag{11.14}$$

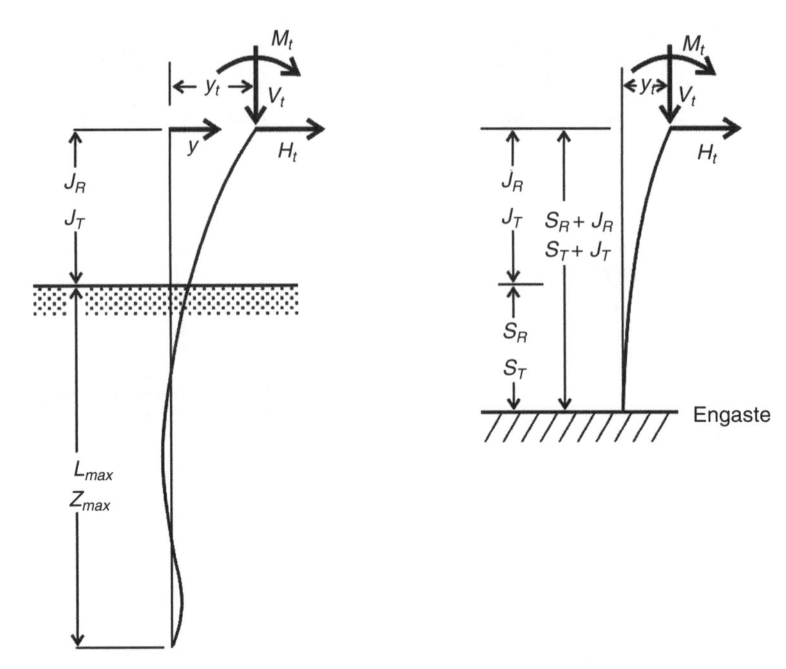

FIGURA 11.3. Representação adimensional de uma estaca parcialmente enterrada (Adaptada de Davisson e Robinson, 1965).

É possível, agora, expressar as variáveis da Figura 11.2 em termos adimensionais, como mostrado na Figura 11.3. Observe que T tem a dimensão de comprimento e as grandezas abaixo são adimensionais:

$$Z_{\max} = L/T; \quad S_T = L_s/T; \quad J_T = L_u/T \tag{11.15}$$

O comprimento equivalente da estaca livre de comprimento L_e é $(S_T + J_T)\,T$.

(a) Carga horizontal aplicada

Utilizando-se as soluções de Hetenyi (1946) para K_h = constante e convertendo a solução para a forma adimensional é possível determinar S_R *versus* J_R. Isso foi feito para estacas com comprimento embutido grande o suficiente para poderem ser consideradas infinitamente longas. Para esta situação, $L_{\max}$ deve ser superior a 4.

Aplicando-se uma carga horizontal H_t ao topo da estaca livre, um deslocamento y_t é obtido na cabeça da estaca. Este deslocamento é, por sua vez, utilizado para se obter o comprimento equivalente $(S_R + J_R)$ de uma estaca em balanço para a qual a carga H_t produz o mesmo deslocamento y_t. De forma similar, o momento M_t aplicado ao topo da estaca livre produz um deslocamento y_t. Usando a mesma técnica, uma relação é obtida entre S_R e J_R (Figura 11.4a, superior). Note que para os dois casos de carregamento, H_t ou M_t, o valor de S_R se situa em uma faixa muito estreita, aproximadamente entre 1,3 e 1.6. Para a maior parte dos valores de J_R um valor constante de 1,33 pode ser utilizado para S_R.

Técnica similar à anterior foi também utilizada para o caso de $K_h = n_h z$. Novamente, as soluções são para estacas infinitamente longas, com $Z_{\max} > 4$, sendo que a maioria dos casos satisfaz a este critério. As relações entre S_T e J_T são dadas na Figura 11.4a, inferior, tanto para o carregamento H_t como de M_t. Observe que S_T cai em uma faixa relativamente estreita, de aproximadamente 1,73 a 1,93. Para a maior parte dos valores de J_T um valor de 1,75 pode ser utilizado para S_T.

Conclui-se que no caso de carga horizontal é possível se selecionar uma profundidade de fixação tal que o sistema na Figura 11.2b represente de forma bastante aproximada as condições reais da Figura 11.2a. Além disso, em termos adimensionais, a profundidade de engastamento (S_R e S_T) assume valores praticamente constantes para qualquer variação do coeficiente de reação do solo com a profundidade.

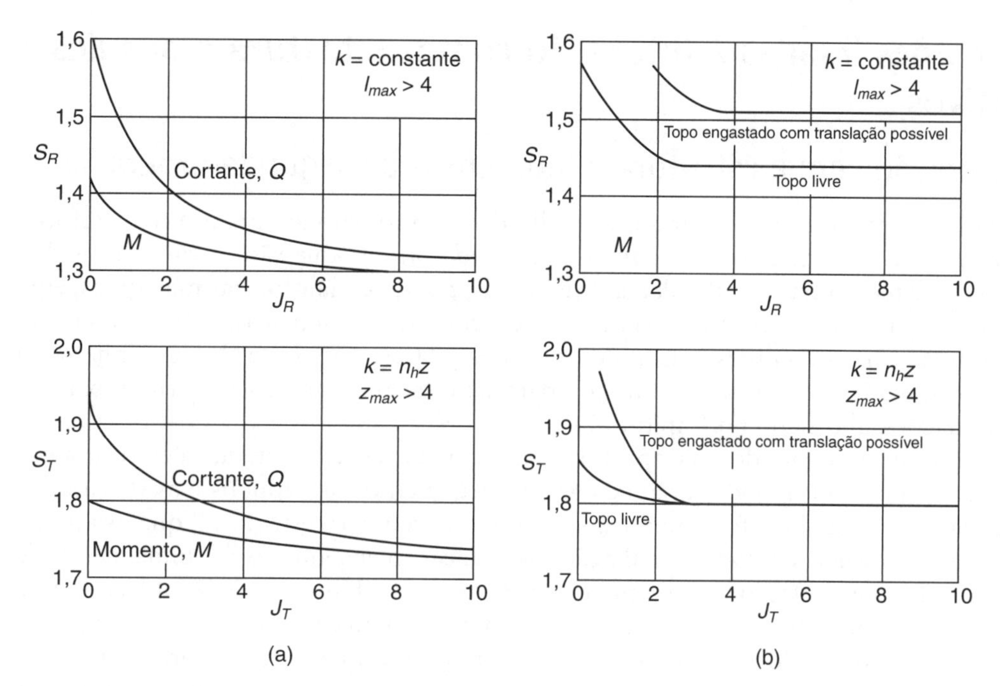

FIGURA 11.4. Coeficientes adimensionais para (a) carga horizontal e (b) flambagem (Adaptada de Davisson e Robinson, 1965).

(b) Flambagem

O comprimento equivalente para uma estaca livre sujeita a flambagem do sistema real da Figura 11.2a pode também ser obtido em termos adimensionais. Para uma estaca com a cabeça e ponta livres, a Equação (11.8) – para K_h constante – pode também ser resolvida para os valores de U_{crit}. A carga crítica se torna:

$$V_{crit} = U_{crit} \frac{E_p I}{R^2} \tag{11.16}$$

Para a estaca com a cabeça livre e a base engastada, tendo um comprimento equivalente igual a $S_R + J_R$, a carga crítica é:

$$V_{crit} = \pi^2 \frac{E_p I}{[2R(S_R + J_R)]^2} \tag{11.17}$$

Combinando as duas equações anteriores, a relação entre S_R e J_R pode ser encontrada, e os resultados são apresentados na Figura 11.4b, superior. Da mesma forma, a equação diferencial pode ser resolvida para U_{crit} para outras condições de contorno. Os resultados para uma estaca com uma cabeça restringida à rotação, mas que possa transladar, e a com o topo livre, são também mostrados na Figura 11.4b, superior. Observe que, para valores de J_R superiores a 2, S_R se situa entre 1,44 e 1,56. Resultados similares são obtidos para outras condições de contorno. Assim, quando J_R excede 2, S_R pode ser aproximado por um valor constante igual a 1,5.

Um procedimento similar foi adotado para o caso em que K_h cresce com a profundidade ($K_h = n_h z$). A Equação (11.14) foi resolvida para valores críticos de V_t, designado como V_{crit}. A carga crítica se torna, então,

$$V_{crit} = W_{crit} \frac{E_p I}{T^2} \tag{11.18}$$

As relações entre S_T e J_T foram determinadas para topo livre e topo restringido à rotação, mas que possa transladar. Os resultados são fornecidos na Figura 11.4b, inferior. Observe que para valores de J_T excedendo a unidade, S_T é representado de forma aproximada por um valor constante igual a 1,8.

Depois que as condições reais da Figura 11.2a tiverem sido convertidas para as condições equivalentes da Figura 11.2b, o projeto estrutural segue normalmente, para a estrutura equivalente.

11.3 Questões ligadas à interação com a estrutura e aos desvios construtivos

11.3.1 Interação com a estrutura e momentos de segunda ordem

No projeto da superestrutura, os pilares são analisados não só para as cargas axiais (esforços normais), como também para os chamados *momentos de segunda ordem*, que são os momentos decorrentes da deformação do elemento estrutural. Pilares de edifícios, pontes e plataformas marítimas, em decorrência de forças horizontais (vento, correntes etc.) atuando em lajes e tabuleiros, sofrem deslocamentos horizontais. Assim, as cargas compressivas atuando nesses pilares, por conta do desalinhamento, causarão flexão nos mesmos. O mesmo raciocínio vale para as estacas se as considerarmos parte do conjunto estrutura-fundações, abordado no Capítulo 7.

O mesmo enfoque apresentado no Capítulo 7, para cargas verticais, em que a estrutura e as fundações são modeladas em conjunto, pode ser aplicado a carregamentos horizontais e avaliação de flambagem. Esse tipo de análise é usualmente compartilhado com o engenheiro estrutural, que usa modelos computacionais na sua prática atual. Para a avaliação das estacas, o engenheiro de fundações poderá fornecer a resposta do solo, por exemplo, como um conjunto de molas (Hipótese de Winkler). Em projetos mais sofisticados ou mais específicos, por exemplo, com análise dinâmica, o solo poderá ser representado por um sistema mola-amortecedor, a mola respondendo ao deslocamento e o amortecedor à velocidade do deslocamento.

Em resumo, na avaliação de flambagem, o engenheiro de fundações não deve se restringir à sua análise das estacas, utilizando um dos métodos fornecidos na seção 11.2, fazendo suas próprias hipóteses sobre o vínculo da estaca com a estrutura acima.

11.3.2 Facilitação da flambagem por desvios construtivos

Desvios construtivos podem contribuir para a flambagem de estacas. Os principais desvios são (Figura 11.5):

i. Desvio de locação.
ii. Desvio do alinhamento (em particular, de verticalidade) ao se iniciar a cravação (estaca posicionada fora do prumo, torre do equipamento fora do prumo etc.).
iii. Desvio do alinhamento (de estaca cravada) dentro do terreno.
iv. Desalinhamento em emendas de estaca cravada.

Além dos desvios anteriores, elementos de estacas de aço e de concreto pré-moldados entregues na obra podem apresentar desalinhamentos e devem ser verificados antes da cravação (ou na recepção).

O desvio de locação do tipo (i), em um bloco com apenas uma estaca, pode impor um momento à estaca, a menos da ação das cintas. Em relação a essa questão, a Norma NBR 6122 estipula que, em terrenos nos quais haja risco de flambagem, não se devem usar estacas isoladas com menos de 30 cm de

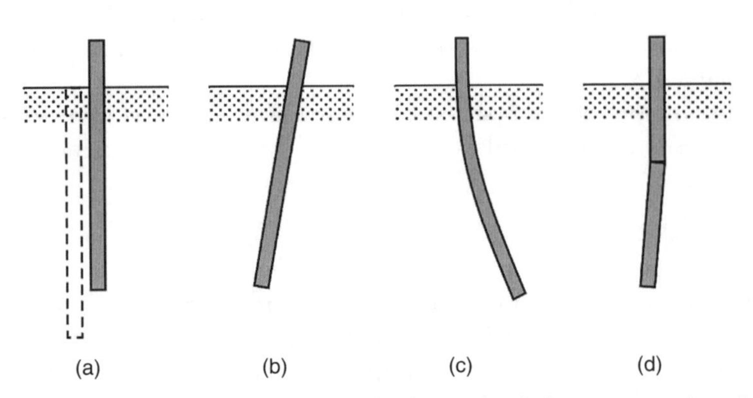

FIGURA 11.5. Desvios construtivos: (**a**) desvio de locação; (**b**) desvio do alinhamento previsto; (**c**) desvio no interior do terreno; e (**d**) desalinhamento em emenda.

diâmetro. Se o bloco tiver três ou mais estacas, o desvio, em princípio, resulta em uma redistribuição de cargas entre estacas, e não necessariamente em momentos aplicados às estacas. Em relação ao desvio do alinhamento dentro do terreno, do tipo (iii), há um número de relatos, embora não associados a flambagem, e uma discussão pode ser vista em Velloso e Lopes (2010).

A Norma de Fundações NBR 6122 considera aceitáveis alguns desvios, como o erro de locação para estacas isoladas de até 10 % do seu diâmetro. Para desaprumo, o limite aceitável é de 1/100. A norma também considera aceitáveis estacas feitas de trilhos usados com pequena curvatura: raio de curvatura mínimo de 400 m. Estas tolerâncias, embora figurem na norma, devem ser reavaliadas pelo projetista para a obra em estudo.

No projeto da estrutura, há previsão em normas, como na NBR 6118, de desvios construtivos em pilares, e a indicação de como calcular esforços adicionais. A questão dos desvios nos pilares é lidada pelo engenheiro de estruturas, mas pode levar, às fundações, momentos inicialmente não previstos. Portanto, um diálogo entre os dois projetistas é necessário.

Como os desvios de execução mencionados podem aumentar o risco de flambagem, conclui-se que o assunto deve preocupar tanto o engenheiro projetista quanto o *engenheiro responsável pela execução*. Vale lembrar que esse último pode – e deve – se comunicar com o primeiro sempre que ocorrer um desvio que possa afetar o comportamento das fundações.

Recomendações para projeto

A partir do exposto anteriormente, as seguintes recomendações podem ser feitas:

1. Estacas parcialmente enterradas devem ser, sempre, verificadas à flambagem (no caso de seção constante, podem ser utilizados os trabalhos de Davisson e Robinson ou de van Langendonck).
2. Estacas totalmente enterradas, se muito esbeltas e atravessando espessuras consideráveis de solo de baixa resistência, devem ser verificadas à flambagem.
3. As cargas de serviço devem atender a um fator de segurança mínimo de 2,0 em relação à carga crítica de flambagem.
4. Devem ser avaliados possíveis desvios construtivos, que são os principais responsáveis pela flambagem de estacas.
5. A verificação de flambagem deve ser feita juntamente com o engenheiro estrutural. Devem ser corretamente consideradas as condições de vínculo da estaca com o bloco de coroamento.
6. Devem ser sempre previstas cintas ligando os blocos de coroamento, visando impedir o deslocamento horizontal dos mesmos. Assim, no projeto das cintas, deve ser considerada uma força de tração.

Exercício resolvido 1

Seja uma estaca de aço perfil H, inteiramente enterrada, modelo W 200 × 71 (Figura 11.6), com tensão de escoamento 345 MPa. Segundo a NBR 8800, E_p = 200 GPa. A estaca atravessa 15 m de uma argila orgânica mole, levemente sobreadensada, com S_u = 20 kPa e K_h = 200 kN/m².

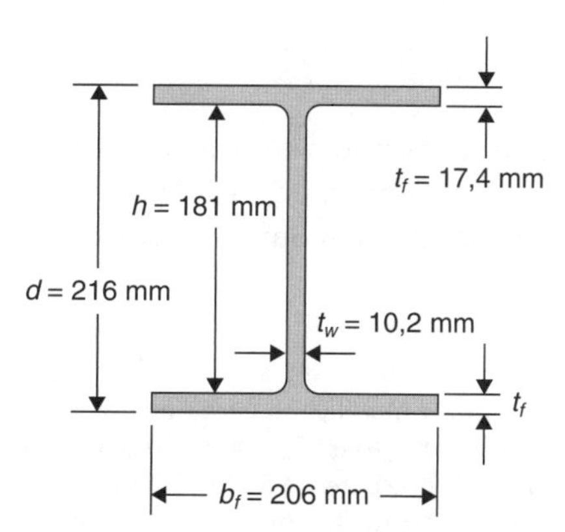

FIGURA 11.6. Seção geométrica do perfil W 200 × 71 (aprox. 200 mm × 71 kg/m).

Na tabela do fabricante consta A = 91 cm², I_{xx} = 7660 cm⁴ e I_{yy} = 2537 cm⁴. Descontando uma espessura de sacrifício para corrosão de 1,5 mm, tem-se A = 79 cm², I_{xx} = 6241 cm⁴ e I_{yy} = 2009 cm⁴. Daí, resulta uma carga de escoamento (para efeitos práticos, de ruptura) de 2725 kN. A carga de serviço ou *nominal* pode ser calculada com um fator de segurança 2,0, obtendo-se 1362 kN.[1]

a. Timoshenko e Gere

Com $K_h\, L^4/16E_pI = 157$ (adotando o *menor momento de inércia*), tira-se, da Tabela 11.1, $L'/L \sim 0{,}32$. Daí, tem-se a Equação (11.4):

$$Q_{cr} = \pi^2\,(200\times 10^6 \times 2009\times 10^{-8})\,/\,(0{,}32\times 15)^2 = 1721\text{ kN}$$

b. Whitaker

Obtém-se, com a Equação (11.7):

$$Q_{cr} = 2(200\times 200\times 10^6 \times 2009\times 10^{-8})^{0{,}5} = 1793\text{ kN}$$

c. Davisson e Robinson

Tem-se o seguinte comprimento característico:

$$R = \sqrt[4]{\frac{E_pI}{K_h}} = \sqrt[4]{\frac{200\times 10^6 \times 2009\times 10^{-8}}{200}} = 2{,}12\text{ m}$$

Como L_u é nulo, pois a estaca é totalmente enterrada, o valor de J_R também é nulo e, pela Figura 11.4, o valor de S_R é da ordem de 1,6. Assim, a carga crítica de flambagem é dada pela Equação (11.17):

$$V_{cr} = \frac{\pi^2E_pI}{[2R(S_R+J_R)]^2} = \frac{\pi^2(200\times 10^6\times 2009\times 10^{-8})}{4\times 2{,}12^2\,(1{,}6)^2} = 864\text{ kN}$$

d. Fórmula de Bergfelt

A Equação (11.1) indica:

$$Q_{cr} \sim 8\,(S_u\,E_pI)^{0{,}5} \sim 8\,(20\times 200\times 10^6\times 2009\times 10^{-8})^{0{,}5} \sim 2268\text{ kN}$$

e. Comentários

Os dois primeiros cálculos foram feitos supondo a estaca rotulada no bloco de coroamento. O terceiro cálculo foi feito com a fórmula para o topo livre, daí o número 2 no denominador. Se houver restrição no topo da estaca, o valor da carga de flambagem aumenta consideravelmente.

---

[1] Na definição da carga de serviço de perfis de aço como estacas de fundação, há dois entendimentos. Se o perfil for entendido como uma coluna de aço de uma estrutura metálica, a carga de escoamento poderia ser dividida por um fator de segurança 1,5 × 1,1 = 1,65, em que 1,5 é um fator (parcial) para carregamentos usuais e 1,1 é o fator de minoração do aço, ambos da NBR 8800. Obter-se-ia, no caso presente, 1651 kN (cerca de 20 % maior). Entendendo o perfil, não uma coluna de aço, mas como um elemento de fundação, sujeito a desvios construtivos etc., a carga nominal é obtida pela divisão da carga de escoamento por um fator 2,0.

Exercício resolvido 2

Considere uma estaca tubular de aço de 12 polegadas de diâmetro e 1/2 polegada de espessura de parede, embutida 15 m em uma argila para a qual o valor de n_h é de 500 kN/m³. A estaca tem, ainda, um trecho livre de 6 m. A cabeça da estaca está embutida em um bloco de concreto, com restrição à rotação, mas com deslocabilidade horizontal.

Aplicando o método de Davisson e Robinson, tem-se:

$$E_p I = 200 \times 10^6 \frac{\pi}{64}(0{,}3048^4 - 0{,}2794^4) = 24.906 \text{ kN} \cdot \text{m}^2$$

$$T = \sqrt[5]{\frac{24.906}{500}} = 2{,}19 \text{ m} \quad \text{e} \quad Z_{\text{max}} = \frac{15}{2{,}19} = 6{,}9$$

Uma vez que Z_{max} excede 4, as premissas do método são atendidas e os resultados da aplicação podem ser considerados válidos. Inicialmente calcula-se

$$J_T = \frac{6{,}0}{2{,}19} = 2{,}75$$

A partir da Figura 11.4b, S_T pode ser tomado como 1,8 e

$$L_S = 1{,}8 \times 2{,}19 = 3{,}9 \text{ m}$$

O comprimento equivalente da estaca se torna

$$L_e = 6{,}0 + 3{,}9 = 9{,}9 \text{ m}$$

A carga de flambagem elástica para uma coluna engastada no topo, mas com possibilidade de transladar, é:

$$V_{crit} = \pi^2 \frac{EI}{L_e^2} = \pi^2 \frac{24.906}{9{,}9^2} = 2508 \text{ kN}$$

CAPÍTULO 12

Controle de execução e desempenho

No caso de estacas cravadas, dados da execução, como *diagrama de cravação*, *nega* e *repique*, permitem uma verificação da estratigrafia e resistência do solo na vertical de cada estaca. Isso possibilita o mapeamento das variabilidades do solo e, em consequência, a redução das incertezas, o que contribui para a qualidade do estaqueamento. Este capítulo trata também do Ensaio de Carregamento Dinâmico, concebido, inicialmente, para as estacas cravadas, mas que é correntemente utilizado na prática também no caso de estacas moldadas *in situ*, como as escavadas, hélice contínuas e raízes. No Capítulo 13 será estudada a Prova de Carga Estática.

12.1 Introdução

Durante a operação de cravação a estaca penetra no interior da massa de solo sempre que o esforço dinâmico aplicado supera a resistência disponível. Como o processo de cravação envolve a ruptura do solo, surgiu daí a ideia da utilização dos registros obtidos durante a cravação para a estimativa da capacidade de carga de estacas cravadas.

No século XIX surgiram as chamadas *Fórmulas Dinâmicas*, que utilizavam registros de *nega* (penetração permanente sob um golpe) e, menos frequentemente, de *repique* (deslocamento elástico da cabeça da estaca, recuperado após o golpe). As Fórmulas Dinâmicas buscavam obter a capacidade de carga (estática) de uma estaca a partir da *resistência à cravação* que ela encontrava. Como se discutirá mais adiante, essas grandezas não são iguais, e algumas correções precisam ser feitas. As fórmulas se baseiam no *Princípio da Conservação da Energia*, que estabelece que a energia potencial que possui o martelo (seu peso multiplicado pela altura de queda) é igual à resistência à cravação multiplicada pela *nega*. Como há diversas perdas de energia no processo de cravação, buscando incorporá-las, várias Fórmulas Dinâmicas foram desenvolvidas.

No século XX, o problema da cravação de uma estaca começou a ser visto como o de uma barra elástica sujeita a uma onda de tensão que percorre seu comprimento, a *Equação da Onda*. Quando uma perturbação atinge a extremidade superior de uma estaca, ela é transmitida ao longo de seu comprimento sob a forma de ondas (de deslocamento, de força, de tensão etc.), até atingir a ponta da estaca, sofrendo aí os fenômenos de reflexão e refração, que dependem das condições dessa extremidade.

12.2 Fórmulas dinâmicas

As Fórmulas Dinâmicas baseiam-se na igualdade entre a energia potencial que possui o martelo e o trabalho realizado durante a cravação (Figura 12.1), ou seja,

$$W h = R s \tag{12.1a}$$

em que:

W = peso do martelo;
h = altura de queda;
R = resistência à cravação;
s = *nega*, penetração permanente da estaca para 1 golpe do martelo.

A Equação (12.1a) seria suficiente se não houvesse perdas de energia no processo de cravação. As perdas se devem (i) a atritos de cabos e polias do bate-estacas e entre o martelo e sua guia; (ii) a deformações

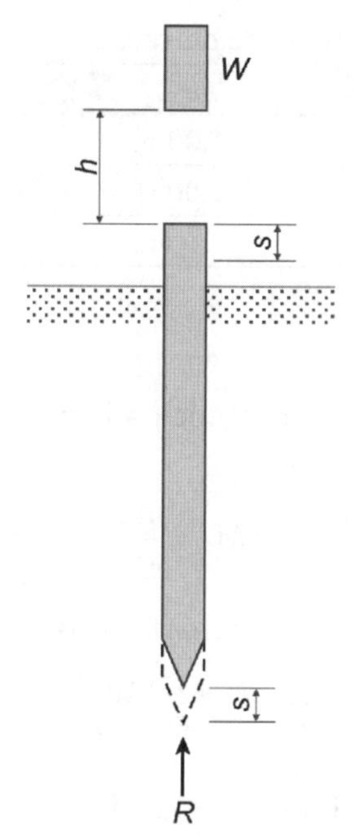

FIGURA 12.1. Elementos da cravação de uma estaca.

elásticas da estaca, de amortecedores e do solo (deformações que serão recuperadas após cessada a ação do golpe); e (iii) ao fato de que, no choque entre dois corpos, nem toda a energia cinética que possuíam é utilizada em produzir deslocamentos dos corpos após o choque. As diferentes maneiras de considerar essas perdas deram origem às diferentes Fórmulas Dinâmicas.

Algumas fórmulas introduziram, no primeiro membro da equação, um fator de eficiência para considerar as perdas no sistema de cravação e alteraram o segundo membro com um termo aditivo que leva em conta as perdas com os encurtamentos elásticos e no choque, chegando à forma

$$\eta W h = R s + Y \tag{12.1b}$$

em que:

η = eficiência do sistema de cravação (bate-estacas);
Y = perdas de energia por deformações elásticas e no choque.

O fator η teria o valor 1,0 em um sistema ideal (sem perdas) e pode ser tão baixo como 0,5 para equipamentos com muito atrito, desalinhamentos etc. A principal componente das perdas por deformações elásticas é o chamado *repique* da estaca, *c*, ficando a equação anterior (*fórmula de Welligton*)

$$\eta W h = R(s + c / 2) \tag{12.1c}$$

Já para a perda no choque do martelo com a estaca, parte-se da *Lei da Restituição de Newton*, que prevê, em um choque entre dois corpos, uma perda de energia igual a (WHITACKER, 1957):

$$\frac{(1 - e^2)\, M_1\, M_2\, (v_1 - v_2)^2}{2\,(M_1 + M_2)} \tag{12.2}$$

em que:

M_1 = massa de um corpo (por exemplo, o martelo);
M_2 = massa do segundo corpo (por exemplo, a estaca);
v_1 = velocidade de um corpo (por exemplo, o martelo);
v_2 = velocidade do segundo corpo (por exemplo, a estaca);
e = coeficiente de restituição no choque.

Tabela 12.1. **Valores indicativos para o sistema de cravação**

Tipo de estaca	$(\eta h)_{máx}$	$(W/P)_{mín}$
Pré-moldada de concreto	1,00 m	0,5
Metálica	2,00 m	1,5
Madeira	4,00 m	0,75

Fonte: Sorensen e Hansen (1957).

Para a cravação de uma estaca, suposta com velocidade $v_2 = 0$ antes do golpe, tem-se, considerando g aceleração da gravidade e P o peso da estaca,

$$M_1 = \frac{W}{g}, \quad M_2 = \frac{P}{g}, \quad v_1 = \sqrt{2gh}$$

Desta forma, a perda de energia no choque do martelo com a estaca pode ser expressa como:

$$Y = \frac{(1-e^2)\, W\, P\, h}{W + P} \tag{12.3}$$

Entrando com esta perda de energia na Equação (12.1b), e supondo $e = 0$ e $\eta = 1$, obtém-se a conhecida *Fórmula dos Holandeses*:

$$\frac{W^2 h}{W + P} = R\, s \tag{12.4}$$

Sorensen e Hansen (1957) estimaram a perda de energia por deformações elásticas como:

$$Y = \frac{R}{2}\sqrt{\frac{2\eta W\, h\, L}{AE_p}} \tag{12.5}$$

Desta forma, a resistência mobilizada na cravação seria obtida pela conhecida *Fórmula dos Dinamarqueses*:

$$R = \frac{\eta W\, h}{s + \frac{1}{2}\sqrt{\frac{2\eta W\, h\, L}{AE_p}}} \tag{12.6}$$

O fator *de eficiência* η, segundo esses autores, estaria entre 0,7, para martelos de queda livre operados por guincho, e 0,9, para martelos automáticos. Além disso, fornecem, a título de orientação, os valores de altura de queda e razão entre peso do martelo e peso da estaca indicados na Tabela 12.1. Para esta fórmula, os autores recomendam um fator de conversão para carga admissível $F = 2$.

No caso de estacas tipo Franki, costuma-se empregar a *fórmula de Brix*, adaptada para esse tipo de estaca, em que, durante a execução, um tubo de aço é cravado. Para dados típicos dessa estaca, ver Tabela 12.2.

Tabela 12.2. **Características de estacas tipo Franki**

Diâmetro (mm)	V_b mínimo (litros)	V_b usual (litros)	A_b mínimo (m^2)	A_b usual (m^2)	A_f (m^2)	P/m típico (kgf/m)
350	90	180	0,243	0,385	0,096	180
400	180	270	0,385	0,505	0,126	200
450	270	360	0,505	0,612	0,159	300
520	360	450	0,612	0,710	0,212	340
600	450	600	0,710	0,860	0,283	400

i. Resistência à cravação do tubo:

$$R_t = \frac{W^2P}{(W+P)^2}\frac{h}{s} \tag{12.7}$$

em que P é o peso do tubo (e demais parâmetros definidos anteriormente).

ii. Resistência do conjunto fuste-base (estaca pronta, com base alargada):

$$R_e = 0{,}75\ R_t\left(0{,}3 + 0{,}6\ \frac{A_b}{A_f}\right) \tag{12.8}$$

em que:

A_f = área da seção transversal do fuste da estaca pronta;
A_b = área da projeção horizontal da base da estaca, suposta esférica.
Para esta fórmula, recomenda-se F = 2,5.

12.2.1 Uso do repique

Uma fórmula dinâmica amplamente difundida e que foi a primeira a utilizar diretamente o repique como meio de controle da cravação é a de Chellis (1951), em que o valor da resistência é considerado diretamente proporcional ao *encurtamento elástico da estaca*, c_2. O repique c (ou k, como é conhecido no Brasil), que é o deslocamento elástico total do conjunto estaca-solo, é igual à soma do c_2, com o *deslocamento elástico do solo*, c_3, chamado de *quake* (recebendo a notação q no restante deste capítulo). De fato, à medida que a estaca atinge maiores profundidades, próximas daquelas necessárias à mobilização de sua capacidade de carga de projeto, a *nega* diminui e o repique aumenta, aumentando a resistência à cravação mobilizada, como preconiza o autor, e explicitado na equação:

$$R = c_2\ \frac{AE_p}{L'} \tag{12.9}$$

em que L' é o comprimento equivalente da estaca, que depende do seu mecanismo de transferência de carga. A estimativa de L' pode ser feita pela relação:

$$L' = \alpha L \tag{12.10}$$

em que α = 1, se toda a carga da estaca for resistida pela ponta, e α = 0,5 se toda a carga for resistida por atrito lateral. Aoki e Alonso (1991) sugerem que em casos intermediários pode-se utilizar α = 0,7.

12.2.2 Uso de Fórmulas Dinâmicas

Como pode ser observado, as Fórmulas Dinâmicas fornecem a *resistência à cravação*, R. Primeiramente há que lembrar que R não corresponde à capacidade de carga na ruptura, Q_{rup}; se correspondesse, a *carga admissível*, a menos de uma verificação posterior de recalques, seria obtida pela divisão por um fator de segurança (2,0 tipicamente). Os autores de Fórmulas Dinâmicas fizeram aferições, comparando valores de R obtidos em suas fórmulas com cargas que, posteriormente, em ensaios, se mostraram admissíveis. Dessas comparações resultaram *fatores* ou *coeficiente de correção* $F = R/Q_{adm}$ – que não são fatores de segurança – maiores que 2,0. Para a Fórmula dos Holandeses, por exemplo, F = 10 para martelos de queda livre, e F = 6 para martelos a vapor. Para a fórmula de Brix, adaptada a estacas tipo Franki, F > 2,5. Para a Fórmula dos Dinamarqueses, por acaso, F = 2. A boa prática, mais atual, consiste na utilização de Fórmulas Dinâmicas apenas para *controle da uniformidade* de um estaqueamento. Para essa aplicação, seria determinado F – para o tipo de estaca e obra em acompanhamento – pela comparação de R da fórmula escolhida com Q_{adm} obtida após interpretação de Ensaios de Carregamento Dinâmico e/ou Provas de Carga Estática.

Um segundo aspecto é que a resistência mobilizada no momento da cravação costuma ser diferente da resistência a longo prazo. Esta diferença é particularmente importante nos solos em que se manifestam os fenômenos de *recuperação*, também chamado de *cicatrização* e *set-up* (ganho de resistência com o tempo), e de *relaxação* (perda de resistência com o tempo), o último tipo mais raro. No caso mais comum, na recravação, a *nega* diminui e o repique aumenta, revelando um aumento da resistência mobilizada. Nos solos permeáveis (areias) a resistência por ocasião da cravação não tem se mostrado diferente dos valores estáticos, principalmente em estacas trabalhando essencialmente de ponta. Para estacas em solos argilosos, principalmente trabalhando por atrito, a diferença é grande, como abordado ao final da seção 4.2.2 (Capítulo 4). A maneira mais simples e atual de avaliar essa questão consiste em determinar a recuperação por Ensaios de Carregamento Dinâmico feitos na mesma estaca em tempos diferentes.

12.2.3 Diagrama de cravação

Outro registro importante é o *diagrama de cravação*, que consiste na anotação do número de golpes necessário para cravar um dado comprimento, normalmente 50 cm no Brasil (nos Estados Unidos, adota-se 1 pé, ou 30 cm, sendo a contagem de golpes chamada de *blows per foot*). O procedimento é bastante simples e consiste em se pintar riscas a cada 0,5 m do fuste da estaca e anotar em uma planilha o número de golpes que a estaca recebe para cada trecho de 0,5 m cravado. A planilha pode então ser convertida em um gráfico, e acrescentado, ao lado, o perfil da sondagem mais próxima.

Este diagrama de cravação deve ser feito, pelo menos, a cada 10 estacas, ou em uma estaca de cada grupo (ou pilar), ou, ainda, sempre que uma estaca for cravada perto de uma sondagem. Ele pode servir para confirmar a sondagem, como proposto por Vieira (2006).

12.3 A Equação da Onda

A Equação da Propagação de Ondas Longitudinais em Barras Elásticas Uniformes, chamada simplesmente de *Equação da Onda*, foi desenvolvida no século XIX por Saint-Venant, e utilizada no problema da cravação de estacas a partir de meados do século XX.

Considere inicialmente uma barra de seção transversal A, módulo de elasticidade E e massa específica ρ. Tomando-se um elemento dx da barra, as tensões que atuam em suas extremidades são σ_x e $\sigma_x + \frac{\delta \sigma_x}{\delta x} dx$, como indicado na Figura 12.2.

Considerando-se o equilíbrio na direção x e, aplicando-se a Segunda Lei de Newton, tem-se:

$$-\sigma_x A + \left(\sigma_x + \frac{\delta \sigma_x}{\delta x} dx \right) A = A dx\, \rho \frac{\delta^2 u}{\delta t^2} \tag{12.11}$$

ou seja,

$$A \frac{\delta \sigma_x}{\delta x} dx = A dx\, \rho \frac{\delta^2 u}{\delta t^2} \Rightarrow \frac{\delta \sigma_x}{\delta x} = \rho \frac{\delta^2 u}{\delta t^2} \tag{12.12}$$

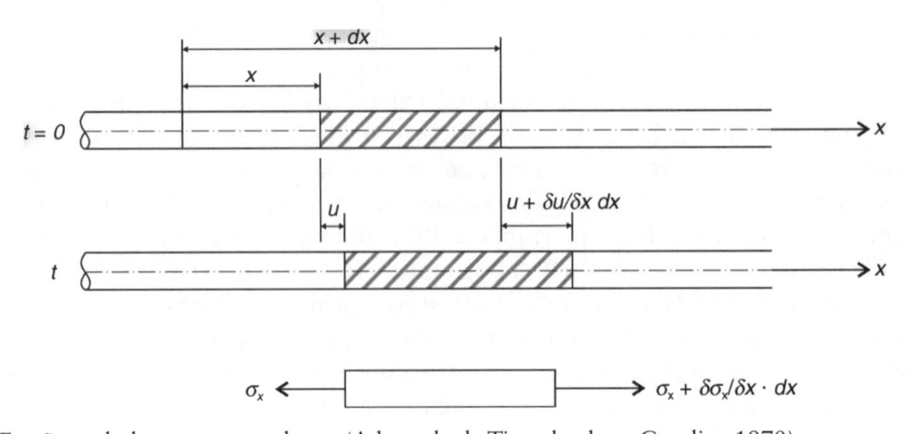

FIGURA 12.2. Tensões e deslocamentos na barra (Adaptada de Timoshenko e Goodier, 1970).

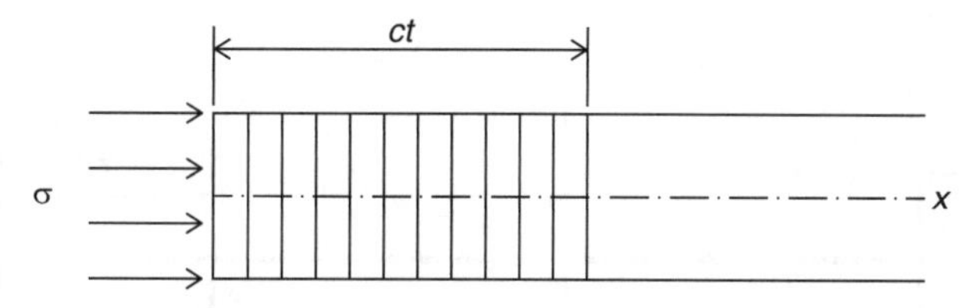

FIGURA 12.3. Propagação de tensão de compressão uniforme aplicada à extremidade da barra (Adaptada de Timoshenko e Goodier, 1970).

A tensão σ_x pode ser escrita como:

$$\sigma_x = E\frac{\delta u}{\delta x} \tag{12.13}$$

Logo,

$$\frac{\delta \sigma_x}{\delta x} = E\frac{\delta^2 u}{\delta x^2} \tag{12.14}$$

A Equação da Onda é:

$$\frac{\delta^2 u}{\delta t^2} = c^2\frac{\delta^2 u}{\delta x^2} \tag{12.15}$$

sendo c a velocidade de propagação da onda, dada por:

$$c = \sqrt{\frac{E}{\rho}} \tag{12.16}$$

Conclui-se que a velocidade de propagação da onda c é uma constante que depende das propriedades do material da estaca.

A velocidade de propagação da onda c não deve ser confundida com a velocidade de partícula da zona comprimida, v. A velocidade de partícula é obtida considerando-se que a região comprimida, correspondente à área hachurada da Figura 12.3, sofre um encurtamento igual a $(^{\sigma}/_{E})$. ct em decorrência da tensão σ.

$$v = \frac{\Delta u}{\Delta t} = \frac{\varepsilon}{\Delta t}ct = \frac{\sigma}{E}\frac{ct}{(t-t_0)} = \frac{\sigma}{E}c = \sigma\sqrt{\frac{E}{\rho}}\frac{1}{E} = \sigma\frac{1}{\sqrt{\rho E}}$$

Observa-se, assim, que a velocidade de partícula depende das características do material da estaca e da tensão imposta.

Quando se aplica uma tensão de compressão na extremidade de uma barra, a velocidade de propagação da onda e a velocidade de partícula possuem o mesmo sentido. Quando a tensão é de tração, a velocidade de partícula possui sentido contrário à velocidade de propagação da onda.

A Equação da Onda [Equação (12.15)] é linear, ou seja, no caso de se ter duas soluções para a equação diferencial, sua soma também será uma solução, isto é, é válido o princípio de superposição. Se duas ondas caminhando em sentidos opostos se superpõem, as tensões e velocidades de partícula resultantes são obtidas por superposição.

Seja uma onda de compressão caminhando ao longo do sentido x positivo da barra e uma onda de tração com o mesmo comprimento de onda e mesma magnitude caminhando em sentido oposto (Figura 12.4).

Quando as ondas se superpõem, as tensões se anulam e a região da barra onde ocorre a superposição fica submetida a um campo de tensões nulas. A velocidade de partícula nesta região da barra é dobrada e igual a $2v$.

Após superposição, as ondas retornam à sua forma original (Figura 12.5).

Na seção mn as tensões serão sempre nulas. Esta seção pode ser considerada uma extremidade livre de uma barra. Conclui-se, portanto, que no caso de uma extremidade livre, uma onda de compressão é refletida como uma onda de tração.

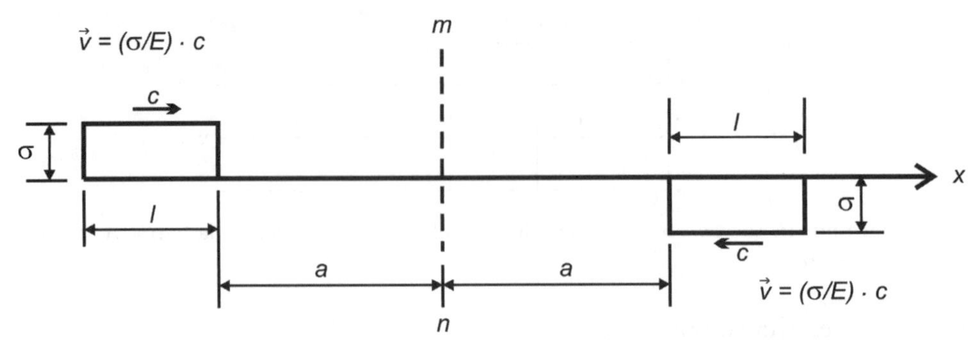

FIGURA 12.4. Ondas de compressão e tração caminhando em sentidos opostos, antes da superposição que ocorre na seção *mn*, equidistante de *a* (Adaptada de Timoshenko e Goodier, 1970).

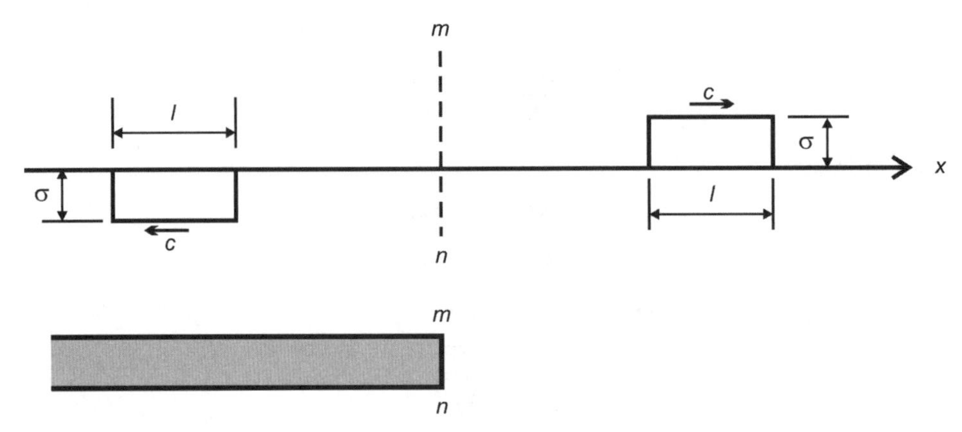

FIGURA 12.5. Ondas de compressão e tração caminhando em sentidos opostos, após superposição. Seção *mn* reproduz condição de extremidade livre, onde a tensão é sempre nula (Adaptada de Timoshenko e Goodier, 1970).

Se, por outro lado, quando duas ondas de compressão idênticas e caminhando em sentidos opostos se superpõem, as tensões serão dobradas e a velocidade de partícula no trecho de superposição será nula.

Para a situação da Figura 12.6, na seção transversal *mn,* as velocidades serão sempre nulas. Esta seção permanecerá indeslocável durante a passagem das ondas, podendo ser considerada uma extremidade fixa. Verifica-se, da Figura 12.6, que uma onda é refletida em uma extremidade fixa sem sofrer alterações.

Em uma etapa de cravação de uma estaca em argila mole, a situação é próxima do caso de extremidade livre, pois a resistência do solo é desprezível. A tensão na extremidade, durante a superposição, é nula. A onda de compressão é refletida como de tração. Se a estaca é de concreto e não for devidamente armada poderão ocorrer fissuras indesejáveis.

Como a velocidade de partícula, durante a superposição, é numericamente igual ao dobro da velocidade original, os deslocamentos, obtidos pela integração da velocidade, são elevados. Logo, neste caso, a nega é elevada, o que na prática se costuma chamar de *nega aberta.*

Em uma etapa final de cravação de uma estaca com ponta embutida em uma camada extremamente resistente, a situação é próxima do caso de extremidade fixa, em face da elevada resistência do solo na ponta da estaca. Neste caso, a tensão de compressão durante a superposição será dobrada (Figura 12.8).

Na verdade, os casos de extremidade livre e extremidade fixa representam situações limites, que não representam os casos mais comuns encontrados na prática. Mesmo em solos muito pouco resistentes existe alguma resistência à cravação e a estaca não se encontra totalmente livre. No caso de solos resistentes, a resistência de ponta é finita e a estaca não se encontra totalmente fixa.

Estes casos limites estudados pela formulação analítica não representam, portanto, a maioria dos casos práticos. A resolução dos casos práticos não é simples de ser procedida pela formulação analítica, em face das complexidades das condições de contorno. Os métodos numéricos consistem, assim, de ferramentas importantes à resolução dos problemas práticos.

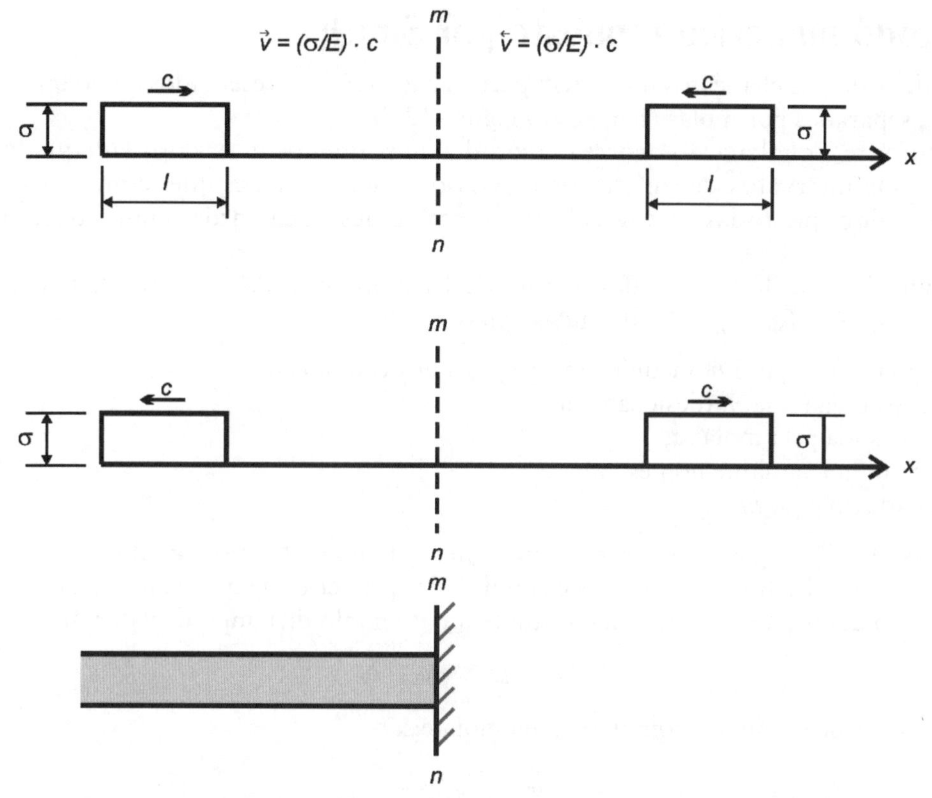

FIGURA 12.6. Duas ondas de compressão caminhando em sentidos opostos (Adaptada de Timoshenko e Goodier, 1970).

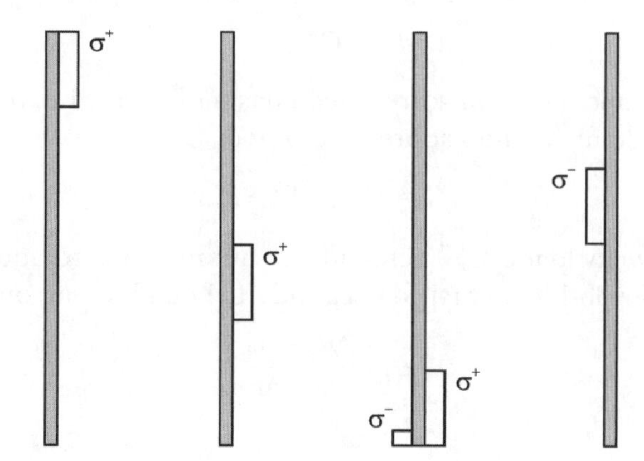

FIGURA 12.7. Estaca com ponta livre.

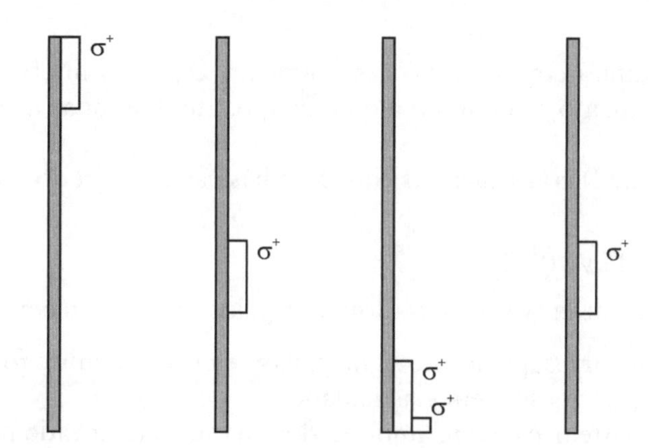

FIGURA 12.8. Estaca com ponta fixa.

12.4 Método numérico proposto por Smith

Segundo Smith (1960) os elementos que fazem parte da ação são representados como uma série de pesos concentrados, separados por molas (sem peso), Figura 12.9.

O tempo durante o qual a ação ocorre é dividido em pequenos intervalos, adequados à natureza do problema. Os intervalos devem ser pequenos o suficiente para que, com erros desprezíveis, possa ser assumido que todas as velocidades, forças e deslocamentos sejam constantes em cada intervalo.

O cálculo numérico se dá passo a passo, sendo calculadas em cada intervalo de tempo sucessivo as cinco variáveis D_m, C_m, F_m, Z_m e V_m, definidas como:

D_m = deslocamento do peso m medido em relação à posição inicial;
C_m = compressão da mola m (deslocamento);
F_m = força exercida pela mola m;
Z_m = força resultante atuante no peso m;
V_m = velocidade do peso m.

As grandezas D_m, C_m, F_m, Z_m e V_m se referem a um intervalo de tempo n qualquer.

O desenvolvimento das fórmulas básicas é simples. Em primeiro lugar é estabelecido que D_m^n é igual a D_m^{n-1} acrescido do deslocamento adquirido durante um intervalo de tempo de valor Δt.

$$D_m^n = D_m^{n-1} + V_m^{n-1}\,\Delta t \tag{12.17}$$

A expressão para determinar a compressão na mola é:

$$C_m^n = D_m^n - D_{m+1}^n \tag{12.18}$$

Tem-se, portanto, a expressão para determinar a força na mola:

$$F_m^n = C_m^n\, K_m \tag{12.19}$$

Observa-se da Figura 12.9 que o peso m sofre a ação das molas $m - 1$ e m e da força externa ou resistência R_m. Logo, a força resultante agindo sobre o peso m é:

$$Z_m^n = F_{m-1}^n - F_m^n - R_m \tag{12.20}$$

A velocidade V_m^n é igual à velocidade V_m^{n-1} acrescida de um incremento adquirido em um intervalo Δt. Este incremento, ΔV, pode ser obtido a partir da Segunda Lei de Newton, ou seja:

$$Z_m^n = \frac{W_m}{g}\,\frac{\Delta V}{\Delta t} \tag{12.21}$$

Logo,

$$V_m^n = V_m^{n-1} + Z_m^n\,\Delta t\,\frac{g}{W_m} \tag{12.22}$$

Esta nova velocidade resultará em um novo deslocamento D_m^{n+1} no intervalo de tempo seguinte e o ciclo se repete para cada elemento, cada intervalo de tempo, até que todas as velocidades se anulem ou mudem de sentido.

As Equações (12.17) a (12.22) constituem as equações básicas do método Smith.

12.4.1 Acessórios de cravação

Na Figura 12.9, os acessórios de cravação são formados pelos seguintes elementos:

i. Pilão e capacete, objetos curtos, pesados e rígidos. Para efeito de análise foram representados (simulados) por Smith (1960) por pesos sem elasticidade.
ii. *Cepo*, amortecedor do martelo, e *coxim*, amortecedor da estaca (colocado no topo da estaca), são, em geral, de madeira, representados por molas sem peso, podendo ter, ou não, comportamento elástico.

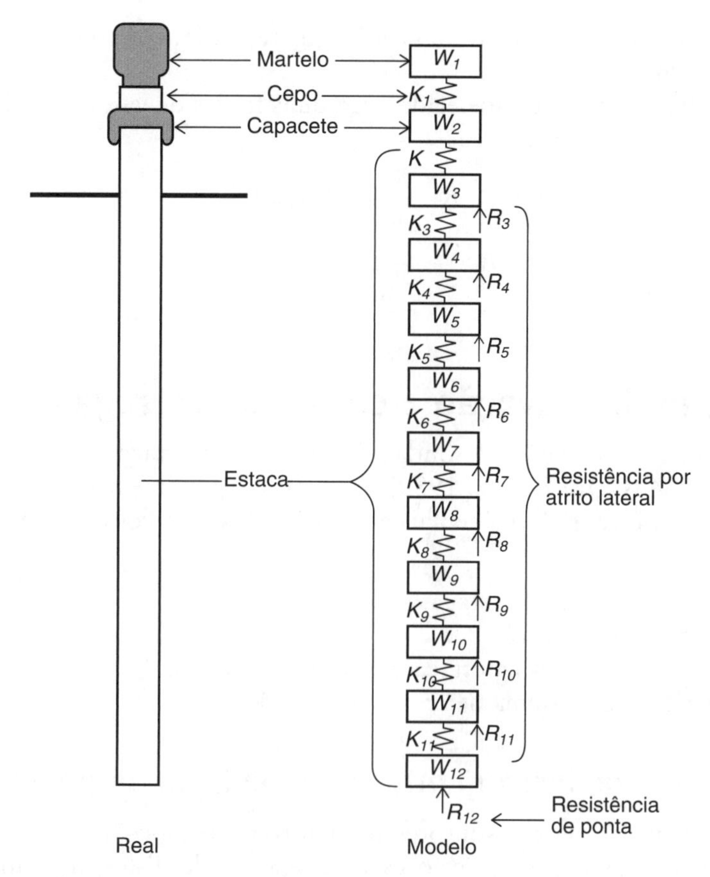

FIGURA 12.9. Representação da estaca pelo modelo de Smith (1960).

As rijezas do cepo e do coxim são obtidas a partir de ensaio do material, como indicado na Figura 12.10a.

O modelo de comportamento do solo apresenta uma parcela estática e outra dinâmica. Ou seja, $R = R_u + R_d$, sendo R a resistência à cravação total (que aparece nas fórmulas dinâmicas, seção 12.2, englobando as parcelas estática e dinâmica). A parcela estática, R_u, no modelo simplificado de Smith, é representada pela Figura 12.10b, sendo uma função linear do deslocamento até que seja atingido o deslocamento chamado de *quake*, q. Para deslocamentos superiores a q, ocorre a plastificação do solo e resistência estática atinge o valor R_u.

O valor do quake, q, é admitido, na falta de outras informações, como sendo 1/10" ou 2,5 mm, tanto para a ponta como para o atrito lateral, independentemente da natureza do solo.

A parcela dinâmica, R_d, de natureza viscosa, é suposta proporcional à velocidade do elemento da estaca e à resistência estática, como ilustra a Figura 12.10c. A constante de proporcionalidade é notada

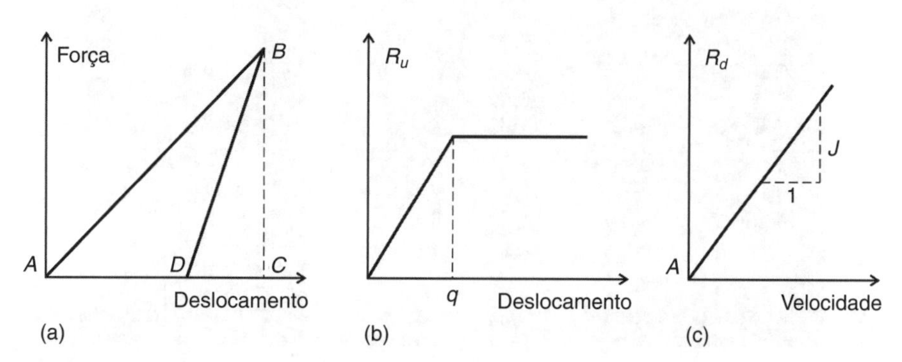

FIGURA 12.10. (**a**) Ensaio do material do cepo ou coxim; (**b**) representação da parcela estática da resistência do solo; e (**c**) representação da parcela dinâmica da resistência do solo.

J_p para a ponta e J_l para o atrito lateral. Smith (1960) sugere, na falta de outras informações, os valores J_p = 0,49 s/m e J_l = 0,16 s/m.

A resistência total pode, assim, ser estabelecida para duas faixas de valores de deslocamento:

Para $u < q$:

$$R = \frac{R_u}{q}(1 + Jv)\,u \tag{12.23}$$

Para $u \geq q$:

$$R = R_u(1 + Jv) \tag{12.24}$$

12.5 Monitoração da cravação e ensaio de carregamento dinâmico

O programa mais extenso de medições de ondas de tensões em estacas foi iniciado na Case Western Reserve University em 1964 (GOBLE *et al.*, 1980). Técnicas e equipamentos de medidas foram desenvolvidos e estudos teóricos realizados. As principais aplicações das medições dinâmicas são detalhadas por Goble *et al.* (1980):

i. Avaliação da capacidade de carga da estaca.
ii. Verificação da integridade da estaca.
iii. Determinação das tensões atuantes na estaca durante a cravação.
iv. Determinação da eficiência do sistema de cravação.

12.5.1 Técnicas usuais de instrumentação e medição dinâmica

A instrumentação é constituída de transdutores de deformação específica e de acelerômetros, para a obtenção, respectivamente, dos registros de força e de velocidade. Estes instrumentos são fixados aos pares em uma seção da estaca próxima do seu topo, em posições diametralmente opostas, a fim de compensar os efeitos de flexão. São aparafusados diretamente na superfície, no caso de estacas de aço, ou por meio de chumbadores, no caso de estacas de concreto (Figura 12.11).

Os sinais dos transdutores são enviados para um sistema de aquisição de dados. Há alguns fabricantes desses sistemas, sendo muito utilizado no Brasil o chamado *analisador de cravação de estacas* (*Pile Driving Analyzer* – PDA), mostrado na Figura 12.12. É basicamente um microprocessador provido de funções de condicionamento de sinais, permitindo a realização de uma série de cálculos no instante da cravação para cada impacto do martelo. A obtenção de dados e processamento em tempo real possibilita

FIGURA 12.11. Transdutores de deformação e aceleração fixados a estaca de concreto.
Fonte: Pile Dynamics Inc.

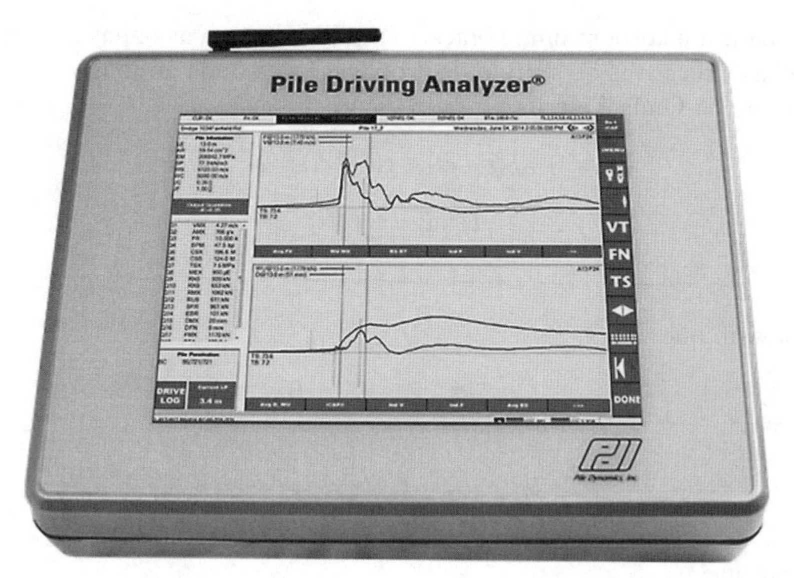

FIGURA 12.12. Equipamento PDA.
Fonte: Pile Dynamics Inc.

uma eventual interferência na operação de cravação no caso de ocorrência, por exemplo, de um dano ou de uma deficiência no sistema de cravação.

O PDA recebe sinais brutos de deformação específica e de aceleração como dados de entrada e fornece, na saída, registros de força, aceleração e velocidade já devidamente tratados. Esses registros são armazenados para análise posterior. O analisador processa os dados da instrumentação utilizando a teoria da Equação da Onda, visando obter os resultados de:

- Força máxima no impacto (FMX)
- Energia máxima no golpe (EMX)
- Resistência estática mobilizada (RMX)
- Deslocamento máximo da estaca durante o impacto (DMX)
- Integridade da estaca
- Tensões máximas na estaca
- Eficiência do sistema de cravação

O acompanhamento das tensões geradas durante o ensaio, em tempo real, permite ao operador limitar o impacto de forma a não comprometer a integridade estrutural da estaca. De forma geral, se procede o ensaio no mínimo até duas vezes a carga de serviço da estaca.

O PDA possui uma impressora na qual são impressos alguns parâmetros e sua tela possibilita a visualização dos sinais que estão sendo gravados. Permite a visualização dos sinais de força e velocidade multiplicada por uma constante (impedância) para cada golpe, proporcionando, no campo, uma primeira seleção da sequência de golpes a serem gravados. A visualização dos sinais permite a verificação da qualidade dos registros gravados, possibilitando detectar eventuais problemas com algum dos instrumentos para tomada de medidas corretivas.

Na seção 12.3 foi deduzida a Equação da Onda e, em seguida, apresentado o método numérico de Smith. Na próxima seção será mostrado o enfoque simplificado que permitirá deduzir as equações do Método Case, utilizado na obra para a obtenção da resistência mobilizada pelo golpe com base nos dados obtidos pelo equipamento de monitoração.

12.5.2 Enfoque simplificado

O enfoque simplificado, conhecido como solução da impedância, acompanha as ondas descendentes e ascendentes que caminham ao longo da estaca, modificando-as em função das condições de contorno que incluem as resistências do solo e as mudanças na seção transversal da estaca (JANSZ *et al.*, 1976).

A solução da impedância incorpora uma notação simplificada para as ondas descendentes e ascendentes, por meio de flechas indicativas do sentido de propagação da onda ao longo da estaca.

A solução da Equação da Onda é escrita também como:

$$u = (z,t) = f(z - ct) + g(z + ct) = u\downarrow + u\uparrow \qquad (12.25)$$

$$F = F\downarrow + F\uparrow \qquad (12.26)$$

$$v = v\downarrow + v\uparrow \qquad (12.27)$$

Na seção 12.3, foi visto que

$$v = \frac{\sigma}{E} c \Rightarrow \sigma = v \ \frac{E}{c} \qquad (12.28)$$

$$F = \sigma A = \frac{E\,A}{c}\ v = Z\,v \qquad (12.29)$$

Pode-se demonstrar que:

$$F\downarrow = Z\,v\downarrow \qquad (12.30)$$

$$F\uparrow = -Z\,v\uparrow \qquad (12.31)$$

Assim, tem-se:

$$F = F\downarrow + F\uparrow = Z(v\downarrow - v\uparrow) \qquad (12.32)$$

$$v = v\downarrow + v\uparrow = \frac{1}{Z}(F\downarrow - F\uparrow) \qquad (12.33)$$

Por ocasião da instrumentação só são obtidos os valores totais, seja de força ou de velocidade. No entanto, as ondas ascendentes (ou originadas da reflexão) é que conduzem informações das condições de contorno. Novos arranjos das expressões anteriores são necessários para o conhecimento, isoladamente, das amplitudes das ondas descendentes e ascendentes, como mostrado a seguir.

$$F = F\downarrow + F\uparrow \Rightarrow F\uparrow = F - F\downarrow \qquad (12.34)$$

$$v = \frac{1}{Z}(F\downarrow - F\uparrow) \Rightarrow v = \frac{1}{Z}(F\downarrow - F + F\downarrow) = \frac{1}{Z}(2F\downarrow - F) \qquad (12.35)$$

$$vZ = 2F\downarrow - F \qquad (12.36)$$

Logo,

$$F\downarrow = \frac{F + vZ}{2} \qquad (12.37)$$

$$F\uparrow = F - F\downarrow = F - \frac{F + vZ}{2} \qquad (12.38)$$

e também

$$F\uparrow = \frac{F - vZ}{2} \qquad (12.39)$$

Após deduções das expressões que explicitam as parcelas de forças ascendentes e descendentes em função dos registros obtidos de forças e velocidades totais, Jansz *et al.* (1976) passaram para a análise das diferentes condições de contorno do problema.

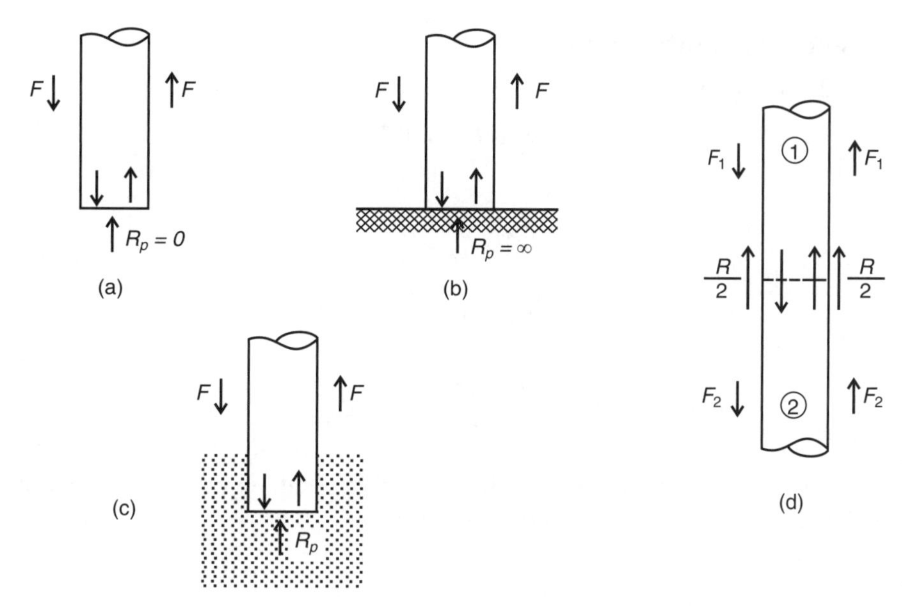

FIGURA 12.13. Estaca (**a**) com ponta livre; (**b**) com ponta fixa; (**c**) com resistência de ponta; e (**d**) com atrito lateral.

Estaca com ponta livre

Neste caso (Figura 12.13a), a resistência de ponta é nula e

$$R_p = F = 0$$

$$F\downarrow + F\uparrow = 0 \Rightarrow F\downarrow = -F\uparrow$$

$$v = v\downarrow + v\uparrow = \frac{F\downarrow}{Z} + \left(-\frac{F\uparrow}{Z}\right) = \frac{F\downarrow}{Z} + \frac{F\downarrow}{Z} = \frac{2F\downarrow}{Z}$$

Logo,

$$v = 2v\downarrow$$

Conclui-se, desta forma, conforme já visto anteriormente, que a onda de compressão chegando à extremidade inferior da estaca reflete-se como onda de tração e a velocidade reflete-se com o mesmo sinal, duplicando a amplitude da onda incidente.

Estaca com ponta fixa

Neste caso (Figura 12.13b), o deslocamento da ponta e, consequentemente, a velocidade são sempre nulos.

$$v = v\downarrow + v\uparrow = 0$$

Logo,

$$\frac{F\downarrow}{Z} + -\frac{F\uparrow}{Z} = 0$$

ou

$$F\uparrow = F\downarrow$$

Desta forma, a onda descendente, que é de compressão, chega à ponta refletindo-se também como onda de compressão. A velocidade reflete-se com o sinal oposto, anulando-se nesta extremidade, e a estaca “repica”.

Estaca com resistência de ponta finita

Neste caso (Figura 12.13c), tem-se:

$$R_p = F\downarrow + F\uparrow$$

Portanto,

$$F\uparrow = R_p - F\downarrow$$

$$v = v\downarrow + v\uparrow = \frac{F\downarrow}{Z} - \frac{F\uparrow}{Z}$$

$$v = \frac{F\downarrow}{Z} - \frac{R_p - F\downarrow}{Z} = \frac{(2F\downarrow - R_p)}{Z} \qquad (12.40)$$

Desta forma, a velocidade na ponta pode ser calculada ou explicitada em função da amplitude da força incidente, da resistência de ponta e da impedância da estaca.

Estaca com atrito lateral

Considerando-se o equilíbrio na seção tracejada da Figura 12.13d, e se R_A é a resistência por atrito lateral, tem-se:

$$F_1\downarrow + F_1\uparrow = F_2\downarrow + F_2\uparrow + R_A \qquad (12.41)$$

E ainda:

$$v_1\downarrow + v_1\uparrow = v_2\downarrow + v_2\uparrow$$

$$\frac{F_1\downarrow}{Z_1} + \frac{(-F_1\uparrow)}{Z_1} = \frac{F_2\downarrow}{Z_2} + \frac{(-F_2\uparrow)}{Z_2}$$

Mas se a impedância for igual nos dois trechos, segue que:

$$Z_1 = Z_2$$

Logo,

$$F_1\downarrow - F_1\uparrow = F_2\downarrow - F_2\uparrow$$

Desta forma,

$$F_1\downarrow - F_2\downarrow = F_1\uparrow - F_2\uparrow \qquad (12.42)$$

Da Equação (12.41), vem que:

$$F_1\downarrow - F_2\downarrow = -F_1\uparrow + F_2\uparrow + R_A \qquad (12.43)$$

Igualando-se as Equações (12.42) e (12.43), obtém-se:

$$F_1\uparrow - F_2\uparrow = -F_1\uparrow + F_2\uparrow + R_A$$

$$2F_1\uparrow = 2F_2\uparrow + R_A$$

Logo,

$$F_1\uparrow = F_2\uparrow + \frac{R_A}{2} \qquad (12.44)$$

e, assim,

$$F_2\downarrow = F_1\downarrow - \frac{R_A}{2} \qquad (12.45)$$

12.5.3 Método Case

Para o diagrama de trajetória das ondas incidentes e refletidas, mostrado na Figura 12.14, a referência inicial da escala de tempo é considerada o instante em que a onda descendente passa pelo nível da instrumentação.

A onda descendente, percorrendo uma distância dz, tem sua amplitude reduzida de $1/2\ R_A\ (z)\ dz$, enquanto a onda ascendente tem um incremento de mesmo valor, sendo $R_A\ (z)$ o atrito lateral unitário atuando no segmento dz da estaca.

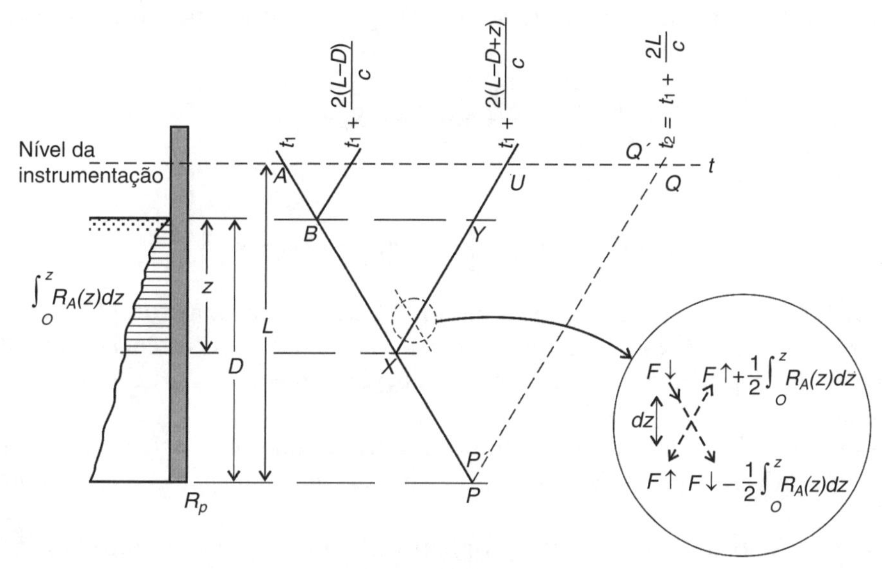

FIGURA 12.14. Diagrama de trajetória das ondas (Adaptada de Jansz *et al.*, 1976).

Da figura observa-se que a influência do solo só começa a se manifestar no instante $t_1 + 2(L - D)/c$ com a chegada das primeiras reflexões.

A amplitude da onda ascendente na trajetória XY é aumentada de

$$F_X\uparrow \text{ para } F_Y\uparrow = F_X\uparrow + \tfrac{1}{2}\int_0^Z R_A(z)\,dz \tag{12.46}$$

Sendo o ponto z atingido pela primeira onda descendente, tem-se:

$$F_X\uparrow = 0, \text{ logo, } F_Y\uparrow = \tfrac{1}{2}\int_0^Z R_A(z)\,dz \tag{12.47}$$

Desta forma, para a trajetória $P'Q'$ (P' sendo uma posição imediatamente acima da ponta) no caso da primeira onda descendente tem-se:

$$F'_Q\uparrow = \tfrac{1}{2}\Sigma R_A(z), \text{ sendo } \Sigma R_A(z) = \int_0^D R_A(z)\,dz \tag{12.48}$$

No instante seguinte, a onda se reflete na ponta e, de acordo com a condição de contorno da estaca com resistência de ponta finita, tem-se:

$$F_p\uparrow = R_p - F_p\downarrow \tag{12.49}$$

Como $F_p\downarrow = F_A\downarrow - \tfrac{1}{2}\Sigma R_A$, logo,

$$F_p\uparrow = R_p - F_A\downarrow + \tfrac{1}{2}\Sigma R_A \tag{12.50}$$

Como na trajetória PQ há um acréscimo de $\frac{1}{2}\sum R_A$, tem-se:

$$F_Q \uparrow = F_p \uparrow + \tfrac{1}{2}\sum R_A = R_p - F_A \downarrow + \sum R_A \qquad (12.51)$$

ou

$$F_A \downarrow + F_Q \uparrow = R_p + \sum R_A \qquad (12.52)$$

A Equação (12.52) pode ser escrita na forma geral, lembrando as expressões $F\downarrow = (F + Zv)/2$ e $F\uparrow = (F - Zv)/2$ e que o trem de ondas incidentes atinge o ponto A, nível da instrumentação, no instante t_1, enquanto a onda refletida em Q é registrada no nível da instrumentação em $t_2 = t_1 + {}^{2L}\!/_{c}$.

$$\frac{F_{t1} + Zv_{t1}}{2} + \frac{F_{t2} - Zv_{t2}}{2} = R_p + \sum R_A \qquad (12.53)$$

ou

$$R_T = R_p + \sum R_A = \frac{1}{2}\left[(F_{t1} + F_{t2}) + Z(v_{t1} - v_{t2})\right] \qquad (12.54)$$

A Equação (12.54) é a expressão básica do ensaio dinâmico da estaca, método Case, mostrando, explicitamente, que a resistência total R_T, soma do atrito lateral $\sum R_A$ e da resistência de ponta R_p, pode ser determinada através dos registros totais de força e velocidade medidos na cabeça da estaca, durante a passagem da onda.

Considerando-se um registro contínuo no tempo das grandezas força e velocidade em um ponto da estaca junto à cabeça (nível da instrumentação), o resultado seria um par de curvas como apresentado na Figura 12.15.

As curvas de força e velocidade mantêm a proporcionalidade através da impedância, até que comecem a chegar as ondas refletidas de cada uma das singularidades, representadas pelos atritos laterais unitários. As resistências do solo causam ondas de compressão deslocando-se para cima. Estas ondas de compressão aumentam a força na cabeça da estaca e diminuem a velocidade. As duas curvas, então, começam a se afastar e a distância entre elas, medida na vertical, será o somatório dos atritos laterais, até uma determinada posição z (Figura 12.15), que corresponde, na escala de tempo, ao ponto y da figura. De fato, ao lembrar que a onda refletida $F_y \uparrow$, após o ponto z ser atingido pela primeira onda incidente, é igual a $1/2\, R_A(z)$ e, ainda, que $F_y\uparrow = (F - Z \cdot v)/2$, tem-se que $F - Z \cdot v = \sum R_A(z)$. Com certa experiência é possível, então, avaliar-se a porção de resistência por atrito lateral durante a cravação através da interpretação destes registros.

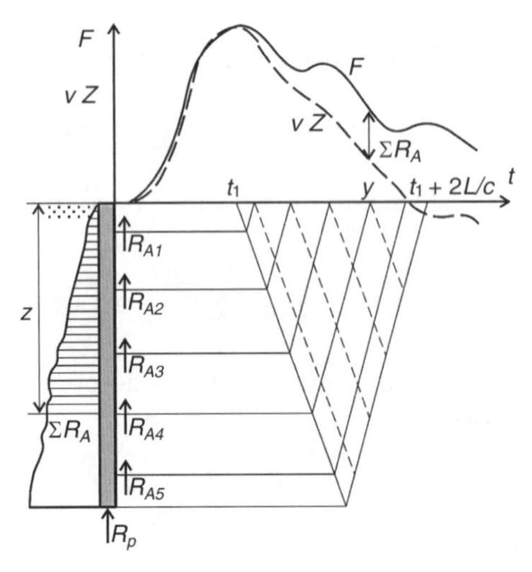

FIGURA 12.15. Registro típico das curvas de força e velocidade (multiplicada pela impedância) para um golpe (Adaptada de Niyama, 1983).

Na Figura 12.15 a notação é:

F = curva de força;
$Z \cdot v$ = curva de velocidade × impedância;
R_{A_i} = atrito lateral num segmento da estaca;
ΣR_A = atrito lateral total;
R_p = resistência de ponta.

A parcela dinâmica da resistência é considerada, de forma simplificada, como proporcional à velocidade da ponta da estaca, v_p, da seguinte forma:

$$R_D = J_c \frac{EA}{c} v_p \tag{12.55}$$

em que J_c é a constante de amortecimento.

O valor de v_p pode ser explicitado, considerando-se que a força descendente (medida em t_1) chega à ponta da estaca reduzida na sua magnitude de metade do atrito lateral, e lembrando-se das expressões $F\downarrow = (F + Zv)/2$ e $v_p = (2F\downarrow - R_P)/Z$.

Assim, chega-se a:

$$v_p = \left[2\left(\frac{F_{t_1} + Zv_{t_1}}{2} - \frac{\Sigma R_A}{2} \right) - R_P \right] \frac{1}{Z} \tag{12.56}$$

$$v_p = \left[(F_{t_1} + Zv_{t_1}) - R_T \right] \frac{1}{Z} \tag{12.57}$$

Se no instante t_1 não há ondas ascendentes provenientes de reflexões, existe a proporcionalidade entre força e velocidade de partícula ($F = Z \cdot v$), podendo-se escrever:

$$v_p = 2v_{t_1} - \frac{R_T}{Z} = 2v_{t_1} - \frac{c}{EA} R_T \tag{12.58}$$

Substituindo-se esta expressão na expressão da resistência dinâmica R_D, vem:

$$R_D = J_c \left(2 \frac{EA}{c} v_{t_1} - R_T \right) \quad \text{ou} \quad R_D = J_c (2F_{t_1} - R_T) \tag{12.59}$$

A resistência estática pode, então, ser obtida como a diferença entre a resistência total e a dinâmica.

$$R_S = R_T - J_c (2F_{t_1} - R_T) \tag{12.60}$$

O coeficiente de amortecimento do Método Case, J_c, depende do tipo de solo. Valores de J_c sugeridos por Rausche *et al.* (1985) estão na Tabela 12.3.

12.5.4 Método CAPWAP

O método CAPWAP (*Case Pile Wave Analysis Program*), como o método expedito Case, foi desenvolvido também na Case Western Reserve University, e teve como objetivo a determinação da distribuição das forças de resistência do solo ao longo da estaca e as magnitudes das parcelas estática e dinâmica da resistência.

O primeiro trabalho que faz referência à aplicação dos registros de força e aceleração no cálculo da distribuição da resistência ao longo da estaca é o de Rausche *et al.* (1972), quando o procedimento ainda não tinha sido denominado método CAPWAP. Rausche *et al.* (1972) explicam que o procedimento proposto difere da análise usual de problemas dinâmicos. Nos problemas usuais da dinâmica uma das condições de contorno do tipo força ou aceleração é fornecida e a outra é calculada. Na análise proposta, ambos os registros são fornecidos e, assim, um dos dois registros pode ser considerado uma informação redundante. O segundo registro é, no entanto, utilizado para fornecer informações sobre os efeitos da resistência do solo.

O modelo de solo para se proceder à análise CAPWAP e a rotina do programa são os mesmos propostos por Smith (1960), estudados na seção 12.4. O comportamento resistência estática × deslocamento do solo pode ser representado por um trecho linear, até que se atinja o deslocamento igual ao *quake*, para

TABELA 12.3. **Valores de J_c sugeridos por Rausche *et al.*** (1985)

Tipo de solo	Faixa de valores	Valor proposto
Areia	0,05 – 0,20	0,05
Areia siltosa ou silte arenoso	0,15 – 0,30	0,15
Silte	0,20 – 0,45	0,30
Argila siltosa e silte argiloso	0,40 – 0,70	0,55
Argila	0,60 – 1,10	1,10

o qual é atingida a resistência limite do solo. Após este deslocamento limite, a resistência do solo, na verdade, aumenta em uma razão muito menor do que no início da curva e pode, portanto, ser desprezada. Para deslocamentos crescentes, maiores do que o *quake,* a rigidez é assumida como sendo igual a zero.

Utilizando-se o modelo de um amortecedor linear, as forças dinâmicas de resistência são assumidas como proporcionais à velocidade. Assim como no caso das forças de resistência estáticas, o amortecimento induzirá ondas que caminham em ambos os sentidos ao longo da estaca. As ondas de tensão originadas dos amortecedores mudam continuamente de amplitude, de forma a refletir as rápidas mudanças da velocidade induzidas durante a cravação.

A análise é realizada com a velocidade (obtida por integração da aceleração medida) imposta como uma condição de contorno no topo da estaca. Esta análise determina a força no topo necessária para induzir a velocidade imposta. A força medida e a calculada são plotadas em função do tempo. Se as resistências corretas tiverem sido introduzidas, uma boa concordância entre as duas curvas deverá ser obtida. Esses dois registros são, então, examinados pelo engenheiro, a variação das resistências é ajustada e uma nova análise é feita.

Da mesma forma que no estudo de cravabilidade, a estaca é dividida em um determinado número de massas concentradas e molas. Contudo, uma vez que uma condição de contorno é imposta no problema (no caso, a velocidade medida no topo da estaca), a análise não necessita da inclusão de dados sobre o sistema de cravação (martelo, coxim, capacete, cepo etc.), mas apenas os dados relativos à parte da estaca abaixo dos medidores de deformação e acelerômetros. A reação do solo é representada pelas componentes elasto-plásticas e visco-lineares, como no modelo de Smith (1960). O modelo do solo possui, para cada massa associada, três incógnitas: a resistência estática limite, o deslocamento elástico máximo (*quake*) e o coeficiente de amortecimento (*damping coefficient*). O julgamento necessário a uma boa seleção destes parâmetros surge de um entendimento claro da propagação unidimensional da onda e da experiência anterior com a análise CAPWAP. O processo é ilustrado na Figura 12.16.

Cabe destacar que em alguns casos a concordância é rapidamente encontrada, enquanto em outros pode ser necessário um grande número de iterações.

Rausche *et al.* (1972) e Goble (1986) destacam que o principal problema encontrado com as análises CAPWAP é o fato do modelo de solo utilizado nem sempre representar o comportamento da fundação de forma satisfatória. Quando essas diferenças são grandes, algumas vezes não é possível se obter boa concordância. Os autores argumentam que a introdução de um modelo de solo melhorado poderia resultar em um aprimoramento do método. Alguns modelos de solo melhorado foram estudados por Holeyman (1984), Simons (1985), Nguyen (1987), entre outros, porém ainda não estão implementados em programas comerciais.

Este ajuste de sinais faz parte do que se chama *Ensaio de Carregamento Dinâmico* (ECD), já bastante utilizado no Brasil (inclusive normatizado pela NBR 13208, Estacas – Ensaios de Carregamento Dinâmico). A NBR 6122 permite que, na comprovação da capacidade de carga de estacas, provas de carga estáticas (PCEs) sejam substituídas por ensaios dinâmicos na proporção de cinco ensaios dinâmicos para cada prova de carga estática (exigindo no mínimo uma PCE na obra). No Capítulo 13 serão tratadas as provas de carga estáticas.

Exercício resolvido 1

Uma estaca metálica, Perfil I 10" × 4 5/8", foi cravada até 6,7 m, com um martelo de 7,5 kN e altura de queda de 1 m. A área da seção transversal do perfil tem 48,1 cm^2. A *nega* obtida ao final da cravação

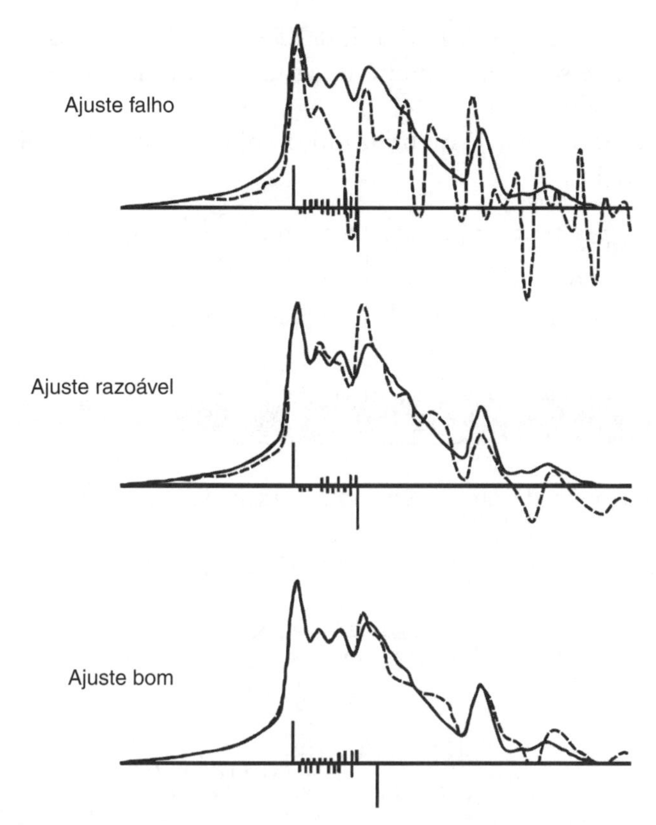

FIGURA 12.16. Gráficos de força medida (linha cheia) e força calculada (linha tracejada) *versus* tempo, em três tentativas de ajuste (mostradas de cima para baixo): ajuste falho, razoável e bom (Adaptado de Goble, 1986).

foi de 0,5 mm. Apresente uma estimativa da resistência mobilizada pela estaca ao final da cravação pela Fórmula dos Dinamarqueses. De acordo com essa fórmula, qual poderia ser a carga de serviço?

Dados: A = 48,1 cm^2; W = 750 kg; s = 0,5 mm; L = 6,7 m.

$$c = \sqrt{\frac{2 \times 0{,}7 \times 100 \text{ cm} \times 750 \text{ kg} \times 670 \text{ cm}}{48{,}1 \text{ cm}^2 \times 2{,}1 \times 10^6 \text{ kg/cm}^2}} = 0{,}83 \text{ cm}$$

$$R_u = \frac{0{,}7 \times 100 \text{ cm} \times 750 \text{ kg}}{0{,}05 \text{ cm} + 0{,}83 \text{ cm}/2} = 113.000 \text{ kg} = 1130 \text{ kN}$$

A carga de serviço poderia ser $Q_{serv} = R/F$ = 1130/2 = 565 kN.

Exercício resolvido 2

Uma estaca tipo Franki com 600 mm de diâmetro foi cravada com um tubo de 13,18 m. O pilão tinha um peso de 40,9 kN, com altura de queda de 1 m. A *nega* medida ao final da cravação do tubo foi de 1,4 mm. Sendo de 600 litros o volume de concreto adicionado à base, estime a resistência da estaca ao final da cravação pela fórmula de Brix adaptada. De acordo com essa fórmula, qual poderia ser a carga de serviço?

Com dados da Tabela 12.2 tem-se:

$$R_t = \frac{(40{,}9 \text{ kN})^2 \times 13{,}18 \text{ m} \times 4{,}0 \text{ kN/m}}{(40{,}9 \text{ kN} + 13{,}18 \text{ m} \times 4{,}0 \text{ kN/m})^2} \frac{1{,}00 \text{ m}}{0{,}0014 \text{ m}} = 7187 \text{ kN}$$

$$R_e = 0{,}75 \times 7187 \left(0{,}3 + 0{,}6 \frac{0{,}86}{0{,}28}\right) = 11.550 \text{ kN}$$

A carga de serviço poderia ser $Q_{serv} = R/F = 11.550/2,5 = 4620$ kN. Esta é a carga admissível do ponto de vista geotécnico. A carga de serviço, do ponto de vista estrutural, é da ordem de 1700 kN. A menor carga entre as duas deve prevalecer.

Se em vez do volume usual da base fosse utilizado o volume mínimo, de 450 litros, a resistência da estaca seria (ver Tabela 12.2):

$$R_e = 0{,}75 \times 7187 \text{ kN} \left(0{,}3 + 0{,}6\,\frac{0{,}71}{0{,}28}\right) = 9817 \text{ kN}$$

A carga de serviço poderia ser $Q_{serv} = R/F = 9817/2,5 = 3927$ kN.

Exercício resolvido 3

Determine a velocidade da onda de tensão em uma estaca de aço e uma estaca de concreto armado ($g \sim 9,81$ m/s²).

Para a estaca de aço, com $E \sim 2,1 \times 10^8$ kN/m² e $\gamma \sim 78,5$ kN/m³, tem-se:

$$\rho = \frac{\gamma}{g} = \frac{78{,}5}{9{,}8} \sim 8 \text{ kNs}^2/\text{m}^4$$

e

$$c = \sqrt{\frac{E}{\rho}} = \sqrt{\frac{2{,}1 \times 10^8}{8}} \approx 5100 \text{ m/s}$$

Para a estaca de concreto armado, com $E \sim 2,1 \times 10^7$ kN/m² e $\gamma \sim 24$ kN/m³, tem-se:

$$\rho = \frac{\gamma}{g} = \frac{24}{9{,}8} \sim 2{,}5 \text{ kNs}^2/\text{m}^4$$

e

$$c = \sqrt{\frac{E}{\rho}} = \sqrt{\frac{2{,}1 \times 10^7}{2{,}5}} \approx 2900 \text{ m/s}$$

Exercício resolvido 4

Verificar se um martelo de 36 kN, com altura de queda de 1 m e eficiência de 66 % é capaz de cravar a estaca pré-moldada da Figura 12.17 até a profundidade prevista no projeto, para uma carga de serviço de 750 kN. Verifique também a *nega* prevista ao final da cravação. A estaca faz parte das fundações de uma ponte e apresenta comprimento total de 18,30 m, sendo embutida 9,15 m em solo argiloso sobre-adensado. A parcela de ponta foi estimada em 5 % da capacidade de carga global e o atrito unitário é uniforme.

Dados:

Estaca: pré-moldada 30,5 × 30,5 cm²; Comprimento: 18,30 m, sendo 9,15 m abaixo do NT; Módulo de elasticidade concreto: 21.000 MN/m²; peso específico $\gamma \sim 24$ kN/m³;

Solo: argiloso; $J_p = 0,033$ s/m; $J_l = 0,660$ s/m; $Q_p = Q_l = 2,54$ mm;

Martelo: $W = 36$ KN; $h = 100$ cm; $e_f = 66$ %;

Capacete: aço; $W = 4,5$ kN;

Cepo: carvalho; $\Phi = 35,6$ cm; $h = 2,5$ cm; $E = 316,5$ MN/m², $e = 0,5$, coeficiente de restituição;

Coxim: madeira macia; 30,5 × 30,5 cm²; $h = 2,5$ cm; $E = 210$ MN/m²; $e = 0,5$ coeficiente de restituição.

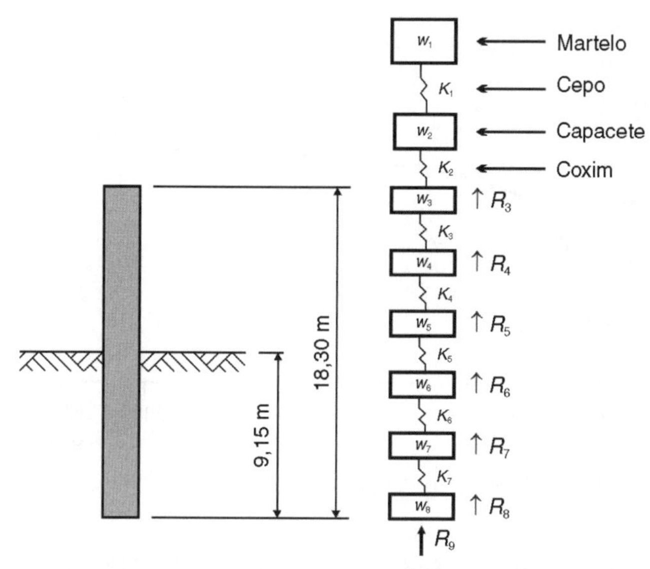

FIGURA 12.17. Estaca pré-moldada de seção quadrada de 30,5 cm de largura.

Velocidade de impacto:

$$V_1^0 = \sqrt{2gHe_f} = \sqrt{2 \times 9{,}8 \times 1{,}0 \times 0{,}66} = 3{,}6 \text{ m/s}$$

$$W_1 = 36 \text{ kN} \quad \text{e} \quad W_2 = 4{,}5 \text{ kN}$$

$$W_3 = W_4 = \cdots = W_8 = \gamma A \frac{L}{6} = 24 \times 0{,}305^2 \frac{18{,}3}{6} = 6{,}8 \text{ kN}$$

$$K_1 = \frac{EA}{h} = \left(316{,}5 \times 10^3 \times \frac{\pi}{4} 0{,}356^2 \frac{1}{0{,}025}\right) = 1.260.000 \text{ kN/m}$$

$$K_2 = \frac{EA}{h} = \left(210 \times 10^3 \times 0{,}305^2 \frac{1}{0{,}025}\right) = 781.410 \text{ kN/m}$$

Incremento de tempo:

$$\Delta t = \frac{\Delta l_{estaca}}{2c} = \frac{18{,}3}{6 \times 2 \times 2900} = 0{,}0005 \text{ s} = 0{,}5 \text{ ms}$$

Distribuição resistências: 5 % ponta; 95 % atrito, atrito c/ variação linear.

Fornecidos os dados anteriores, e para diferentes valores crescentes de R_u, se obtêm, nas diversas execuções de um programa de Equação da Onda (por exemplo, GRLWEAP, 2005), os deslocamentos máximos da ponta da estaca. Esses deslocamentos, após subtraído o valor do *quake* de ponta, são a penetração permanente, *nega*. Com os pares de valores (1/nega, R_u) de cada execução do programa, obtém-se a curva conhecida por *curva de cravabilidade* (Figura 12.18). Em todas as execuções do programa, a energia de cravação foi aquela correspondente à do peso de 36 kN, caindo de uma altura de 1 m e com eficiência de 66 %. A figura mostra que para se atingir a carga mobilizada de duas vezes a carga de serviço, 2 × 750 kN = 1500 kN, na profundidade de 9,15 m, são necessários 350 golpes para 1 metro de penetração. O inverso do número de golpes por penetração é a nega, logo, igual a 2,8 mm/golpe.

Observa-se que a curva R_u × n° de golpes é assintótica para um valor de R_u inferior a 2000 kN. Se a capacidade de carga requerida para a estaca fosse de 2000 kN, a energia de cravação deveria ser aumentada, seja aumentando o peso do martelo, seja aumentando a altura de queda. Com a energia analisada, mesmo com um número excessivo de golpes, jamais se atinge a capacidade de carga de 2000 kN.

Outros exemplos de cálculo, bem como a influência das tensões residuais na curva de cravabilidade, podem ser vistos em Danziger (1991).

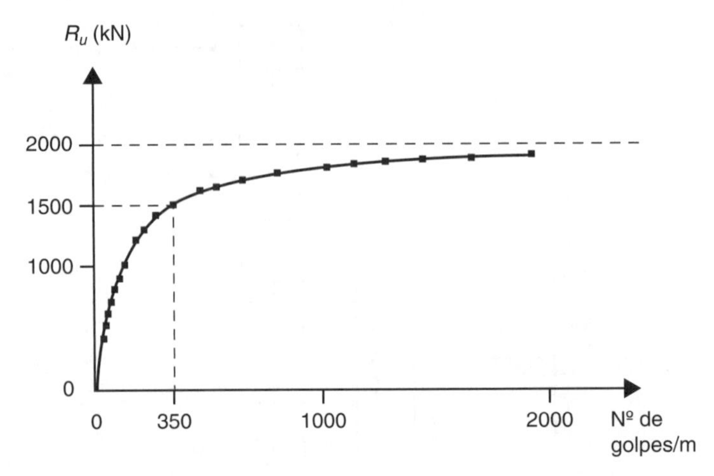

FIGURA 12.18. Curva de cravabilidade da estaca da Figura 12.17.

Exercício resolvido 5

Com base no resultado da instrumentação registrado na Figura 12.19, em perfil de solo predominantemente arenoso, determine a resistência estática mobilizada pela estaca ao final da sua cravação.

$$F_{t_1} = 4900 \text{ kN} \qquad F_{t2} = 2000 \text{ kN}$$

$$Zv_{t_1} = 4900 \text{ kN} \qquad Zv_{t2} = -500 \text{ kN}$$

$$R_T = \frac{1}{2}\left[\left(F_{t_1} + F_{t_2}\right) + Z\left(v_{t_1} - v_{t_2}\right)\right]$$

$$R_T = \frac{1}{2}\{[4900 + 2000] + [4900 - (-500)]\} = 6150 \text{ kN}$$

$$R_S = R_T - J_c(2F_{t_1} - R_T)$$

$$R_S = 6150 - 0{,}05(2 \times 4900 - 6150) = 5968 \text{ kN}$$

Supondo agora que o solo fosse predominantemente argiloso, com J_c = 1,10, ter-se-ia:

$$R_S = 6150 - 1{,}10(2 \times 4900 - 6150) = 2135 \text{ kN}$$

Observa-se, assim, que a parcela dinâmica costuma ser mais significativa em solos argilosos, resultando em uma menor resistência estática para uma mesma resistência total.

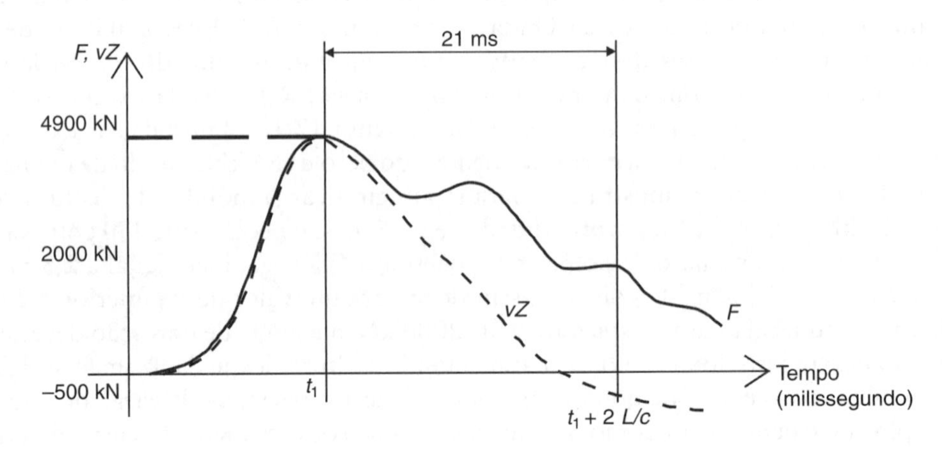

FIGURA 12.19. Resultado de ensaio de carregamento dinâmico.

Capítulo 13
Provas de carga estáticas

Este capítulo aborda as provas de carga estáticas realizadas em estacas de fundação. Esses ensaios são previstos na Norma de Fundações NBR 6122, e as versões mais recentes da norma os têm recomendado com maior frequência. A Norma NBR 16903 apresenta os procedimentos do ensaio.

13.1 Introdução

Provas de carga estáticas são realizadas com o objetivo de se determinar efetivamente o comportamento de uma estaca, tanto em termos de capacidade de carga como de recalques, confirmando previsões de projeto e/ou verificando a adequação do método executivo. No passado, quando não se dispunha de métodos de investigação e de projeto minimamente confiáveis, provas de carga eram executadas para se definir a carga de serviço que poderia ser aplicada a um tipo de estaca em determinada obra.

Quando se planeja a execução de provas de carga, duas questões que se colocam são:

i. Quando realizar as provas de carga, se *a priori* (antes de se iniciar o estaqueamento), em *estacas teste* ou *piloto*, ou se *a posteriori*, em estacas da obra.
ii. Quantas estacas devem ser ensaiadas.

A Norma de Fundações NBR 6122 permite uma redução no fator de segurança nas obras controladas por provas de carga, sendo que esta vantagem (em termos econômicos) só poderá ser utilizada se as provas forem feitas *a priori*. A redução no fator de segurança é função do número de provas de carga.

Quando as provas de carga são feitas *a posteriori*, com o objetivo de atestar a qualidade de um estaqueamento, as estacas a serem ensaiadas devem ser escolhidas ao acaso ou pela fiscalização da obra, e não estacas que tenham sido predefinidas (para se evitar uma execução diferenciada das estacas de prova). Uma amostra razoável seria de 1 % do número total de estacas.

Um aspecto para o qual se precisa atentar é se a estaca que está sendo ensaiada estará sujeita, com o tempo, a atrito negativo (assunto do Capítulo 10). Nesse caso, as camadas que irão gerar atrito negativo oferecerão, na ocasião da prova de carga, atrito positivo. Assim, a estaca sujeita a atrito negativo precisará apresentar uma capacidade de carga tal que, descontado o atrito nas camadas superficiais, deverá atender ao que exige a norma para a carga útil e negativa.

13.2 Carregamento

Em termos de modo de aplicação de carga têm-se basicamente três categorias:

- carga controlada: carga incremental lenta (Figura 13.1a), carga incremental rápida (Figura 13.1b) e carga cíclica;
- deformação (deslocamento) controlada (Figura 13.1c);
- método "do equilíbrio" (Figura 13.1d).

13.2.1 Ensaios de carga controlada

Dentre os ensaios de carga controlada os mais comuns são os de carga incremental, sendo suas variantes: (i) em incrementos de carga mantidos até a estabilização (*ensaio lento*) e (ii) em incrementos de carga mantidos por um tempo preestabelecido, normalmente 15 minutos (*ensaio rápido*). Estes dois tipos de provas são conhecidos pelas siglas inglesas SML (*slow maintained load*) e QML (*quick maintained load*). Os ensaios de carga cíclica são ensaios especiais em que o projetista, já prevendo um certo padrão de carregamento, especifica este padrão para o ensaio.

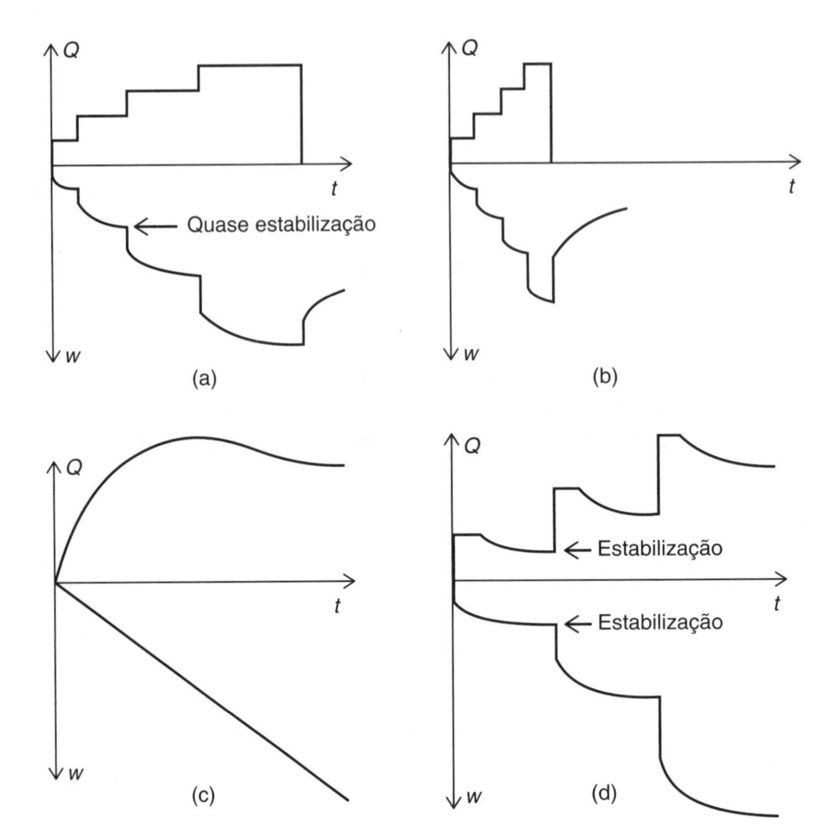

FIGURA 13.1. Curvas carga-tempo e recalque-tempo de diferentes procedimentos de carregamento em prova de carga.

Ensaio de carga incremental lenta

O ensaio de carga incremental mantida lenta é o que melhor se aproxima do carregamento que a estaca terá sob a estrutura futura nos casos mais correntes, como de edifícios, silos, tanques, pontes etc. Como uma estabilização completa só seria atingida a tempos muito longos, a Norma NBR 16903 permite que se considere estabilizado o recalque quando o incremento de recalque lido entre dois tempos sucessivos, sendo as leituras feitas em tempos dobrados (1, 2, 4, 8, 15, 30, 60 min etc.), não ultrapasse 5 % do recalque medido naquele estágio de carga. Normalmente, nos primeiros estágios de carga, a estabilização é alcançada logo e se mantém a carga por 30 minutos apenas para atender o tempo mínimo. Porém, à medida que o carregamento se aproxima da ruptura, os estágios de carga necessitam de mais de 30 minutos para estabilização.

Ensaio de carga incremental rápida

A Norma NBR 16903 preconiza, para o ensaio de carga incremental rápida, estágios de 10 % da carga de serviço, e a manutenção da carga constante por 10 minutos apenas. Por outro lado, atingida a carga máxima, esta deve ser mantida por 2 horas, fazendo-se leituras a 10, 30, 60, 90 e 120 minutos.

Diferenças entre carregamento lento e rápido

As deformações que a estaca sofre com o tempo nos estágios de carga são devidas principalmente a *creep* (deformações viscosas) e não a adensamento (LOPES, 1979, 1985). Sabe-se que a viscosidade faz com que, ao ser cisalhado mais rapidamente, o solo apresente menores deformações e maior resistência.[1] Assim, estágios mais prolongados de carga, ou seja, uma velocidade de carregamento menor, conduzem, na maioria das

[1] Uma evidência do que foi dito pode ser encontrada nas provas de carga apresentadas por Whitaker e Cooke (1966), que tiveram carregamento tipo SML até um certo nível de carga, e depois passaram para o método de penetração controlada, CRP, mais rápido. Uma estaca rompeu na fase SML, apresentando recalques elevados. Esta estaca, quando submetida ao ensaio CRP, apresentou um ganho considerável de resistência.

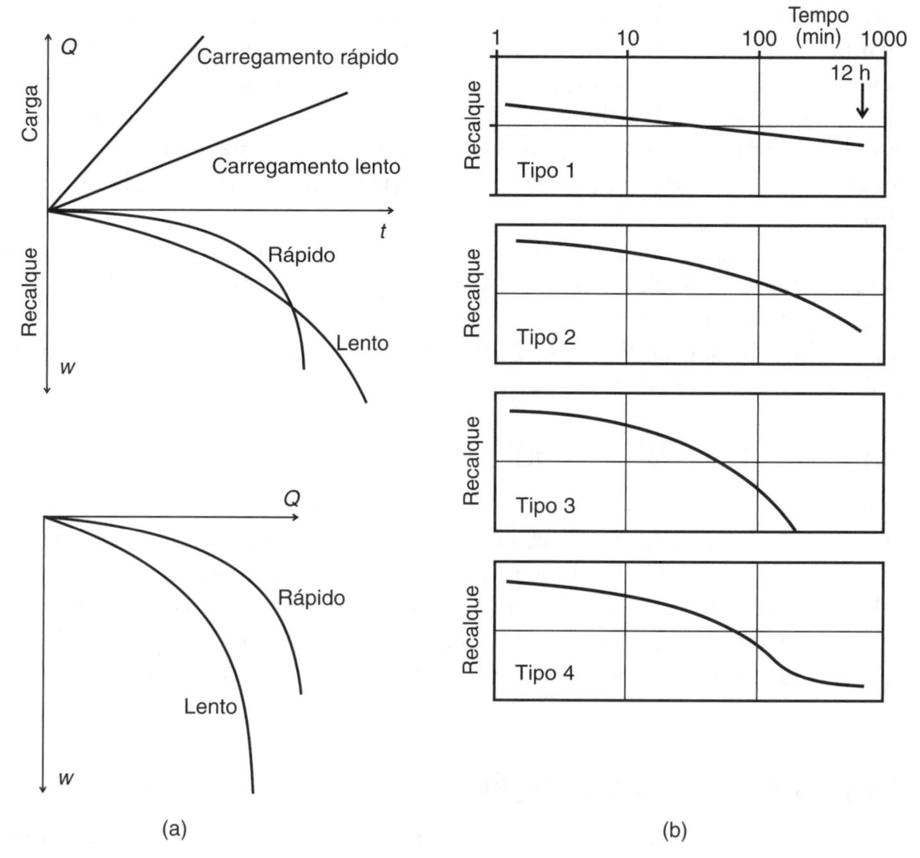

FIGURA 13.2. Curvas carga-recalque de provas de carga com diferentes velocidades de carregamento e curvas recalque-tempo no último estágio de carga (Adaptada de Lopes, 1989).

vezes, a recalques maiores e a capacidades de carga menores (Figura 13.2a). Em um trabalho de avaliação deste fenômeno, Ferreira (1985) e Ferreira e Lopes (1985) observaram que estacas de prova que atenderam o critério de estabilização da norma sob uma carga 1,5 vez a carga de trabalho – máxima exigida na prova de carga pela norma antiga –, quando mantidas nesta carga por 12 horas (que a norma exige para o último estágio), sofreram ruptura. Na verdade, os quatro tipos de curva recalque-tempo mostrados na Figura 13.2b foram observados. Os casos 2 e 3 indicam um aumento contínuo do recalque com o tempo, o que significa ruptura da estaca naquele nível de carga. O caso 4 corresponde a uma mudança de tendência de ruptura para estabilização (difícil de se explicar, exceto por problemas com o ensaio, como relaxação de carga).

A realização de uma prova de carga tem como principal custo a montagem do sistema de reação. O trabalho de medição representa uma fração do custo total. Portanto, não se justifica, pela economia, encurtar o tempo de medição de 1 ou 2 dias para poucas horas, correndo o risco de se obter resultados contra a segurança.

13.2.2 Método de deformação controlada

O método de deformação controlada mais conhecido é o *ensaio de velocidade de penetração constante* (*constant rate of penetration test* – CRP), desenvolvido no Reino Unido (WHITAKER; COOKE, 1961). O carregamento é feito com um macaco que recebe óleo a uma vazão constante, enviado por uma bomba elétrica. Neste teste, com as velocidades de penetração usualmente adotadas naquele país, a estaca é levada à ruptura em poucas horas, o que o classifica como um ensaio rápido, com as desvantagens discutidas anteriormente.

13.2.3 Método do equilíbrio

Conforme discutido anteriormente, a prova de carga rápida pode ser enganosa, tanto em termos de recalque quanto em termos de capacidade de carga. Por outro lado, uma prova com estabilização pode ser muito demorada e inviável em obras que esperam o resultado da prova para definir o estaqueamento. Uma alternativa interessante é o chamado *Método do Equilíbrio*, proposto por Mohan *et al.* (1967). Neste método, após se atingir a carga do estágio e mantê-la constante por um tempo (como 15 minutos), a carga é deixada a relaxar (não se bombeando mais o macaco) até que não se observem mais recalques ou variações de carga (Figura 13.1d). É interessante observar que este equilíbrio é atingido com um tempo relativamente curto. Assim, a carga atingida no estágio (carga de equilíbrio) corresponde a um recalque estabilizado.

O trabalho de Francisco (2004) mostrou que o Método de Equilíbrio é uma maneira simples de eliminar os efeitos de tempo ou velocidade nas provas de carga e que deveria ser incorporado à pratica. Na verdade, é um procedimento mais simples que o Método de Carga Mantida e Estabilizada. A curva carga-recalque obtida no Método de Equilíbrio corresponderá a uma velocidade de carregamento nula, ou seja, uma prova rigorosamente estática.

13.2.4 A Norma Brasileira NBR 16903

A NBR 16903 permite – e tem sido usado – um carregamento lento (estabilizado) até a carga de serviço e rápido a partir daí. O objetivo é encurtar o tempo de prova após a carga de serviço, pois as estabilizações requerem mais tempo em cargas maiores (Figura 13.1a). Esse procedimento, na verdade, faz com que se siga uma curva de carregamento lento até a metade do ensaio, e se passe para a curva de carregamento rápido daí até a ruptura (mostradas na Figura 13.2a). Seria mais interessante utilizar o *Método do Equilíbrio*, que requer um tempo de ensaio relativamente curto, ao mesmo tempo que fornece recalques estabilizados.

13.3 Montagem e instrumentação

Nas provas de carga de compressão o carregamento é feito por um macaco hidráulico reagindo contra um sistema de reação que pode ser (Figura 13.3):

- plataforma com peso (dado por areia, ferro, água ou mesmo estacas ainda não cravadas), chamada *cargueira* (Figura 13.3a);
- vigas presas a estacas vizinhas à de prova, que serão tracionadas (Figura 13.3b);
- vigas ou capacete ancorados no terreno (Figura 13.3c).

Há um processo alternativo, desenvolvido por Silva (1986), em que uma célula expansora é introduzida no fuste da estaca, em geral próximo da ponta ou no terço inferior do fuste (Figura 13.3d). Ao ser acionada, a célula carrega a parte inferior da estaca, deslocando-a para baixo, e a parte superior do fuste, deslocando-a para cima (como se fosse uma estaca tracionada, embora esse trecho da estaca seja comprimido). A célula expansora é conhecida como Osterberg-Cell (nome do americano que propôs o mesmo ensaio pouco depois do brasileiro) ou simplesmente O-Cell, e o ensaio tem sido chamado de prova de carga "bidirecional". Este processo dispensa o sistema de reação (cargueira ou tirantes) e de carregamento (macaco), o que reduz custos. Uma limitação do processo é que a prova é interrompida ao se esgotar uma das capacidades de carga (a do trecho acima da célula ou abaixo dela). Depois do ensaio, se a linha de fluido for preenchida de calda de cimento, a estaca poderá ser usada na obra.

Nas **provas de carga de tração** o macaco hidráulico pode reagir contra vigas ligadas a estacas vizinhas, neste caso comprimidas (Figura 13.3e). Nas provas de carga horizontal o macaco hidráulico pode reagir contra uma estaca vizinha ou um bloco de reação (Figura 13.3f).

A instrumentação mínima para prova de compressão e tração é constituída por quatro defletômetros (medidores de deslocamento), com resolução de centésimo de milímetro, colocados diametralmente opostos (em cruz) a fim de medir recalques e também verificar se está ocorrendo rotação do topo da estaca (decorrente de mau alinhamento do conjunto estaca/macaco/sistema de reação, caso em que a prova deve ser suspensa e o conjunto realinhado). Também é um requisito mínimo ter o macaco hidráulico, juntamente com o manômetro, aferido (com certificado de calibração recente por órgão credenciado).

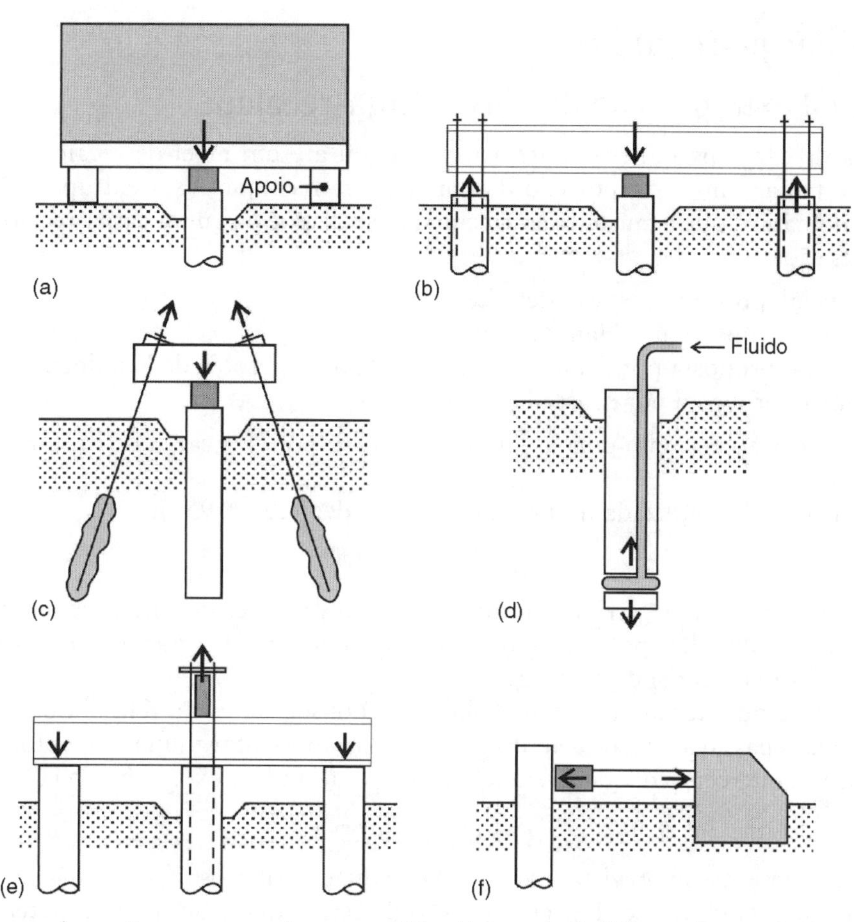

FIGURA 13.3. Sistemas de reação para prova de carga estática (Adaptada de Velloso e Lopes, 2010).

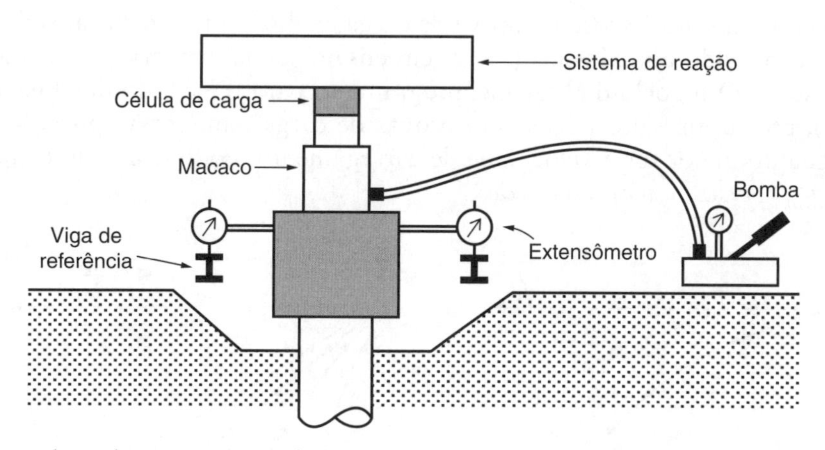

FIGURA 13.4. Sistemas de medição para prova de carga de compressão (Adaptada de Velloso e Lopes, 2010).

Recomenda-se o uso de uma célula de carga, geralmente colocada entre o macaco e o sistema de reação (Figura 13.4), para eliminar dúvidas quanto à calibração do macaco. Ainda, um pequeno desalinhamento na montagem da prova – frequentemente imperceptível – pode causar um aumento considerável de atrito no macaco; daí adotar-se uma rótula entre a célula de carga e o sistema de reação.

A instrumentação mínima para **prova de força horizontal** também é constituída por defletômetros para medir deslocamentos do topo da estaca. Uma instrumentação adicional é constituída por inclinômetro (*slope indicator*), para se medir a deformada da estaca.

13.4 Curva carga-recalque

13.4.1 Eventual extrapolação da curva carga-recalque

Quando a prova de carga não é levada até a ruptura (ou até um nível de recalque que caracterize a ruptura), pode-se tentar uma extrapolação da curva carga-recalque. Esta extrapolação é baseada em uma equação matemática, que é ajustada ao trecho que se dispõe da curva carga-recalque. As principais funções utilizadas são:

- Função exponencial, proposta por van der Veen (1953).
- Função parabólica, proposta por Hansen (1963).
- Função hiperbólica, proposta por Chin (1970), baseada na hipérbole de Kondner.
- Função polinomial, proposta por Massad (1986).

Essas quatro funções apresentam uma assíntota que corresponde à carga de ruptura (como aquela da Figura 13.5a).

Uma função que tem sido utilizada no Brasil é a de van der Veen (1953):

$$Q = Q_{rup}\,(1 - e^{-\alpha w}) \tag{13.1}$$

A carga de ruptura é obtida experimentando-se diferentes valores de carga (acima da carga máxima de prova) até que se obtenha, para uma das cargas, uma reta no gráfico $-ln(1-Q/Q_{rup})$ *versus* w (Figura 13.5b); essa seria a carga de ruptura.

Na aplicação do método de van der Veen, Aoki (1976) observou que a reta obtida (correspondente à carga de ruptura) não passava pela origem do gráfico, mas apresentava um intercepto. Assim, Aoki propôs a inclusão de um intercepto daquela reta (chamado β), ficando a expressão da curva carga-recalque:

$$Q = Q_{rup}\,(1 - e^{-\alpha w + \beta}) \tag{13.2}$$

A curva carga-recalque assim prevista – se seguida a equação rigorosamente – não se inicia na origem. Isto pode parecer um contrassenso. Entretanto, reconhecendo que o solo é um material viscoso – que apresenta uma resistência viscosa associada a cada velocidade de carregamento – e lembrando que a prova de carga estática na realidade é quasi-estática (tendo uma velocidade de carregamento, ainda que pequena), haveria um salto viscoso na prova de carga, como ocorre em ensaios de laboratório. Este salto viscoso foi reconhecido por Martins (1992) em ensaios de laboratório e incluído em seu modelo reológico para os solos. O modelo de Martins, programado para o Método dos Elementos Finitos por Guimarães (1996), previu um salto viscoso em provas de carga (embora a aplicação fosse em placas) que é tão maior quanto maior for a velocidade de carregamento. Pode-se concluir que o intercepto no gráfico $-ln(1-Q/Q_{rup})$ *versus* w tem uma razão.

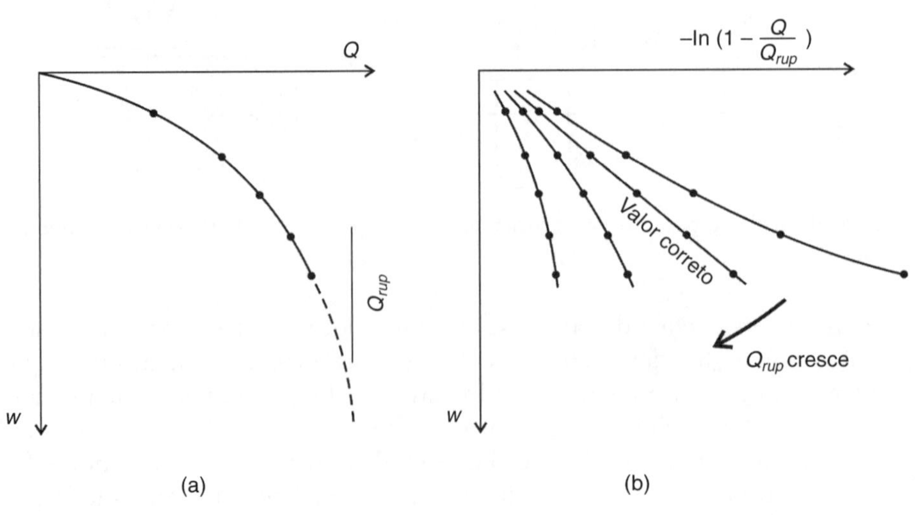

FIGURA 13.5. Extrapolação da curva carga-recalque, segundo van der Veen (1953).

Há uma discussão quanto à confiabilidade da extrapolação pelo método de van der Veen das curvas obtidas em provas de carga. Extrapolações tentadas de curvas carga-recalque que ficaram apenas em um nível de carregamento baixo (ou seja, em um trecho inicial, quasielástico) conduzem a valores de carga de ruptura exagerados, para não dizer absurdos. A experiência dos autores com a extrapolação de curvas carga-recalque pelo método de van der Veen indica que se pode obter uma extrapolação razoável se o recalque máximo atingido na prova for de, pelo menos, 1 % do diâmetro da estaca.

Outra questão que se apresenta no método de van der Veen é que a curva carga-recalque extrapolada apresenta uma assíntota vertical, o que não corresponde à realidade da maioria das estacas (carregadas até um nível elevado de carga).

13.4.2 Interpretação da curva carga-recalque

A curva carga-recalque precisa ser interpretada para se definir a carga admissível da estaca (ou tubulão). Um elemento a ser interpretado é a *carga de ruptura* ou *capacidade de carga na ruptura* da estaca. Um exame apenas visual da curva pode ser enganador mesmo nos casos em que a curva tende a uma assíntota vertical. Conforme mostrado por van der Veen (1953), a simples mudança da escala do eixo dos recalques pode dar uma impressão muito diferente do comportamento da estaca. Assim, algum critério inequívoco precisa ser aplicado.

Há um grande número de critérios (ver, por exemplo, Vesic, 1975; Fellenius, 1975; Godoy, 1983), que podem ser grupados em quatro categorias:

1. critérios que buscam uma assíntota vertical;
2. critérios que se baseiam em um valor do recalque;
3. critérios que se baseiam na aplicação de uma regra geométrica à curva;
4. critérios que caracterizam a ruptura pelo encurtamento elástico da estaca somado a uma porcentagem do diâmetro da base.

Na primeira categoria estão os métodos de van der Veen, Chin etc., que buscam estabelecer uma assíntota vertical para a curva (Figura 13.5a). Estes critérios são difíceis de se aplicar na maioria dos casos da prática em que há uma assíntota inclinada.

Na segunda categoria estão algumas normas internacionais que sugerem que a ruptura pode ser considerada por um recalque de 10 % do diâmetro da estaca (*ruptura convencional*).

Na terceira categoria está a norma sueca (Figura 13.6a) e o critério que reconhece como ruptura o ponto de maior curvatura (Figura 13.6b). Esse critério é problemático, pois pode haver um ponto de maior curvatura ao se esgotar a capacidade de carga do fuste e a estaca passar a trabalhar de ponta.

Na quarta categoria está a norma canadense, baseada no método de Davisson (1972), que caracteriza a ruptura pelo recalque correspondente ao encurtamento elástico da estaca (calculado como uma coluna) somado a um deslocamento de ponta igual a $B/120 + 4$ mm (Figura 13.6c). A Norma NBR 6122 segue a norma canadense, exceto em que o deslocamento a ser somado é $B/30$. O critério da norma pode ser aplicado mesmo quando a curva apresenta uma assíntota vertical, conduzindo à interpretação de uma carga de ruptura menor (a favor da segurança).

Como se sabe, o atrito lateral é mobilizado primeiro e a resposta carga-recalque para o atrito é mais rígida. Quando a ponta começa a ser mobilizada, há uma mudança no comportamento da estaca, com diminuição da rigidez. A mudança de comportamento frequentemente observada nas curvas carga-recalque (Figura 13.6b) corresponde ao esgotamento do atrito lateral.

Uma proposta de interpretação, de Décourt (1996), consiste na apresentação dos resultados da prova de carga no *gráfico de rigidez*. Este gráfico apresenta no eixo vertical a rigidez (razão carga/recalque) em cada estágio de carregamento e no eixo horizontal a carga atingida no estágio. Décourt observou que apenas no caso de estacas cravadas que têm a quase totalidade da sua capacidade de carga devida a atrito lateral, o gráfico apresenta uma reta que, se prolongada, atingiria o eixo horizontal, indicando rigidez nula e, portanto, *ruptura física*. Em trabalho recente, Décourt (2008) propõe que o gráfico de rigidez seja interpretado (i) com os pontos correspondentes aos primeiros estágios como indicadores do comportamento do atrito e (ii) com os pontos correspondentes aos últimos estágios como indicadores do comportamento da ponta ou base. O primeiro gráfico poderá se apresentar como uma reta, indicando rigidez nula e

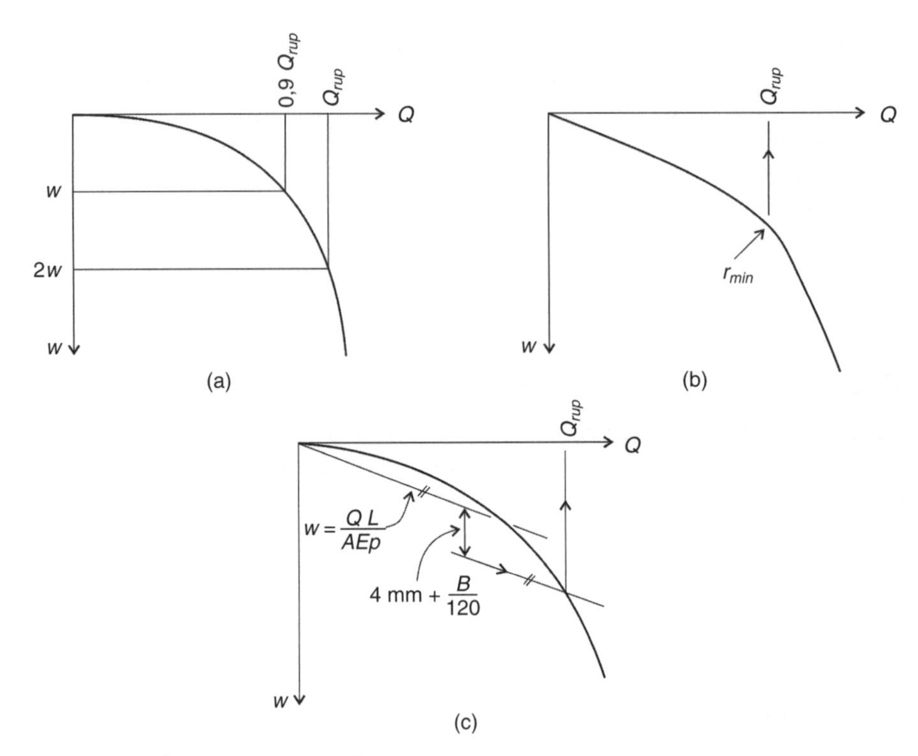

FIGURA 13.6. Interpretações da curva carga-recalque.

ruptura física para o atrito lateral, enquanto o segundo gráfico provavelmente será uma curva que não chegará ao eixo horizontal, portanto, sem indicar *ruptura física* para a ponta ou base.

Finalmente cabe salientar que, na avaliação de provas de carga, pode haver diferentes interpretações, levando a discussões, não só sobre a carga de ruptura, mas também sobre recalques. Ao se discutir se o recalque observado sob a carga de serviço é representativo do comportamento da obra, há que se levar em conta se a estaca fará parte de um grupo, caso em que o recalque do grupo será certamente maior (conforme discutido no Capítulo 5). Neste ponto vale lembrar as palavras de Davisson (1970): "Provas de carga não fornecem respostas, apenas dados a interpretar."

Como leitura complementar recomendam-se Niyama *et al.* (2016) e Fellenius (2018).

Exercício resolvido

Foi realizada uma prova de carga convencional, lenta, em estaca escavada com diâmetro 60 cm e 25 m de comprimento. Os resultados para os seis estágios de carga estão na Tabela 13.1. Pede-se interpretar a prova, verificando qual a carga admissível para atender à segurança da norma e a um recalque de 5 mm.

Será realizada uma extrapolação dos resultados da prova de carga pelo método de van der Veen (1953). Observa-se que o recalque na prova atingiu 2 % do diâmetro, e pode-se imaginar que a carga de

TABELA 13.1. **Resultados de PCE em estaca escavada**

Estágio	Carga (kN)	Recalque (mm)
1	830	0,89
2	1410	1,91
3	2070	3,30
4	2460	4,32
5	3220	7,37
6	3800	12,80

TABELA 13.2. Cálculos de $-ln(1-Q/Q_{rup})$ para cinco cargas (em kN)

Recalque (mm)	$-ln\ (1-Q/Q_{ult})$				
	$Q_{ult} = 3914$	$Q_{ult} = 4028$	$Q_{ult} = 4142$	$Q_{ult} = 4256$	$Q_{ult} = 4370$
0,00	0,00	0,00	0,00	0,00	0,00
0,89	0,24	0,23	0,22	0,22	0,21
1,91	0,45	0,43	0,42	0,40	0,39
3,30	0,75	0,72	0,69	0,67	0,64
4,32	0,99	0,94	0,90	0,86	0,83
7,37	1,73	1,61	1,50	1,41	1,34
12,80	3,54	2,87	2,49	2,23	2,04

ruptura não deve estar muito distante. Assim, foram avaliadas cinco cargas acima da máxima (3800 kN), crescendo 3 % entre elas. Ou seja, foram avaliadas cargas até 15 % acima da carga máxima do ensaio. A Tabela 13.2 mostra os cálculos de $-ln(1-Q/Q_{rup})$ feitos para essas cargas. Esses cálculos permitem traçar cinco curvas $-ln(1-Q/Q_{rup})$ *versus* w (Figura 13.7a).

A Figura 13.7a mostra que, dentre as cinco linhas, a mais próxima de uma reta é a da carga de 4142 kN. Uma linha de tendência (reta), com pontos dessa carga, está na Figura 13.7b. Essa linha, com equação do tipo $y = ax + b$, fornece $a = 5{,}224$ e $b = -0{,}3282$. Como $\alpha = 1/a$ e $\beta = -b/a$, obtém-se $\alpha = 0{,}191$ mm^{-1} e $\beta = 0{,}063$. Com esses parâmetros, obtém-se a curva carga-recalque da Figura 13.8.

Se julgado interessante, pode-se afinar a pesquisa ainda mais, testando mais algumas cargas entre 4028 e 4256 kN.

Para uma interpretação da prova pela Norma NBR 6122, será desenhada uma linha inclinada a partir de:

(a) o deslocamento como coluna, calculado, por exemplo, para a carga de 4000 kN como

$$w = QL\ /\ AE_p = (4000 \times 25{,}0)\ /\ (0{,}2826 \times 21.000.000) = 0{,}017\,\text{m} = 17\,\text{mm};$$

(b) o valor de $B/30 = 0{,}60/30 = 0{,}02$ m = 20 mm.

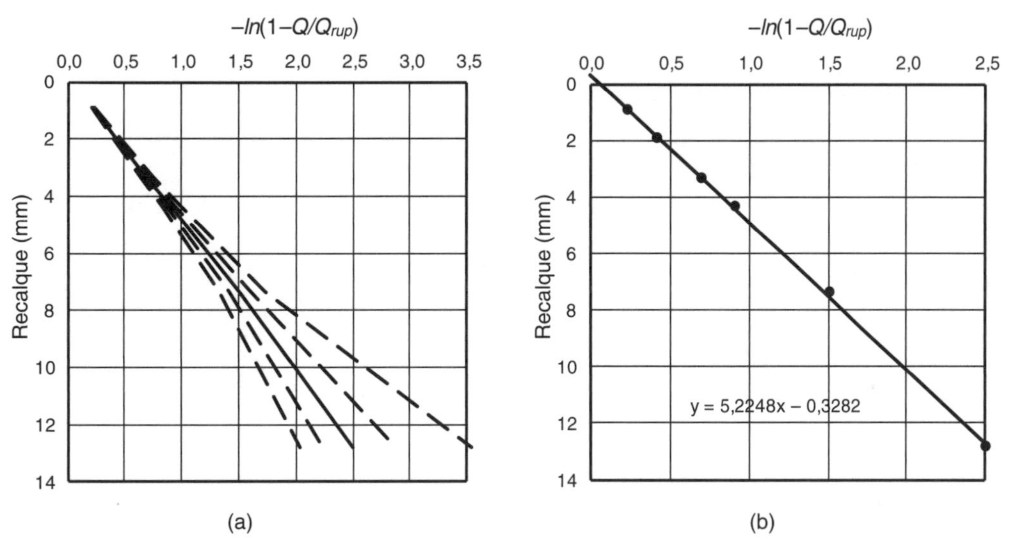

FIGURA 13.7. (a) Gráficos $-ln(1-Q/Q_{rup})$ *versus* w e (b) linha (reta) de tendência para a carga de 4142 kN, com obtenção de a e b.

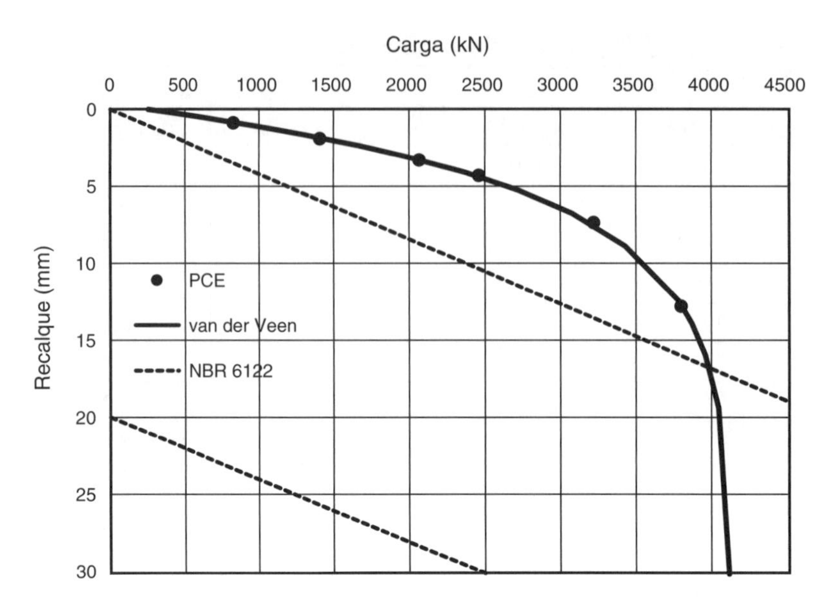

FIGURA 13.8. Curva carga-recalque com pontos de medição e extrapolação por van der Veen e linha de interpretação pela Norma NBR 6122.

Traça-se primeiro uma linha inclinada passando a 17 mm na carga de 4000 kN, e a linha da norma é uma paralela deslocada de 20 mm (Figura 13.8). A linha da norma atinge a curva carga-recalque já no seu trecho assintótico, e indicaria praticamente a mesma carga de ruptura da extrapolação por van der Veen (Q_{rup} = 4142 kN).

A estaca precisaria atender a um fator de segurança 2,0 em relação à ruptura, portanto, Q_{adm} < 4142/2,0 < 2071 kN, e atender a um recalque de 5 mm, portanto, Q_{adm} < 2600 kN (da Figura 13.8). A carga admissível será o menor valor, 2071 kN.

Apêndice

Método Aoki-Lopes

A.1 Introdução

O método de Aoki e Lopes (1975) se propõe a substituir as cargas transmitidas por uma estaca ao terreno, tanto por fuste como por ponta ou base, por um conjunto de cargas concentradas, cujos efeitos serão superpostos no ponto em estudo (Figura 5.14, Capítulo 5). O método permite analisar estacas cilíndricas ou prismáticas, mas apenas as fórmulas para o primeiro tipo serão apresentadas na seção A.3. A carga de fuste é dividida em $N_1 \times N_3$ cargas concentradas e a carga de base em $N_1 \times N_2$ cargas concentradas. Os recalques calculados por essas cargas – com as equações de Mindlin (1936) – são somados no ponto em estudo:

$$w = \sum_{i=1}^{N_1}\sum_{j=1}^{N_2} w_{i,j} + \sum_{i=1}^{N_1}\sum_{k=1}^{N_3} w_{i,k} \tag{A.1a}$$

em que $w_{i,j}$ são os recalques induzidos pelas forças concentradas resultantes da carga na base e $w_{i,k}$ são recalques induzidos pelas forças equivalentes ao atrito lateral (carga de fuste).

O mesmo vale se se desejam acréscimos de tensão devidos a uma estaca:

$$\{\sigma\} = \sum_{i=1}^{N_1}\sum_{j=1}^{N_2} \{\sigma\}_{i,j} + \sum_{i=1}^{N_1}\sum_{k=1}^{N_3} \{\sigma\}_{i,k} \tag{A.1b}$$

A.2 Equações de Mindlin

Os efeitos das cargas concentradas (tanto em termos de recalque como de tensões) são calculados com as equações de Mindlin. Para cada carga é preciso conhecer (Figura A.1):

- o valor da força concentrada, Q;
- a profundidade da força, c;

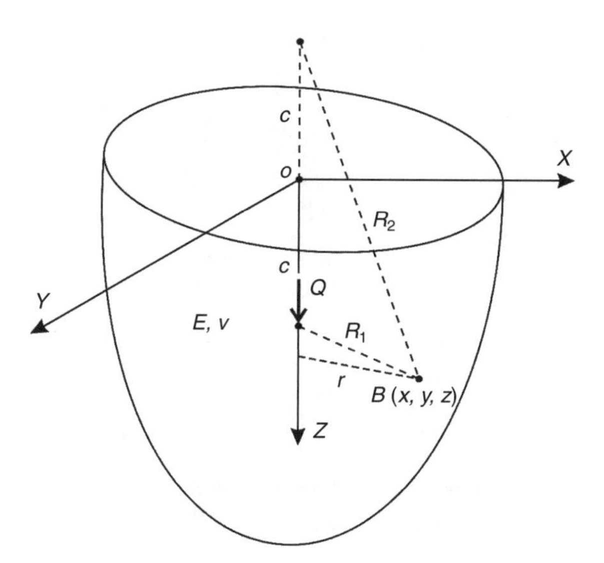

Figura A.1. Parâmetros da equação de Mindlin (1936).

- as coordenadas do ponto em estudo B (x, y, z), sendo o eixo z na vertical da força Q;
- a distância horizontal do ponto B ao eixo da força, r;
- o módulo de Young E e o coeficiente de Poisson ν do meio.

A equação para o recalque (no ponto B) é:

$$w = \frac{Q(1+\nu)}{8\pi E(1-\nu)}\left[\frac{3-4\nu}{R_1} + \frac{8(1-\nu)^2-(3-4\nu)}{R_2} + \frac{(z-c)^2}{R_1^3} + \frac{(3-4\nu)(z+c)^2-2cz}{R_2^3} + \frac{6cz(z+c)^2}{R_2^5}\right] \quad \text{(A.2)}$$

sendo

$$R_1 = \sqrt{r^2 + (z-c)^2} \quad \text{(A.3a)}$$

$$R_2 = \sqrt{r^2 + (z+c)^2} \quad \text{(A.3b)}$$

A.3 Discretização (divisão) em cargas concentradas

O cálculo das cargas concentradas substitutas é feito por um conjunto de equações apresentadas a seguir. O método considera que a carga atuante no topo da estaca, Q, é dividida em uma parcela transferida à ponta, Q_b, e outra de atrito lateral, Q_l. Admite que o atrito lateral varia linearmente ao longo de cada camada de solo, definindo-se f_2 como o valor do atrito lateral na profundidade D_2 e como $f_1 = \xi f_2$ na profundidade D_1. A carga na base é suposta uniformemente distribuída (Figura A.2).

A estaca é definida pelas coordenadas cartesianas do centro de sua base (X_A, Y_A, Z_A), pelo seu raio de fuste, R_S, e de base, R_B. Sua profundidade é Z_A.

a. Carga de ponta ou base

Como a carga de base Q_b é dividida em $N_1 \times N_2$ cargas concentradas, cada uma vale (Figura A.3):

$$Q_{i,j} = \frac{Q_b}{N_1 N_2} \quad \text{(A.4)}$$

aplicada no ponto $I_{i,j}$, centroide de uma subárea (em que i e j são as variáveis que indicam a locação desse ponto), a uma profundidade

$$c = Z_A \quad \text{(A.5)}$$

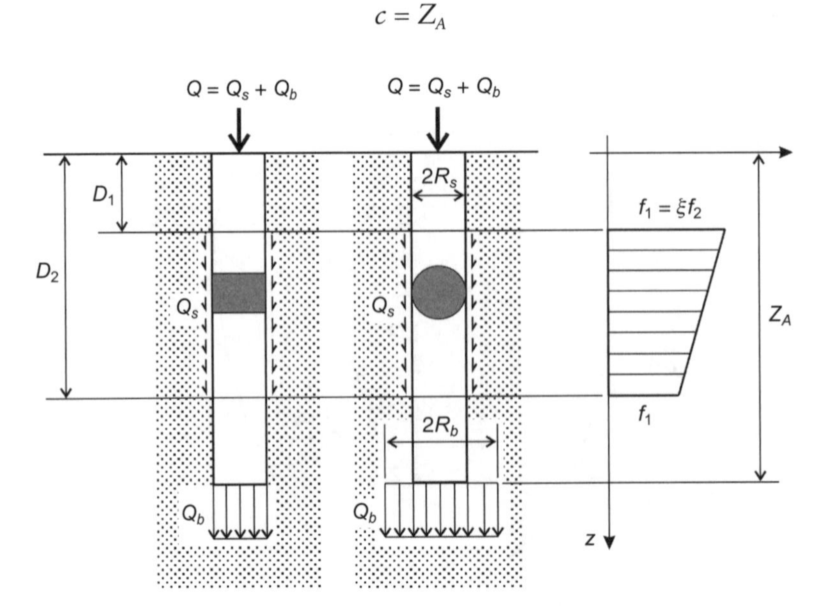

FIGURA A.2. Distribuição da carga ao longo de estacas prismática e cilíndrica (Adaptada de Aoki e Lopes, 1975).

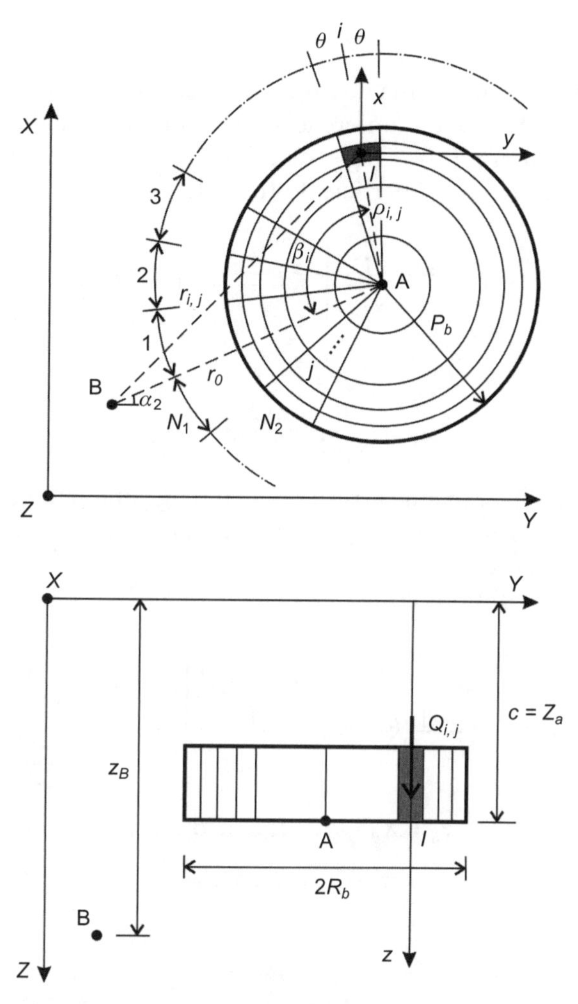

FIGURA A.3. Discretização da base de estaca cilíndrica (Adaptada de Aoki e Lopes, 1975).

Outros dados geométricos são obtidos com:

$$x_B = X_B - X_A - \rho_{i,j} \operatorname{sen}(\beta_i - \alpha_2) \tag{A.6}$$

$$y_B = Y_B - Y_A - \rho_{i,j} \cos(\beta_i - \alpha_2) \tag{A.7}$$

$$z_B = Z_B \tag{A.8}$$

$$r_{i,j} = \left(r_0^2 - \rho_{i,j}^2 - 2r_0\, \rho_{i,j} \cos\beta_i\right)^{1/2} \tag{A.9}$$

sendo:

$$r_0 = \left[(X_A - X_B)^2 + (Y_A - Y_B)^2\right]^{1/2} \tag{A.10}$$

$$\rho_{i,j} = \frac{2 \operatorname{sen}\theta}{3\theta} \frac{R_B}{\sqrt{N_2}} \left[j\sqrt{j} - (j-1)\sqrt{j-1}\right] \tag{A.11}$$

$$\beta_i = \frac{180}{N_1}(2i - 1) \tag{A.12}$$

$$\theta = \left[\frac{180}{N_1}\right]^0 = \left[\frac{\pi}{N_1}\right] \text{rad} \tag{A.13}$$

$$\alpha_2 = \arctan \frac{X_A - X_B}{Y_A - Y_B} \tag{A.14}$$

b. Carga de fuste

A carga de fuste Q_l é dividida em um sistema de cargas concentradas, com valor $Q_{i,k}$ aplicadas no ponto $I_{i,k}$, na profundidade c_k (Figura A.4). A circunferência de raio R_S é dividida em N_1 partes iguais, e o trecho do fuste no qual há atrito lateral $(D_2 - D_1)$ é dividido em N_3 partes iguais. Sendo i e k as variáveis que indicam a locação do ponto $I_{i,k}$, na superfície do fuste, tem-se:

$$Q_{i,k} = \frac{D_2 - D_1}{2\,N_3}\left[2f_1 - \frac{2k-1}{N_3}(f_1 - f_2)\right] \tag{A.15}$$

$$f_1 = \xi f_2 \tag{A.16}$$

$$f_1 = \frac{2Q_s}{N_1\,(1+\xi)\,(D_2 - D_1)} \tag{A.17}$$

O parâmetro ξ dá a forma do diagrama de atrito: se $\xi = 1$, diagrama retangular (atrito constante com z); se $\xi \sim 0$, triangular com base para baixo; se $\xi \sim \infty$, triangular com base para cima; se ξ = um outro número qualquer, diagrama trapezoidal.

Outros dados geométricos são obtidos com:

$$c_k = D_1 + \frac{D_2 - D_1}{N_3}(k-1) + \frac{\dfrac{(D_2 - D_1)}{N_3}\left[f_1 + (f_1 - f_2)\dfrac{1-3k}{3\,N_3}\right]}{2f_1 - (f_1 - f_2)\dfrac{2k-1}{N_3}} \tag{A.18}$$

$$x_B = X_B - X_A - R_s\,\text{sen}(\beta_i - \alpha_2) \tag{A.19}$$

$$y_B = Y_B - Y_A + R_s\cos(\beta_i - \alpha_2) \tag{A.20}$$

em que:

$$\beta_1 = \frac{360 \cdot i}{N_1} \tag{A.21}$$

$$\alpha_2 = \arctan\frac{X_A - X_B}{Y_A - Y_B} \tag{A.22}$$

$$r_i = \left(r_0^2 + R_s^2 - 2r_0\,R_s\cos\beta_i\right)^{1/2} \tag{A.23}$$

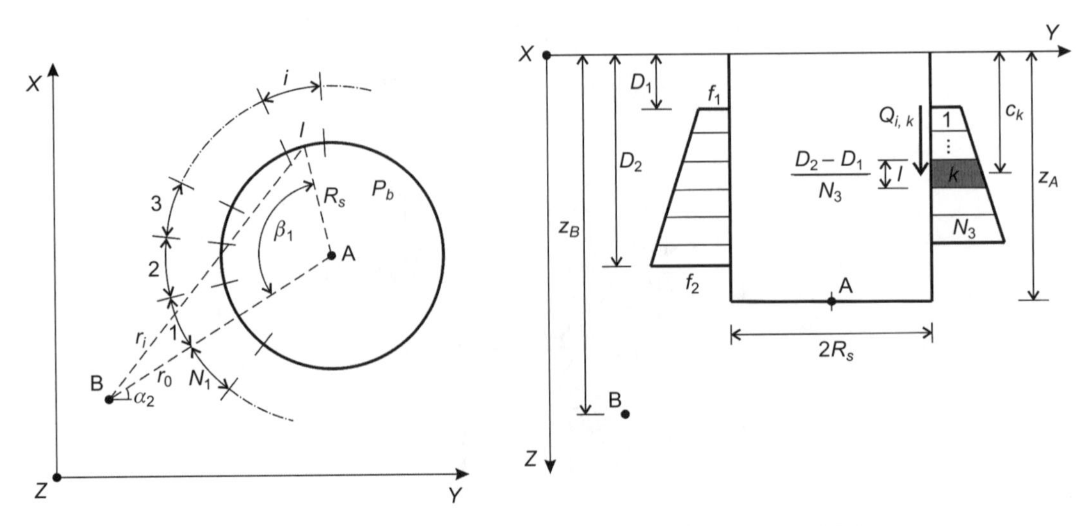

FIGURA A.4. Discretização do fuste de estaca cilíndrica (Adaptada de Aoki e Lopes, 1975).

A.4 Programação

O processo de cálculo passa por três fases:

i. Cálculo do valor das cargas substitutas e de suas posições em relação ao ponto em estudo;
ii. Cálculo dos efeitos dessas cargas (recalques e/ou acréscimos de tensão) com as equações de Mindlin;
iii. Soma dos efeitos no ponto em estudo.

Os cálculos podem ser feitos com um programa de computador ou com planilha eletrônica.

O método pode ser expandido ainda para:

a. mais de um diagrama de atrito lateral (caso de mais de uma camada oferecendo atrito à estaca);
b. camada compressível finita abaixo da ponta (presença de fronteira rígida ou indeslocável), abordado na seção a seguir;
c. mais de uma camada abaixo da ponta (meio estratificado), abordado também na seção A5;
d. mais de uma estaca (caso de grupo).

Um programa do método, na linguagem BASIC, pode ser encontrado em Alonso (1989; 1991), juntamente com exercícios resolvidos.

A.5 Fronteira rígida e meio estratificado - artifício de Steinbrenner

Para a análise de um maciço com fronteira rígida ou estratificado, Aoki e Lopes sugerem a adoção do artifício de Steinbrenner (1934).

Fronteira rígida

Inicialmente, o artifício de Steinbrenner permite calcular recalques em um meio de espessura finita, embora a Equação (A.2) seja válida para um semiespaço *infinito*. Para tanto, basta subtrair, do recalque no ponto em estudo, o valor do recalque no nível da fronteira rígida ou indeslocável (na vertical do ponto em estudo). A Figura A.5c mostra o recalque $w_{i,\infty}$, na profundidade i e o recalque $w_{h,\infty}$, na profundidade h que corresponde à profundidade da fronteira indeslocável. Como no nível do indeslocável o recalque pode ser considerado nulo, o recalque no nível i é obtido pela diferença:

$$w_i = w_{i,\infty} - w_{i,h} \tag{A.24}$$

Meio estratificado

O procedimento de Steinbrenner pode ser generalizado para o caso em que existam várias camadas até o nível indeslocável. Basta se proceder ao cálculo da Equação (A.24) de baixo para cima. Admite-se que

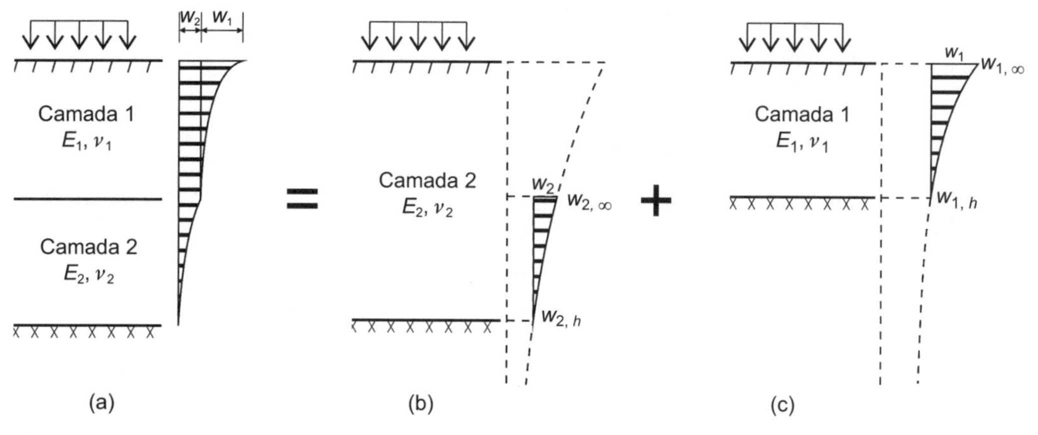

FIGURA A.5. Procedimento de Steinbrenner (Adaptada de Alonso, 1991).

todo o maciço de solo, do nível indeslocável para cima, seja do mesmo material da camada 2 da Figura A.5b. Calcula-se, em seguida, o recalque, no nível do indeslocável e, depois, no topo da camada 2. O recalque da camada 2 será:

$$w_2 = w_{2,\infty} - w_{2,h} \tag{A.25}$$

O procedimento é repetido, bastando considerar, em uma nova etapa, o nível indeslocável no topo da camada cujo recalque foi calculado. Utilizam-se, neste caso, as características do solo imediatamente acima, e calcula-se o recalque w_1, como ilustrado na Figura A.5c.

A.6 Recalque do topo da estaca

Como o recalque é calculado em um ponto logo abaixo da base da estaca, para se obter o recalque do topo deve-se somar o encurtamento elástico do fuste, utilizando a área do diagrama de carga ao longo do fuste (dividida por AE_p) ou, de uma maneira mais simples, a Equação (5.2), no Capítulo 5.

Exercício resolvido

Seja prever o recalque da base de uma estaca de concreto armado de diâmetro 60 cm e comprimento 20 m, em um terreno que apresenta três camadas de solo antes da rocha, conforme Figura A.6. As cargas e o diagrama de atrito, nas condições de serviço, estão indicados na mesma figura. Primeiramente, considerar a estaca isolada e, depois, como estaca central de um grupo de nove estacas, com distância entre centros de 1,80 m.

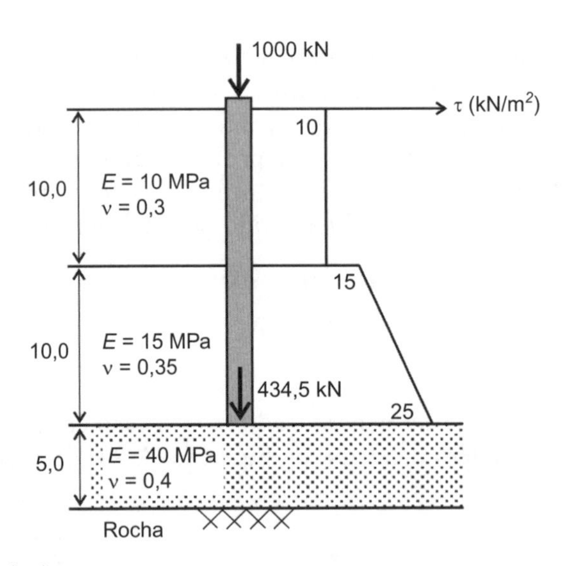

FIGURA A.6. Estaca e perfil geotécnico.

Solução: os recalques obtidos no nível da base são (cm):

Estaca	w_s	w_p	w
Isolada	0,08	0,85	0,93 cm
Em grupo	0,28	1,06	1,34 cm

Referências

ASSOCIAÇÃO BRASILEIRA DE NORMAS TÉCNICAS. *NBR 8036*: programação de sondagens de simples reconhecimento dos solos para fundações de edifícios – Procedimentos. Rio de Janeiro: ABNT, 1983.

ASSOCIAÇÃO BRASILEIRA DE NORMAS TÉCNICAS. *NBR 10905*: solo – Ensaios de palheta *in situ* – Método de ensaio. Rio de Janeiro: ABNT, 1989.

ASSOCIAÇÃO BRASILEIRA DE NORMAS TÉCNICAS. *NBR 12069*: solo – Ensaios de penetração de cone *in situ*. Rio de Janeiro: ABNT, 1991.

ASSOCIAÇÃO BRASILEIRA DE NORMAS TÉCNICAS. *NBR 6502*: rochas e solos. Rio de Janeiro: ABNT, 1995.

ASSOCIAÇÃO BRASILEIRA DE NORMAS TÉCNICAS. *NBR 9820*: coleta de amostras indeformadas de solos de baixa consistência em furos de sondagem – Procedimentos. Rio de Janeiro: ABNT, 1997.

ASSOCIAÇÃO BRASILEIRA DE NORMAS TÉCNICAS. *NBR 8681*: ações e segurança nas estruturas – Procedimentos. Rio de Janeiro: ABNT, 2003.

ASSOCIAÇÃO BRASILEIRA DE NORMAS TÉCNICAS. *NBR 13208*: ensaios de carregamento dinâmico. Rio de Janeiro: ABNT, 2007.

ASSOCIAÇÃO BRASILEIRA DE NORMAS TÉCNICAS. *NBR 8800*: Projetos de estruturas de aço e de estruturas mistas de aço e concreto de edifícios. Rio de Janeiro: ABNT, 2008.

ASSOCIAÇÃO BRASILEIRA DE NORMAS TÉCNICAS. *NBR 6118*: projeto de estruturas de concreto – Procedimentos. Rio de Janeiro: ABNT, 2014.

ASSOCIAÇÃO BRASILEIRA DE NORMAS TÉCNICAS. *NBR 9603*: sondagem a trado – Procedimentos. Rio de Janeiro: ABNT, 2015.

ASSOCIAÇÃO BRASILEIRA DE NORMAS TÉCNICAS. *NBR 9604*: abertura de poço e trincheira de inspeção em solo, com retirada de amostras deformadas e indeformadas – Procedimentos. Rio de Janeiro: ABNT, 2016.

ASSOCIAÇÃO BRASILEIRA DE NORMAS TÉCNICAS. *NBR 9062*: projeção e execução de estruturas de concreto pré-moldado. Rio de Janeiro: ABNT, 2017.

ASSOCIAÇÃO BRASILEIRA DE NORMAS TÉCNICAS. *NBR 8044*: projeto geotécnico. Rio de Janeiro: ABNT, 2018.

ASSOCIAÇÃO BRASILEIRA DE NORMAS TÉCNICAS. *NBR 16903*: estacas – Prova de carga estatística – Método de ensaio. Rio de Janeiro: ABNT, 2020.

ASSOCIAÇÃO BRASILEIRA DE NORMAS TÉCNICAS. *NBR 6484*: solo – Sondagens de simples reconhecimento com SPT – Método de ensaio. Rio de Janeiro: ABNT, 2020.

ASSOCIAÇÃO BRASILEIRA DE NORMAS TÉCNICAS. *NBR 6122*: projeto e execução de fundação. Rio de Janeiro: ABNT, 2020.

ALONSO, U. R. Correlações entre resultados de ensaios de penetração estática e dinâmica para a cidade de São Paulo. *Solos e Rochas*, v. 3, n. 3, p. 19-25, 1980.

ALONSO, U. R. Estimativa da transferência de carga de estacas escavadas a partir do SPT. *Solos e Rochas*, v. 6, n. 1, 1983.

ALONSO, U. R. *Dimensionamento de fundações profundas*. São Paulo: Blucher, 1989.

ALONSO, U. R. *Previsão e controle das fundações*. São Paulo: Blucher, 1991.

ALONSO, U. R. *Estacas hélice contínua*: projeto, execução e controle. São Paulo: ABMS, NRSP, 1997.

AOKI, N. Esforços horizontais em estacas de pontes provenientes da ação de aterros de acesso. *Anais*, 4. CBMSEF, Rio de Janeiro, v. 1, tomo I, 1970.

AOKI, N. Aspectos geotécnicos da interação estrutura: maciço de solos. *XXVIII Jornadas Sul-Americanas de Engenharia Estrutural*, v. 1, São Carlos, p. VII-XX, 1997a.

AOKI, N. *Determinação da capacidade de carga última da estaca cravada em ensaio de carregamento dinâmico de energia crescente*. 1997. Tese de D.Sc., Escola de Engenharia de São Carlos – USP, São Paulo, 1997b.

AOKI, N.; LOPES, F. R. Estimating stresses and settlements due to deep foundations by the theory of elasticity. *Proceedings, 5th Pan American CSMFE*, Buenos Aires, v. 1, p. 377-386, 1975.

AOKI, N.; VELLOSO, D. A. An approximate method to estimate the bearing capacity of piles. *Proceedings, 5th Pan American CSMFE*, Buenos Aires, v. 1, p. 367-376, 1975.

AOKI, N. Considerações sobre a capacidade de carga de estacas isoladas. *Notas de Aula*. Rio de Janeiro: Universidade Gama Filho, 1976.

AOKI, N. *Prática de fundações em estacas pré-moldadas em terra*. Palestra proferida no curso "Pile Foundation for Offshore Structures", COPPE-UFRJ, Rio de Janeiro, 1985.

AOKI, N.; ALONSO, U. R. Previsão e comprovação da carga admissível em estacas. Workshop ministrado no Instituto de Engenharia de São Paulo. Instituto de Engenharia. *Revista Engenharia*, São Paulo, n. 496, p. 17-26, 1993.

AOKI, N.; CINTRA, J. C. A. Introdução ao estudo da interação solo × estrutura. *Aula n. 3 do Curso de Fundações da USP*, São Carlos, 2003.

AOKI, N.; CINTRA, J. C. A.; ALBIERO, J. H. *Tensão admissível em fundações diretas*. São Carlos: Rima, 2003. 135 p.

AMERICAN PETROLEUM INSTITUTE (API). *Planning, designing and construction fixed offshore platforms*. RP2A, 2010.

ARAÚJO, C. R. S. *Estudo de caso de obra considerando a interação solo-estrutura*. 2010. 85 p. Dissertação de M.Sc., Faculdade de Engenharia Civil, UFF, Niterói, 2010.

AZEVEDO, R. S. *Evolução do atrito negativo no tempo*: estudo de um caso de estaca metálica em argila muito compressível. 2017. Dissertação de M.Sc., UERJ, Rio de Janeiro, 2017.

BARATA, F. E. *Propriedades mecânicas dos solos*: uma introdução ao projeto de fundações. Rio de Janeiro: LTC, 1984. 152 p.

BENEGAS, E. *Previsões para a curva carga × recalque de estacas a partir do SPT*. 1993. Dissertação de M.Sc., COPPE-UFRJ, Rio de Janeiro, 1993.

BEREZANTZEV, V. G. Design of deep foundations. *Proceedings, 6th ICSMFE*, Montreal, v. 2, p. 234-237, 1965.

BEREZANTZEV, V. G.; KHRISTOFOROV, V. S.; GOLUBKOV, V. N. Load bearing capacity and deformation of piled foundations. *Proceedings, 5th ICSMFE*, Paris, v. 2, p. 11-15, 1961.

BERGFELT, A. The axial and lateral load bearing capacity and failure by buckling of piles in soft clay. *Proceedings, 4th ICSMFE*, London, v. 2, p. 8-13, 1957.

BOLTON, M. D. The strength and dilatancy of sands. *Géotechnique*, v. 36, n. 1, p. 65-78, 1986.

BRIAUD, J. L. Bitumen selection for reduction of downdrag on piles. *ASCE Journal of Geotechnical and Geoenvironmental Engineering*, v. 123, n. 12, p. 1127-1134, 1997.

BROMS, B. B. Design of the lateral loaded piles. *Journal of the Soil Mechanics and Foundations Division*, v. 91, n. SM3, p. 79-99, 1965.

BROMS, B. B. Lateral resistance of piles in cohesive soil. *Journal of the Soil Mechanics and Foundations Division*, v. 90, n. SM2, p. 27-65, 1964a.

BROMS, B. B. Lateral resistance of piles in cohesionless soil. *Journal of the Soil Mechanics and Foundations Division*, v. 90, n. SM3, p. 123-156, 1964b.

BROMS, B. B.; FREDRIKSSON, A. Failure of pile supported structures caused by settlements. *Proceedings, 6th European CSMFE*, Viena, 1976.

BURLAND, J. B. Shaft friction of piles in clay – A simple fundamental approach. *Ground Engineering*, v. 6, n. 3, p. 30, 1973.

BURLAND, J. B.; JAMIOLKOWSKI, M. B.; VIGGIANI, C. Under excavating the Tower of Pisa: back to the future. *Geotechnical Engineering Journal of the SEAGS & AGSSEA*, v. 46, n. 4, p. 126-135, 2015.

BUTTERFIELD, R.; BANERJEE, P. K. The elastic analysis of compressible piles and pile groups. *Géotechnique*, v. 21, n. 1, p. 43-60, 1971.

CABRAL, D. A. *Análise de estaqueamento pelo método das cargas limites*. 1982. Dissertação de M.Sc., COPPE-UFRJ, Rio de Janeiro, 1982.

CAMBEFORT, M. (1964). Essai sur le comportement en terrain homogene des pieux isolées et des groupes de pieux. *Annales de l'Institut du Batiment et des Travaux Publiques*, n. 204, déc. 1964.

CANADIAN GEOTECHNICAL SOCIETY. *Canadian Foundation Engineering Manual*. 4. ed. 2006.

CHAMECKI, S. Consideração da rigidez da estrutura no cálculo dos recalques da fundação. *Anais*, I Congresso Brasileiro de Mecânica dos Solos, v. 1, p. 35-80, 1956.

CHANDLER, R. J. The shaft friction of piles in cohesive soils in terms of effective stress. *Civil Engineering and Public Works Review*, London, v. 63, n. 1, p. 48-51, jan. 1968.

CHELLIS, R. D. *Pile foundations*. 2. ed. New York: McGraw-Hill, 1961.

CHIN, F. K. Discussion: "Pile tests. Arkansas River Project". *Journal of the Soil Mechanics and Foundations Division*, v. 97, n. SM7, p. 930-932, 1970.

CINTRA, J. C.; AOKI, N. A. *Fundações por estacas, projeto geotécnico*. São Paulo: Oficina de Textos, 2010.

CINTRA, J. C.; AOKI, N. A.; TSUHA, C. H. C.; GIACHETI, H. L. *Fundações, ensaios estáticos e dinâmicos*. São Paulo: Oficina de Textos, 2013.

COMBARIEU, O. *Frottement négatif sur les pieux*. Laboratoire Central des Ponts et Chaussées, Rapport de Recherche, n. 136, 1985.

COSTA, I. D. B. *Estudo elástico de estaqueamentos*. 1973. Dissertação de M.Sc., PUC-RJ, Rio de Janeiro, 1973.

COSTA, R. V. *Estudo de casos de obra envolvendo o monitoramento dos recalques desde o início da construção*. 2003. Dissertação de M.Sc., UFF, Niterói, 2003.

COSTA NUNES, A. J.; FONSECA, A. M. M. C. C. Estudo da correlação entre ensaios "diepsondering" e a resistência à penetração do amostrador em sondagens. *Relatório interno de Estacas Franki DT 37*, 1959. 59 p.

DANSK INGENIØRFORENING (Danish Engineering Society). Code of practice for foundation engineering. *Geoteknik Institut Bulletin*, n. 32, 1978.

DANZIGER, B. R. *Análise dinâmica da cravação de estacas*. 1991. Tese de D.Sc., COPPE-UFRJ, Rio de Janeiro, 1991.

DANZIGER, B. R.; CRISPEL, F. A. A medida dos recalques desde o início da construção como um controle de qualidade das fundações. *Anais*, IV Seminário de Engenharia de Fundações Especiais e Geotecnia (SEFE), v. 1, p. 191-202, 2000.

DANZIGER, B. R.; VELLOSO, D. A. Correlações entre SPT e os resultados dos ensaios de penetração contínua. *Anais*, VIII COBRAMSEG, v. 1, p. 103-113, 1986.

DANZIGER, B. R.; PEREIRA PINTO, C.; PACHECO, M. P.; RUFFIER, A. P. *Aspectos de projeto e execução de fundações de torres de linhas de transmissão*. São Paulo: Oficina de Textos, 2021. No prelo.

DANZIGER, B. R.; LUNNE, T. Rate effect on cone penetration test in sand. *Geotechnical Engineering Journal of the SEAGS & AGSSEA*, v. 43, n. 4, 2012.

DAVISSON, M. T. High capacity piles. *Proceedings of Lecture Series Innovations in Foundation Construction*, American Society of Civil Engineers, Illinois, 1972.

DAVISSON, M. T. *Lateral load capacity of piles*. Highway Research Record, n. 333, 1970.

DAVISSON, M. T. Static measurement of pile behavior. *In*: FANG, H-Y (ed.). *Design and installation of pile foundations and cellular structures*. Bethlehem, PA: Envo Publ., p. 159-164, 1970.

DAVISSON, M. T.; ROBINSON, K. E. Bending and buckling of partially embedded piles. *Proceedings, 6th ICSMFE*, Montreal, v. 2, 1965.

DE BEER, E. E.; WALLAYS, M. Forces induced in piles by unsymmetrical surcharges on the soil around the piles. *Proceedings, 5th European CSMFE*, Madrid, v. 1, p. 325-332, 1972.

DE BEER, E. E. Die Berechnung der waagerechten, beanspruchung von pfahlen in weichen Biden. *Der Bauingenieur*, 44, Hef 6, jun. 1969.

DE BEER, E. E. Quelques problèmes que posent les fondations sur pieux dans les zones portuaires. *La Technique des Travaux*, p. 375-384, nov./dec. 1968.

DÉCOURT, L.; ALBIERO, J. H.; CINTRA, J. C. A. Análise e projeto de fundações profundas (Cap. 8). *In*: HACHICH, W. *et al.* (org.). *Fundações, teoria e prática*. São Paulo: Pini, 1996. p. 265-325.

DÉCOURT, L. Provas de carga em estacas podem dizer muito mais do que têm dito. *Anais*, 6. Seminário de Fundações Especiais (SEFE), São Paulo, v. 1, p. 221-245, 2008.

DÉCOURT, L. A ruptura de fundações avaliada com base no conceito de rigidez. *Anais*, 3. Seminário de Fundações Especiais (SEFE), São Paulo, v. 1, p. 215-224, 1996.

DÉCOURT, L.; QUARESMA, A. R. Capacidade de carga de estacas a partir de valores de SPT. *Anais*, 6. CBMSEF, Rio de Janeiro, v. 1, p. 45-53, 1978.

DUMONT-VILLARES, A. The underpinning of the 26-storey "Companhia Paulista de Seguros" building. *Géotechnique*, v. 6, n. 1, p. 1-14, mar. 1956.

ENDO, M.; MINOU, A.; KAWASAKI, T.; SHIBATA, T. Negative skin friction acting on steel pipe pile in clay. *Proceedings, 7th ICSMFE*, México, v. 2, p. 85-92, 1969.

FELLENIUS, B. H. *Basics of foundation design*. Pile Buck International, Vero Beach, 2018.

FELLENIUS, B. H. Test loading of piles and new proof testing procedure. *Journal of Graphic Engineering and Design*, v. 101, n. GT9, p. 855-869, sept. 1975.

FELLENIUS, B. H.; ALTAEE, A. A. Critical depth: how it came into being and why it does not exist. *Proceedings of the Institution of Civil Engineers*, Geotechnical Engineering, v. 113, n. 2, p. 107-111, 1995.

FERREIRA, A. C. *Efeito da velocidade de carregamento e a questão dos recalques de estacas em prova de carga*. 1985. Dissertação de M.Sc., COPPE-UFRJ, Rio de Janeiro, 1985.

FERREIRA, A. C.; LOPES, F. R. Contribuição ao estudo do efeito do tempo de carregamento no comportamento de estacas de prova. *Anais*, 1. Seminário de Fundações Especiais (SEFE), São Paulo, 1985.

FLEMIMG, W. G. K.; SLIWINSKI, Z. J. *The use and influence of bentonite in bored pile construction*. Construction Industry Research and Information Association (CIRIA), London, 1977.

FLEMIMG, W. G. K. A new method for single pile settlement prediction and analysis. *Géotechnique*, v. 42, n. 3, p. 411-425, 1992.

FLEMIMG, W. G. K.; THORBURN, S. Recent piling advantage, state of the art report. *Proceedings, Conference and Advances in Piling and Groud Treatment for Foundations*, ICE, London, 1983.

FLEMIMG, W. G. K.; WELTMAN, A. J.; RANDOLPH, M. F.; ELSON, W. K. *Piling engineering*. London: Taylor & Francis, 1992.

FRANÇA, H. F. *Estudo teórico e experimental do efeito de sobrecargas assimétricas em estacas*. 2014. Dissertação de M.Sc., COPPE-UFRJ, Rio de Janeiro, 2014.

FRANCISCO, G. M. *Estudo dos efeitos de tempo em estacas de fundação em solos argilosos*. 2004. Tese de D.Sc., COPPE-UFRJ, Rio de Janeiro, 2004.

FREITAS, A. C.; PACHECO, M. P.; DANZIGER, B. R. Estimating young moduli in sands from the normalized N60 blow count. *Soils and Rocks*, v. 35, p. 89-98, 2012.

FONTE, A. O. C.; PONTES FILHO, I.; JUCÁ, J. F. T. Interação solo: estrutura em edifícios altos. *Anais*, X Congresso Brasileiro de Mecânica dos Solos e Engenharia de Fundações, v. 1, p. 239-246, Foz do Iguaçu, 1994.

GARLANGER, J. E. Prediction of the downdrag load at Culter Circle Bridge. *Proceedings, Symposium on Downdrag of Piles*, Massachusetts Institute of Technology (MIT), 1973.

GOBLE, G. G. *Estacas cravadas*. Curso ministrado na PUC-Rio, 1986.

GOBLE, G. G.; RAUSCHE, F.; LIKINS, G. The analysis of pile driving: a state-of-the-art. *Proceedings, 1st International Conference on Application of Stress-wave Theory to Piles*, Stockholm, Balkema, 1980.

GODOY, N. S. Interpretação de provas de carga em estacas. *Anais*, Encontro Técnico sobre Capacidade de Carga de Estacas Pré-moldadas, ABMS-NRSP, São Paulo, p. 25-60, 1983.

GOH, A. T. C.; TEH, C. I.; WONG, K. S. Analysis of piles subjected to embankment induced lateral soil movements. *Journal of Graphic Engineering and Design*, v. 123, n. 9, 1997.

GONÇALVES, J. C. *Avaliação da influência dos recalques das fundações na variação de cargas dos pilares de um edifício*. 2004. Dissertação de M.Sc., COPPE-UFRJ, Rio de Janeiro, 2004.

GONÇALVES, J. C. *A influência dos recalques das fundações no comportamento de edificações ao longo do tempo*. 2010. Tese de D.Sc., COPPE-UFRJ, Rio de Janeiro, 2010.

GUIMARÃES, L. J. N. *Aplicações de um modelo reológico para solos*. 1996. Dissertação de M.Sc., COPPE-UFRJ, Rio de Janeiro, 1996.

GUSMÃO FILHO, J. A. *Contribuição à prática de fundações*: a experiência do Recife. 1995. Tese de D.Sc., Escola de Engenharia de Pernambuco, Universidade Federal de Pernambuco, 1995.

GUSMÃO, A. D. *Estudo da interação solo-estrutura e sua influência em recalques de edificações*. 1990. Dissertação de M.Sc., COPPE-UFRJ, Rio de Janeiro, 1990.

HANSEN, J. B. *Ultimate resistance of rigid piles against transversal forces*. Danish Geotechnical Institute, Bulletin n. 12, 1961.

HANSEN, J. B. Discussion of "hyperbolic stress-strain response, cohesive soils". *Journal of the Soil Mechanics and Foundations Division*, v. 89, n. SM4, p. 241-242, 1963.

HARR, M. E. *Foundations of theoretical soil mechanics*. New York: McGraw-Hill, 1966.

HETENYI, M. *Beams on elastic foundation*. University of Michigan Press, 1946.

HOLANDA JÚNIOR, O. G. *Interação solo-estrutura para edifícios de concreto armado sobre fundações diretas*. 1998. Dissertação de M.Sc., Escola de Engenharia de São Carlos – USP, 1998.

HOLEYMAN, A. *Contribution a l'étude du comportement dynamique non-linéaire des pieux lors de leur battage*. 1984. Tese de D.Sc., Université Libre de Bruxelles, 1984.

INSTITUTION OF STRUCTURAL ENGINEERS. *Soil-structure interaction*: the real behaviour of structures. London: ISE, 1989.

JANSZ, J. W.; VAN HAMME, G. E. J. S. L.; GERRITSE, A.; BOMER, H. Controlled pile driving above and under water with a hydraulic hammer. *Proceedings, Offshore Technology Conference*, Dallas, Paper 2477, p. 593-609, 1976.

KERISEL, J. The history of geotechnical engineering up to 1700. *Proceedings, 11th ISSMFE*, San Francisco, Golden Jubilee Volume, Balkema, Rotterdam, 1985.

KÉZDI, A. *Handbuch der bodenmechanick, Band II*. VEB Verlag fur Bauwesen, Berlin, 1970.

LADANYI, B. Expansion of a cavity in a saturated clay medium. *Journal of the Soil Mechanics and Foundations Division*, v. 89, n. 4, p. 127-164, 1963.

LAMBE, T. W. Predictions in soil engineering. *Géotechnique*, v. 23, n. 2, 1973.

LONG, R. P.; HEALY, K. A. *Negative skin friction on piles*, Project 73-1. School of Engineering, University of Connecticut, 1974.

LOPES, F. R. Discussion to Session 15. *Proceedings, 12th ICSMFE*, Rio de Janeiro, v. 5, p. 2981-2983, 1989.

LOPES, F. R. Lateral resistance of piles in clay and possible effect of loading rate. *Anais*, Simpósio Teoria e Prática de Fundações Profundas, Porto Alegre, v. 1, p. 53-68, 1985.

LOPES, F. R. *The undrained bearing capacity of piles and plates studied by the Finite Element Method*. 1979. PhD Thesis, University of London, London, 1979.

LOPES, F. R.; GUSMÃO, A. D. On the soil-structure interaction and its influence on the foundation settlements. *Proceedings, X European Conference on Soil Mechanics and Foundation Engineering*, Firenze, v. 1. p. 475-478, 1991.

LOPES, F. R.; LAPROVITERA, H.; OLIVEIRA, H. M.; BENEGAS, E. Q. Utilização de um banco de dados para previsão do comportamento de estacas. *Anais*, Simpósio Geotécnico Comemorativo dos 30 Anos da COPPE (COPPEGEO), Rio de Janeiro, p. 281-294, 1993.

LOPES, N. A. F.; MOTA, J. L. C. P. A method to analyse the behaviour of batter piles in settling soils. *Proceedings, 11th Pan-American CSMGE*, Foz do Iguaçu, v. 3, p. 1379-1386, 1999.

LOPES, F. R.; SOUZA, O. S. N.; SOARES, J. E. S. Long-term settlement of a raft foundation on sand. *ASCE Journal of Geotechnical and Geoenvironmental Engineering*, v. 107, issue 1, p. 11-16, 1994.

MARCHE, R.; LACROIX, Y. Stabilité des culées de ponts établies sur des pieux traversant une couche mole. *Canadian Geotechnical Journal*, v. 9, n. 1, p. 1-24, 1972.

MARTINS, I. S. M. *Fundamentos de um modelo de comportamento de solos argilosos saturados*. 1992. Tese de D.Sc., COPPE-UFRJ, Rio de Janeiro, 1992.

MASSAD, F. Análise da transferência de carga em duas estacas instrumentadas, quando submetidas à compressão axial. *Anais*, 2. Seminário de Fundações Especiais (SEFE), São Paulo, v. 1, p. 235-244, 1991.

MASSAD, F. Notes on the interpretation of failure load from routine pile load tests. *Solos e Rochas*, v. 9, n. 1, p. 33-36, 1986.

MATLOCK, H.; REESE, L. C. Foundation analysis of offshore pile supported structures. *Proceedings, 5th ICSMFE*, Paris, v. 2, p. 91-97, 1961.

MATLOCK, H. *Generalised solutions for laterally loaded piles*. *Journal of the Soil Mechanics and Foundations Division*, v. 86, n. SM5, p. 63-95, 1960.

MATLOCK, H. Non-dimensional solutions for laterally loaded piles with soil modulus assumed proportional to depth. *Proceedings, 8th Texas Conference on SMFE*, 1956.

MEYERHOF, G. G. The bearing capacity of foundations under eccentric and inclined loads. *Proceedings, 3rd ICSMFE*, Zurich, v. 1, 1953.

MICHE, R. J. Investigation of piles subject to horizontal forces. Application to quay walls. *Journal of the School of Engineering*, n. 4, Giza, Egypt, 1930.

MILITITSKY, J. M.; CONSOLI, N. C.; SCHNAID, F. *Patologia das fundações*. 2. ed. São Paulo: Oficina de Textos, 2015.

MINDLIN, R. D. Force at a point in the interior of a semi-infinite solid. *Physics*, v. 7, 1936.

MOHAN, D.; JAIN, G. S.; JAIN, M. P. A new approach to load tests. *Géotechnique*, v. 17, n. 3, p. 274-283, 1967.

MOTA, M. M. C. *Interação solo-estrutura em edifícios com fundação profunda*: método numérico e resultados observados no campo. 2009. 222 p. Tese de D.Sc. (Estruturas), Escola de Engenharia de São Carlos – USP, 2009.

MOURA, A. R. L. U. Análise tridimensional de interação solo: estrutura em edifícios. *Solos e Rochas*, v. 22, n. 2, p. 87-100, ago. 1999.

NÁPOLES NETO, A. D. F.; VARGAS, M. História das fundações (Cap. 1). *In*: HACHICH, W. *et al.* (org.). *Fundações, teoria e prática*. São Paulo: Pini, 1996. p. 169-215.

NÁPOLES NETO, A. D. F; VARGAS, M.; SAYÃO, A. S. F. J.; DANZIGER, B. R.; NUNES, A. L.; BARATA, F. E. História das fundações (Cap. 1). *In*: FALCONI, F. *et al.* (org.). *Fundações, teoria e prática*. 3. ed. São Paulo: Pini, 2016. p. 15-53.

NIYAMA, S. *Medições dinâmicas na cravação de estacas*. 1983. Dissertação de M.Sc., EP-USP, São Paulo, 1983.

NIYAMA, S.; AOKI, N.; CHAMECKI, P. R. Requisitos da qualidade de fundações (Cap. 20). *In*: FALCONI, F. *et al.* (org.). *Fundações, teoria e prática*. 3. ed. São Paulo: Pini, 2016.

NGUYEN, T. T. *Dynamic and static behaviour of driven piles*. 1987. PhD Thesis, Swedish Geotechnical Institute, Report 33, Linköping, 1987.

NOKKENTVED, C. *Beregning av paleverker*. Kopenhagen, 1924.

NUNES, A. J. C. Pieux de fondations avec grand hauteur libre. *Proceedings, 4th ICSMFE*, London, v. 2, p. 24-26, 1957.

OOI, P. S. K.; DUNCAN, J. M. Lateral load analysis of groups of piles and drilled shafts. *Journal of Graphic Engineering and Design*, v. 120, n. 6, p. 1034-1050, 1994.

OLIVEIRA, F. S. *Análise numérica de experimento para avaliação dos efeitos de sobrecargas assimétricas em estacas*. 2015. Dissertação M.Sc., COPPE-UFRJ, Rio de Janeiro, 2015.

OLIVEIRA, J. F. P. *Estudo do atrito negativo em estacas com auxílio de modelagem numérica*. 2000. Dissertação de M.Sc., COPPE-UFRJ, Rio de Janeiro, 2000.

PIRES, F. E. C. *Empuxo de sobrecargas assimétricas em estacas*: estudo de casos de pontes. 2013. Dissertação de M.Sc., COPPE-UFRJ, Rio de Janeiro, 2013.

POLSHIN, D. E.; TOKAR, R. A. Maximum allowable non-uniform settlement of structures. *Proceedings, 4th ICSMFE*, London, v. 1, p. 402-405, 1957.

POULOS, H. G. Pile behavior: theory and application. *Géotechnique*, v. 39, n. 3, p. 365-415, 1989.

POULOS, H. G. Analysis of the settlement of pile groups. *Géotechnique*, v. 18, n. 4, p. 449-471, 1968.

POULOS, H. G.; DAVIS, E. H. *Pile foundation analysis and design*. New York: Wiley, 1980.

POULOS, H. G. *Elastic solutions for soil and rock mechanics*. New York: Wiley, 1974.

RANDOLPH, M. F. Design methods for pile group and piled raft. *Proceedings, 13th ICSMFE*, New Delhi, v. 5, p. 61-82, 1994.

RANDOLPH, M. F. *PIGLET*: a computer program for the analysis and design of pile groups under general loading conditions. Engineering Department Research Report, University of Cambridge, Soils TR91, 1980.

RANDOLPH, M. F. *A theoretical study of the performance of piles*. PhD Thesis, University of Cambridge, 1977.

RANDOLPH, M. F.; WROTH, C. P. An analytical solution for the consolidation around a driven pile. *International Journal for Numerical Methods in Geomechanics*, v. 3, n. 2, p. 217-229, 1979.

RANDOLPH, M. F.; WROTH, C. P. Analysis of deformation of vertically loaded piles. *ASCE Journal of Geotechnical and Geoenvironmental Engineering*, v. 104, n. GT12, p. 1465-1488, 1978.

RAO, S. N.; MURTHY, T. V. B. S. S.; VEERESH, C. Induced bending moments in batter piles in settling soils. *Soils and Foundations*, v. 34, n. 1, p. 127-133, 1994.

RAUSCHE, F.; GOBLE, G. G.; LIKINS JR, G. E. Dynamic determination of pile capacity. *ASCE Journal of Geotechnical and Geoenvironmental Engineering*, v. 111, n. 3, p. 367-383, 1985.

RAUSCHE, F.; MOSES, F.; GOBLE, G. G. Soil resistance predictions from pile dynamics. *Journal of the Soil Mechanics and Foundations Division*, v. 98, n. 9, p. 917-937, 1972.

REIS, J. H. C. *Interação solo*: estrutura de grupo de edifícios com fundações superficiais em argila mole. 2000. Dissertação de M.Sc., Escola de Engenharia de São Carlos – USP, 2000.

ROLLINS, K. M.; SPARKS, A. Lateral resistance of full-scale pile cap with gravel backfill. *ASCE Journal of Geotechnical and Geoenvironmental Engineering*, v. 128, n. 9, sept. 2002.

ROSA, L. M. P. *Interação solo-estrutura*: análise de um caso de obra envolvendo danos estruturais. 2005. Dissertação de M.Sc., Faculdade de Engenharia Civil – UFF, Niterói, 2005.

ROSA, L. M. P. *Interação solo × estrutura*: análise contemplando a consideração da fluência do concreto. 2015. 203 p. Tese de D.Sc., UFF, Niterói, 2015.

RUSSO NETO, L. *Interpretação de deformação e recalque na fase de montagem de estrutura de concreto com fundação em estaca cravada*. 2005. Tese de D.Sc., Universidade de São Paulo, 2005.

SANTA MARIA, P. E. L.; SANTA MARIA, F. C. M.; SANTOS, A. B. Análise de vigas contínuas com apoios viscoelásticos e sua aplicação a problemas de interação solo-estrutura. *Solos e Rochas*, v. 22, n. 3, p. 179-194, dez. 1999.

SANTANA, C. M. *Comparação entre metodologias de análise de efeito de grupo de estacas*. 2008. Dissertação de M.Sc., COPPE-UFRJ, Rio de Janeiro, 2008.

SANTOS, H. C. *Análise de estruturas de concreto sob o efeito do tempo*: uma abordagem consistente com consideração da viscoelasticidade, da plasticidade, da fissuração, da protensão e de etapas construtivas. 2006. 160 p. Tese de D.Sc. (Estruturas), Escola Politécnica da USP, São Paulo, 2006.

SANTOS NETO, P. *Métodos de cálculo de atrito negativo em estacas*: estudo e discussão. 1981. Dissertação de M.Sc., COPPE-UFRJ, Rio de Janeiro, 1981.

SAVARIS, G. *Monitoração de recalques de um edifício e avaliação da interação solo-estrutura*. 2008. 177 p. Dissertação de M.Sc., Universidade Estadual do Norte Fluminense, Campos dos Goytacazes, 2008.

SCHIEL, F. *Estática dos estaqueamentos*. Escola de Engenharia de São Carlos – USP, São Paulo, 1957. (Publicação n. 10.)

SCHNAID, F.; ODEBRECHT, E. *Ensaios de campo e suas aplicações à engenharia de fundações*. 2. ed. São Paulo: Oficina de Textos, 2012.

SEMPLE, R. M.; RIGDEN, W. J. *Shaft capacity of driven pipe piles in clay*. Analysis and design of pile foundations. ASCE, p. 59-79, 1984.

SHEEHAN, J. R.; MOORHOUSE, D. C. *Predicting safe capacity of pile groups*. ASCE, 1968.

SILVA, C. M. *Energia e confiabilidade aplicados aos estaqueamentos tipo hélice contínua*. 2011. Tese de D.Sc., Universidade de Brasília, 2011.

SILVA, M. K. *Interação solo-estrutura*: uma contribuição à interpretação dos registros experimentais. 2005. Dissertação de M.Sc., Faculdade de Engenharia Civil – UFF, Niterói, 2005.

SILVA, P. E. C. A. F. Célula expansiva hidrodinâmica: uma nova maneira de executar provas de carga. *Anais*, 8. CBMSEF, Porto Alegre, v. 6, p. 223-241, 1986.

SIMONS, H. A. A. *A theoretical study of pile driving*. PhD Thesis, Cambridge University, 1985.

SKEMPTON, A. W. Discussion of "The bearing capacity of screw piles and screwcrete cylinders" by G. Wilson. *Journal Institution Civil Engineers*, p. 76-81, 1950.

SKEMPTON, A. W. A History of Soil Properties 1717-1927. *Proceedings, 11th ISSMFE*, San Francisco, Golden Jubilee Volume, Balkema, Rotterdam, 1985.

SKEMPTON, A. W.; MACDONALD, D. H. Allowable settlement of buildings. *Proceedings of the Institution of Civil Engineers*, Part. 3, v. 5, p. 727-768, 1956.

SMITH, E. A. L. Pile driving analysis by the wave equation. *Journal of the Soil Mechanics and Foundations Division*, v. 86, n. SM4, p. 35-61, 1960.

SOARES, J. M. *Estudo numérico-experimental da interação solo-estrutura em dois edifícios do Distrito Federal*. 2004. 292 p. Tese de D.Sc., Departamento de Engenharia Civil e Ambiental, Universidade de Brasília, 2004.

SODERBERG, L. O. Consolidation theory applied to foundation pile time effects. *Géotechnique*, v. 12, n. 3, p. 217-225, 1962.

SORENSEN, T.; HANSEN, J. B. Pile driving formulae, an investigation based on dimensional considerations and a statistical analysis. *Proceedings, 4th ICSMFE*, London, v. 2, p. 61-65, 1957.

SOUZA, J. M. S. *A influência da compacidade das areias nas correlações entre os ensaios de cone e o SPT*. 2009. Dissertação de M.Sc., Engenharia Civil, UERJ, 2009.

SOUZA, J. M. S.; DANZIGER, B. R.; DANZIGER, F. A. B. The influence of the relative density of sands in SPT and CPT correlations. *Soils and Rocks*, v. 35, p. 99-113, 2012.

SOUZA, M. M.; LOPES, F. R. Contribuição ao estudo da capacidade de carga de ponta de estacas hélice contínua. *Anais*, XIX Cobranseg, Salvador, 2018.

SPRINGMAN, S. M. *Lateral loading on piles due to simulated embankment construction*. PhD Thesis, Cambridge University, 1989.

SPRINGMAN, S. M.; RANDOLPH, M. F.; BOLTON, M. D. Modelling the behaviour of piles subjected to surcharge loading. *Proceedings, Centrifuge 1991*, Balkema, Colorado, 1991.

STEINBRENNER, W. Tafeln zur setzungsberechnung. *Straße*, v. 1, p. 121-124, 1934.

STEWART, D. P.; JEWELL, R. J.; RANDOLPH, M. F. Design of piled bridge abutments on soft clay for loading from lateral soil movements. *Géotechnique*, v. 44, n. 2, p. 277-296, 1994.

TERZAGHI, K. Evaluation of coefficients of subgrade reaction. *Géotechnique*, v. 5, n. 4, 1955.

TERZAGHI, K. *Theoretical soil mechanics*. New York: Wiley, 1943.

TERZAGHI, K.; PECK, R. B. *Soil mechanics in engineering practice*. 2. ed. New York: Wiley, 1967.

TIMOSHENKO, S. P. *Strength of materials*. New York: Van Nostrand Reinhold, 1970.

TIMOSHENKO, S. P.; GERE, J. M. *Theory of elastic stability*. 2. ed. New York: McGraw-Hill, 1961.

TIMOSHENKO, S. P.; GOODIER, J. N. *Theory of elasticity*. 3. ed. New York: McGraw-Hill, 1970.

TOMLINSON, M. J. *Pile design and construction practice*. 4. ed. London: E & EM Spon, 1994.

TORRES, L. *Análise numérica de uma edificação popular em alvenaria estrutural assente em solo compressível*. 2007. Dissertação de M.Sc., Faculdade de Engenharia Civil – UFF, Niterói, RJ, 2007.

TSCHEBOTARIOFF, G. P. Retaining structures (Chap. 5). *In*: LEONARDS, G. A. (ed.). *Foundation engineering*. McGraw -Hill, p. 493, 1962.

TSCHEBOTARIOFF, G. P. Bridge abutments on piles driven through plastic clay. *Proceedings, Conference on Design and Installation of Pile Foundations and Cellular Structures*, Lehigh University, Bethlehem, 1970.

TSCHEBOTARIOFF, G. P. *Foundations, retaining and earth structures*. 2. ed. Tokyo: McGraw-Hill, 1973.

U.S. ARMY CORPS OF ENGINEERS. *Design of pile foundation, engineering manual n. 1110-2-2906*. Honolulu: USACE, 2005.

VAN DER VEEN, C. The bearing capacity of a pile. *Proceedings, 3rd ICSMFE*, Zurich, v. 2, p. 84-90, 1953.

VAN IMPE, W. F. Screw pile installation parameters and the overall pile behavior. *Proceedings of Bengt Broms Symposium in Geotechnical Engineering*, Singapore, 1995.

VAN LANGENDONCK, T. *Flambagem de postes e estacas parcialmente enterrados*. São Paulo: Associação Brasileira de Cimento Portland, 1957.

VARGAS, M.; LEME MORAIS, J. T. Long Term Settlements of Tall Buildings on Sand. *Proceedings XII International Conference on Soil Mechanics and Foundation Engineering*, v. 1, p. 765-768, Rio de Janeiro, 1989.

VARGAS, M.; SILVA, F. R. O problema das fundações de edifícios altos: experiência em São Paulo e Santos. *Anais*, Conferência Regional Sul-americana sobre Edifícios Altos, Porto Alegre, 1973.

VELLOSO, D. A. *Curso de atualização em fundações*. Instituto Militar de Engenharia, 1981.

VELLOSO, D. A.; AOKI, N.; SALAMONI, J. A. Fundações para o silo vertical de 100.000 t no porto de Paranaguá. *Anais*, 6. CBMSEF, Rio de Janeiro, v. 3, p. 125-151, 1978.

VELLOSO, D. A.; CABRAL, D. A. Uma solução para fundação em zona urbana. *Solos e Rochas*, v. 5, n. 3, 1982.

VELLOSO, D. A.; LOPES, F. R. *Fundações*. São Paulo: Oficina de Textos, 2010.

VELLOSO, P. P. C. *Fundações*: aspectos geotécnicos de projeto. Departamento de Engenharia Civil da PUC-RJ, Rio de Janeiro, 1987.

VELLOSO, P. P. C. *Estacas em solo*: dados para a estimativa de comprimento. Ciclo de palestras sobre estacas escavadas, Clube de Engenharia, Rio de Janeiro, 1981.

VESIC, A. S. *Design of pile foundations*. Synthesis of Highway Practice 42, Transportation Research Board, National Research Council, Washington, 1977.

VESIC, A. S. *Principles of pile foundation design*. Duke University Pratt School of Engineering, Soil Mechanics, series n. 38, 1975.

VESIC, A. S. Expansion of cavities in infinite soil mass. *Journal of the Soil Mechanics and Foundations Division*, v. 98, n. SM3, 1972.

VESIC, A. S. Analysis of ultimate loads of shallow foundations. *Journal of the Soil Mechanics and Foundations Division*, v. 99, n. SM1, 1973.

VESIC, A. S. Load transfer in pile-soil systems. *Proceedings, Conference on Design and Installation of Pile Foundations and Cellular Structures*, Lehigh University, Bethlehem, p. 47-74, 1970.

VESIC, A. S.; CLOUGH, G. W. Behavior of granular materials under high stresses. *Journal of the Soil Mechanics and Foundations Division*, v. 94, n. 3, p. 661-688, 1968.

VETTER, C. P. Design of pile foundations. *Transactions*, ASCE, Paper 2031, 1938.

VIEIRA, S. H. *Controle da cravação de estacas pré-moldadas*: avaliação de diagramas de cravação e fórmulas dinâmicas. 2006. Dissertação de M.Sc., COPPE-UFRJ, 2006.

VIGGIANI, C. Influenza dei fattori tecnologici sul comportmento dei pali. *Proceedings, XVII Convegno di Geotecnia AGI*, Taormina, v. 2, p. 83-91, 1989.

VIGGIANI, C. Further experiences with auger piles in naples area. *Proceedings, 2nd. International Symposium on Deep Foundations on Bored and Auger Piles*, Ghent, Balkema, p. 445-455, 1993.

WHITAKER, H. *The design of piled foundations*. Oxford: Pergamon Press, 1957.

WHITAKER, T.; COOKE, R. W. A new approach to pile testing. *Proceedings, 5th ICSMFE*, Paris, v. 2, p. 171-176, 1961.

WHITAKER, T.; COOKE, R. W. An investigation of the shaft and base resistance of large bored piles in London clay. *Proceedings, Symposium on Large Bored Piles*, London, p. 7-49, 1966.

ZEEVAERT, L. *Foundation engineering for difficult subsoil conditions*. 2. ed. New York: Van Nostrand Reinhold, 1983.

ZEEVAERT, L. *Foundation engineering for difficult subsoil conditions*. New York: Van Nostrand Reinhold, 1972.

Índice Alfabético

A

Ação
- característica, 9
- estabilizante da lama, 28

Acessórios de cravação, 174
Amortecimento, 183
Analisador de cravação de estacas, 176
Análise
- da flambagem de estacas com cargas alinhadas, 156
- de ELS (Estados Limites de Serviço), 124
- de ELU (Estados Limites Últimos), 127

Apoios
- indeslocáveis, 111
- deslocáveis, 114

Área de influência, 153
Areias, 123, 130
Argamassa, 31
Argilas
- moles, 122
- normalmente adensadas, 47, 121
- rijas, 123
- saturadas, 132
- sobreadensadas, 49

Arqueamento, 46
Artifício de Steinbrenner, 203
Aterro executado após as estacas, 148
ATO (Assistência Técnica à Obra), 2, 12
Atrito
- lateral, 38, 45, 46, 50
- -- de estacas cravadas em areias, 46
- -- de estacas em argilas, 47
- negativo, 150
- -- carregamento adicional da estaca, 152
- -- influência na capacidade de carga da estaca, 152
- positivo, 150

Avaliação técnica de projeto, 1

B

Base alargada, 22, 25–27, 56, 72, 169
Blows per foot, 170
Boletins de sondagem, 13

C

Cálculo
- da carga de ruptura, 127
- de estaqueamentos, 85
- geotécnico das fundações, 8

Capacidade de carga
- da estaca, 38
- na ruptura, 195

Características
- da construção, 8
- do solo na região, 8

Carga(s)
- alinhadas, 156
- adicional no bloco, 154
- admissível, 24, 26, 65, 168
- cepo, 174
- coxim, 174
- controlada, 189
- crítica de Euler, 158
- da estrutura, 8
- de fuste, 195
- de ponta ou base, 195
- de projeto, 11
- de ruptura, 130, 194, 195
- de serviço, 11
- horizontal aplicada, 160
- transmitidas pela estrutura, 8

Carregamento, 189
- drenado e não drenado, 121
- lento e rápido, 190

Centro elástico do estaqueamento, 87
Cicatrização, 170
Classificação
- das estacas, 15
- tátil visual, 13

Coeficiente(s)
- de amortecimento, 183
- de correção, 169
- de minoração da resistência, 11
- de mola, 111
- de ponderação, 9, 11
- de reação horizontal, 121
- -- constante com a profundidade, 124
- -- crescente com a profundidade, 125
- de segurança
- -- global, 127
- -- parciais, 127
- de transferência de carga, 110

Coleta de dados, 8
Comportamento sob carga de serviço, 11
Comprimento característico, 124
Concepção do projeto, 10
Concretagem de estacas escavadas com fluido estabilizante, 29
Condição
- de ruptura, 120
- de serviço, 119

Construções vizinhas, 10
Contribuição
- de Marche e Lacroix, 140, 146
- de Stewart, Jewell e Randolph, 144

Controle
- da uniformidade, 169
- de execução e desempenho, 166
- do concreto, 19–26

Corrosão, 16
Cravação
- de estacas pré-moldadas, 21

Curva(s)
- carga–recalque, 194
- p–y, 120

D

Damping coefficient, 184
Deformação, 189
- das camadas de solo, 11
- dos solos, 74

Desaprumo, 163
Desempenho da fundação, 10
Deslocamento(s)
- de estacas, 11, 144

Deslocabilidade horizontal, 140, 157
- elástico do solo, 169
- elástico máximo, 184
- verticais, 13

Desvios construtivos, 12, 162
Diagrama de cravação, 166,170
Dimensionamento, 11
- estrutural, 17

Distorção de um vão, 14

E

Efeito
- de escala, 44, 69
- de grupo em termos
- -- de capacidade de carga, 76
- -- de recalque, 77
- de instalação da estaca, 66
- de segunda ordem, 156
- Tschebotarioff, 135

Embuchamento, 56
Emendas
- de estacas pré-moldadas, 21
- de estacas de aço, 176

Encurtamento
- da armadura, 26
- elástico da estaca, 169
Ensaio(s)
- de carga
-- controlada, 189
-- incremental lenta, 190
-- incremental rápida, 190
- de carregamento dinâmico (ECD), 176, 184
- de cone (CPT) e de dilatômetro (DMT), 2
- de velocidade de penetração constante, 191
Equação(ões)
- da Onda, 166, 170, 171
- de Mindlin, 70, 80
Equilíbrio plástico, 120
Equipamento(s)
- de medidas, 176
- disponibilidade, 10
- para coleta de dados, 8
- PDA, 177
Erosão, 16, 156
Esforços devidos a sobrecargas assimétricas, 135
Esforços transversais, 119
Espessura de sacrifício, 16, 164
Estaca(s)
- ativa(s), 135
-- sob esforços horizontais, 135
- Atlas, 35
- com ponta
-- fixa, 179
-- livre, 179
- com resistência de ponta finita, 180
- com um trecho acima do terreno natural, 156
- curtas
-- com o topo livre, 130
-- engastadas, 129, 132
-- impedidas, 130
-- livres, 129
- de aço, 15, 130
- de concreto,
-- armado, 130
-- moldadas in situ, 5
-- moldadas no solo, 22
- de deslocamento, 15
- de grande diâmetro, 7
- de madeira, 15
- de substituição, 15
- Duplex, 5
- em argilas, 47, 50
- em solos
-- de comportamento drenado, 50
-- estratificados, 52
- escavadas,
-- com auxílio de revestimento ou fluido estabilizante, 27
-- com fluido estabilizante, 28
-- com lama, 7
-- sem auxílio de revestimento ou de fluido estabilizante, 22
- Franki, 24
-- com fuste vibrado, 27
-- cravada com ponta aberta, 27
-- mista, 26
-- Standard, 25
-- tubada, 26
- hélice contínua, 7, 32
- inclinadas em solos que recalcam, 154
- longas
-- baseadas no coeficiente de reação horizontal, 124
-- com o topo livre, 130, 132
-- engastadas no bloco, 129, 131, 132
-- livres, 129
- Ômega, 32
- passivas sob esforços horizontais, 135
- pré-moldadas de concreto, 6, 15
- prensadas, 36
- raízes, 31
- Simplex, 5
- Strauss, 23
- submetidas a tração, 56
- totalmente enterradas, 156
Estados limites
- de serviço ou de utilização, 11
- últimos ou de ruptura, 11
Estaqueamentos
- com dupla simetria, 91
- padronizados, 92, 93
- paralelos, 90
Estimativa
- de esforços, 136
- de recalque, 12, 74
- do atrito negativo, 152
Extrapolação da curva carga-recalque, 194
Excentricidade de execução, 4, 16, 94
Execução do aterro após as estacas, 138

F

Facilitação da flambagem por desvios construtivos, 162
Fator(es)
- de correção, 169
- de majoração das cargas, 9
- de segurança global, 8, 63, 65
- de segurança parciais, 9, 63
Flambagem em estacas, 156
Fluido estabilizante, 27, 28
Flexibilidade relativa, 143
Fórmula(s)
- dinâmicas, 166, 169
Fronteira rígida, 70
Função de transferência, 73

G

Grande deslocamento, 15
Grupos de estacas, 76, 132

H

Hipótese de Winkler, 120

I

Incertezas
- nas cargas, 8
- no conhecimento do subsolo, 8
Índice de rigidez, 42
- reduzido, 42
Injeção, 32
Instrumentação, 176, 192
Interação
- com a estrutura e aos desvios construtivos, 162
- com a estrutura e momentos de segunda ordem, 162
- solo-estrutura, 110
Integridade da estaca, 176
Interpretação da curva carga-recalque, 195
Investigação(ões)
- complementar, 12
- da fase de execução, 12
- do subsolo, 12
-- normas brasileiras, 13
- geológicas, 10
- geotécnicas, 12
- preliminar, 12

L

Lançamento do estaqueamento, 85, 87
Laudo de vistoria prévia, 10
Lei da Restituição de Newton, 167

M

Mecanismos de ruptura, 129
Medição dinâmica, 176
Meio agressivo, 17, 19
Meio estratificado, 52, 127
Método(s)
- Alfa, 47
- Beta, 48
- CAPWAP, 183
- Case, 181
- da estaca equivalente, 79
- de Aoki e Lopes, 73, 79, 83
- de Aoki e Velloso, 52
- de Berezantzev, 40, 60
- de Broms, 129
- de Culmann, 86
- de Davisson e Robinson, 127, 158
- de De Beer e Wallays, 138, 146, 149
- de Décourt e Quaresma, 54
-- extensão, 54
- de deformação controlada, 191
- de equilíbrio, 192
- de Hansen, 127
- de Matlock e Reese, 126
- de Miche, 125
- de Poulos e Davis, 70, 82
- de Randolph, 72, 82
- de ruptura, 120
- de Schiel, 88
- de Tschebotarioff, 137, 146, 148
- de valores admissíveis, 63, 65
- de valores de projeto, 63, 65

- de Velloso, 55, 62
- de Vesic, 41, 57, 68, 81
- do equilíbrio, 191
- do *Radier* Equivalente, 78
- do U.S. Army Corps of Engineers (USACE), 50
- dos elementos finitos, 2, 7
- dos valores de projeto, 9, 11
- dos valores de trabalho, 9
- numérico proposto por Smith, 174
- semiempíricos, 52, 61
- teóricos, 39, 57

Mitigação do atrito negativo, 155
Modelo
- simples de interação solo–estrutura, 111

Modo
- de transferência de carga, 66

Momentos de segunda ordem, 162
Monitoração da cravação, 176
Montagem, 192

N

Nega, 166, 169
- aberta, 172

Norma Brasileira NBR 16903, 20, 189, 190, 192

O

Osterberg–Cell, 192

P

Parâmetros
- característicos, 88
- geotécnicos, 2, 8, 38, 52
- de deformabilidade dos solos, 38
- drenados, 74, 121, 128
- não drenados, 74, 112, 121

Passagem ou penetração em solos compactos, 21
Patologias, 14
Pequeno deslocamento, 15
Perfuração, 32
Perfurado em rocha, 7
Perfis e tubos de aço, 7
Ponto neutro, 150
Pré–furos, 15
Princípio da conservação da energia, 166
Processo de amplificação de grupo, 132
Profundidade crítica, 46
Provas
- de carga de tração, 192
- de carga estáticas, 189
- de força horizontal, 193

Q

Quake, 169, 184
Qualidade dos dados, 2

R

Radier equivalente, 78
Reação do solo
- ao deslocamento horizontal da estaca, 119
- constante, 157
- crescente com a profundidade, 159

Recalque(s), 13
- absolutos, 14
- admissíveis, 13
- danos, 13
- - estéticos, 13
- - estruturais, 13
- - funcionais, 13
- de estacas isoladas, 66
- diferencial entre pilares, 14
- do topo da estaca, 85, 119, 127, 192

Recuperação, 170
Registros de execução, 1
Relaxação, 170
Repique
- da estaca, 167

Resistência
- à cravação, 166, 169
- ao cisalhamento do solo, 38
- de atrito lateral, 68
- de ponta, 41, 46, 50, 51

Revestimento betuminoso, 155
Rigidez
- à flexão, 16, 134
- do solo, 39
- relativa estaca–solo, 72, 124

Rijezas do cepo e do coxim, 175
Ruptura
- a flexão da estaca, 130
- convencional, 195
- física, 196

S

Segurança,
- global, 8
- parcial, 64

Set–up, 170
Sistema de coordenadas e parâmetros característicos, 88
Sobrecarga
- assimétrica, 188

Soldas, 15
Solicitações
- características, 9
- de serviço, 9

Solo(s)
- de comportamento drenado, 50
- de comportamento não drenado, 50
- estratificado, 59

Solução da impedância, 177
Sondagens a percussão, 2

T

Tabuleiro
- da ponte, 141

Tensões
- cisalhantes, 120, 138
- residuais, 66, 69, 187

Teoria da plasticidade, 2, 39, 42
Topografia, 8, 10
Tolerâncias, 12, 17
Tração, 11, 21, 25, 35, 56
Transdutor
- de deformação, 176
- de aceleração, 176

Transferência
- de carga, 66

Trilhos usados, 7, 15
Tubulões, 7

V

Valores
- admissíveis, 9, 63, 65
- de projeto, 2, 75

Variação da resistência com o tempo após a cravação, 47
Verificação do estaqueamento, 85
Viscosidade, 190

W

Working Stress Method, 9

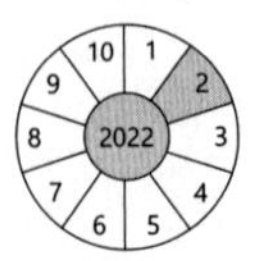